U0208263

国家自然科学基金联合基金重点项目（U2067202）
国家重点基础研究发展计划（973 计划）项目（2015CB453002）
中国核工业地质局重点项目（201147-4）　　资助
东华理工大学“核资源与环境国家重点实验室”
东华理工大学“放射性地质与勘探国防重点学科实验室”

开鲁盆地砂岩型铀矿成矿基础

聂逢君　于文斌　夏　菲等　著

科 学 出 版 社
北　京

内 容 简 介

本书是作者在开鲁盆地连续工作20余年的学术成果，书中汇集了大量野外地质调查资料、岩心观察分析资料、室内测试分析资料等。作者应用盆地构造演化、地层学、沉积学、铀矿物学、元素地球化学、同位素地球化学、铀成矿与找矿学等基础理论作为指导，结合电子探针、扫描电镜、同位素质谱等现代测试手段，综合分析了开鲁盆地砂岩型铀矿成矿地质背景、主要控矿因素及铀矿化特征等，初步建立了研究区独特的铀成矿模型，指出了开鲁盆地砂岩型铀矿进一步的找矿方向，对在中国东部及整个东北亚地区类似盆地中开展的铀矿找矿工作有重要的指导意义。

本书可供从事砂岩型铀矿、沉积地质学、矿床地质学、矿床地球化学、区域构造与成矿学等工作的研究人员及相关院校师生阅读参考。

图书在版编目(CIP)数据

开鲁盆地砂岩型铀矿成矿基础/聂逢君等著. —北京：科学出版社，2022.6

ISBN 978-7-03-071240-0

Ⅰ. ①开…　Ⅱ. ①聂…　Ⅲ. ①盆地-砂岩型铀矿床-成矿条件-开鲁县　Ⅳ. ①P619.14

中国版本图书馆CIP数据核字（2021）第268529号

责任编辑：焦　健　韩　鹏　张梦雪／责任校对：崔向琳

责任印制：吴兆东／封面设计：北京图阅盛世

科学出版社 出版

北京东黄城根北街16号

邮政编码：100717

http://www.sciencep.com

北京中科印刷有限公司 印刷

科学出版社发行　各地新华书店经销

*

2022年6月第　一　版　开本：787×1092　1/16

2022年6月第一次印刷　印张：18 1/4

字数：432 000

定价：248.00元

作者名单

聂逢君　于文斌　夏　菲　严兆彬

于振清　杨东光　蔡建芳　陈梦雅

王海涛　何剑锋　张亮亮　封志兵

佟术敏　宁　君　姜美珠

序

力争2030年前实现碳达峰，2060年前实现碳中和，是党中央经过深思熟虑做出的重大战略决策，事关中华民族永续发展和构建人类命运共同体。作为绿色低碳能源，核能在这场社会变革中起到的作用给人留下无限想象的空间，而核能技术在零碳低碳领域引领的变革更是让人期待。铀资源作为低碳绿色核能不可或缺的“粮食”，它的稳定供应是核能发展的重要基础和前提。

近年来，中国核工业集团有限公司主攻可地浸砂岩型铀矿，在伊犁、吐哈、巴音戈壁、鄂尔多斯、二连、松辽（开鲁）等盆地新发现了一批经济可采的大型、特大型可地浸砂岩型铀矿，新增探明铀资源量相当于前45年累计探明资源量的总和，极大地坚定了在我国北方盆地继续寻找砂岩型铀矿的信心。

开鲁盆地系统的铀矿地质勘查工作始于1980年。1980～2000年在地浸采铀技术不断完善与发展的基础上，盆地内1：25万铀资源评价项目陆续开展；2000～2010年，核工业系统在开鲁盆地开展多个铀矿区域评价项目，在宝龙山地区接连发现一批铀矿化、异常孔，遂使找矿目的层确定为上白垩统姚家组。此外，中国石油天然气股份有限公司辽河油田分公司在钱家店凹陷勘探石油的过程中，在姚家组中陆续发现了铀矿化显示，并提交了钱家店铀矿床地质勘查报告，在后续的工作中扩大了钱家店铀矿床外围铀矿找矿成果，使开鲁盆地铀矿找矿工作渐趋成熟，且取得了实质性进展；2010年之后，核工业系统加大了开鲁盆地的找矿力度，陆续开展了铀矿区域评价、预查及普查项目，投入了一定量的浅层地震和可控源音频大地电磁测深（CSAMT）工作。在开鲁盆地钱家店凹陷相继发现了宝龙山铀床、大林及海力锦等多处铀产地，进一步确定了主要找矿目的层为姚家组下段，至此，开鲁盆地铀矿找矿工作取得了重大突破。

《开鲁盆地砂岩型铀矿成矿基础》一书凝结了作者的智慧与汗水。通过对开鲁盆地长期的科学研究与生产实践，作者积累了丰富的野外地质工作经验，并进行了大量的室内分析测试，充分吸收消化了国内外研究成果，正确应用科学理论，归纳总结了开鲁盆地砂岩型铀矿的成矿条件。纵观全书，基础地质工作扎实，大量的野外第一手资料和室内精细的分析资料密切配合。通过古生物标志与铀矿含矿目的层沉积旋回分析法相结合，确定了晚白垩世沉积的姚家组为开鲁盆地的主要找矿目的层；利用地震、测井、岩心等资料，详细地分析了沉积体系、沉积相和微相；利用现代测试手段，如电子探针、大型显微镜、荧光显微镜、同位素测定技术，确定了矿石矿物类型及特点，总结了含矿层的微观特征与蚀变作用，指出了热流体与铀成矿作用的关系等。

相信该专著的面世，一定会对开鲁盆地及盆地以外其他地区，乃至中国北方类似的盆地中找寻类似的矿床起到重要的参考作用。铀矿资源成矿基础与成矿作用的研究任重而道远，希望该专著的研究团队在过去研究的基础上，更加扎实工作，在充分借鉴和吸收国外的理论与实践的基础上，创新研究思路与方法，引领砂岩型铀矿研究方向，在中国的大地上找寻出更多更优质的铀矿资源，解决核能所需的铀资源大部分依赖进口的“卡脖子”问题，为“双碳”目标的实现做出更大的贡献。

马永生

2022 年 1 月 13 日

前　　言

在“双碳”目标视域下，作为绿色低碳能源，核能必将为我国能源转型发挥重要作用。据中国核能行业协会预测，在“十四五”及中长期期间，核能在中国清洁能源低碳系统中的地位将更加明确，作用将更加凸显。

全球铀资源丰富，但分布极为不均，主要集中在澳大利亚、哈萨克斯坦、加拿大、俄罗斯、美国、尼日尔等国。鉴于铀资源的重要性，美国、俄罗斯、日本等国多年前就已建立充足的铀矿资源储备。据国际原子能机构相关报告，我国铀矿探明储量居世界十名开外，且具有规模小、品位低、选冶难度大等特点。

随着核能的不断发展，对铀资源需求量逐年快速上升。近年来，中核系统主攻可地浸砂岩型铀矿，截至目前，在伊犁、吐哈、巴音戈壁、鄂尔多斯、二连、松辽（开鲁）等盆地新发现了一批经济可采的大型、特大型可地浸砂岩型铀矿，新增探明铀资源量相当于前45年累计探明资源量的总和。在鄂尔多斯盆地、二连盆地和开鲁盆地发现和落实了两个超大型、四个特大型、三个大型和二个中型铀矿床。

自从开鲁盆地钱家店铀矿床突破以来，中国核工业集团有限公司加大了对盆地找矿的勘探力度，并陆续开展了铀矿区域评价、预查及普查项目，相继发现了宝龙山铀床、大林及海力锦等多处铀产地，而且在外围也发现了一批铀矿化异常现象，圈定了一些成矿远景区，进一步确定了主要找矿目的层为姚家组下段。由此，奠定了开鲁盆地作为砂岩型铀矿基地的坚实基础。

开鲁盆地砂岩型铀矿的研究得到了国家国防科技工业局、中国核工业地质局、国家自然科学基金委员会、东华理工大学、核工业二四三大队、核工业北京地质研究院、中国石油天然气股份有限公司辽河油田分公司等单位的大力支持与协作。东华理工大学核资源与环境国家重点实验室、核工业北京地质研究院分析测试研究中心、天津地质调查中心实验室、中石油勘探开发研究院等单位承担了大量的测试工作。在此，谨向上述资助和支持本研究的单位和部门表示衷心的感谢。

全书共分为十章，第一章绪论，介绍了开鲁盆地砂岩型铀矿的勘查历史、现状及存在的问题。第二章地壳演化与盆地形成，归纳和总结了盆地地壳结构特征、盆地形成的动力学背景及盆地形成时代与演化。第三章盆地结构与构造特征，主要介绍地球物理探测及盆地结构特征、基底形态与构造-地层结构的关系。第四章盆地沉积充填，通过盆内沉积物沉积特征、物源分析等，恢复蚀源区岩石组成、盖层剥露过程和剥蚀程度、沉积物流向等，阐述了山盆系统间的物质交换过程。第五章主要目的层姚家组，介绍了主要找矿目的层上白垩统姚家组，尤其是姚家组下段的地层厚度特征，以及相识别标志、古生物标志及沉积相与沉积模式等。第六章次要目的层，通过地层结构、砂体条件、岩性-岩相条件、氧化-还原条件及铀矿化特征等对次要目的层泉头组、四方台组及明水组进行了研究。第七章辉绿岩与热流体，重点研究了开鲁盆地辉绿岩的岩石学、地球化学特征及其与热流体和铀成矿的关系。第八章物源与铀源，主要介绍了物源和铀源及二者的源–汇过程，以及物源和铀源对砂岩型铀矿形成的制约。第九章成矿还原剂，主要研究了砂岩中主要的还原剂碳质碎屑、油气、黄铁矿和细菌等，并阐述了它们的还原作用机理。第十章铀成矿控制因素耦合，重点阐述了构造–沉积–流体耦合下铀成矿作用。

本书作者感谢以下参加项目研究的人员：东华理工大学的饶明辉、谈顺佳、王欣萍、刘晓博、曲晓梅、刘茜茜、王清、孟繁敏；核工业二四三大队的康世虎、姜山、王殿学、黄笑、杨文达、王常东、唐国龙、李继木、邓福理、翁海蛟、贺航航、张韶华、郝晓飞、武飞、卢天军、刘鑫、崔磊、苏连驰。

另外，本书作者要特别感谢张金带、陈跃辉、李友良、苏学斌、陈安平、郭庆银、丛卫克、朱吉才、孙晔、于恒旭、李胜祥、康世虎、郝进庭、高天栋、李伟、姜山、王殿学、陈贵海、李子颖、秦明宽、郭冬发、蔡煜琦、夏毓亮、孙占学、刘晓东、饶明辉、巫建华、郭国林、许德如、潘家永、陈振岩、里宏亮、金若时、苗培森等铀矿地质专家多年来对本研究的大力支持和指导。

作　者

2021 年冬

目　　录

第一章 绪 论

第一节 砂岩型铀矿成矿与找矿

据国际原子能机构（International Atomic Energy Agency，IAEA）资料记载，截至2017年，全世界盆地砂岩型铀矿（sandstone type U-ore）资源占经济可采铀资源量的41.4%①，中国砂岩型铀矿已占铀资源总量的45.5%，是今后铀矿的主攻方向（张金带等，2019）。砂岩型铀矿床受青睐是因为地浸（in-situ leaching，ISL）开采技术，通过对铀矿体原地注入溶液、回收溶液而获取铀，有节约成本、降低矿床开采品位要求、扩大资源量等优势（Bartlett，1998；Seredkin et al.，2016）。

美国砂岩型铀矿勘查与研究始于1951年杰克派尔矿床的发现，至20世纪80年代，美国学者对砂岩型铀矿的成矿物质来源、成矿作用、地质判据等进行了深入系统的研究，建立了卷状铀矿床成矿模式（Harshman，1970；Rackley and Johnson，1971；Granger and Warren，1974）和板状铀矿床成矿模式（Fischer，1970，1974；Fishman et al.，1985；Turner-Peterson and Fishman，1986；Northrop and Goldhaber，1990）。卷状铀矿床成矿模式是含铀氧化流体在重力驱动下侧向渗入含水层，铀在地层的氧化还原界面附近还原沉淀，矿体呈卷状；板状铀矿床成矿模式是含铀氧化流体渗入河道沉积层，受砂体内板状隔水层影响，矿体呈板状。这两种模式在后来的勘查中都得到了发展和应用。

苏联几乎在美国发现砂岩型铀矿的同时，于1952年在中亚哈萨克斯坦首先发现了乌其库杜克砂岩型铀矿。至20世纪70年代末，逐步建立了“层间渗入成矿”“水成铀矿”“次造山”等理论（刘池洋，2005）。苏联学者通过对中亚地区大量砂岩型铀矿实例研究，将层间渗入作用形成的砂岩型铀矿按地球化学特征分为氧化带（完全氧化带、不完全氧化带）、过渡带、还原带、原生带，为氧化带型砂岩型铀矿勘查与研究打下了基础。

20世纪80年代末以来，中国开始学习引进中亚及苏联可地浸砂岩型铀矿勘探理论与方法，并在北方众多盆地中持续掀起找矿热潮（张金带，2004，2012，2016），30多年的勘探实践在北方伊犁、吐哈、巴音戈壁、鄂尔多斯、二连、松辽等盆地取得了找矿持续突破（权建平等，2006；彭云彪等，2007；夏毓亮等，2010；陈奋雄等，2016；聂逢君等，2018a，2019；刘波等，2020），中国砂岩型铀矿资源量迅速增加，并上升到第一位，彻底改变了资源结构的面貌（张金带等，2010，2019），彰显了天山-兴蒙造山带及两侧盆地中砂岩型铀矿惊人的找矿潜力。

---

① NEA，IAEA. 2018. Uranium 2018：Resources Production and Demand.

第二节　中国东北地区及邻区铀矿

中国东北地区紧邻俄罗斯和蒙古国，地质特征与地质演化具有相同或相似的特征，尤其是矿床的成矿区域背景、矿床类型及其特征，在多方面可以对比和借鉴俄蒙的矿床。俄罗斯是世界上开发铀矿最早和探明铀矿储量最多的国家之一。1962 年，苏联在我国边境附近的赤塔州红石市发现了迄今世界最大的火山岩型铀矿——斯特列措夫超大型铀矿田（图 1-1），储量超 20 万 t（余达淦等，1994）。20 世纪 60 ~ 70 年代，在中亚楚萨雷苏、锡尔达林等盆地中找到了一大批砂岩型铀矿（Fyodorov et al.，1997）。至此，火山岩型和砂岩型铀矿的成功发现开启了苏联铀矿找矿和研究的辉煌时代。不久之后，又在中亚中央卡兹库姆盆地发现了北克尼苗赫、捷列库杜克、瓦拉江等大型砂岩型铀矿。同时陆续又在外乌拉尔侏罗系中发现了达尔马托夫铀矿、多勃罗沃里铀矿和霍赫洛夫铀矿，在西西伯利亚发现了马林诺夫铀矿、贝斯特列铀矿，在外贝加尔发现了维吉姆等一批古河道（谷）砂岩型铀矿（图 1-1）。上述发现彻底改变了俄罗斯铀资源储量和分布面貌，也因此建立了三个方面的成矿理论：层间-渗入型氧化带砂岩型成矿、古河道潜水氧化带砂岩型成矿和火山岩型热流体成矿。

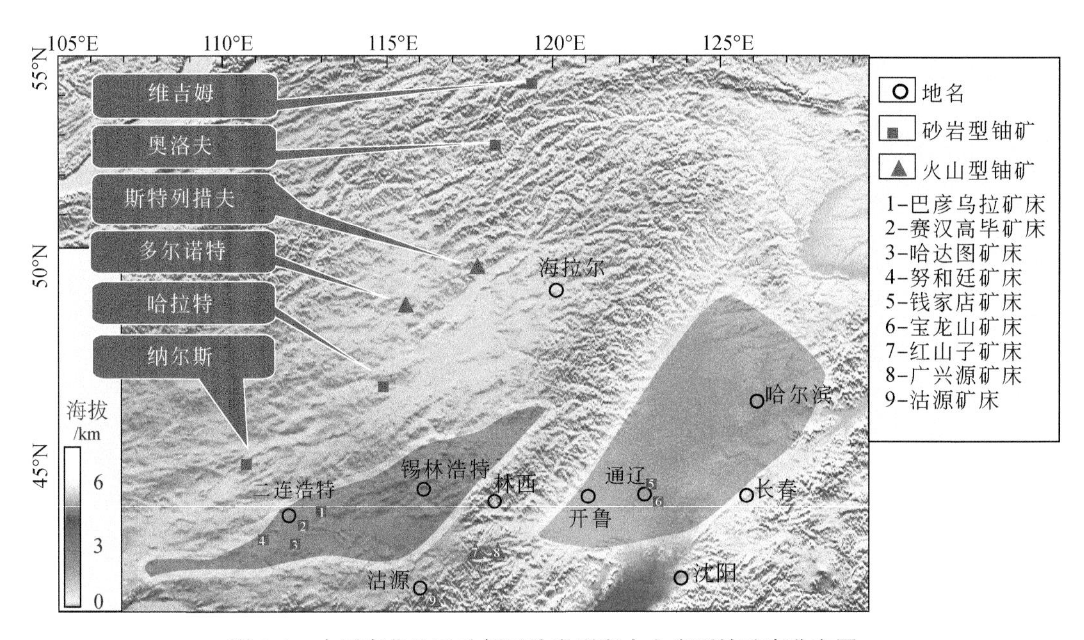

图 1-1　中国东北地区及邻区砂岩型和火山岩型铀矿床分布图

蒙古国的铀矿勘查是在苏联帮助下开展的。20 世纪 40 ~ 60 年代，通过航空普查和地面调查，在乔伊尔、尼尔金、乌利珠伊京等盆地的早白垩世煤层潜水面附近发现了大量的铀矿化。20 世纪 70 ~ 90 年代，在苏-蒙政府间签订合作找矿协议后，苏联专家提出了在蒙古国寻找类似斯特列措夫矿床的建议。通过航空伽马能谱和地面普查，应用火山热流体成矿和潜水氧化成矿理论，在克鲁伦地区和北戈壁地区发现了大量的铀矿床；在北乔巴山找到了许多火山机构，发现了一批大型、超大型火山岩型铀矿床，如多尔诺特、古尔凡布拉特、哈瓦尔、奈梅尔等；在蒙古国的南部和东南部发现了一批白垩系陆相沉积的潜水、层间氧化带矿床，如乔伊尔盆地中的哈拉特，赛音山达盆地中的纳尔斯等（Mironov et al., 1995），如图 1-1 所示。

第三节　开鲁盆地砂岩型铀矿历史与现状

一、自然地理条件

开鲁盆地位于松辽盆地的西南部，是松辽盆地的一部分（图 1-1）。地理上，开鲁盆地地处内蒙古通辽市境内，松辽盆地西南端，东与吉林省接壤，南与辽宁省毗邻，西与赤峰市、锡林郭勒盟交界，北与兴安盟相连，区内交通便利，铁路以通辽为枢纽，公路以 G45、国道 111 线、303 线和 304 线为主干线，辐射全国各地，面积约 33200km^2。地势由西向东逐渐倾斜，海拔为 140～300m，以沙丘、草原及农田为主。区内水系发育，以西辽河为主，由西拉木伦河、老哈河和教来河组成，呈 NE 向贯穿整个开鲁盆地，并最终在辽宁省昌图县和康平县之间的山东屯附近与东辽河汇合。盆地内主要成矿区域科尔沁属温带大陆性气候，春秋季风沙较大，春季多浮尘、扬沙、沙尘暴天气，秋季短，温凉少雨，冬季漫长而寒冷。科尔沁区四季分明，光照充足，雨热同期，气温适中，年平均气温约为 6℃，极端最低气温可达−34. 7℃，最高气温可达 39. 5℃。降水分布不均匀，大部分地区在 350～450mm，且多集中在 7～8 月，年蒸发量为 1000～1900mm。冰冻期一般为每年的 11 月至次年 4 月，冻结深度一般为 1. 6～2. 5m。

二、盆地砂岩型铀矿勘查历史

开鲁盆地地质工作主要分为区域地质调查、矿产勘查、煤田勘探及石油地质普查等工作，工作单位涉及多系统及系统内各部门，其中以煤炭、石油系统投入的工作量最多，取得的成果也最为显著。

石油系统及各部门地质工作从区域上入手，从全盆地角度出发，利用高分辨率层序地层，很好地解决了盆地的地层结构、沉积特征及盆地演化的动力学背景，建立了盆地层序地层格架，阐明了沉积体系分布格局、发育特征和沉积相带的展布规律，以及沉积序列和油气藏生储盖组合特征，建立了一套行之有效的找油模式及评价机制。但石油部门注重深部断陷层序含油（气）地层的研究，对浅部拗陷层序铀成矿有利地层研究较少，其资料在铀矿勘查中的利用受到制约。

煤炭部门主要从局部地区或断陷盆地研究入手，工作区分布在盆缘地带，重点勘探的是面积较小的煤田，主攻的是盆地演化早期阶段形成的断陷层位，目标层为下白垩统，揭示了局部地段或盆缘一带的地层结构和构造发育特征。煤炭部门研究的地层也是深部断陷层序，而且以断陷构造单元为研究对象，缺少区域性的地层分析研究，特别是对后生蚀变研究较薄弱，因此其资料在铀矿勘查中的应用也具有一定的局限性。

虽然开鲁盆地所开展的地质工作始于20世纪50年代，但系统的铀矿地质工作开始于20世纪80年代，而砂岩铀矿勘查始于1995年，从20世纪90年代至今铀矿勘查工作力度逐渐加大。时至今日，松辽盆地及其南部砂岩型铀矿找矿工作已然经过三个重要阶段。

第一阶段：铀矿勘查早期以新近系（N）为找矿目的层，主要工作区域在西部斜坡区的开鲁-白城一带，并在盆地周缘蚀源区发现一些矿化点、异常点和铀矿点。至20世纪80年代，较系统的以寻找砂岩型铀矿为目标的铀矿区调在松辽盆地逐渐展开，1984~1986年在对盆地铀成矿地质条件进行研究的基础上进行了选区。20世纪90年代，在地浸采铀技术不断完善与发展的基础上，区内1∶25万铀资源评价项目陆续进行。此阶段形成的成果资料常对某一层位（深度）分析较为深入，而对非目标层位描述较为简单。

第二阶段：2000~2010年，核工业系统在开鲁盆地开展了多个铀矿区域评价项目，投入了较多的钻探工作量，在白兴吐地区接连发现一批铀矿化、异常孔，遂使找矿目的层转为姚家组。之后在松辽盆地南部陆相红色碎屑岩系找矿工作中发现了原生红色砂体可以通过油气及煤气的后生还原作用形成灰色层，并在灰色层中发现了工业铀矿体。在对姚家组、泉头组及四方台组等地层进行针对性的铀资源区域评价工作过程中发现了较好的铀工业矿孔。此外，中国石油天然气股份有限公司辽河油田分公司在钱家店凹陷勘探石油的过程中，在姚家组中发现了铀矿化显示，并提交了钱家店铀矿床地质勘查报告，在后续的工作中扩大了钱家店铀矿床外围铀矿找矿成果，松辽盆地铀矿找矿工作渐趋成熟，且取得了实质性进展。

第三阶段：2010年之后，核工业系统加大了开鲁盆地的找矿力度，陆续开展铀矿区域评价、预查及普查项目，并配套有水化学调查工作和多个生产中科研项目；2012年后，核工业航测遥感中心在松辽盆地南部投入了一定量的浅层地震工作，对下一步找矿工作提供依据和建设性意见。在松辽盆地南部相继发现了宝龙山铀床、大林及海力锦等多处铀产地，而且在外围也发现了一批铀矿化异常现象，圈定了一些成矿远景区，进一步确定了主要找矿目的层为姚家组下段。由此，松辽盆地南部铀矿找矿工作取得了重大突破。

第四节 铀矿勘查中存在问题

开鲁盆地前期在砂岩型铀矿的勘查工作中虽然取得了一定的成果，发现了钱家店、宝龙山、大林、双宝等矿床，但这些矿床空间上仅限于钱家店凹陷。由于开鲁盆地范围较大，类似的凹陷还有哲中、陆家堡、金宝屯等，它们的成矿地质条件与钱家店凹陷有相同或相似的地方，但找矿潜力亟待进一步评价，弄清楚开鲁盆地砂岩型铀矿的控矿因素，对其他凹陷中的找矿有帮助。

经过勘查与研究，盆地主要含矿目的层为上白垩统姚家组（K_2y），次要含矿目的层为泉头组（K_2q）、青山口组（K_2qn）、四方台组（K_2s）和明水组（K_2m）。层位虽然较多，但除了姚家组以外的目的层究竟找矿潜力如何目前也还无法得出结论，期望有更多的研究来证实。

另外，开鲁盆地铀矿床中出现大量以细脉穿切含矿层，或沿含矿层顺层贯入的辉绿岩。据不完全统计，勘探钻孔中有70%～80%可能钻遇辉绿岩，个别钻孔中姚家组可被5层辉绿岩穿入（聂逢君等，2017）。这些铁镁质岩浆活动一方面为含矿层带来了热源，使地层中U及其伴生元素活化；另一方面沟通了深部岩石与浅部岩石（张青林等，2005），促进深部、浅部岩石进行成分交换，形成热液蚀变组合（吴仁贵等，2011；聂逢君等，2017；颜新林，2018）。

开鲁盆地铀矿床的成因一直存在争议。早期人们认为矿床为典型的氧化带成矿，即表生含铀氧化流体由剥蚀天窗向周围砂岩中渗入，U被炭屑和油气还原而成矿（赵忠华等，1998；于文斌等，2006；陈晓林等，2007；夏毓亮等，2010；庞雅庆等，2010；郑纪伟，2010）。后来发现一些证据与氧化流体从天窗渗入成矿相矛盾，于是有学者提出了氧化流体从更远的西南隆起区渗入，流经很长距离（200～300km）后从天窗排泄渗出成矿（焦养泉等，2015；荣辉等，2016）。然而，实际情况远比上述两种模式复杂，因为，一方面详查发现，原先推测的矿化极不连续，矿体并不像板状或卷状那样简单规则，而是呈不规则的团块状、透镜状、囊状；另一方面，铀矿化明显受断裂控制，且与辉绿岩脉有空间上的联系（聂逢君等，2017）。然而，反映矿床成因的矿体形态与辉绿岩和断裂等究竟有什么样的联系并未引起人们足够的重视。

从砂岩型铀矿成矿特征来看，水文地质学和水文地球化学的研究对建立成矿理论、模型和制定找矿勘查技术方法都非常重要，但往往是这方面的研究工作相对滞后。所开展的水文地质方面的工作大多仅依靠以往的地面水化学调查及以往收集的区域水文资料，可是含矿目的层地下水与第四系（Q）潜水之间隔着较厚的不透水层，它们之间无法连通，故地面水化学调查资料不能够很好地反映目的层的水文地质特征，而只有研究成矿时的古水文地质条件才能反映成矿时的特征，目前还缺乏有效的方法与手段。

第二章　地壳演化与盆地形成

环太平洋构造域（circum pacific tectonic domain）又称滨太平洋构造域，是在古太平洋和今太平洋两个前后相继的动力体系作用下形成的一个中新生代构造域。它先后经历了中生代的挤压改造、晚白垩世至中渐新世的拉张聚敛、中渐新世至早上新世的扩张断陷和晚上新世至全新世的俯冲沉降的大地构造演化过程，形成了复杂的构造格局。其构造断裂总体为NE向，大陆边缘属裂陷盆地和构造隆起带的相间排列，以及一系列NWW-SEE向（主体）和NE-SW向走滑、斜滑断层的剪切错移（李廷栋，2002）。新近纪至第四纪，随着太平洋板块迅速东移，挤压作用消失，由于构造反转，形成了以正断层为代表的伸展构造（桑吉盛等，2004）。中生代以来，扬子地块、华北地块和西伯利亚克拉通地块之间的拼合构成了东亚大陆最初的镶嵌图。中生代中晚期逐渐发育起来的NNE向环太平洋构造带叠加在东亚大陆的东缘，意味着在这期间区域古亚洲洋构造域和古特提斯构造域为主导的汇聚体制转变为古太平洋构造域的俯冲消减体制。

中生代中晚期中国东部地区开始受滨太平洋构造域的影响，尤其是在渐新世末期—中新世早期构造转折以后，盆地的沉降与掀斜是铀矿化发生的有利阶段。从成矿时间上看，除了新生代是铀成矿作用发生的一个重要时期以外，白垩世中晚期的晚燕山运动期间是中国北方中东部地区盆地铀矿化的一个重要时期（距今80Ma左右）。这个时期以后，该地区从主要受古亚洲洋构造域的控制转向受滨太平洋构造域的控制。

第一节　区域大地构造

李思田等（1987）和李思田（1988）的研究表明，在我国的东北部、苏联外贝加尔地区和蒙古国东部的晚侏罗世至早白垩世时期存在的断陷盆地属于同一个盆地系，盆地的总数量约为257个，盆地的形成和结束时间虽略有差别，但在晚侏罗世—早白垩世时期，盆地的构造样式和沉积充填、能源矿产的特征及与火山岩的关系等都十分相似，为一个统一的东北亚晚中生代断陷盆地系，总面积>200万km^2。在构造演化上，可分为两个阶段。第一阶段裂谷作用以强烈的火山喷发活动为特色（图2-1），火山岩以NE向和NNE向的大型断裂体系为通道，形成的火山岩旋回为玄武岩-安山岩-粗面安山岩-石英粗安岩-流纹岩组合，在二连盆地相当于第一残留裂谷阶段，形成一套火山岩与粗碎屑岩和煤系的地层组合。第二阶段裂谷作用则以断陷盆地中充填大量的碎屑为特征，主要为内陆含煤碎屑岩系，以内蒙古的巴彦花群（二连盆地中相当阿尔善组、腾格尔组、赛汉组）和扎赉诺尔群（海拉尔盆地中相当于铜钵庙组、南屯组、大磨拐河组、伊敏组）为代表。在开鲁盆地则表现为一套火山-沉积组合（义县组、九佛堂组、沙海组、阜新组）。事实上，这两套下白垩统地层分别是二连盆地和海拉尔盆地外生铀矿床的主要找矿目的层。

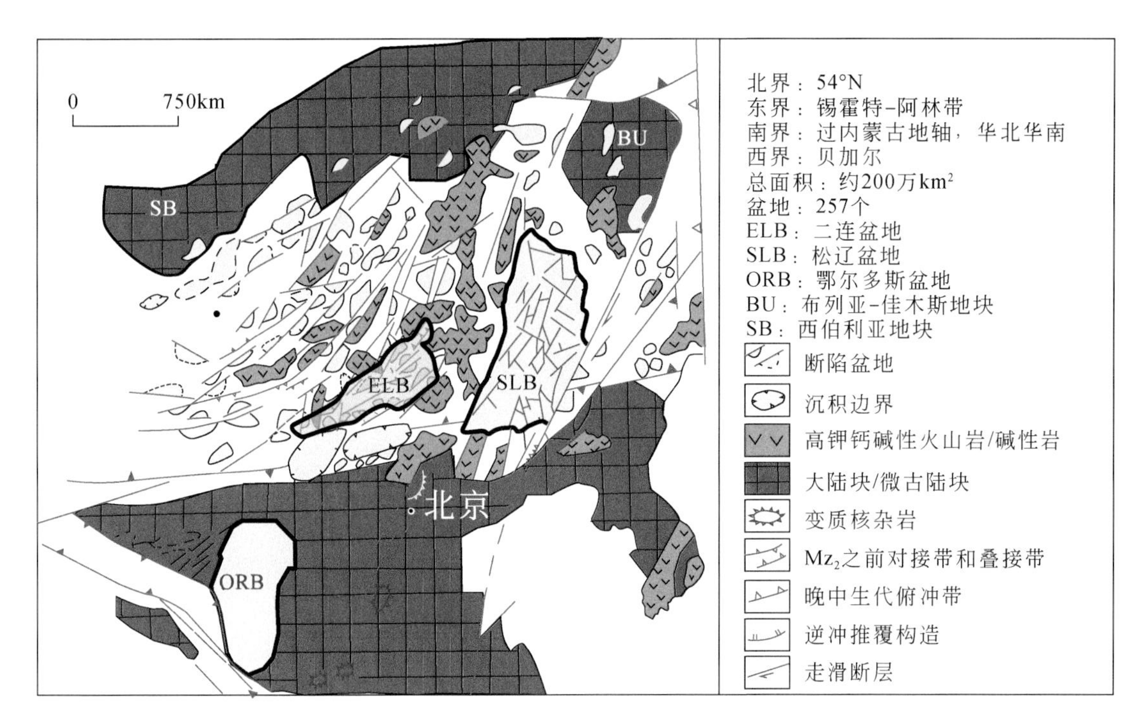

图 2-1　东北亚地区断陷盆地系（据任建业等，1998 修改）

在大地构造上，二连盆地处于华北板块与南蒙古地块之间（图 2-1）。研究表明，华北板块与南蒙古地块在古生代末完成拼合对接形成统一的块体（Lamb et al.，1997；Zorin，1999），留下了一系列可识别的早、晚古生代蛇绿岩，它们代表了古亚洲洋的存在（Tang，1990；Lamb et al.，1997；Buchan et al.，2001）。中-晚侏罗世时期，鄂霍次克海关闭，沿着古亚洲洋关闭的缝合带、西伯利亚板块与华北-蒙古板块的拼接作用（Zonenshain et al.，1990；Enkin et al.，1992；Kravchinsky et al.，2002）导致北华北板块的阴山地区出现大量的逆冲构造（Davis et al.，1996，1998，2001；Chen，1998；Zheng et al.，1998；Darby et al.，2001）。然而，在晚侏罗世末，构造应力场发生了根本性的改变，华北-蒙古板块上开始出现伸展裂陷作用。早白垩世时期，该地区的地壳伸展作用达到了高峰，出现了一系列的宽裂陷式的伸展盆地和变质核杂岩（图 2-2）。与此同时，与伸展裂谷作用相关的岩浆活动，尤其是火山作用，在晚侏罗世—早白垩世时期也相当明显和普遍（Wu et al.，1999；Jahn et al.，2000；Graham et al.，2001）。

而早白垩世晚期以来，该地区地壳发生多期构造反转，盆地发生抬升，早白垩世晚期至晚白垩世早期，阜新组（K_1f）与泉头组（K_2q）之间存在角度不整合，指示盆地发生构造反转，大体相当于燕山运动 C 幕（朱日祥等，2020），嫩江组（K_2n）沉积末期，盆地再次出现构造反转挤压，造成新生界地层缺失。嫩江组沉积末期以来地层沉积厚度薄，且有一定的局限性。据 Meng 等（2003）的研究，中国境内的银根盆地（巴音戈壁盆地）、二连盆地、海拉尔盆地、松辽盆地在侏罗纪—白垩纪的演化历史与蒙古国的南戈壁盆地、东戈壁盆地、塔木素盆地很相似。晚白垩世，盆地性质由伸展断陷向拗陷阶段转化，沉积

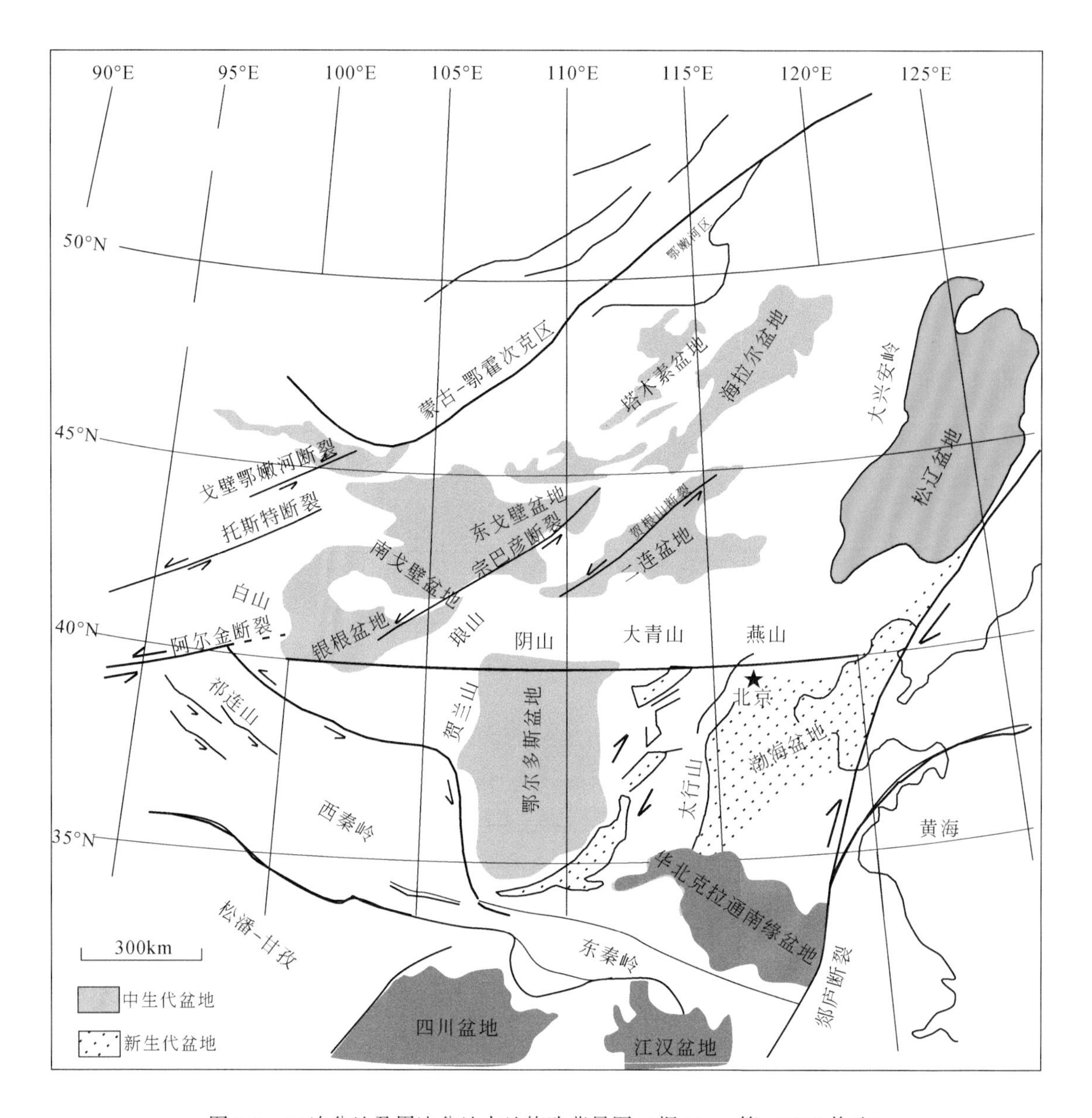

图 2-2 二连盆地及周边盆地大地构造背景图（据 Meng 等，2003 修改）

了姚家组、嫩江组地层，松辽盆地的这种区域地质背景特征也就决定了盆地自早白垩世以来含矿目的层与铀成矿作用的形成与分布规律。

据陈发景等（2004）的研究结果，我国东北地区在晚侏罗世—早白垩世早期存在三条裂谷系，即西带裂谷系，海拉尔、二连盆地断陷盆地群，呈 NE 向展布；中带裂谷系，松辽断陷盆地群，呈 NNE 向展布；东带裂谷系，三江、鸡西、勃利、延吉等断陷盆地群，呈 NNE 向展布（图 2-3）。这三个带的断陷盆地群在早白垩世末均遭受后期的反转，反转程度自西向东逐渐加强。侏罗纪至白垩纪时期，位于东北亚的二连盆地主要处于伸展构造背景下（任建业等，1998；焦贵浩等，2003），盆地中的沉积相发育规律和古气候的演化，对整个盆地外生铀矿床的形成起着决定性作用。在研究区，姚家组已发现多个铀矿床，此外四方台组、明水组及泉头组等多个层位也相继发现了铀异常，这些不同岩石、不同层位、不同类型的铀矿床组合描绘出了整个开鲁盆地乃至松辽盆地良好的铀资源勘探前景。

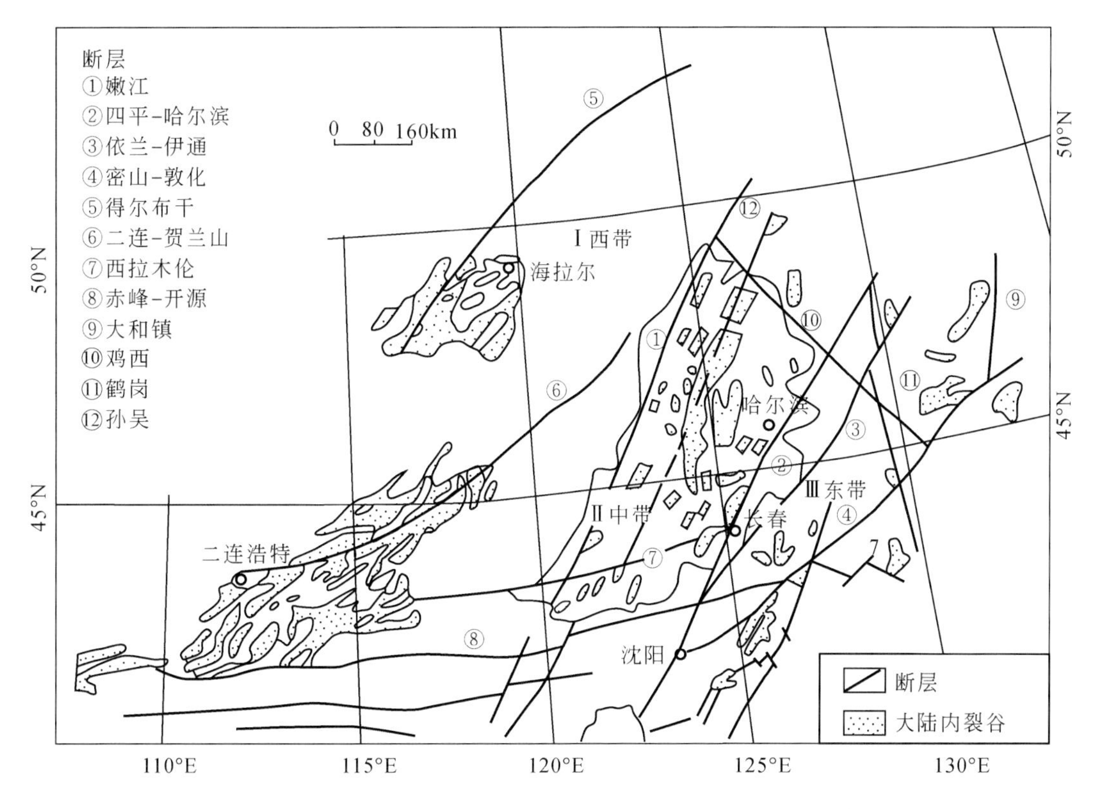

图2-3　中国东北地区晚侏罗世—早白垩世裂谷系分布图（陈发景等，2004）

第二节　盆地地壳结构特征

松辽盆地地处古亚洲洋构造域与古太平洋-太平洋构造域的复合交切部位，其基底是由古生代的陆间洋壳俯冲消减、陆间块体的拼贴增生及大陆的对接缝合作用而形成的，中、新生代盆地是在此复合基底上形成和发展的。松辽盆地及邻区大地构造图（图2-4）表明：盆地位于中朝板块和西伯利亚板块之间的构造复杂地段。东部基底发育晚海西-印支期花岗岩，南部为太古宙—古元古代克拉通及鄂霍次克板块残片，西部和北部为古生代沟弧系岩石组合夹大量的侏罗纪—白垩纪火山岩。盆地主要构造单元有兴安地块、松嫩地块及佳木斯地块，并发育4条构造缝合带和一系列的控盆断裂。

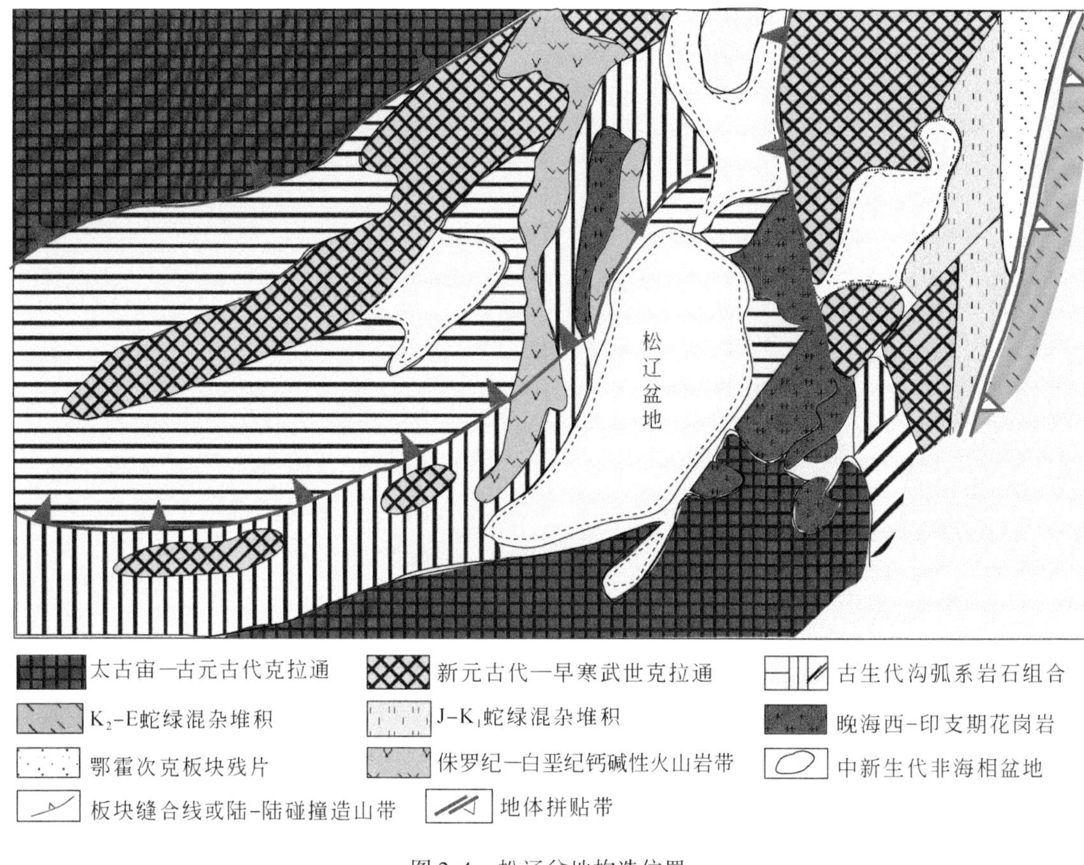

图 2-4　松辽盆地构造位置

一、主要构造单元

（一）兴安地块

兴安地块位于松辽盆地的西北侧和大兴安岭地区的北东半部。其主要由古生代花岗岩类岩石和被大量的中生代火山岩和花岗岩覆盖的沉积岩组成（刘永江等，2010）。兴安地块结晶基底下部以古-中元古界兴华渡口群为代表，以角闪黑云斜长片麻岩和斜长角闪岩为主；上部以新元古界佳疙瘩群和扎兰屯群为代表，以绿片岩相为主（刘永江等，2010）。结晶基底向西北与俄罗斯额尔古纳地块主体相连，向北毗邻于俄罗斯境内岗仁地块。研究表明，兴安地块是古老的微陆块，其存在大量的前寒武纪基底（章凤奇等 2008）。

（二）松嫩地块

松嫩地块位于中国东北地区的中部，包括松辽盆地、张广才岭地区、大兴安岭地区的南部地区及小兴安岭部分地区（余和中等，2001）。地块的大部分区域被中-新生代沉积层和侵入岩浆覆盖，出露的变质岩系零星分布在小兴安岭附近。松嫩地块进一步分为小兴安岭岩块、张广才岭岩块和松辽盆地掩盖区。小兴安岭岩块地处伊春-延寿和滨东地区。该区大面积出露晚三叠世—早侏罗世花岗岩，残留小块的元古宇东风山群变质岩及早、中古生代地层和加里东期花岗岩。张广才岭岩块同样大面积出露花岗岩，其中残留的张广才岭群主要为一套浅变质的火山-沉积岩。研究表明，张广才岭岩块在奥陶纪和志留纪时有活动大陆边缘的岩浆活动。松嫩地块西部被松辽盆地的年轻沉积物所掩盖。分析这些年代学资料的时空分布可知，松辽盆地南、北部分别具有不同的构造归属。研究表明，盆地南部基底具有华北地台北缘西拉木伦河-加里东褶皱带的特点，而盆地北部则具有松嫩地块的特点。南、北部的分界线大致在长春到乌兰浩特一线（高福红等，2007）。

（三）佳木斯地块

佳木斯地块在构造上属于中亚造山带的最东部，南部与兴凯地块相连，北部与俄罗斯远东地区的布列亚地块相连，被北东向的佳木斯-依兰断裂、敦化-密山断裂所分割（云金表等，2003）。佳木斯地块主要包含3个岩石系列，即麻粒相麻山杂岩、早-晚古生代花岗岩和火山岩及蓝片岩相的黑龙江杂岩。其中，麻山变质杂岩是东北地区最古老的变质基底。SHRIMP锆石U-Pb年龄表明，麻山杂岩最古老的原岩是中元古代，其变质作用发生在距今约500Ma的早古生代（周建波等，2011）；黑龙江杂岩是一个片状构造杂岩体，包括交替的蓝片岩、泥质片岩并伴随细石英脉和大理岩及超基性体的侵入。这些被认为是在松嫩地块和佳木斯地块的俯冲作用过程中变质的（周建波等，2009）；出露花岗岩形成于早到晚古生代的年龄阶段（吴福元等，2000）。早古生代花岗岩多发生变形，同时一部分侵入到麻山杂岩中。而晚古生代花岗岩的单锆石U-Pb年龄为晚石炭世—早三叠世（距今312～250Ma，Wilde et al.，2003；吴福元等，2000）和晚三叠世（223～212Ma，Yang et al.，2014）。

二、主要缝合带和断裂带

黑河-贺根山缝合带的位置为黑河-嫩江一带，缝合的时间为早石炭世晚期到晚石炭世晚期（韩江涛等，2018）。牡丹江缝合带由西部的牡丹江-依兰缝合带和南部的长春-延吉增生杂岩带组成，是佳木斯地块与松嫩地块碰撞的产物。其碰撞的原因可能与古太平洋活动大陆边缘有关。索伦-西拉木伦河-长春缝合带被认为是东北微陆块群与华北克拉通的拼合界线，代表了古亚洲洋的最终闭合（韩国卿等，2009）。该缝合带西起索伦山，经苏尼特右旗、柯单山沿着西拉木伦河延伸至松辽盆地西南部。蒙古-鄂霍次克缝合带为一条巨型构造-岩浆岩带，其形成于晚古生代至中生代，是蒙古-鄂霍次克洋闭合的最终缝合带。此外，松辽盆地还发育嫩江-八里罕断裂、中央断裂带、佳木斯-伊通断裂等控盆断裂（杨宝俊等，2001）。

第三节　西拉木伦河断裂与地壳叠接带

西拉木伦河属于西辽河水系，发源于浑善达克沙地东缘的巴彦特莫，向东流经克什克腾旗南部，后汇于西辽河。该地区的断裂十分发育，包括西拉木伦河断裂、赤峰-开原断裂等深大断裂。西拉木伦河断裂故以此河流命名（孙德有等，2004）。

西拉木伦河断裂的主体位于天山-兴蒙地槽系的中东部，是沿西拉木伦河近东西走向延伸、宽度可达数十公里的大型断裂构造，表现为带状分布的（前）二叠纪蛇绿混杂岩、蓝片岩高压变质带、深海浊积岩和放射虫硅质岩（王璞珺等，2015）。其属性在古生代属于俯冲消减带，中生代早期以挤压、压扭为主，白垩纪以来以张性活动为主，新生代以张性、张扭性为主。断裂在内蒙古西部地区基岩出露较好，挤压破碎现象十分明显，断裂面发育，倾向为 S 或 SSE，倾角较大，一般为 30°～50°，局部地段片理化带或靡棱化带发育，沿断裂带形成东西向紧密的同斜、倒转、平卧褶皱。由此可知，断裂是受自北向南的水平挤压应力作用形成的。西拉木伦河断裂两侧新生代玄武岩喷发强烈，主要表现为裂隙式喷发（如上新统赤峰玄武岩）、中心式喷发（如上更新统达里诺尔玄武岩；韩杰，2013）。断裂向东延伸至松辽盆地南部，并被中、新生代沉积地层覆盖。有学者利用地震、大地电磁法（magnetotelluric method，MT）、重磁等方法试图揭示断裂向东延伸问题，得出不同的看法：①西拉木伦河断裂延至嫩江断裂后，在开鲁西受嫩江断裂的影响左行错断，由此沿嫩江断裂向北延伸；②西拉木伦河断裂通过松南辽北地区延至长春附近；③西拉木伦河断裂带由西拉木伦河东端沿西辽河延伸，至开鲁附近向北错断，沿舍伯吐-宝龙山一线延伸至长春地区；④西拉木伦河断裂由西拉木伦河河套，经通辽、科尔沁左翼中旗及三县堡以东，延伸到长春附近（刘伟等，2008）。尽管对西拉木伦河断裂向东延伸问题观点不一，但对断裂横切盆地南部铀矿集区的观点是基本一致的。

西拉木伦河断裂被认为是东北陆块群与华北板块的构造拼合带，也是古亚洲洋在东段最终闭合的缝合带。断裂以南为华北板块，褶皱构造整体呈 NEE 向展布；靠近断裂带，平面上表现出弧形弯曲；断裂以北为西伯利亚板块，NE 向展布的黄岗梁复式背斜为区内醒目的构造形迹。西拉木伦河断裂带的蛇绿混杂岩广泛发育，可将其分为两段，即西段的索伦-林西蛇绿混杂岩带和东段的长春-延吉蛇绿混杂岩带。西段的索伦-林西蛇绿混杂岩带自西向东主要包括索伦、满都拉、温都尔庙、柯单山、五道石门、杏树洼、九井子（小苇河）和半拉山。蛇绿混杂岩带以岩块产出，岩性主要为方辉橄榄岩、枕状玄武岩、拉斑玄武岩、辉绿岩和辉长岩等，形成时代主要集中在二叠纪—三叠纪，具有俯冲带（SSZ 型）或者洋中脊特征，可能与一个长期演化的大洋环境有关（刘永江等，2019）。东段的长春-延吉蛇绿混杂岩带由西向东大致分布于长春、舒兰和延吉地区，主要出露呼兰群、清河群和开山屯组等。目前，多数学者认为东段的蛇绿混杂岩带的形成时代应该为晚二叠世—早三叠世。与西段的蛇绿混杂岩带相比，东段的蛇绿混杂岩带的研究程度甚低，亟待进一步详细研究。断裂南北两侧的地层发育序列差异明显。早二叠世地层为大石寨组海相火山岩，在西拉木伦河断裂两侧分别被哲斯组和于家北沟组所覆盖，大石寨组与上覆两套地层之间为整合或平行不整合接触。哲斯组仅见于西拉木伦河断裂以北，为浅海-海陆交互相，下部发育生物碎屑灰岩夹硅质岩，上部为粉砂岩、板岩。林西组主要为一套陆相泥岩、砂岩、粉砂岩，与下伏哲斯组平行不整合接触。于家北沟组出露于西拉木伦河断裂南侧，主要为砂岩、粉砂岩、砾岩，上部夹有薄层凝灰岩（张欲清，2016）。区内三叠系仅在巴林右旗幸福之路苏木与林西官地一带出露幸福之路组，其与林西组呈平行不整合接触

（张欲清等，2019）。近来，有学者通过对该套地层中碎屑锆石和凝灰岩夹层年代学分析，认为其沉积年龄在三叠纪初至晚三叠世（郑月娟等，2014）。

西拉木伦河断裂为一条具相当规模的深断裂，是西伯利亚板块与中朝两大板块的缝合线（刘伟等，2008；韩国卿等，2009；郝福江等，2010；袁永真等，2015），但其闭合时间一直是人们争论的焦点。西拉木伦河北侧零星出露的蛇绿岩壳“残片”。

一、断裂带形成时间

王玉净和樊志勇（1997）在古西拉木伦河北部杏树洼蛇绿岩带硅质岩中首次发现放射虫11属9种、1相似种、4未定种及伴生的1个台型牙形类（*Mesogondolella*），它们常出现在日本西南部、美西部俄勒冈州和内华达州等地区、菲律宾巴拉望、泰国东南部、中国广西钦州地区和中国云南西部孟连地区二叠纪瓜德鲁普世地层中。这些放射虫的时代最有可能是瓜德鲁普世中、晚期，即蛇绿岩带形成和蒙古洋最后封闭形成缝合线的时间，代表了海西期板块构造活动的产物，从而确定西拉木伦河断裂为华北板块与西伯利亚板块碰撞的缝合线。还有人报道在柯单山、五道石门、二八地等地枕状熔岩所夹硅质岩中均发现有早古生代微体化石，也认为西拉木伦河北侧蛇绿岩壳“残片”形成于早古生代，是加里东期板块构造活动的产物（樊志勇，1996）。

二、断裂带蛇绿岩特征

研究组通过区域地质调查，发现了在内蒙古扎鲁特旗境内的阿日昆都楞镇西5km处。图2-5a和图2-5b为蛇绿岩野外露头与素描，岩石呈层状出现，由玄武岩与石英岩和绢云母片岩组成（图2-5c）。玄武岩为深灰色、灰黑色，风化表面呈褐黄色，见大量的气孔和杏仁状构造，多为细粒结晶状，见少量的辉石和斜长石小斑晶（图2-5d）。气孔和杏仁体大者为3～5cm，小者为0.5～1cm，一般为1～2cm，气孔中大多充填白色碳酸盐矿物。玄武岩的厚度变化较大，最厚处为3～4m，最薄的地方为20～30cm。与玄武岩互层的石英岩呈白色、灰白色，全晶质石英颗粒，石英岩的厚度一般为5～30cm（图2-5e）。绢云母片岩呈浅黄色、灰黄色，与玄武岩、石英岩互层，主要由绢云母组成，含少量的石英等，厚度变化较大，厚者为30～50cm，薄者仅为2～3cm。根据露头挤压面特征判断，区域挤压应力方向为160°～170°，即NNW-SSE向。

初步研究认为，此处蛇绿岩为海底喷发的玄武岩与深海沉积的泥质岩、硅质岩互层，玄武岩在海底风化和蚀变过程中重结晶较强，同时伴随着气孔被碳酸盐矿物充填。蛇绿岩套在后期的挤压变形过程中，深海硅质岩变质为石英岩，而泥质岩则变质为云母片岩。根据大兴安岭及其邻区的岩石组合特征，该处的蛇绿岩可能为古亚洲洋的大洋岩石残留（Miao et al.，2007；李钢柱等，2017），具体岩石形成的年代还有待进一步工作来确证。

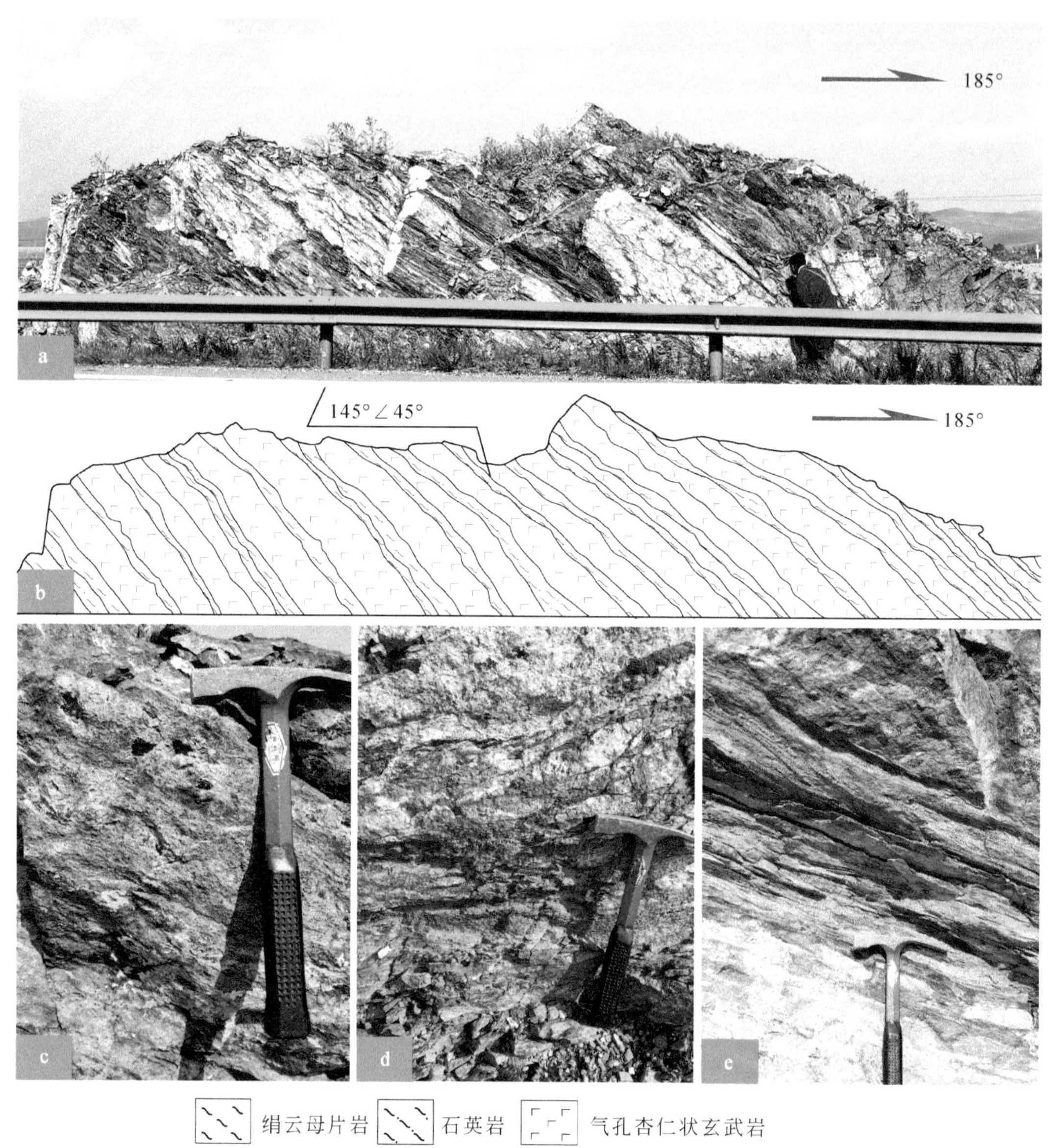

图 2-5　西拉木伦河断裂带蛇绿岩照片

a. 玄武岩与深海沉积物互层（远照）；b. 露头素描图；c. 玄武岩中的杏仁体、气孔，表面白色为裂隙面上的碳酸盐矿物；d. 玄武岩与深海沉积互层，深海泥质岩变质为云母片岩，硅质岩变质为石英岩；e. 玄武岩夹薄层泥质岩（云母片岩）

第四节　盆地形成时代与演化

一、天然地震层析资料解释

根据地球物理资料可知，特别是 20 世纪 90 年代完成的全球地学大断面（刘立，

1993)，大兴安岭及两侧的二连、海拉尔、松辽盆地对应着地幔的隆起，重力、磁力异常图上均显 NE 向宽缓的高值区。31km 莫霍面等深线圈定的范围相当于松辽盆地中央拗陷区（马莉和刘德来，1999)，深部构造和盖层构造呈镜像关系（高瑞祺和蔡希源，1997)。近年来应用天然地震层析技术对松辽盆地及周边地区地球层圈更深层次的探查揭示了岩石圈之下软流层的上隆（刘和甫，1983a，1983b；宋建国和窦立荣，1996)，图 2-6 的橙红色

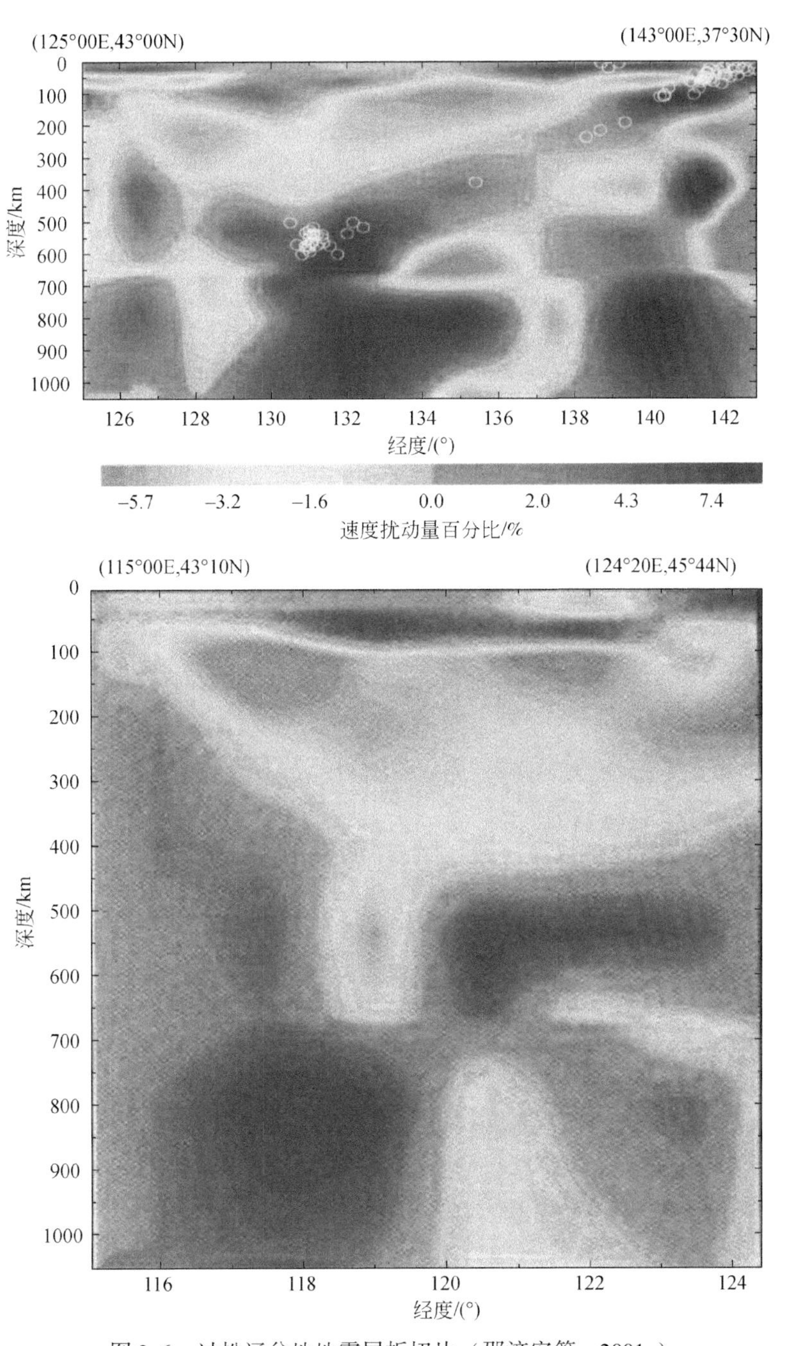

图 2-6　过松辽盆地地震层析切片（邵济安等，2001a）

代表P波低速区，正对二连-大兴安岭-松辽盆地的底部出现了透镜状的低速体，它密度小，温度高。这些资料进一步表明二连、大兴安岭、松辽盆地地区的裂谷性质（马杏垣等，1983；马杏垣，1987），基底以海西期花岗岩为主（吴福元等，2000），该地区的底部属于地幔上涌的动力过程（邵济安等，2001a）。

二、地震电法综合解释剖面

内蒙古东乌珠穆沁旗-辽宁东沟断面西起中蒙边界的恩格尔霍博尔，东至黄海之滨的大孤山镇，从东南至西北横穿中朝地台和内蒙古-大兴安岭褶皱系两个一级构造单元（卢造勋等，1993）。在该地学断面范围内进行了深地震测深、大地电磁测深、大地热流、地震面波、重力、航磁等综合地球物理测量与解释，获得了该断面的地球物理场特征及地壳与上地幔结构。用天然地震与大地电磁测深资料综合解释大兴安岭地壳结构如图2-7所示，邵济安等（2007）发现：①大兴安岭下方地壳厚度约为38km，变化不大，莫霍面平坦，没有明显的山根；②深部明显分层，西拉木伦河以北分为四层，中下壳的下层为一低速层，西拉木伦河以南分为三层；③地幔高导层在大兴安岭各分区明显不同，如果把地幔高导层（<20Ω·m）看成为软流圈，那么大兴安岭下部40～70km的上地幔内存在宽90km的低阻层，以及电阻率<400Ω·m，代表着一个软流圈上涌体。

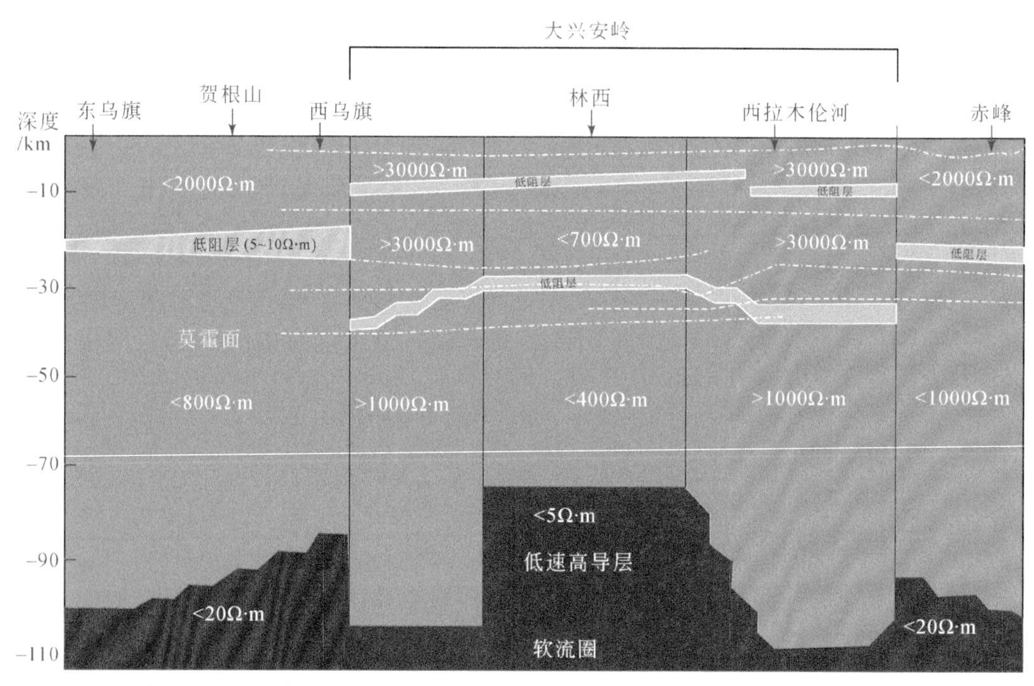

图2-7　二连-大兴安岭地区地震电性综合解释剖面图（据邵济安等，2007）

众所周知，多数人认为，板块的驱动力来自地幔，而地幔的对流上涌很可能造成很多由板块构造带来的相应的地质作用，如盆地的形成和一些大面积的矿产资源的形成等，这些科学问题均需要进一步详细工作，并一一加以解决。针对北方盆地和造山带的地质作用演化与矿产资源的形成，已有很多人把它们与大陆动力学联系起来，今后这方面的成果将会不断涌现。

三、地震 Pn 波反演结果

Pn 波被认为是在莫霍面下沿上地幔顶部传播的首波，Pn 波的速度随温度和物质成分而变化，Pn 波各向异性反映出地幔的形变历史（Bamford，1977；Hearn，1996）。因此，Pn 波速度及各向异性成为探索岩石圈结构和动力学的重要工具（Hearn，1996；Silver，1996）。关于中国 Pn 波的研究表明，地幔岩石圈的特征与地表地质具有明显的相关性（Liang et al.，2003）。从图 2-8 中可知，Pn 波速度的变化范围为 7.7km/s 到 8.3km/s，总体来看，西部 Pn 波速度>东部 Pn 波速度，研究结果表明与地表地质具有很好的相关性，Pn 波速度最明显的特征是很高速的异常区和很低速的异常区交替出现，它提供了中国地质不均匀性的一个镜像。各个大型盆地具有明显不同的 Pn 波异常，西部盆地具有高的 Pn 波速度，如塔里木盆地、准噶尔盆地、吐哈盆地、柴达木盆地等。而东部的渤海湾盆地、东海盆地和南海北部众多盆地则具有低 Pn 波速度（宋晓东等，2004）。鄂尔多斯盆地较为特殊，盆地东部（特别是东北部）Pn 波速度低于平均值（8.0km/s），但盆地西部则高于这一平均值，反映东部鄂尔多斯的各向异性。松辽盆地、二连盆地和巴音戈壁盆地，它们的 Pn 波速度变化也比较大，局部地方有明显的降低（红色、黄色部分）。需要指出的是，二连盆地内部变化很特殊，在盆地的东北部和中部地区，见有两条明显的 NW 向展布的低速带，这个低速带与二连盆地新生代玄武岩岩浆活动及 NW 向的断层活动在空间上有某种相关性。这种构造活动和岩浆活动的演化，区域上可能与盆地内部、周边热流体活动及其相关矿产资源的形成有一定的相关。

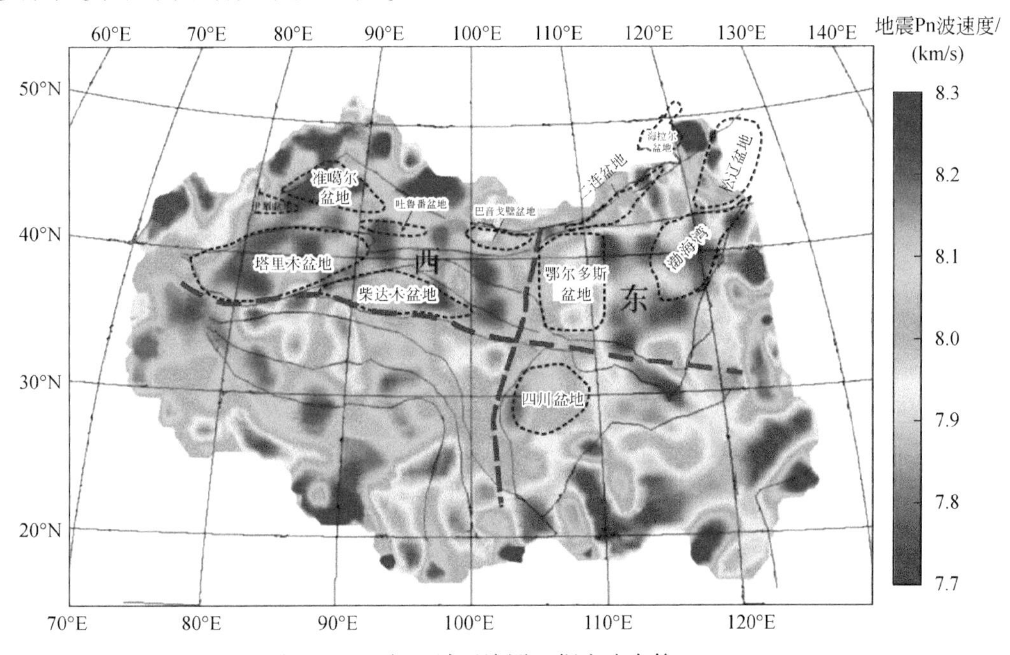

图 2-8　地震 Pn 波反演图（据宋晓东等，2004）

四、盆地形成与演化

根据盆地区域地质背景、构造样式、沉积演化、火山活动和热演化历史，可将松辽盆地的形成与发展划分为6个阶段（图2-9，表2-1）。

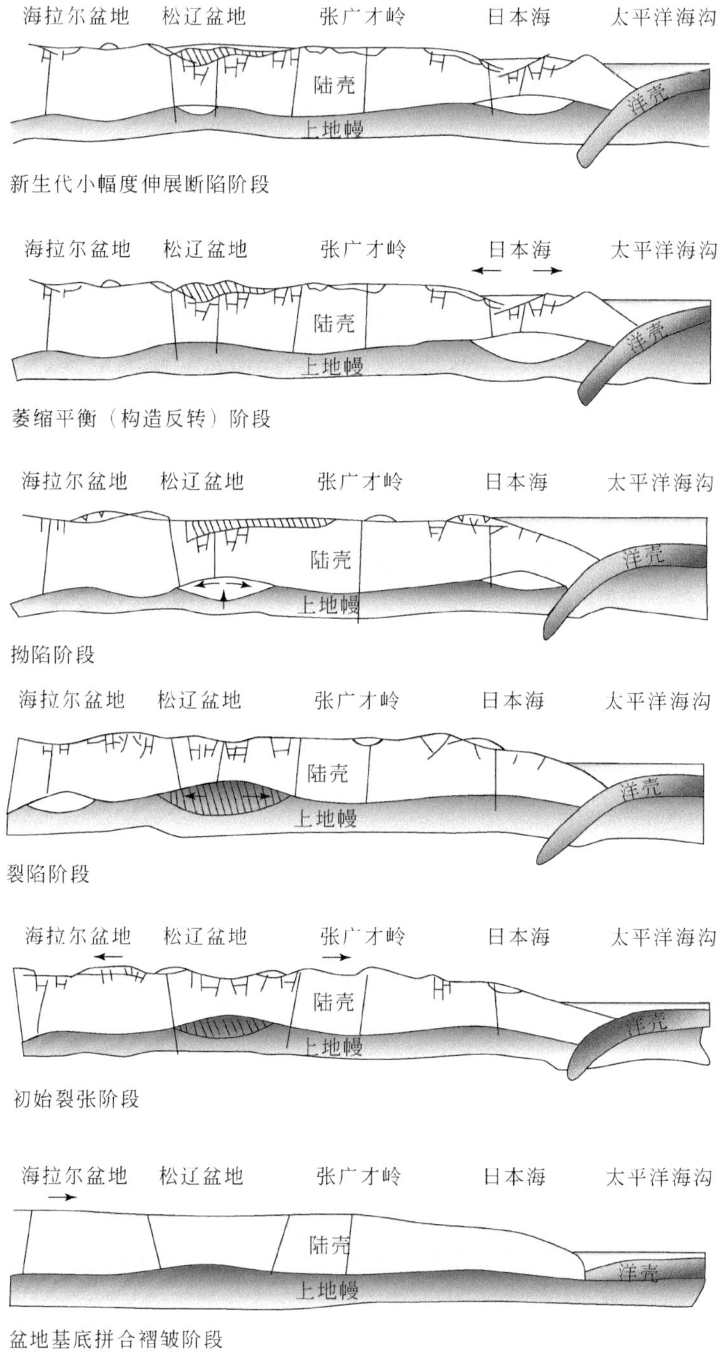

图2-9　松辽盆地形成与演化（改自李娟和舒良树，2002）

表 2-1　松辽盆地构造演化及其动力学背景简表（葛荣峰等，2010）

盆地演化		时期	构造特征	断裂走向与性质	构造应力场	板块构造背景	隶属构造域
前裂谷期		前侏罗纪	挤压逆冲推覆，陆块碰撞拼贴	EW 向为主，局部 NE、SN 向，逆冲	近 SN 向水平挤压	古亚洲洋关闭，各陆块拼合，中亚造山带生长	古亚洲洋构造域
		中-晚侏罗世	挤压逆冲、地壳增厚，岩浆活动，大规模左旋走滑	NNE 向左旋走滑为主；EW 向挤压逆冲；NW 向右旋走滑	NNE 向左旋压扭	依泽纳奇板块 NNW 向斜向俯冲，蒙古-鄂霍次克板块消亡，西伯利亚板块向南推挤	古亚洲洋构造域向古太平洋构造域转换
断陷期	早期阶段	侏罗纪末—白垩纪初	热穹窿式双向拉伸，大面积火山活动	NNE、NNW、SN 向均强烈伸展	双轴拉伸，NNE 向为主	岩石圈底部拆沉，岩浆底侵	
	晚期阶段	早白垩世	地壳伸展拆离，岩石圈减薄	以 NNE 向断层伸展拆离为主	NWW-SEE 向水平拉张	伊泽纳奇板块“座椅式”俯冲	古太平洋构造域
拗陷期		晚白垩世	冷却沉降，整体拗陷	小规模 NE、NW、SN 向正断层	微弱的 NW-SE 向水平拉张	俯冲带回卷东移，地幔隆起回落	
构造反转期		白垩纪末期	挤压反转，局部抬升剥蚀	NNE-NE 向断陷期正断层逆向活动	NWW-SEE 向水平挤压	依泽纳奇板块俯冲殆尽，洋底高原、海山等地体向欧亚大陆边缘拼贴	古太平洋构造域向太平洋构造域转换
		新生代	盆地萎缩，整体抬升	断层活动微弱	NW-SE 挤压或伸展	太平洋板块俯冲，印度板块远程推挤	太平洋构造域

（一）盆地基底拼合褶皱阶段（P_2-T）

在晚古生代以前，西伯利亚板块与华北板块之间是广泛的古亚洲洋，在古亚洲洋中有许多规模各异的小陆块，它们排列成几近平行的两列陆岛链。北列为阿尔泰-图瓦-中蒙-额尔古纳陆岛链，南列为吐哈-旱山和明水-锡林浩特-小兴安-佳木斯陆岛链，把古中亚洲洋分为互通互隔的三大洋域（刘德来等，1996）。

晚古生代是中国古构造格局发生重大变化的时期。中泥盆世中亚洲洋向西伯利亚板块俯冲消减。早石炭世末—晚石炭世初，古中华陆块与西伯利亚板块碰撞，形成准噶尔-大兴安岭造山带，即古代亚洲大陆的缝合线。同时，古中华陆块北缘裂解，形成东西向天山-北山-内蒙古草原-吉黑窄洋裂谷系（余和中等，2001）。内蒙古自治区锡林郭勒盟东乌珠穆沁旗以南的贺根山蛇绿岩带代表的古洋盆闭合于晚泥盆世至早石炭世。标志着松辽-佳木斯地块拼贴增生到西伯利亚板块南缘。晚三叠世末期，古代亚洲大陆分离出来的陆块相继与亚洲陆碰撞增生，形成了广阔的印支期造山带，从此古中华陆块最终固结并向外增生。此时，松嫩-佳木斯地块大范围抬升，伴随有强烈的岩浆活动，以及大规模的花岗岩浆侵入，深部莫霍面可能发生起伏，三叠纪早期经过侵蚀夷平，略具准平原化（刘德来等，1996）。

（二）初始张裂阶段（$T-J_2$）

太平洋板块向欧亚大陆俯冲引起软流圈物质被动上涌，并使上覆岩层发生部分熔融。由此，诱发了区域性地壳范围内的一系列岩浆、变质等地质作用（韩江涛等，2018）。

自三叠纪以来，受印支运动影响，本区发生了海退，上升形成陆地，遭受剥蚀，缺失三叠纪沉积。印支运动改变了东西成带、南北分区的古生代构造格局，在中国东部形成了以NE、NNE向为主的构造线。同时断裂作用和岩浆活动标志着地壳开始活化，印支运动奠定了早中生代的基本构造格架。此后，随着太平洋板块开始扩张，盆地深部的莫霍面拱起已达较高程度，上地幔隆起造成局部异常，产生热点，导致盆地早期的被动裂陷，盆地初始形成（李娟和舒良树，2002）。

（三）裂陷阶段（J_3h-K_1d）

中侏罗世早期，地表经过前期剥蚀，略具准平原化。受东部的太平洋板块俯冲和南部特提斯板块远程效应的相互作用，盆地岩石圈减薄，深部莫霍面拱起已达较高程度，上地幔造成局部异常，产生热点，导致盆地早期的初始张裂，形成规模不等的裂陷，并沿断裂发生较强烈的岩浆活动（邵济安等，2001b）。此时，盆地西部地壳破裂较强，火山活动强烈；而东部地壳破裂不完全，以裂陷为主，产生了巨厚的裂谷或补偿沉积，形成了30多个相互独立的断陷沉积盆地（王璞珺等，2015）。它们常常是生油含煤盆地，可为上部层位提供丰富的还原剂。

晚侏罗世末期，孙吴-双辽地壳断裂活跃，中央断裂隆起上升，两侧形成拉张裂陷，陡峻断崖地形明显，裂陷沉降速度快、物源多、水动力强，沉积补偿作用好，因而沉积物以较粗碎屑类复理石建造为主，并形成目前盆地的雏形。沙河子期以伸展作用为主，形成新的断陷，主要为NE、NNE向展布，莫霍面上升幅度较大，又发生了一次火山活动（邵济安等，2001b）。在营城期，由于太平洋板块向西俯冲，初始张裂的松辽早期裂谷未能继续大规模裂开，而是呈现出封闭趋势，逐渐结束其裂谷阶段。此时断陷趋于萎缩，伸展率变小，构造沉降幅度降低，盆地周缘开始隆起（李娟和舒良树，2002）。

（四）拗陷阶段（K_1q-K_2n）

进入晚白垩世早期，太平洋板块向欧亚板块俯冲作用的加强，致使盆地裂陷阶段结束，并由此进入拗陷阶段（李娟和舒良树，2002）。该时期盆地大幅度沉降加速，沉陷面积和幅度不断增大，是盆地主要的沉积时期。泉头组沉积早期的泉一段、泉二段沉积期为填平补齐阶段，但与登娄库组沉积期相比，沉积范围逐渐扩大，主要为充填补偿式的沉积。泉三段沉积期盆地已基本完成填平补齐过程，泉三段和泉四段为规模较大的超覆式沉积，使泉三段和泉四段以上层位逐渐大面积超覆在早期断陷沉积层之上，原先发育的30多个断陷盆地逐渐连成一个统一的汇水大盆（侯贵廷等，2004）。青山口期和嫩江期是盆地拗陷沉降最强烈的两个时期，该时期盆地沉陷幅度较大，盆内沉积了一套厚达3000m的砂、泥互层的河湖三角洲沉积体系的含油建造。湖盆面积也最大化（侯贵廷等，2004）。

该阶段断裂活动仍较发育，并伴随拗陷的全过程。这些断裂有利于把底部的还原剂输送到上部的沉积盖层中。晚白垩世后期，由于“嫩江运动”产生压扭后发生褶皱，盆地普遍上升，东部地区更为明显，局部构造和二级构造带形成，结束了这一阶段（葛荣峰等，2010）。

（五）萎缩平衡（构造反转）阶段（K_2s-E_2）

嫩江期末，由于库拉-太平洋板块的强烈俯冲挤压，松辽盆地开始收缩反转，断裂由早期的伸展性质变为NNW-SSE向挤压性质，盆地全面上升，湖盆规模收缩，盆地边缘地层遭受剥蚀，同时在盆地内形成了一系列NNE向褶皱（其形成于嫩江期末，定型于明水期）。在总体上升的背景下，盆地东部抬升幅度较大而西部抬升幅度较小，盆地沉积中心西移，沉积了四方台组和明水组。此时，湖盆不断收缩、萎缩至彻底消亡（侯启军等，2009）。由于新生代喜马拉雅运动的开始，松辽盆地全面抬升，古新世—始新世沉积被剥蚀而缺失。此时火山活动较频繁，分布有碱性玄武岩-拉斑玄武岩的岩石组合（李娟和舒良树，2002）。

（六）新生代小幅度伸展断陷阶段（E_3-Q）

在古近纪渐新世，盆地南部持续抬升剥蚀，西北部有小幅度沉降，局部沉积了依安组。在晚新近纪—第四纪，盆地东部（张广才岭等山脉）继续抬升，致使松辽盆地东缘以隆起剥蚀为主，古近系、新近系地层在该区大面积缺失，局部的古近系—第四系地层也较薄，一般为0～40m（胡望水等，2005）。西南部有中幅度的沉降，普遍发育了几十至200m厚的晚古近系沉积，第四系地层以盆地南部开鲁地区为沉降中心，一般沉积厚度为80～140m（侯启军等，2009）。

第五节　盆地形成的动力学背景

松辽盆地的形成与发展主要动力学机制可归纳为以下几点：①来自大陆深部的热运动；②太平洋板块向欧亚大陆俯冲而引起深部热流上升；③周边板块的相互作用使中国东部所受应力场发生改变，即由左旋挤压转为右旋张扭应力场；④太平洋板块斜向俯冲引起陆缘发生左行剪切，并引发热流上涌产生斜向伸展（刘德来等，1996）。

晚古生代，西伯利亚板块与华北板块碰撞，形成西拉木伦河缝合带，同时形成了EW向断裂体系（胡望水和王家林，1996）。晚侏罗世华北板块、蒙古板块与西伯利亚板块的碰撞，引发了大规模火山岩浆活动，形成了蒙古-鄂霍次克缝合带。此时，松辽地区大范围抬升，盆地基底基本完成拼合并发生褶皱（胡望水和王家林，1996）。中生代早期（T-J_2），西伯利亚板块与印度板块呈南北向挤压，同时软流圈物质向东流，形成中国东部大陆岩石圈总体处于东西拉张的应力场环境。在近水平纯剪切力作用下，以松辽盆地为中心的大陆岩石圈发生伸展减薄作用。在热隆作用形成的东北高原台地上，嫩江-八里罕断裂与哈尔滨-长春断裂等控盆断裂开始活动，形成了断陷期松辽盆地的雏形（韩江涛等，

2018）。

中生代中期（J_3-K_1），晚侏罗世—早白垩世早期鄂霍次克海发生闭合（王璞珺等，2015）。东北地区处于左旋应力场背景下，嫩江-八里罕断裂带、郯庐断裂带也因此发生左行走滑运动，向岩石圈底部延伸，岩石圈进一步弱化、裂解。另外，软流圈物质东流过程中被俯冲的西太平洋板块阻挡而上升，以及西太平洋板块在向亚欧大陆俯冲的过程中，携带或产生了大量水等低密度物质（Zhao and Ohtani，2009）。这些低密度物质在软流圈热环境内被加热后，迅速折返，形成了大规模上涌热物质流。这引起了东北陆地地幔的强烈上拱，地壳发生张裂，并伴随着大量岩浆的侵入与喷发（Zhao and Ohtani，2009）。松辽盆地逐渐进入断陷沉积峰值期，接受大量的火山岩沉积（韩江涛等，2018）。

早白垩世晚期，蒙古-鄂霍次克缝合带拼合后的块体旋转和剪切作用逐渐减弱，其活动边缘带对松辽盆地的影响已较小，岩石圈因逐渐冷却而发生热收缩（付晓飞等，2007）。另外，在全球板块控制作用下，地壳整体呈不均一下沉，盆地在裂陷基础上发生叠覆沉陷（葛荣峰等，2010）。早白垩世末期，太平洋板块和库拉板块向欧亚大陆俯冲，松辽盆地所处的岩石圈块体承受着更大的下挤上张的应力作用，早期的洋壳下沉和中生代地壳拆沉激起地幔上涌，发生了基性玄武岩岩浆及橄榄玄武岩岩浆上溢喷发，引起岩石圈块体沉降。此时太平洋板块向陆地俯冲加强，在松辽盆地形成左旋转换引张应力体制，导致盆地大幅度沉降加速，沉降面积和幅度不断增大（罗笃清等，1994；葛荣峰等，2010）。

晚白垩世晚期至古近纪早期，太平洋板块的运动方向发生变化，由 NNW 向转变为 NW 向，俯冲板块的俯冲角度逐渐变化，甚至可能发生后撤（李娟和舒良树，2002）。东北大陆开始回返隆升，松辽盆地普遍受到来自东部的脉冲式挤压而发生反转，形成 NNE 向的反转构造带。在新生代，松辽盆地已不再是东北地区伸展构造的中心（葛荣峰等，2010）。然而，因太平洋俯冲带向东迁移到千岛-西南日本-琉球-马尼拉-菲律宾和日本伊豆-小笠原-马里亚纳海沟。此时，沟弧之间处于拉张应力状，态形成多次微弱的挤压和伸展交替的构造旋回，使盆地发生差异升降（云金表等，2003）。

无论是松辽盆地、巴音戈壁盆地，还是二连盆地，它们都处于东北亚晚侏罗世以来的断陷盆地系中（李思田等，1987；李思田，1988），有人把这个巨型伸展系统与美国西部的盆-岭省相比拟。晚侏罗世—早白垩世松辽盆地和二连盆地的伸展裂陷作用是太平洋板块高角度俯冲，导致上地幔的平衡被打破，软流圈产生上升热幔软流形成向西偏的不对称蘑菇云（任建业等，1998），如图 2-10a 所示。高瑞祺和蔡希源（1997）证实，松辽盆地基底存在低角度断层和拆离带。松辽盆地在基底岩石中除了发育控制侏罗-白垩系断陷的高角度断层外，还普遍发育角度在 30°左右的低角度断层。在地震剖面上表现为连续性较好的低角度中强反射，从基岩顶部延伸到拆离带中。据地震、重力及大地电磁测深资料，在松辽盆地 12 ~ 18km 深处，存在着一个视电阻率为 1. 96 ~ 17. 98Ω · m 的地震波速减慢的异常带——拆离带。中国北方东部众多中新生代盆地的形成与演化可以用杜旭东等（1999）建立的大陆盆地动力学模式图来解释，即伊泽奈崎板块（古太平洋板块）以不同角度对欧亚板块的俯冲，造成了弧后伸展，形成像松辽盆地、二连盆地这样的伸展型盆

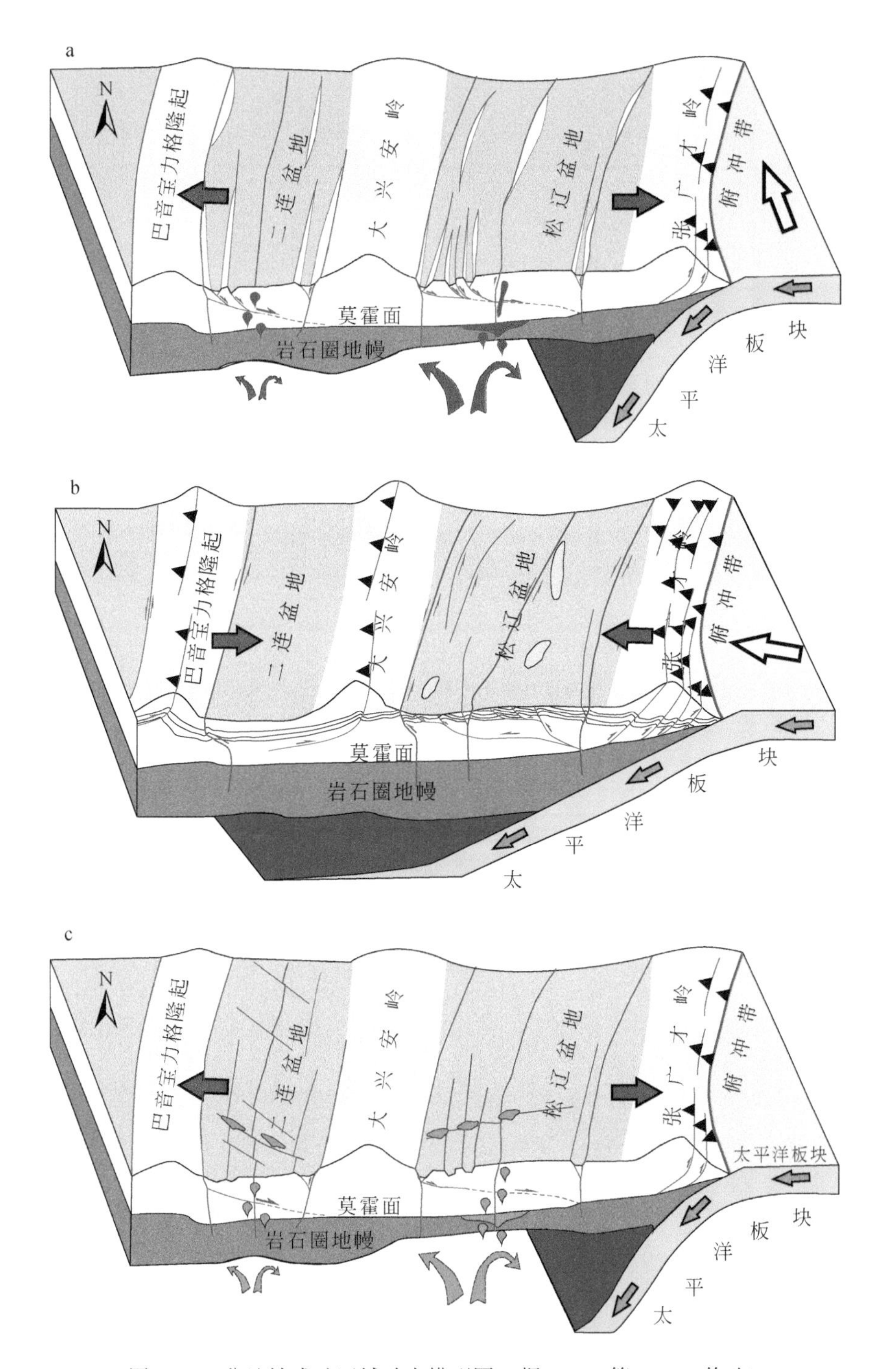

图 2-10　盆地铀成矿区域动力模型图（据 Cheng 等，2018 修改）

a. 早白垩世早期古太平洋板块高角度俯冲引起盆地伸展（K_1 早期）；b. 晚白垩世晚期太平洋板块低角度俯冲引起盆地挤压（K_2 晚期）；c. 始新世以来太平洋板块高角度俯冲引起盆地伸展（E_2-E_3）

地（图2-10a）。然而，盆地早期的伸展作用只是形成砂岩型铀矿含矿目的层砂岩，而真正的铀成矿作用则发生在目的层沉积之后的流体作用阶段。研究表明，伸展裂陷盆地形成之后的构造反转作用才是导致流体成矿的主要驱动力。

张国华和张建培（2015）认为中国东部大陆边缘处于太平洋板块和印度板块双重俯冲影响下，晚白垩世—早古新世发生强烈伸展，晚古新世以后发生不同程度的反转。胡望水等（2004）、曹成润和董晓伟（2008）和杨承志（2014）认为东北盆地群构造反转主要发生在晚白垩世晚期（图2-10b）。另外，松辽盆地南部开鲁拗陷的钱家店、白兴吐、宝龙山一带姚家组地层出露，其以上地层全部被剥蚀，构成了白兴吐构造“天窗”。根据地层剥露情况，该“天窗”形成于嫩江期末，即晚白垩世时期。二连盆地的构造反转作用出现在晚白垩世，盆地由早白垩世的强烈伸展转变为晚白垩世—古新世的挤压抬升剥露，边缘正断层转变为逆断层，同时出现断弯褶皱，赛汉组和腾格尔组抬升至地表，接受含铀氧化流体渗入形成铀矿化（刘武生等，2018；聂逢君等，2019）。总之，太平洋板块的低角度俯冲（图2-10b）造成弧后地区的挤压作用，盆地出现正反转，含铀含氧流体从隆起的蚀源区向盆地中心迁移，导致氧化带成矿作用。

当大洋板块的俯冲在大陆下体积累积到一定的程度，将会发生拆沉作用，刚性的拆沉部分一方面造成了软流圈的扰动，导致软流圈上涌，带来岩浆活动；另一方面，拖曳着刚刚断离的洋壳板块变成高角度（图2-10c）。拆沉作用和断离作用引起了松辽盆地的南部和二连盆地40Ma以来的大规模的基性岩浆活动，为氧化流体成矿之后的热流体叠加改造创造了良好的条件。

第六节　松辽盆地成因争论

松辽盆地是位于华北板块、西伯利亚板块与佳木斯地块古生代缝合基底上的一个大型中生代沉积盆地（云金表等，2003）。其地处索伦克缝合带、蒙古-鄂霍次克缝合带及东部古太平洋缝合带的交汇区域，在历史时期盆地经历了复杂的构造活动（张兴洲等，2015）。作为我国的主要产油盆地之一，松辽盆地的成因一直是广大地质和石油地质学家关注的焦点（云金表等，2003）。

李四光（1974）依据地质力学理论，指出松辽盆地是新华夏体系的第二沉降带。黄汲清等依据槽台大地构造理论，认为松辽盆地是中生代滨西太平洋地槽构造域演化的产物。20世纪80年代之后，板块构造理论逐渐被我国地质学家所接受。在板块构造理论的影响下，一些有关松辽盆地成因的观点相继被提出，包括：弧后裂谷盆地（张恺等，1980）、大陆裂谷盆地（童崇光，1980）、克拉通内复合型盆地（早期裂谷，后期拗陷；童崇光，1980）、走滑-拉分裂谷盆地（李思田等，1987）。这些观点都认同的是松辽盆地及其外围盆地均属于地壳拉张背景下的断陷盆地，其动力机制是太平洋板块向欧亚板块俯冲并引发热流上涌。另外，罗志立和姚军辉（1992）综合区域构造、火山作用、地史发展、地热场及深部结构等资料得出，松辽盆地是晚侏罗世火山岩穹窿塌陷盆地的观点。近年来，蒙古-鄂霍次克缝合带的构造演化对中国东北部的影响逐渐得到重视。有学者提出松辽盆地可能存在蒙古-鄂霍次克板块和西太平洋板块双向俯冲成因模式（冯志强等，2021）。在蒙古-

鄂霍次克洋东段闭合到白垩纪晚期，可能存在蒙古-鄂霍次克洋和古太平洋板块双向俯冲作用；白垩纪晚期之后，来自古太平洋的俯冲挤压作用占据主导地位，松辽盆地的构造、沉积演化开始受到古太平洋构造域的全面控制（Feng et al.，2010；冯志强等，2021）。

有关松辽盆地成因的不统一，主要原因还是缺乏深部结构特征的约束。随着地质、地球物理等新方法、新技术的发展与实施及有关资料的积累，松辽盆地的成因将会得到进一步揭示。

第三章　盆地结构与构造特征

第一节　松辽盆地的裂谷作用

松辽盆地形成于伸展条件下的裂谷盆地（Klemme，1980；张恺等，1983；张恺，1986；杨祖序等，1983；刘和甫，1992；陈发景等，1992）。松辽盆地的基底是由古生代的中亚海槽洋壳俯冲消减、陆间块体的拼贴增生及大陆的对接缝合作用而形成的，中、新生代盆地在此复合的基底形成和发展。松辽盆地及邻区大地构造略图（图3-1）表明：盆地位于古中朝地块和古西伯利亚板块之间的构造复杂地段。东部基底发育晚海西-印支期花岗岩及鄂霍次克板块残片（佳木斯地块），南部为太古宙—古元古代克拉通（古中朝地

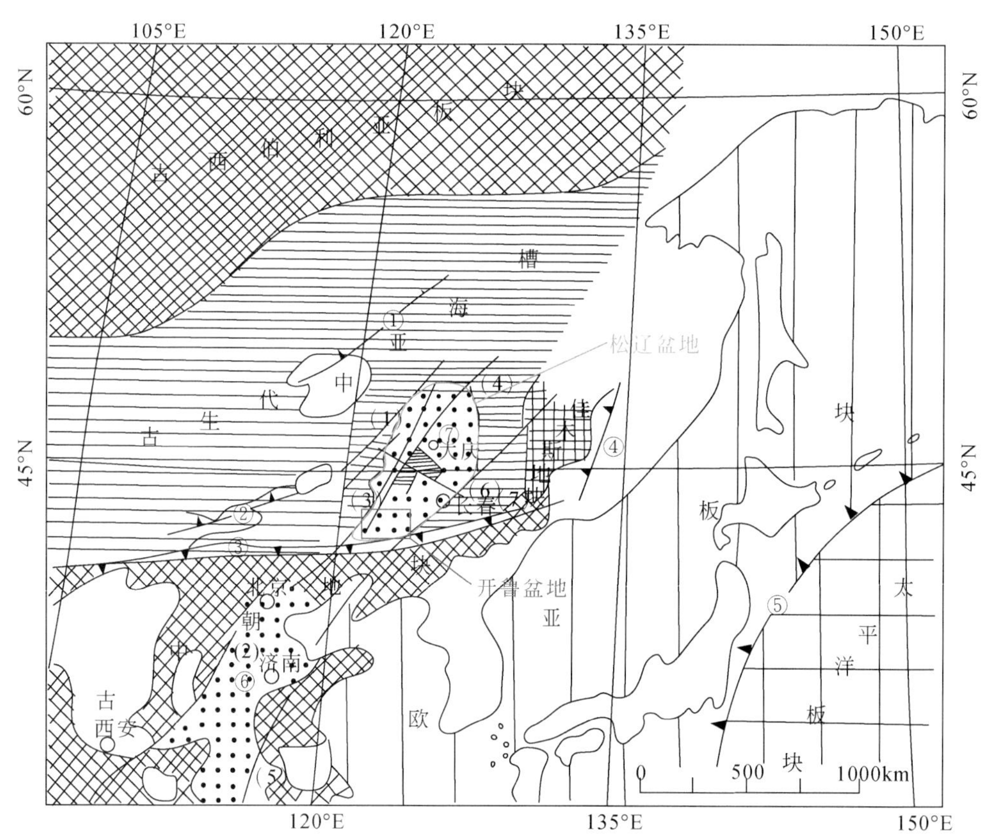

（1）内蒙古地壳断裂；（2）太行壳断裂；（3）嫩江-白城壳断裂；（4）孙吴-双辽地壳断裂；（5）郯庐壳断裂；（6）依兰-依通壳断裂；（7）密山-敦化壳断裂。①德尔布干岩石圈断裂（早古生代板块俯冲带）；②索伦山-贺根山晚古生代板块缝合线；③阴山-图门晚古生代板块俯冲带；④那丹哈达岭早古生代板块俯冲带；⑤日本深海沟新生代板块俯冲带；⑥中-新生代沉积盆地；⑦松辽盆地拗陷区

图3-1　松辽盆地及邻区大地构造略图

块)，西部和北部为古生代沟弧系岩石组合夹大量的侏罗系—白垩系火山岩（大兴安岭)。松辽盆地的基本结构下部为一系列的 J_3-K_1 形成的断陷盆地（高瑞祺等，1992；崔同翠，1987；刘德来和陈发景，1994)，上部自泉头组开始至新生界，形成巨型拗陷盆地，反映了盆地“双层”结构特点，即由裂陷期到裂后期的演化过程，登娄库组则处于断陷和拗陷的转化阶段，其早期仍受断陷作用控制。

由于中国东部乃至东北亚地区在库拉-太平洋板块自中生代以来的俯冲作用下，整个区域的地壳处于伸展状态。所出现的盆-山格局、陆内造山、壳幔相互作用有十分重要的大地构造意义（邵济安等，2001a；邵济安，2005，1999；朱介寿，2007)，同时该地区又因有铀、多金属矿产（陈良等，2009；赵一鸣，1997；张德全和雷蕴芬，1992）和煤-油-铀能源矿产（聂逢君等，2010a；聂逢君，2007；焦贵浩等，2003；肖安成等，2001；任建业等，1999；李思田等，1982a，1982b）而备受人们关注。

从盆地形成的动力学上看，陈发景等（2004）总结了伸展盆地形成的动力来源：①受地幔柱控制的地壳伸展成盆，如中国东部古近纪盆地的形成可能与地幔热柱有关（邓晋福等，1996)；②与大洋岩石圈俯冲有关的弧后成盆，板块俯冲摩擦产生岩浆作用诱导地幔物质上涌，热的地幔物质上升到弧后岩石圈底部，产生岩石圈热减薄和上隆，使弧后区产生伸展张应力形成盆地（Karig，1971)；③陆-陆碰撞或陆内俯冲引起或岩石圈拆沉和伸展垮塌作用成盆（Dewey，1988)。

从图 3-2 可知，大兴安岭夹于二连-海拉尔盆地与松辽盆地之间，再根据大兴安岭山

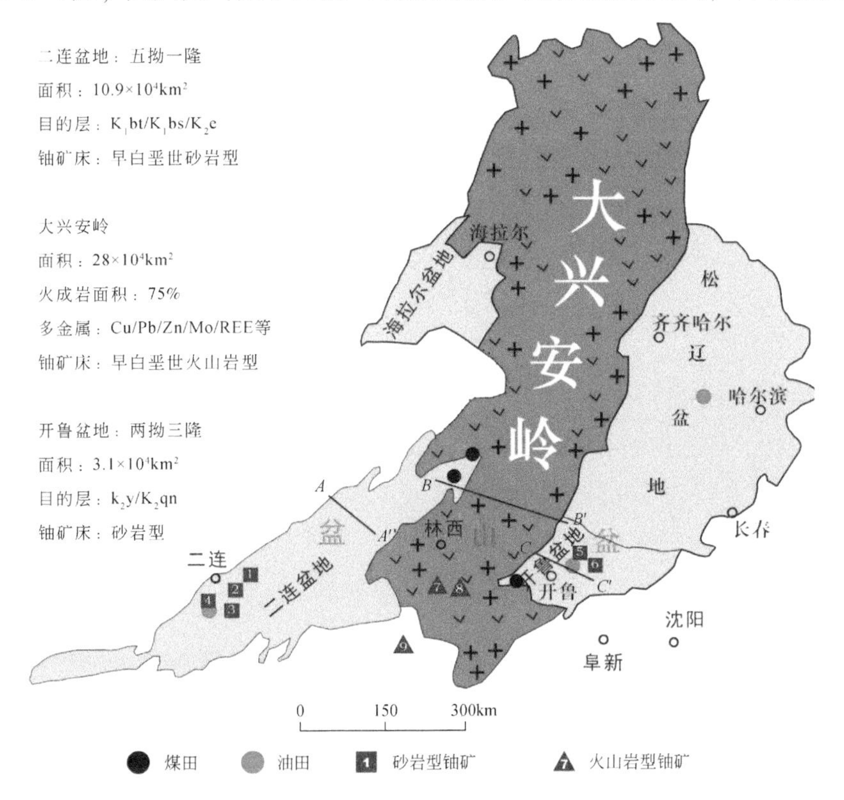

图 3-2　大兴安岭及两侧盆地结构与铀矿分布图

区和两侧的盆地区的断层结构特点，可以明显看出无论是山区还是盆区，断层多数都是伸展作用下的正断层。大兴安岭区断层西侧向西倾，东侧向东倾，山体本身由一系列的正断层、石炭系—二叠系侵入岩和 J_3-K_1 火山岩地层组成。目前两侧的盆地中均发现了砂岩型铀矿床，大兴安岭山区中也发现了火山岩型铀矿床，它们形成的大地构造背景总体上是处于伸展环境（图 3-3）。

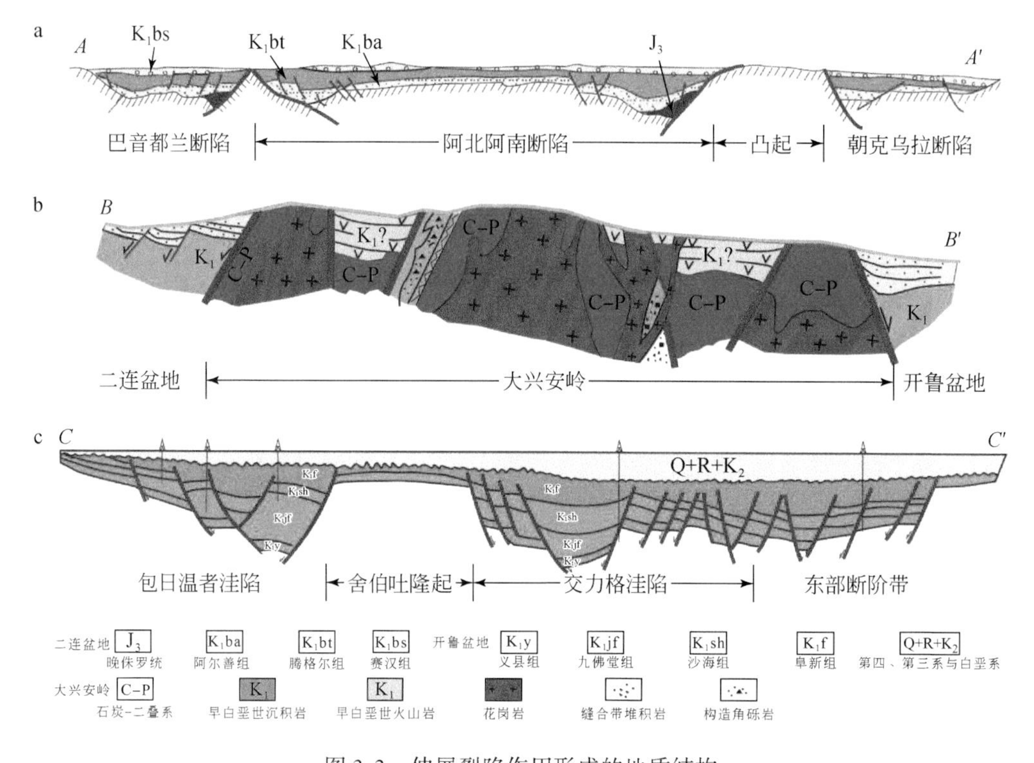

图 3-3　伸展裂陷作用形成的地质结构

a. 过二连盆地马尼特拗陷地质剖面；b. 过大兴安岭地质剖面；c. 过开鲁盆地地质剖面

第二节　区域地学断面与深部地质

图 3-4 为我国 20 世纪 80 ~ 90 年代，通过地质、地球物理、地球化学等技术编制出来的综合地学剖面图。图 3-4a 为地球物理资料解释出来的深部剖面，由图可知，一些大型的断裂多数都是多期多阶段活动特性，发展历史时期有明显的逆断层性质。剖面上一些大型的断裂描述如下：①赤峰-开原断裂是内蒙古-大兴安岭褶皱系与中朝地台的分界断裂，呈东西向延伸，长约 500km，宽 2 ~ 5km。断裂两侧沉积构造环境有明显差别。沿断裂带，岩石遭受强烈挤压。在断裂南侧附近平行展布一条颜家沟-大营子韧性剪切带，长 250km，建平群各类岩石均发生明显的动力变质作用，千糜岩、糜棱岩、眼球状构造、同斜倒转平卧褶皱均普遍发育。韧性剪切带可能形成于太古宙末期，在加里东期、海西期又有韧性剪切活动。②八里罕断裂大致位于老哈河附近，北起阿鲁科尔沁旗，经红山至断面之南的喀

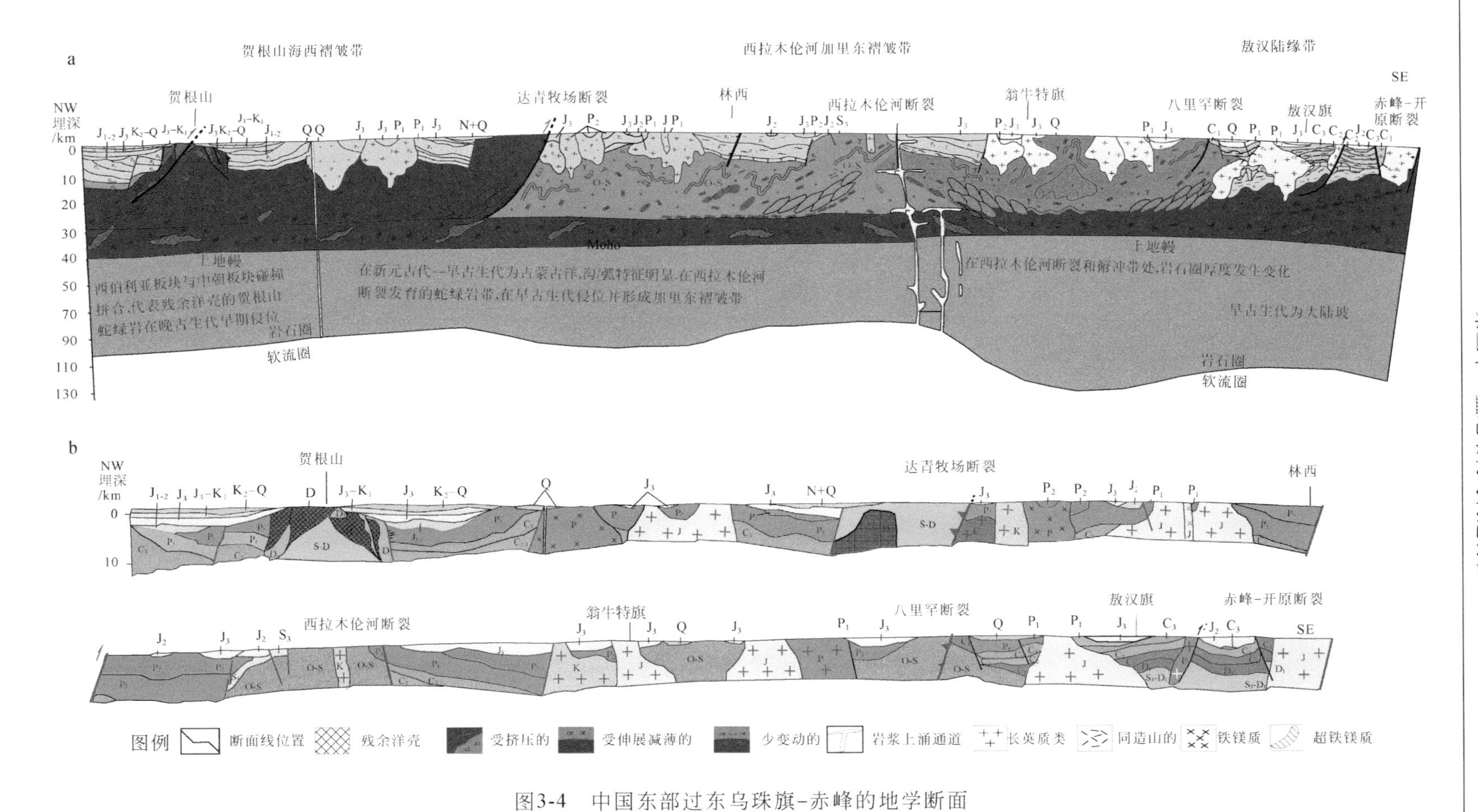

图3-4　中国东部过东乌珠旗-赤峰的地学断面

a.地质/地球物理解释剖面；b.地质剖面

喇沁旗，长约300km。由红山、八里罕等多条断裂组成，断裂的挤压特征清楚。③西拉木伦河断裂带西起达来诺尔，向东沿西拉木伦河延至松辽平原南部，长340km，走向东西，倾向不定，东段以北倾为主，倾角为50°~85°，控制着半拉山背斜的轴向。断裂显示多期活动，在早期古生代活动，下古生界巴林桥组逆冲到二叠系之上；断裂控制晚古生代沉积，其南侧为浅海-海陆交互相含煤沉积，北侧为海相碎屑岩、碳酸盐岩，具有大量的水下火山喷发；在新生代，断裂又控制着晚古近纪玄武岩和达来诺尔第四纪火山群的分布。沿西拉木伦河断裂，磁异常带非常清晰。④达青牧场断裂位于达青牧场附近，由多条断裂、破碎带组成。带内挤压特征清楚，多处见下二叠统逆冲到上二叠统之上，片理带、糜棱岩带十分发育。断层岩具眼球状结构，强烈绿泥石化，片状矿物密集定向排列。破碎带宽达15km，长60km以上。断裂主要切割志留-泥盆纪变质岩系和晚古生代地层。断裂走向北东，主要倾向北西。⑤贺根山断裂带位于锡林郭勒高原，多被新生界地层覆盖，仅见多处小断层。沿断裂分布一系列蛇绿岩，在蛇绿岩中见许多逆冲断层，断层总体走向北东。

图3-4a显示了大型的区域断裂具挤压性质，是因为这些断裂发育时间长，期次多，深度大，挤压作用造成老地层叠置在新地层之上容易识别，而伸展作用造成的断层两侧的地层不连续在小比例尺上不容易识别。从图3-4b中可知，剖面上还是可以识别较多的正断层，反映了区域伸展作用。

根据地球物理资料，特别是20世纪90年代完成的全球地学大断面（刘立，1993），松辽盆地对应着地幔的隆起，重、磁力异常图上均显示NE向宽缓的高值区。莫霍面等深线圈定的范围相当于松辽盆地中央拗陷区（马莉和刘德来，1999），深部构造和盖层构造呈镜像关系（高瑞祺和蔡希源，1997）。近年来应用天然地震层析技术对松辽盆地及周边地区地球层圈更深层次的探查揭示了岩石圈之下软流层的上隆（刘和甫，1983a；宋建国和窦立荣，1994），图2-8的红色代表P波低速区，正对松辽盆地的底部出现了透镜状的低速体，它密度小、温度高。这些资料进一步表明松辽盆地的裂谷性质（马杏垣等，1983；马杏垣，1987）。其形成演化首要的控制因素是地东吐莫地区位于西部斜坡上，基底以海西期花岗岩为主（吴福元等，2000）。松辽盆地的底部属于地幔上涌的动力过程（邵济安等，2001a）。

第三节　盆地内部结构特征

一、松辽盆地

松辽盆地按基底构造性质可分为七个一级构造单位，它们是北部倾没区、西部斜坡区、东北隆起区、中央拗陷区、东南隆起区、西南隆起区和开鲁拗陷区。工作区位于松辽盆地西南部，包含西南隆起区和开鲁拗陷区两个一级构造单元（图3-5）。

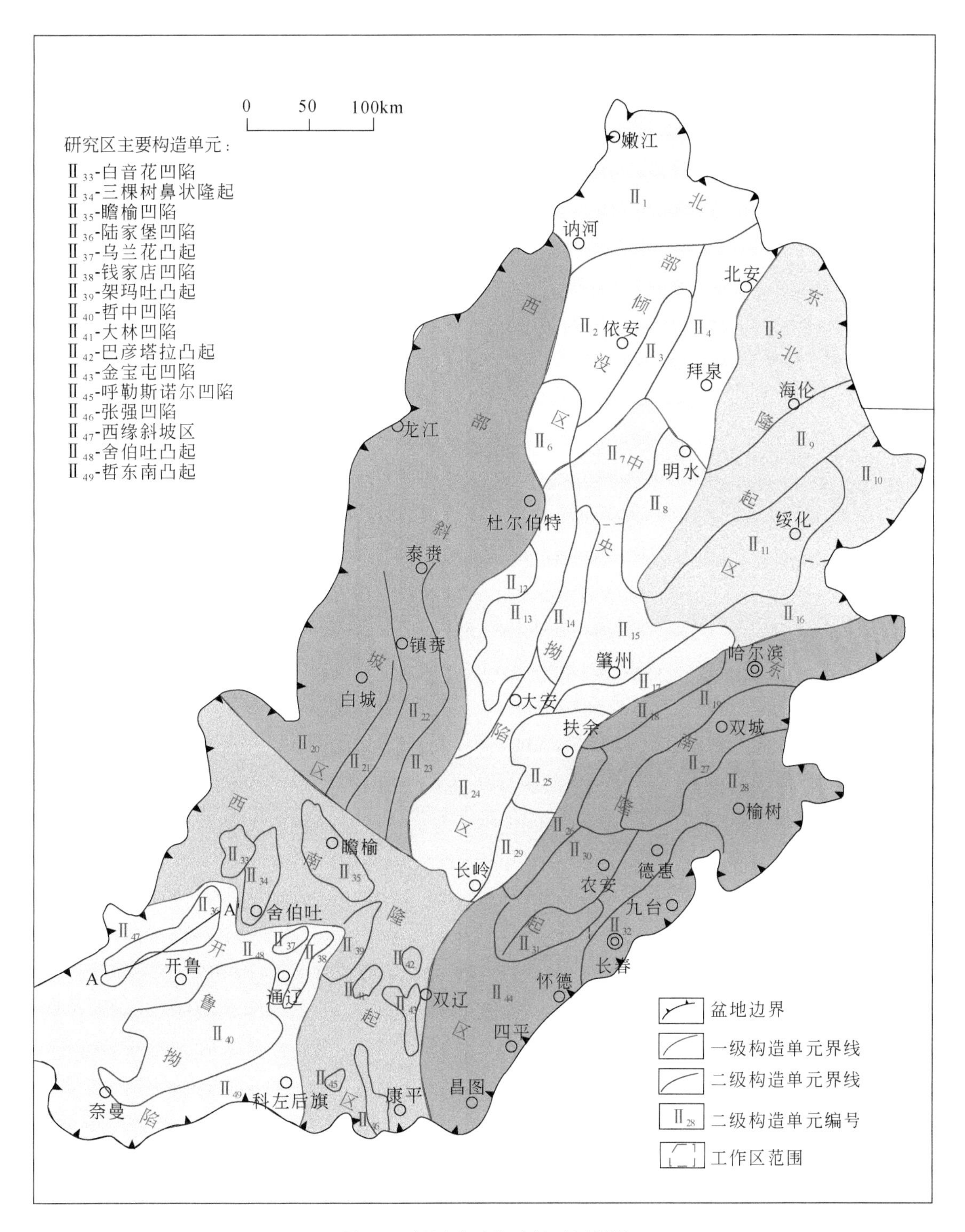

图 3-5　松辽盆地构造单元区划图

二、开鲁盆地

从现在的地形地貌来看（图3-6），盆地区域（白色虚线围线）内海拔<200m，科尔沁右翼中旗-扎鲁特旗以西的大兴安岭相对隆起高，在700～900m变化，西南角翁牛特旗和老哈河一带的高程为600～800m，而南部奈曼旗—科尔沁左翼后旗以南的高程为250～600m。所以，从盆地周围的地形地貌可知，现今的盆地西南高，东北低，向北东方向敞开。区域地质资料表明，新生代以来，很可能持续了这种状况。

图3-6　开鲁盆地地形地貌图

地质上，开鲁盆地的范围南至朝古台-章古台-康平，西至阿鲁科尔沁-扎鲁特-科右中旗以东，北至高力板-通榆一带，东至金宝屯-双辽-长岭一线。盆地周围隆起区出露的岩浆岩以海西期、燕山期酸性、中酸性侵入岩和火山岩为主，其次为燕山期中性火山岩、基性超基性侵入岩及新近纪、第四纪玄武岩等（Zhang et al.，2009；Shi et al.，2019；时溢等，2020；Jing et al.，2020；Yang et al.，2020）。东部和南部地区以海西期侵入岩为主，其次为燕山期侵入岩（图3-7）。海西期主要为海西中期（γ_4^2）、海西晚期（γ_4^3），岩性为似斑状黑云母花岗岩、斜长花岗岩、花岗闪长岩，少量碱性花岗岩，常呈岩基状产出，系多次侵入的复式花岗岩体。燕山期主要为燕山早期（γ_5^2）、燕山晚期（γ_5^3），岩性主要为花岗斑岩、花岗岩等，常呈岩株、岩墙状产出，规模较小，分布零星，往往受与断裂有关的裂隙控制。海西期花岗岩岩性为黑云母花岗岩等，该类岩体在兴隆-协带和架玛吐一带出露。此外，在钻探揭露过程中钻遇有辉绿岩，常呈岩脉产出，侵入到姚家组、嫩江组及嫩江组顶部，应属燕山晚期岩浆活动产物。西部岩浆岩以燕山期酸性、中酸性侵入岩为主，其次为海西晚期侵入岩，如阿鲁科尔沁旗附近的燕山期岩体，有较大面积的分布（图3-7）。

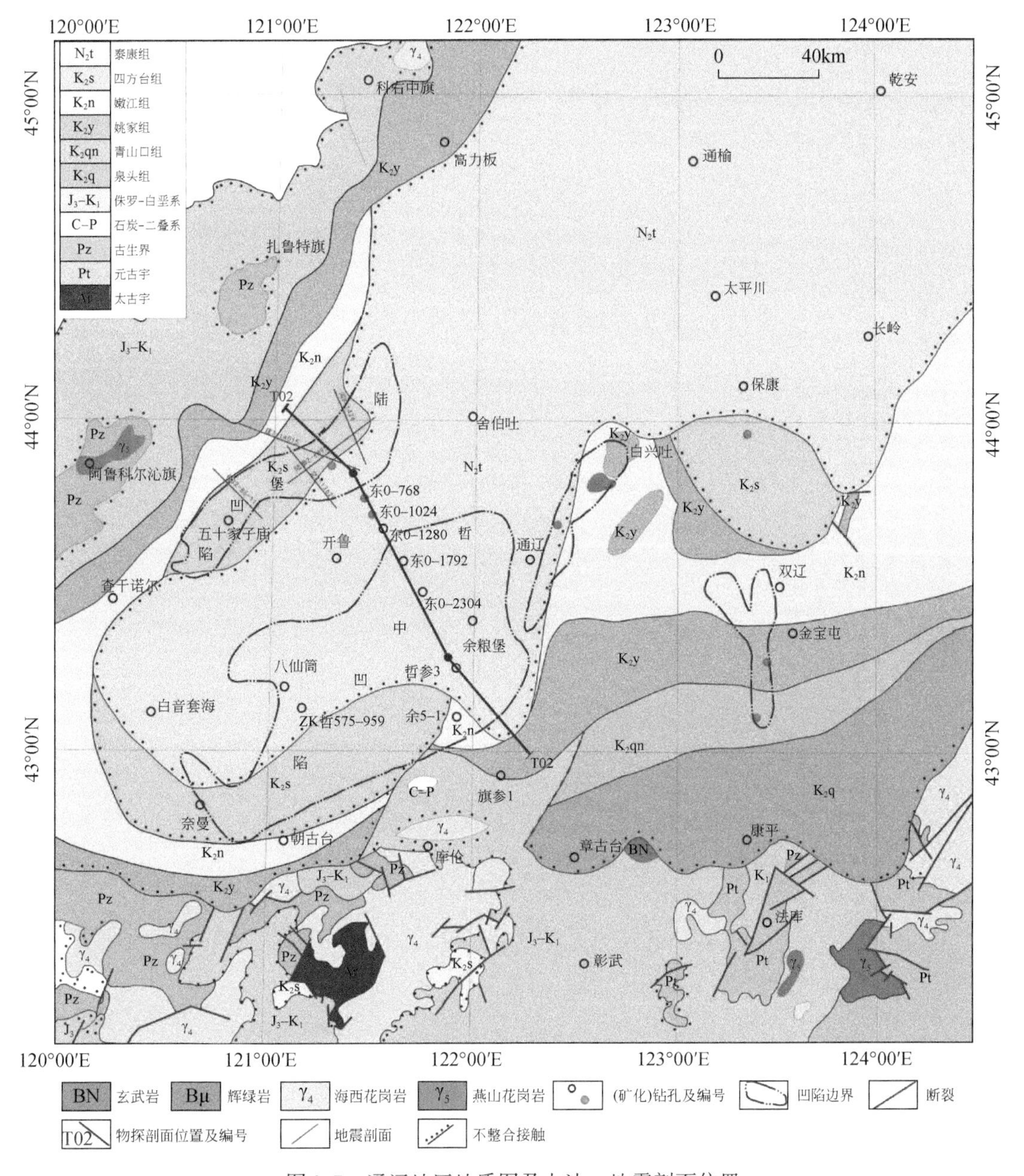

图3-7　通辽地区地质图及电法、地震剖面位置

石油地质上，开鲁（拗陷）盆地内部划分出 5 个二级构造单元，从图 3-8 中可以看出，由西北往东南依次是西缘斜坡带（3000km^2）、陆家堡拗陷（2500km^2）、舍伯吐隆起（11200km^2）、哲中拗陷（9300km^2）和哲东南隆起（7800km^2）（许坤和李瑜，1995；郑福长等，1989；迟广城等，1999；周超等，1999；高永富，2001；吴炳伟，2007；王祁军等，2007；魏达，2018）。其中，通辽-凌海断裂以东部分未划归进来。哲中拗陷进一步划分为奈曼凹陷、八仙筒凹陷、茫汉凹陷和龙湾筒凹陷（图 3-9），凹陷的走向以北东向为主。钱家店凹陷的位置非常特殊，主要表现在西拉木伦河断裂被凹陷错开，另外，该凹陷以东的所有凹陷，即盆地东部的凹陷的走向与西部的不一样，多呈正南北走向，如宝格吐凹陷、张强凹陷、扎兰营子凹陷等。

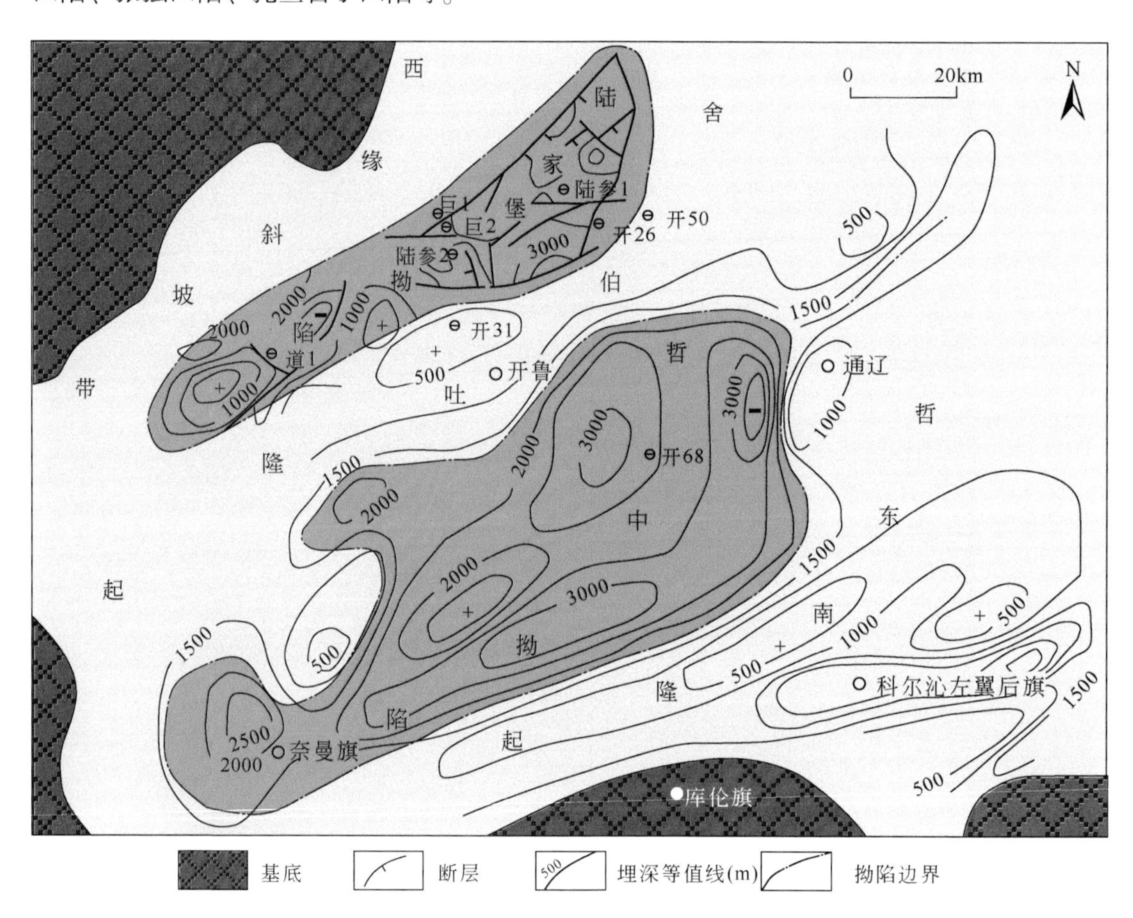

图 3-8　开鲁盆地内部二级构造单元划分及基底埋深图（据郑福长等，1989 修改）

通过地球物理资料研究，进一步对盆地内部的基底断裂识别与厘定，研究表明，区内基底断裂十分发育，可分为 NE-NNE 向、NW 向、EW 向和 SN 向四组，其中以 NE-NNE 向最为发育，其次为 NW 向和 EW 向（图 3-10），形成时间上 EW 向和 SN 向断裂较早，NE-NNE 向断裂较晚，NW 向断裂形成时间最晚。研究区东西向构造最早以西拉木伦河断裂为代表，从图 3-9 可以看出，西拉木伦河断裂横穿开鲁盆地，并被 NE 向断裂错断，前人通过同碰撞花岗岩年代学、糜棱岩白云母^{40}Ar/^{39}Ar 定年及呼兰群变质作用研究，认为西

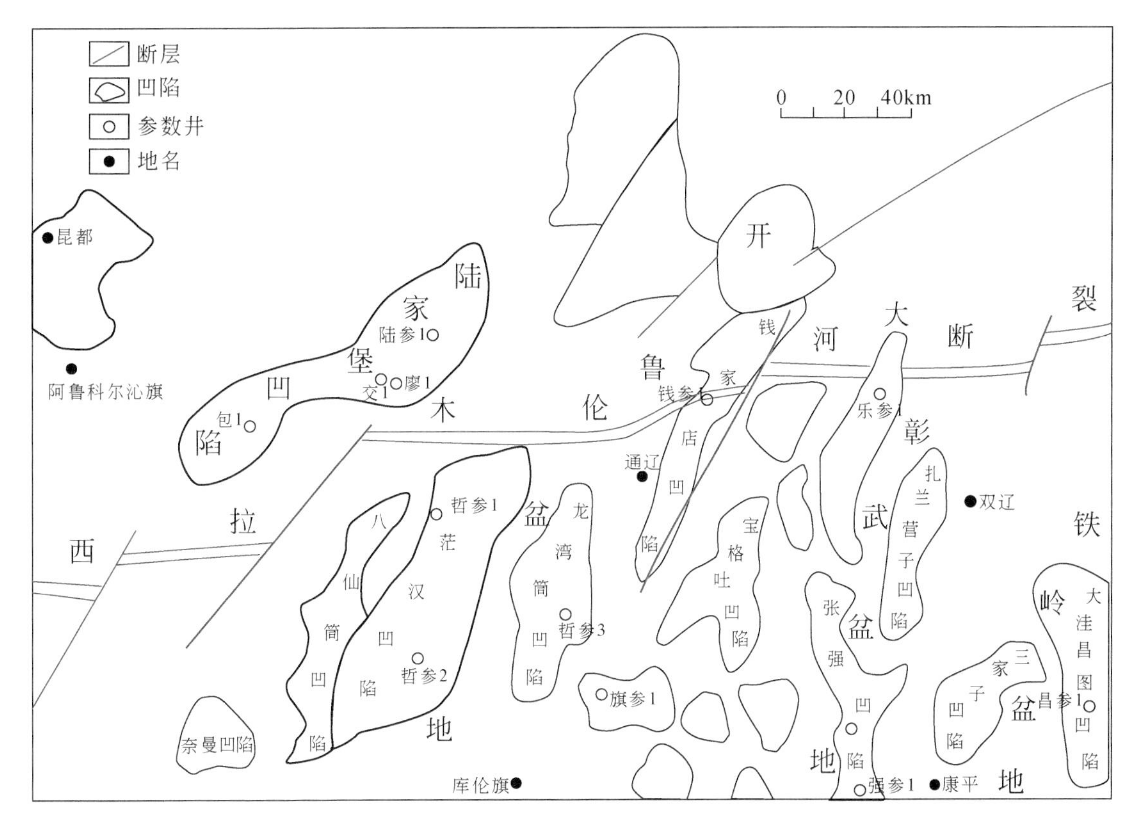

图 3-9　开鲁盆地内部三级构造单元的划分

拉木伦河缝合带—延吉缝合带闭合时间为二叠纪末（孙德有等，2004；Wu et al.，2007；马艾阳，2009）。随着时间的推移，古亚洲洋构造域的 EW 向构造逐渐停止活动，并被古太平洋构造域的 NE-NNE 向构造所取代（Li et al.，2019）。NE-NNE 向、NW 向断裂是工作区盆缘或控制拗陷断裂，对中、新生代沉积起着明显的控制作用。工作区主要受 NE-NNE 向嫩江壳断裂、白城-大榆树基底断裂、洮安-开鲁基底断裂、通辽-安广基底断裂和 NW 向通辽-扎鲁特基底断裂、五十家子庙-彰武断裂控制。根据基底断裂分布图（图 3-10）可知，NE 向断裂早于 NW 向断裂。葛荣峰等（2009）通过对松辽盆地长岭断陷高精度二维地震剖面的构造解析与平衡地质剖面构造演化史定量恢复，发现长岭断陷发育 NNE 向、NNW 向、SN 向等多个方向的低角度铲式正断层。早期伸展以 NNE 向伸展为主，与火山活动高峰期相对应，可能是侏罗纪岩石圈加厚后根部发生拆沉作用导致地壳弹性回调和岩浆底侵的结果（Wu et al.，2001；Wang et al.，2011；刘建明等，2004）；晚期伸展则以 NWW-SEE 向区域伸展为标志，是对中国东部广泛的地壳伸展拆离和岩石圈减薄事件的响应，可能是伊泽奈崎板块俯冲产生的弧后扩张效应（葛荣峰等，2010；Liu et al.，2020；Suo et al.，2020）。

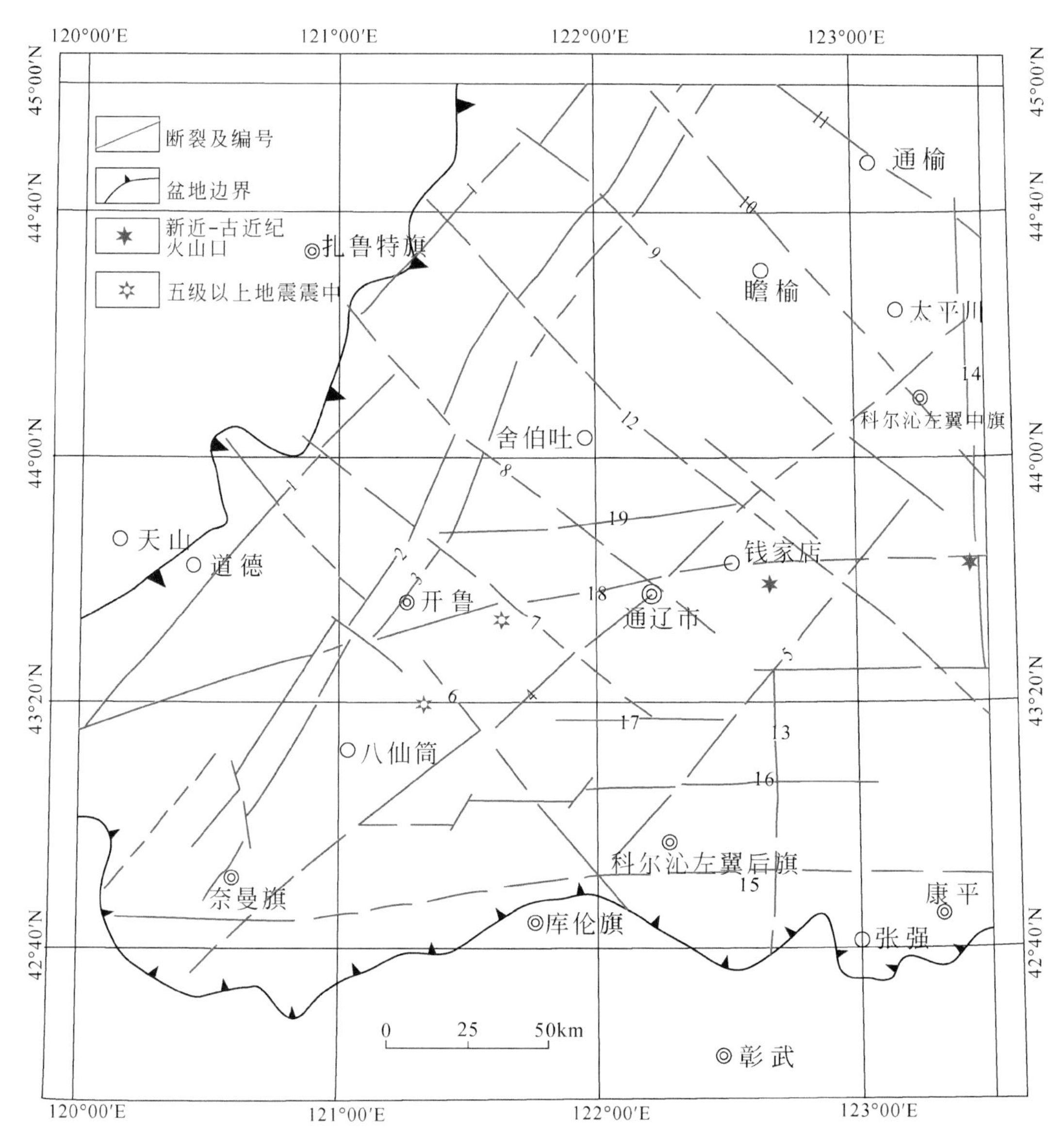

1-嫩江深断裂；2-白城-大榆树深断裂；3-洮安-开鲁深大断裂；4-通辽-安广深大断裂；5-科左后旗-科左中旗断裂；6-五十家子庙-彰武断裂；7-格力庙-余粮堡断裂；8-通辽-扎鲁特断裂；9-高力板-努日木断裂；10-兴隆山-科左中旗断裂；11-杜尔塞-通榆断裂；12-金宝屯-白音花断裂；13-阿古拉-大管营子断裂；14-双辽-北正镇断裂；15-朝古台-满头断裂；16-辉斯庙-科左后旗断裂；17-双代-双辽断裂；18-西拉木伦河断裂；19-五十家子庙-中会田断裂

图 3-10　开鲁盆地基底断裂分布图

第四节　地球物理探测与盆地结构

为了查明开鲁盆地内部结构特征和放射性异常特点，核工业二四三大队利用可控源声频大地电磁法（CSAMT）1∶10000 地面伽马能谱和高精度磁测数据联合制作了跨开鲁盆地5个二级构造单元的综合剖面。CSAMT的点距为200m，伽马能谱和高精度磁测点距为40m。测制一条横跨整个盆地的地球物理剖面——T02剖面，该剖面位置见图3-7所示。T02剖面西起开鲁盆地的西缘斜坡，跨过陆家堡拗陷、舍伯吐隆起、哲中拗陷和哲东南隆起4个二级构造单元，在盆地的结构研究中具有很好的代表性。由于T02剖面线距长，为了方便起见，将它截分为T02-1、T02-2、T02-3三段来解释。

一、T02-1剖面综合解释

该剖面以平距18.10km为界，其横向电性层分布表现出明显的不同特征。0～18.10km由于构造抬升使该地段基底呈现明显的隆起特征，电性层表现为高阻→中阻→高阻或高阻→低阻→中阻→高阻结构特征；而南东侧18.10～35.00km段基底则出现明显的沉降，埋深大于1100m，电性层表现为高阻→中阻→低阻或高阻→中阻→低阻→中阻结构特征。

在断面平距0～18.10km处为基底隆起构造环境，高阻基底整体反映为向南东方向倾伏的单斜构造，垂向由浅至深总体反映为3或4个电性层，见图3-11。

第一电性层：分布于浅层，横向表现为连续稳定展布的高阻特征，反演电阻率为15～100Ω·m，厚度为80～140m，解释为第四系风成沙、含砾亚黏土及泥土。

第二电性层：表现为低阻特征，反演电阻率为3～15Ω·m，厚度由北西向南东方向逐渐变厚，解释为上白垩统嫩江组、姚家组含砾砂岩、泥岩、细砂岩。

第三电性层：反演电阻率为8～40Ω·m的中阻电性层，整体由北西向南东方向倾伏，解释为下白垩统及侏罗系砂岩、含砾砂岩、火山岩。

第四电性层：表现为高阻特征，反演电阻率大于40Ω·m，埋藏深度最浅约为170m，整体向南东倾伏，解释为古生界及花岗岩（Pz+r）。

在断面平距18.10～35.00km处为基底沉降构造环境，高阻基底埋藏深度大于1100m，盖层沉积厚，纵向由浅至深总体反映为3或4个电性层，见图3-12。

第一电性层：分布于断面的上部，反演电阻率为15～100Ω·m，横向展布连续稳定，厚度变化不大，一般在160m左右，解释为第四系风成沙、含砾亚黏土及泥土。

第二电性层：表现为中阻特征，反演电阻率为8～40Ω·m，其内发育长条状、串珠状偏高阻层，分布连续稳定，向南东方向厚度逐渐变厚，最大厚度约350m，解释为泰康组(N_2t)、明水组、四方台组含砾砂岩、泥岩、细砂岩。

第三电性层：表现为低阻特征，反演电阻率为3～8Ω·m，断面中反映连续，厚度大，整体向南东方向倾伏，解释为上白垩统嫩江组、姚家组泥岩。

第四电性层：反演电阻率为8～40Ω·m的中阻电性层，仅在断面平距18.2～27.4km见有分布，整体向南东方向倾伏，解释为下白垩统及侏罗系砂岩、含砾砂岩、火山岩。

在断面平距18.10km处的两侧，反演电阻率等值线出现了明显差异。北西侧反演电阻率等值线出现明显的增加，表现为高阻基底被抬升，沉积盖层厚度变薄；而南东侧呈现跌落现象，高阻基底发生明显沉降，造成断面中无反映，同时沉积盖层厚度明显变厚。其次是卡尼亚视电阻率、阻抗相位等值线也出现明显的错断。推测为F9断层通过位置，该断裂为北东走向，倾向东南，上盘下降、下盘上升，为正断层。

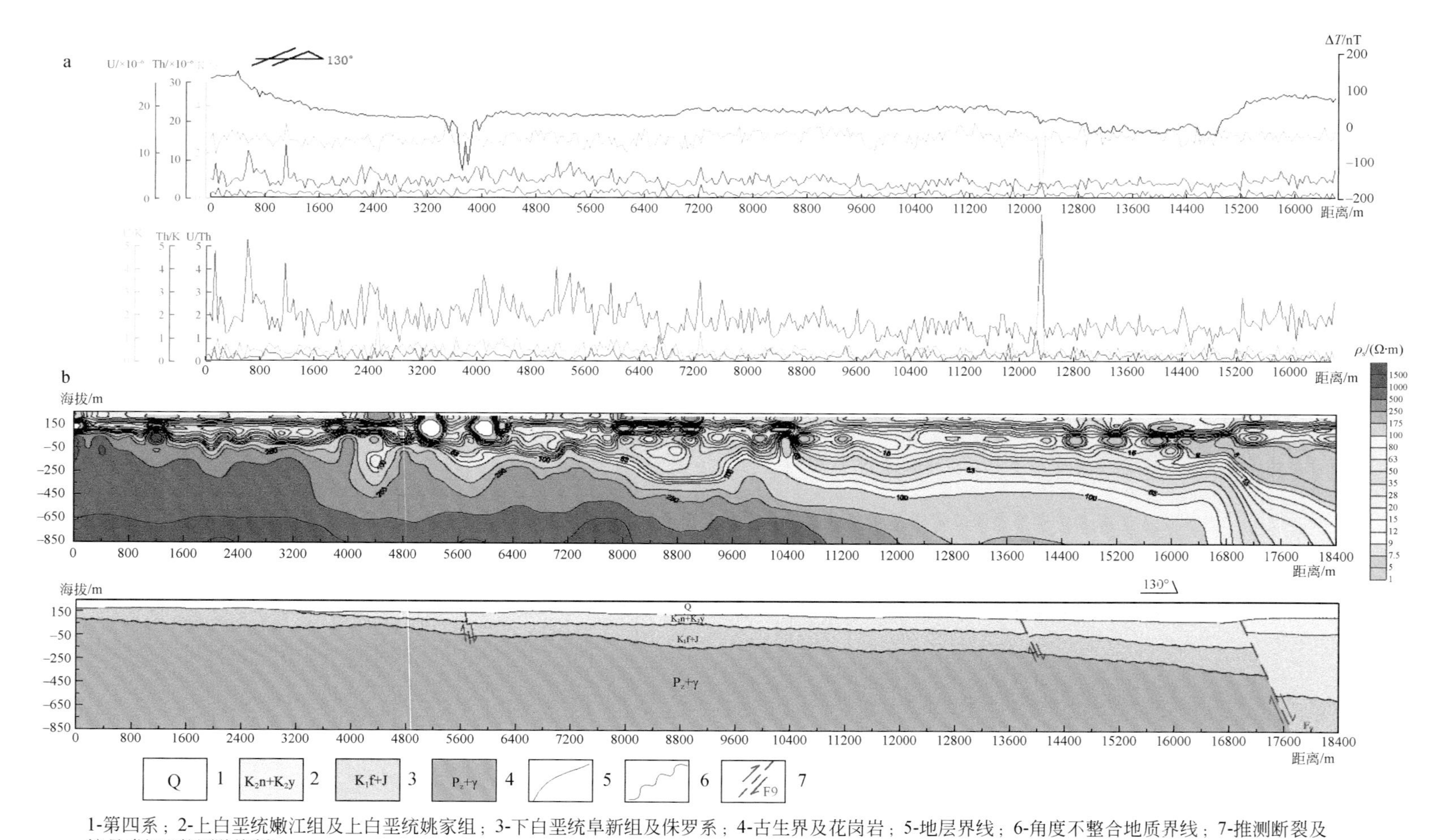

1-第四系；2-上白垩统嫩江组及上白垩统姚家组；3-下白垩统阜新组及侏罗系；4-古生界及花岗岩；5-地层界线；6-角度不整合地质界线；7-推测断裂及编号(据703航测队资料)

图3-11　内蒙古通辽地区T02-1剖面综合解释成果图（一）

a.内蒙古通辽地区T02-1线磁测及能谱测量曲线图；b.内蒙古通辽地区T02-1线反演电阻率断面图

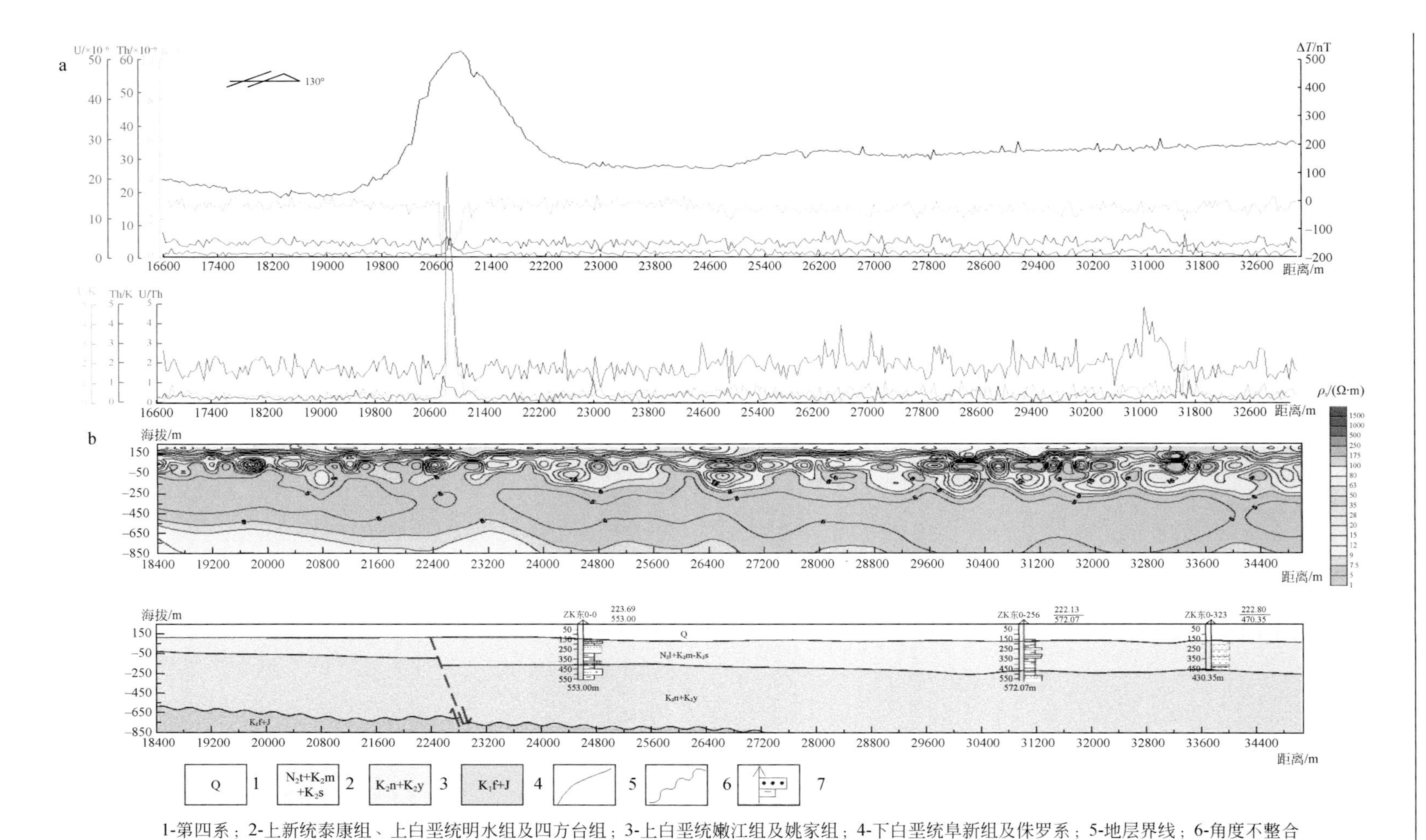

1-第四系；2-上新统泰康组、上白垩统明水组及四方台组；3-上白垩统嫩江组及姚家组；4-下白垩统阜新组及侏罗系；5-地层界线；6-角度不整合地质界线；7-钻孔（据703航测队资料）

图3-12　内蒙古通辽地区T02-1剖面综合解释成果图（二）

a.内蒙古通辽地区T02-1线磁测及能谱测量曲线图；b.内蒙古通辽地区T02-1线反演电阻率断面图

T02-1 剖面 U、Th、K 平均含量分别为 1.20×10^{-6}、4.74×10^{-6}、2.60×10^{-2}，eU/eTh、eU/eK、eTh/eK 分别为 0.28、0.50、1.87。在构造带附近，K 含量明显偏低，平均为 0.61×10^{-2}，Th 含量偏高，平均为 6.02×10^{-6}，eU/eK、eTh/eK 明显偏高，最大分别为平均值的 10 倍和 4 倍，一般在 2 ~ 3 倍，说明 K 在构造带附近存在明显的迁移。ΔT 在该剖面上变化较平稳，一般为 100 ~ 200nT，在构造带处表现为负异常、正异常或 ΔT 变化梯度带。

二、T02-2 剖面综合解释

该剖面位于测区中部，方位为 149°，长度为 75.0km。由于剖面过长，将该剖面分成了两段进行处理，线号分别为 T02-2A、T02-2B。

（一）T02-2A 线地质解释

该剖面长度 42.2km，见图 3-13 和图 3-14，该断面纵向由浅至深总体反映为 4 或 5 个电性层。

第一电性层：表现为高阻特征，反演电阻率为 15 ~ 100Ω · m，分布于断面的浅层，横向分布连续稳定，厚度为 80 ~ 160m，解释为第四系风成沙、含砾亚黏土及泥土。

第二电性层：表现为中阻特征，反演电阻率为 8 ~ 40Ω · m，其内发育长条状、串珠状偏高阻层，分布连续稳定，厚度为 200 ~ 300m，整体由北西向南东方向逐渐变薄，解释为泰康组、明水组、四方台组的含砾砂岩、泥岩、细砂岩等。

第三电性层：表现为低阻特征，反演电阻率为 3 ~ 8Ω · m，断面中分布连续，埋深大于 400m，解释为上白垩统的嫩江组及姚家组泥岩、细砂岩等。

第四电性层：表现为中阻特征，反演电阻率为 8 ~ 40Ω · m，断面中反映连续，解释为下白垩统及侏罗系砂岩、含砾砂岩、火山岩。

第五电性层：表现为高阻特征，反演电阻率 >40Ω · m，仅分布于断面平距 3.9 ~ 19.2km 处，高阻电性层埋藏深度约 800m，解释为古生界及花岗岩。

在断面平距 3.6km、19.6km 处的两侧，反演电阻率等值线面貌出现了较大差异。

断面平距 3.6km 处：表现为北西侧反演电阻率、卡尼亚电阻率、阻抗相位等值线出现明显的跌落，高阻基底发生明显沉降，电性层表现为高阻→中阻→低阻→中阻 4 层结构特征，而南东侧则出现明显的抬升，造成高阻基底隆起，电性层表现为高阻、中阻、低阻、中阻、高阻 5 层结构特征。因此，推测为 F8 断层通过的位置，该断裂走向北东向，倾向北西，上盘下降、下盘上升，为正断层。

在断面平距 19.6km 处：电性表现特征与断面平距 3.6km 基本一致。但北西侧反演电阻率、卡尼亚电阻率、阻抗相位等值线出现明显的抬升，而南东侧则出现明显的跌落现。因此，推测为 F7 断层通过的位置，该断裂走向北东向，倾向南东，上盘下降、下盘上升，为正断层。

（二）T02-2B 线地质解释

该剖面长度 32.8km，见图 3-15 和图 3-16，该断面纵向由浅至深总体反映为 4 个电性层。

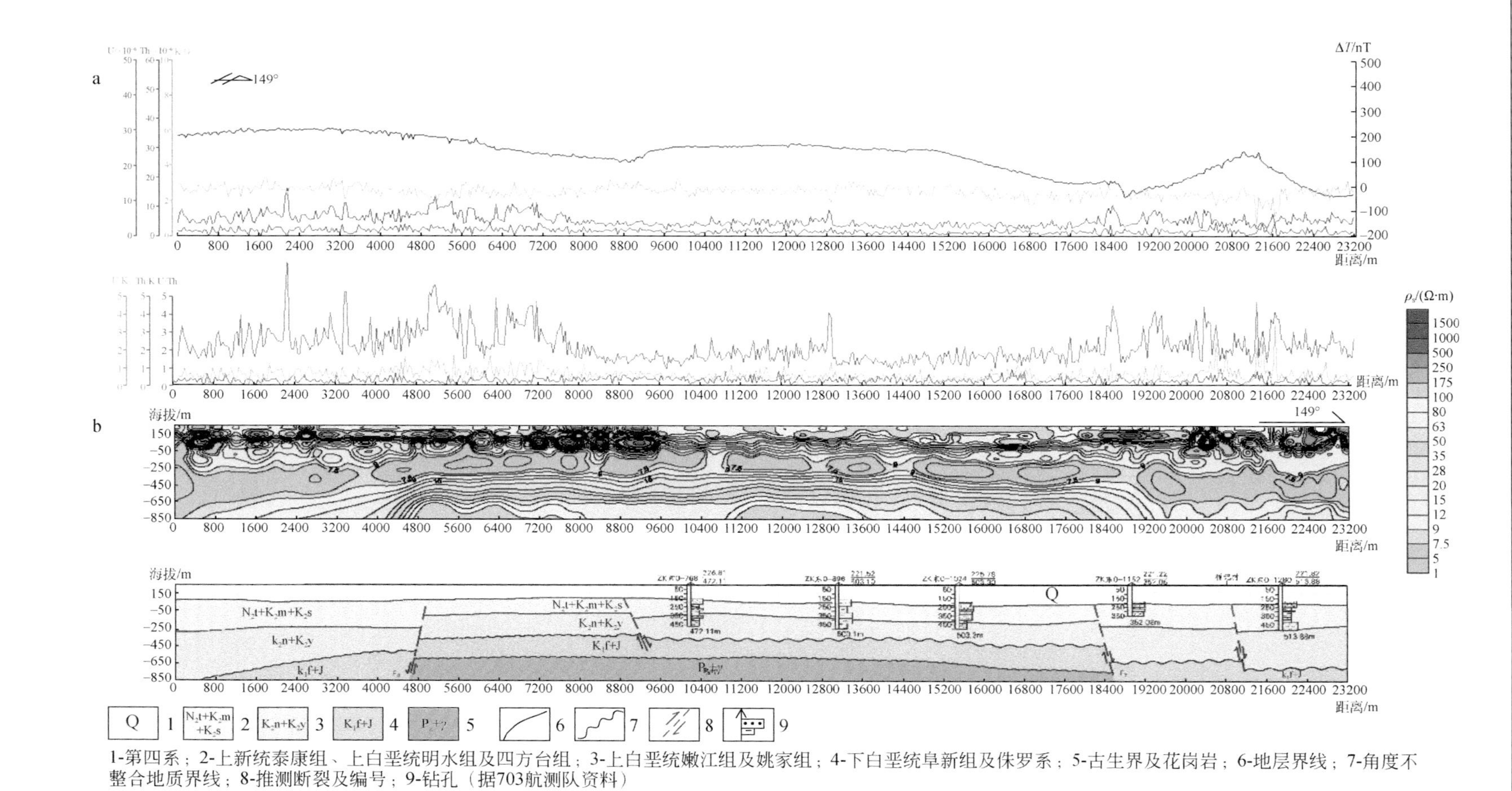

图3-13　内蒙古通辽地区T02-2A剖面综合解释成果图(一)

a.内蒙古通辽地区T02-2线磁测及能谱测量曲线图；b.内蒙古通辽地区T02-2线反演电阻率断面图

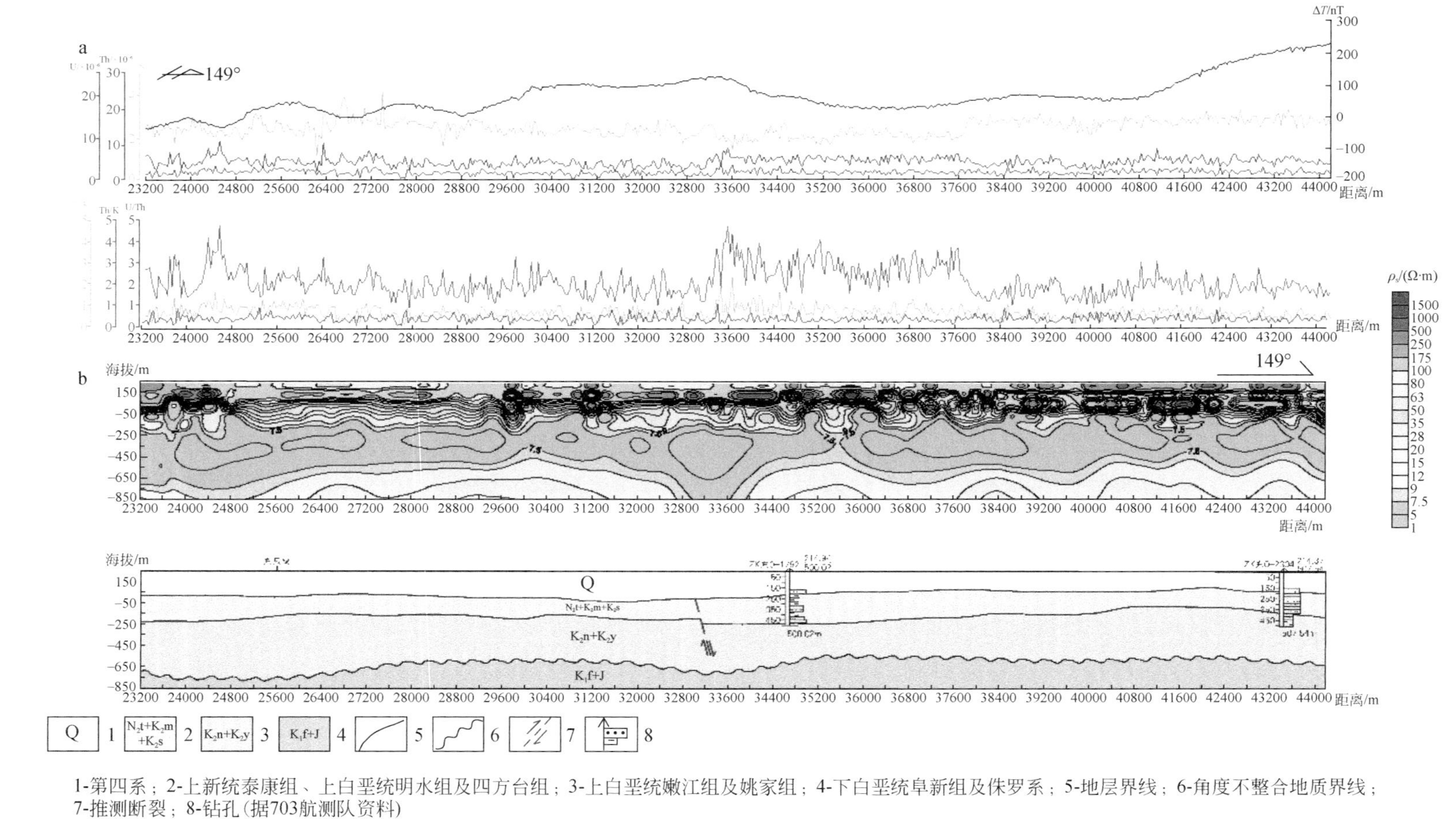

1-第四系；2-上新统泰康组、上白垩统明水组及四方台组；3-上白垩统嫩江组及姚家组；4-下白垩统阜新组及侏罗系；5-地层界线；6-角度不整合地质界线；7-推测断裂；8-钻孔（据703航测队资料）

图3-14　内蒙古通辽地区T02-2A剖面综合解释成果图(二)

a.内蒙古通辽地区T02-2线磁测及能谱测量曲线图；b.内蒙古通辽地区T02-2线反演电阻率断面图

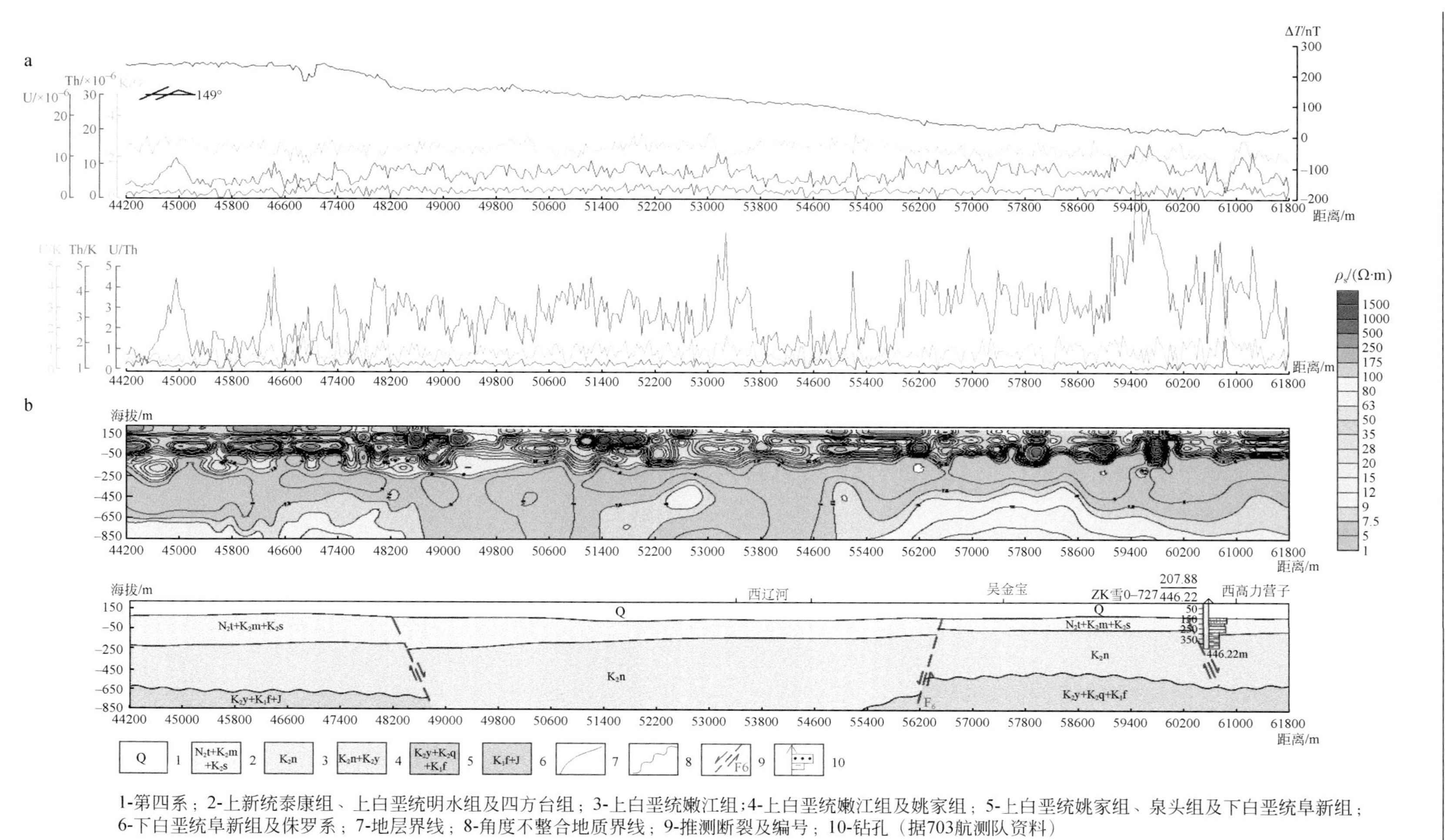

1-第四系；2-上新统泰康组、上白垩统明水组及四方台组；3-上白垩统嫩江组；4-上白垩统嫩江组及姚家组；5-上白垩统姚家组、泉头组及下白垩统阜新组；6-下白垩统阜新组及侏罗系；7-地层界线；8-角度不整合地质界线；9-推测断裂及编号；10-钻孔（据703航测队资料）

图3-15　内蒙古通辽地区T02-2B剖面综合解释成果图（一）

a.内蒙古通辽地区T02-2线磁测及能谱测量曲线图；b.内蒙古通辽地区T02-2线反演电阻率断面图

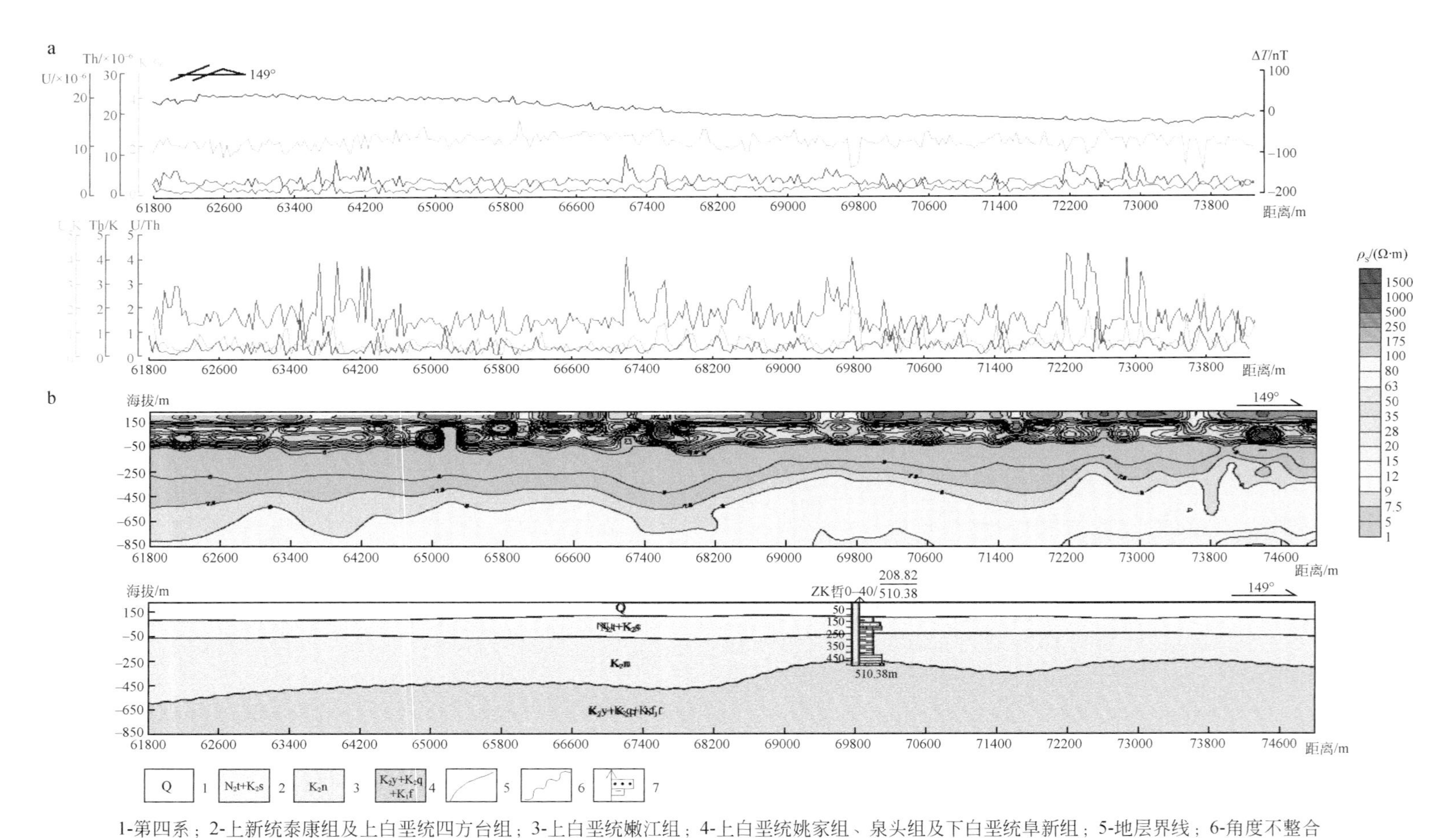

1-第四系；2-上新统泰康组及上白垩统四方台组；3-上白垩统嫩江组；4-上白垩统姚家组、泉头组及下白垩统阜新组；5-地层界线；6-角度不整合地质界线；7-钻孔（据703航测队资料）

图3-16　内蒙古通辽地区T02-2B剖面综合解释成果图（二）

a.内蒙古通辽地区T02-2线磁测及能谱测量曲线图；b.内蒙古通辽地区T02-2线反演电阻率断面图

第一电性层：表现为高阻特征，反演电阻率为15～100Ω·m，分布于断面的浅层，横向分布连续稳定，厚度为120m左右，反映为浅层以风成沙、含砾亚黏土及泥土为主的沉积层，推测为第四系。

第二电性层：表现为中阻特征，反演电阻率为8～40Ω·m，其内发育长条状、串珠状偏高阻层，分布连续稳定，厚度为140～300m，整体向南东方向逐渐变薄，解释为泰康组、明水组、四方台组含砾砂岩、泥岩、细砂岩。

ZK哲0-407孔的南东侧明水组未接受沉积，主要反映为上新统泰康组、上白垩统的四方台组。

第三电性层：表现为低阻特征，反演电阻率为3～8Ω·m，断面中分布连续，厚度向南东方向逐渐变薄，反映为以泥质、细砂为主的沉积层。F6断层的北西侧解释为嫩江组、姚家组；F6断层的南东侧受构造抬升影响，使目的层姚家组岩性以砂岩、含砾砂岩等粒度较粗的沉积物为主，电性表现为中阻，因此，低阻层解释为嫩江组。

第四电性层：表现为中阻特征，反演电阻率为8～40Ω·m，断面中反映连续，反映为砂岩、含砾砂岩、火山岩为主的地层，F6断层的北西侧解释为下白垩统及侏罗系，而F6断层的南东侧解释为姚家组、泉头组及下白垩统地层。

在断面平距55.7km处的两侧，反演电阻率等值线出现了错段特征。表现为北西侧反演电阻率、卡尼亚电阻率、阻抗相位等值线出现明显的跌落，低阻电性层明显变薄。因此，推测为F6断层通过的位置，该断裂走向北东向，倾向北西，上盘下降、下盘上升，为正断层。

整体分析，该断面高阻基底在断面平距3.9～19.2km段由于受F7、F8断层抬升作用形成隆起特征，盖层沉积厚度薄，其他地段基底沉降深度大，盖层沉积厚度大。姚家组在F6断层北西侧主要以湖相、深湖相沉积作用为主体，电性表现为低阻特征，顶板埋深一般大于500m；而F6断层南东侧由于构造抬升，岩性以砂岩、含砾砂岩为主，电性表现为中阻，顶板埋深向南东方向逐渐变浅。

T02剖面U、Th、K平均含量分别为1.55×10^{-6}、5.52×10^{-6}、2.42×10^{-2}，eU/eTh、eU/eK、eTh/eK分别为0.32、0.66、2.32。在构造带附近，K含量偏低，平均为1.71×10^{-2}，Th含量偏高，平均为7.81×10^{-6}，eU/eK、eTh/eK偏高，最大值分别约为平均值的6倍和3倍，一般在2～3倍，说明K在构造带附近存在明显的迁移。

ΔT在该剖面上变化较平稳，一般为0～200nT，在构造带处表现为负异常、正异常或ΔT变化梯度带。

三、T02-3剖面综合解释

该剖面位于测区南部，方位135°，长度45.0km。由图3-17和图3-18可以看出，该剖面以平距29.0km为界，其横向电性层分布表现出明显的不同特征。

在断面平距0～29.0km处由于构造作用使该地段基底、盖层发生阶梯式沉降，整体向北西方向倾伏，电性层表现为高阻→中阻→低阻→中阻4层结构特征；而在南东侧平距29.0～45.0km处基底则出现明显的隆起特征，埋深最浅约250m，整体向南东倾伏，电性层表现为高阻→低阻→高阻或高阻→中阻→低阻→中阻→高阻三至五层结构特征。

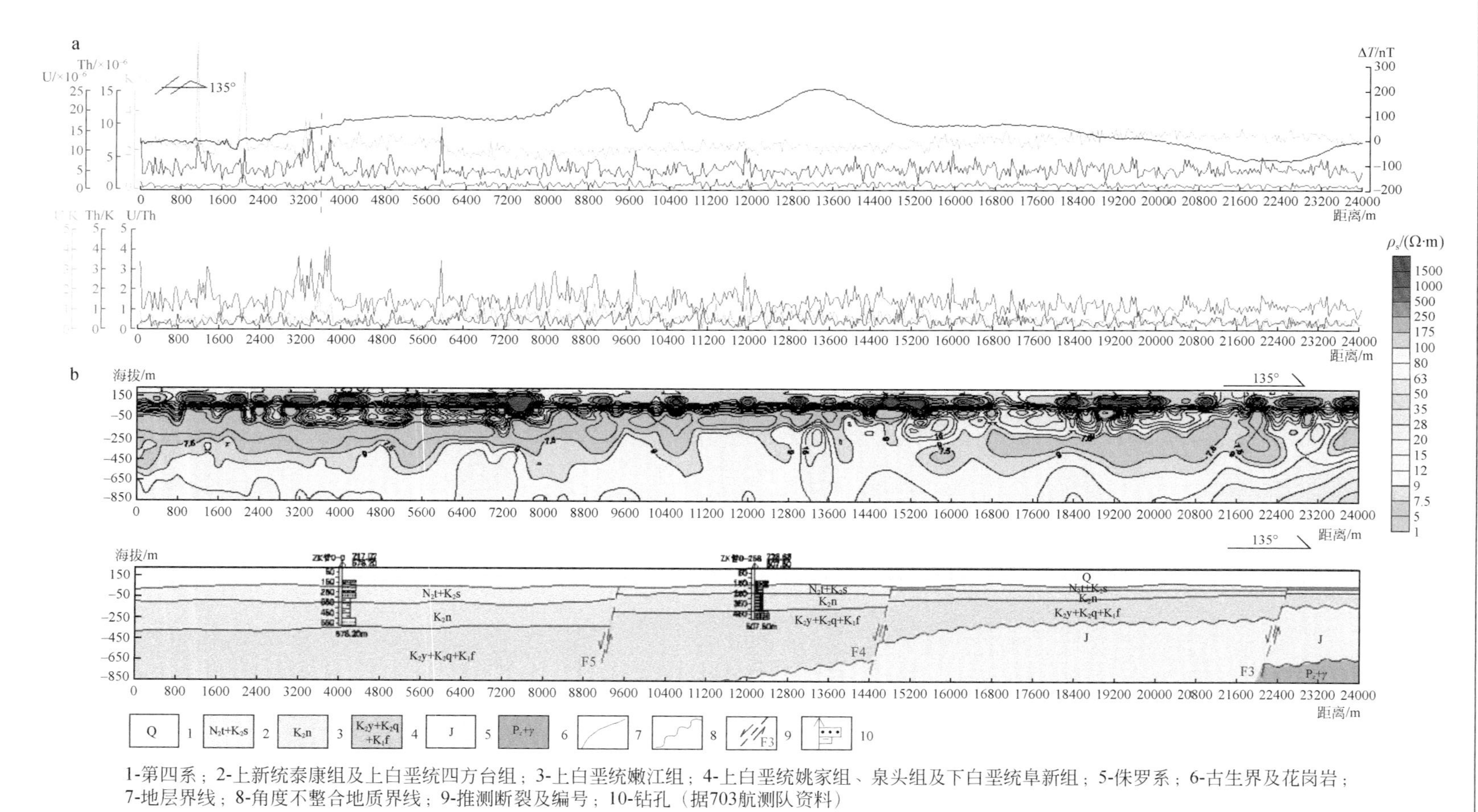

1-第四系；2-上新统泰康组及上白垩统四方台组；3-上白垩统嫩江组；4-上白垩统姚家组、泉头组及下白垩统阜新组；5-侏罗系；6-古生界及花岗岩；7-地层界线；8-角度不整合地质界线；9-推测断裂及编号；10-钻孔（据703航测队资料）

图3-17　内蒙古通辽地区T02-3剖面综合解释成果图（一）

a.内蒙古通辽地区T02-3线磁测及能谱测量曲线图；b.内蒙古通辽地区T02-3线反演电阻率断面图

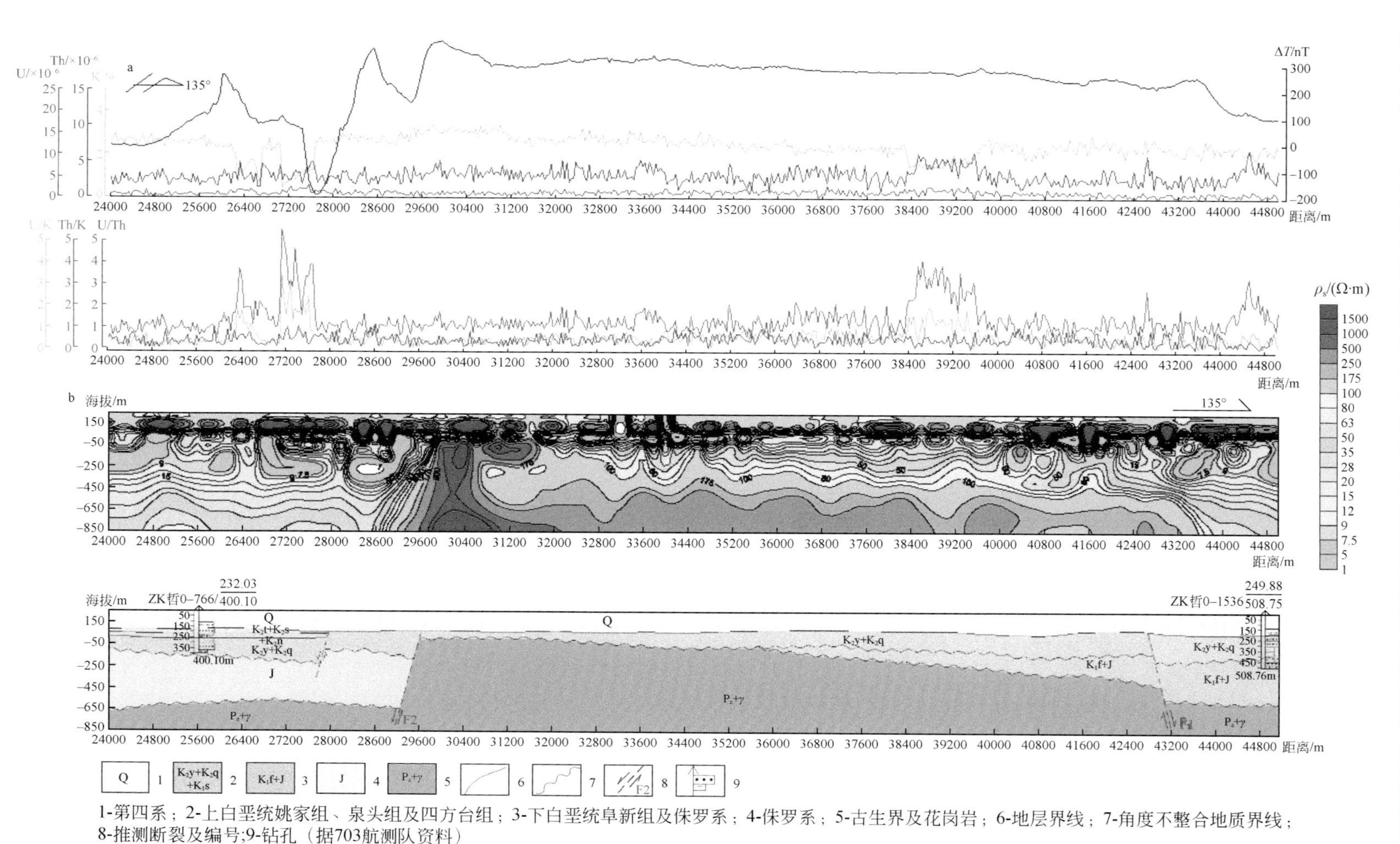

1-第四系；2-上白垩统姚家组、泉头组及四方台组；3-下白垩统阜新组及侏罗系；4-侏罗系；5-古生界及花岗岩；6-地层界线；7-角度不整合地质界线；8-推测断裂及编号;9-钻孔（据703航测队资料）

图3-18　内蒙古通辽地区T02-3剖面综合解释成果图（二）

a.内蒙古通辽地区T02-3线磁测及能谱测量曲线图；b.内蒙古通辽地区T02-3线反演电阻率断面图

盖层电性结构、厚度、埋深在纵向上存在明显的差异性特征，因此，下面将该断面分成三段（0km ~ F4 断层、F2 断层 ~ F4 断层、F2 断层南东侧）分别进行地质推断解释。

在断面平距 0km ~ F4 断层处，盖层整体向北西方向呈现阶梯式沉降，纵向由浅至深总体反映为 4 个电性层。

第一电性层：分布于断面的浅层，横向表现为连续稳定展布的高阻特征，反演电阻率为 15 ~ 500Ω · m，厚度为 150m 左右，反映为浅层以风成沙、含砾亚黏土以及泥土为主的沉积层，解释为第四系。

第二电性层：表现为中阻特征，反演电阻率为 8 ~ 40Ω · m，其内发育长条状、串珠状偏高阻层，分布连续稳定，厚度为 140 ~ 300m，整体向南东方向逐渐变薄，反映为以含砾砂岩、泥岩、细砂岩为主的沉积层。

F5 断层的北西侧解释为上新统泰康组和上白垩统四方台组。

F4 断层与 F5 断层之间解释为上白垩统四方台组。

第三电性层：表现为低阻特征，反演电阻率为 3 ~ 8Ω · m，主要分布于 F4 断层北西侧，向北西方向厚度逐渐变厚。反映为以泥质、细砂为主的沉积层，解释为上白垩统的嫩江组。

第四电性层：表现为中阻特征，反演电阻率为 8 ~ 15Ω · m，断面中反映连续，反映为砂岩、含砾砂岩、火山岩为主的地层，F5 断层的北西侧解释为上白垩统姚家组、泉头组及下白垩统。而 F5 断层的南东侧解释为上白垩统姚家组、泉头组及侏罗系。

在断面平距 F2 断层 ~ F4 断层处，纵向电性由浅至深总体反映为 4 层结构。

第一电性层：分布于断面的浅层，横向表现为连续稳定展布的高阻特征，反演电阻率为 15 ~ 500Ω · m，厚度为 150m 左右，反映为浅层以风成沙、含砾亚黏土以及泥土为主的沉积层，解释为第四系。

第二电性层：表现为中阻特征，反演电阻率为 8 ~ 15Ω · m，其内发育长条状、串珠状偏高阻层，分布连续稳定，厚度为 200 ~ 300m，反映为以含砾砂岩、泥岩、细砂岩为主的沉积层，解释为上白垩统四方台组、姚家组、泉头组。

第三电性层：表现为中阻特征，反演电阻率为 8 ~ 40Ω · m，反映为正常沉积岩、火山岩为主的地层，解释为侏罗系。

第四电性层：表现为高阻特征，反演电阻率大于 40Ω · m，仅分布于断面平距 21. 8 ~ 29. 0km 处，解释为古生界及花岗岩。

断面平距 F2 断层南东侧，高阻基底表现为隆起特征，整体向南东方向倾伏，纵向电性由浅至深总体反映为 3 或 4 层结构。

第一电性层：分布于断面的浅层，横向表现为连续稳定展布的高阻特征，反演电阻率为 15 ~ 500Ω · m，厚度为 150m 左右，反映为浅层以风成沙、含砾亚黏土及泥土为主的沉积层，解释为第四系。

第二电性层：表现为中阻特征，反演电阻率为 8 ~ 15Ω · m，其内发育长条状、串珠状偏高阻层，分布连续稳定，厚度向南东方向逐渐变厚，反映为以含砾砂岩、泥岩、细砂岩为主的沉积层，解释为上白垩统姚家组、泉头组。

第三电性层：表现为低、中阻特征，反演电阻率为 8 ~ 40Ω · m，地层整体向南东方向倾伏，反映为正常沉积岩、火山岩为主的地层，解释为下白垩统、侏罗系。

第四电性层：表现为高阻特征，反演电阻率>40Ω · m，解释为古生界地层及花岗岩。

综观整条剖面，反演电阻率、卡尼亚电阻率、阻抗相位等值线分别在断面平距8.7km、13.7km、21.7km、28.7km、44.0km处出现了明显的错断特征，解释为F5、F4、F3、F2、F1断层通过部位。其中F5、F4、F3、F2断层走向北东、倾向北西，为正断层；F1断层走向北东，倾向南东，也为正断层。

高阻基底在断面平距29.0～44.0km处受F1、F2断层作用影响，形成明显的地垒隆起。F2断层的北西侧基底、盖层发生阶梯式下沉，目的层顶板埋深由南东向北西方向逐渐变深，F1断层和F2断层之间的块体发生旋转，导致基底倾斜（图3-8）。F2断层南东侧基底整体向南东方向缓倾，目的层顶板埋深较浅，且变化不大。F5断层的南东侧埋深小于400m，岩性以砂岩、含砾砂岩为主，其中砂体较为发育。

T02-3剖面U、Th、K平均含量分别为1.18×10^{-6}、3.16×10^{-6}、2.39×10^{-2}，eU/eTh、eU/eK、eTh/eK分别为0.40、0.53、1.38。在构造带附近，K含量偏低，平均为0.86×10^{-2}，钍含量偏高，平均为4.32×10^{-6}，eU/eK、eTh/eK偏高，最大值分别约为平均值的6倍和5倍，一般为2～3倍，说明K在构造带附近明显迁移。

ΔT在该剖面上变化幅度较大，一般为0～300nT，在构造带处表现为负异常、正异常或ΔT变化梯度带。

第五节 基底形态及构造–地层结构

由图3-19可以看出，本区基底起伏总体反映为两隆两凹两斜坡的构造格局。根据基底起伏形态，结合地层分布及厚度变化、断裂展布特征，将本区基底构造格局大致划分为5个次级构造单元，即西部斜坡区、陆家堡拗陷区、舍伯吐隆起、哲中拗陷和哲东南隆起区。

一、电性剖面反映的各单元结构

（1）西部斜坡区：位于T02剖面T02-1线F9断裂的北西侧0～17.4km处，主要受北东向F9断层控制，基底埋深最浅约170m，整体向南东缓状倾伏。盖层沉积厚度薄，姚家组主要发育冲积扇相、河流相沉积体系，岩性以紫红色、杂色砂岩、砂砾岩为主，粒度较粗。

（2）陆家堡拗陷区：位于F8、F9断层之间，区内控制宽度为21.8km，基底埋深>1100m，盖层沉积厚度大，为早白垩世以来凹陷的沉积中心。姚家组顶板埋深一般>500m，岩性以泥岩、细砂岩为主，但上白垩统明水组、四方台组中砂体较为发育且底板底埋深较浅。

（3）舍伯吐隆起区：位于F7、F8断层之间，区内控制宽度为21.8km。基底埋深一般在800m左右，盖层沉积厚度稍薄。姚家组顶板埋深较大，岩性以泥岩、细砂岩为主，上白垩统明水组、四方台组中砂体较为发育且底板底埋深较浅。

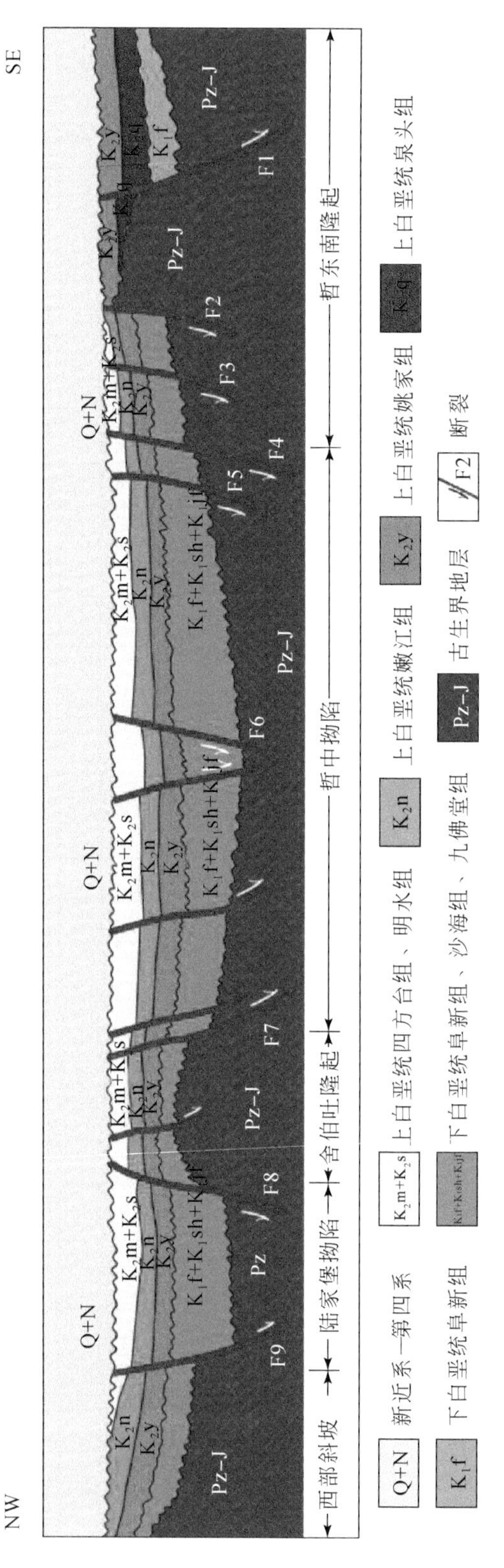

图3-19　通辽地区开鲁盆地内部结构与地层划分图

（4）哲中拗陷区：位于F4、F7断层之间，区内控制宽度为69.3km。基底埋深大于1100m，盖层沉积厚，但总体由南东向北西方向倾伏。姚家组顶板埋深较大，但整体向南东方向逐渐变浅，岩性由湖相泥岩、细砂逐渐过渡到以河流相、辫状河相砂岩、含砾砂岩为主。

（5）哲东南隆起区：位于F4断层的南东侧，区内控制宽度为31.3km。断面平距21.7～45km处基底埋深为250～900m。姚家组顶板埋深一般<500m，整体由隆起向两侧逐渐变浅，岩性以辫状河相砂岩、含砾砂岩为主。

通过以上分析，认为区内西部斜坡区与陆家堡拗陷的结合部位，构造条件较好，目的层姚家组埋深不大，且砂体较为发育，可以作为下一步铀矿勘查的重点地段加以探索。

陆家堡拗陷、舍伯吐隆起、哲中拗陷一线，目的层姚家组顶板埋深过深，岩性以泥岩、细砂岩为主。但明水组、四方台组中砂体发育，埋深适中，是找矿有利的层位。

哲东南隆起区F2与F6断层之间，目的层姚家组顶板埋深整体小于500m，整体由南东向北西倾伏，岩性以辫状河砂岩、含砾砂岩为主，粒度较粗，为研究区铀矿找矿的有利区域。

二、地震剖面反映的各单元结构

研究团队在开鲁盆地做了大量的地震勘探工作，通过地震资料对盆地的结构和油气的生储盖组合关系做过详细的研究，其中中国石油大学和中国地质大学做了层序地层的研究，朱筱敏等（2002）在开鲁盆地陆西凹陷做了层序地层划分（图3-20）。从地震剖面上

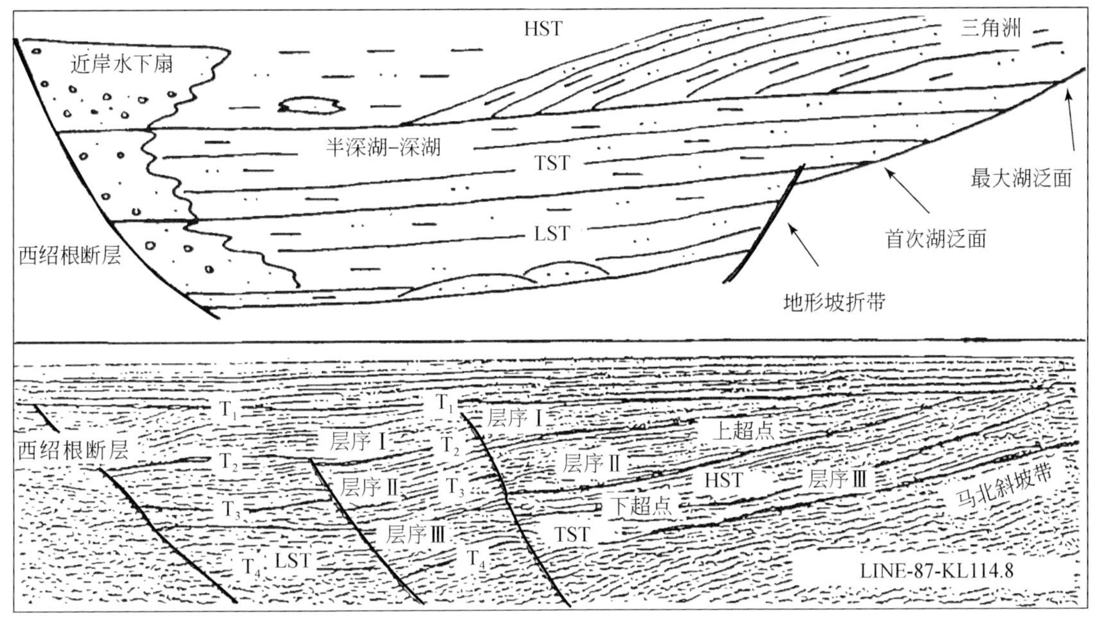

图3-20　开鲁盆地陆西凹陷白垩系地层层序划分及沉积模式（据114.8测线，朱筱敏等，2002）

T_1-阜新组与泉头组界面；T_2-沙海组与阜新组界面；T_3-九佛堂组与沙海组界面；T_4-义县组与九佛堂组界面；

HST-高位体系域；LST-低位体系域；TST-湖侵体系域

可知，陆西凹陷的“断-拗”双层结构十分明显，T1 之下为断陷期早白垩世地层，多数断层活动终止在 T1 上，一些断层活动终止在 T2 上，表明断陷期断层活动，北西边的陡坡发育近岸水下扇；而南东边的缓坡上发育三角洲沉积，凹陷中心主要是深湖-半深湖相沉积。通常我们对浅部信息不做处理，因此未能对阜新组以上的地层划分出详细层位，但从图 3-20 中总体看出，地震同相轴连续且平直，无上超、下超、削截现象，推断沉积以河流相或湖泊相为主，这与电法所获得的解释基本一致。

根据综合研究分析，泉头组与青山口组在盆地的西部（可能以通辽-凌海隐伏断裂为界）缺失，陆西凹陷中 T1 之上的地层应该为姚家组与阜新组之间以不整合直接接触。开鲁盆地西部拗陷中的断层多数为正断层，多组倾向相反的正断层活动造成了盆地的堑垒式结构（图 3-21），因此，在舍伯吐隆起的地垒处，基底埋深不到 1000m，而它两侧的包日温都洼陷和交力格洼陷的地堑处，基底埋深超过 3000m。另外，从电法剖面和地震剖面上均能看出（图 3-19 和图 3-20），研究区凹陷边缘和部分中心地带明显发育断层，根据地层错断关系分析判断，大部分为正断层，而且主要发育在早白垩世时期，有些断层在晚白垩世以后重新活动，这为盆地中油气的上升运移提供了良好的通道，砂岩型铀矿的油气还原作用可能与这些断层的活动有关。

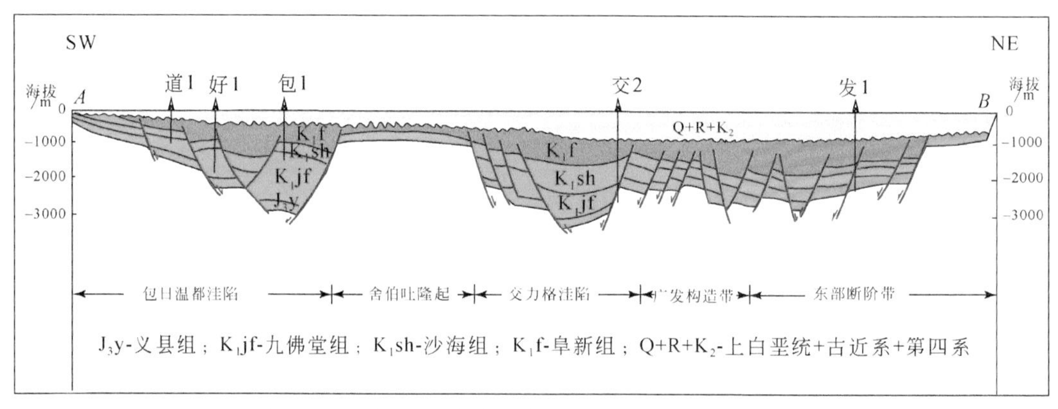

图 3-21　沿陆家堡拗陷走向的综合解释剖面（李国玉和吕鸣岗，2002）

第四章　盆地沉积充填

第一节　概　　述

盆地沉积物是连接盆地与造山带的纽带，也是盆山关系研究的关键。通过盆内沉积物沉积特征、物源分析等，可有效地恢复蚀源区构造作用细节、岩石组成、盖层剥露过程、剥蚀程度和沉积物流向，从而示踪山盆系统间的物质交换过程。关于盆内沉积物与构造的研究，国内外已经取得了很大进展，Hendrix 等（1994）通过对沉积岩碎屑成分分析，成功地示踪了蒙古国南部 Noyon Uul 复向斜及我国准噶尔盆地南缘构造作用的细节。Bruguier 等（1997）对我国松潘-甘孜复理石盆地沉积岩中的锆石颗粒进行了 U-Pb 年龄测定，重塑了构造演化和物源区隆升过程。Henry 等（1997）通过对阿尔卑斯山前磨拉石沉积物的研究，分析了物源与源区岩石剥露过程。Clift 等（2002）通过对西喜马拉雅印度河水系现代碎屑的分析，研究了造山过程及其与盆地演化关系。渠洪杰等（2016）根据鄂尔多斯盆地侏罗系沉积物的特征研究得出了中侏罗世早期之前、中侏罗世晚期和晚侏罗世—早白垩世的 3 期构造事件。近年来，很多人利用盆地内碎屑物锆石 U-Pb 年龄来研究盆地的构造演化、物源区的来源等（Li et al.，2012；Zhao et al.，2013）。因此，盆地内沉积物可以很好地指示盆地的构造演化过程。

铀富集、沉淀的有利场所是沉积砂体（郭庆银等，2004），而沉积砂体类型、发育程度、分布范围受沉积体系控制。物源补给充足、继承性发育的沉积体系，形成较大规模的砂体，其中辫状河砂体可为砂岩型铀矿床的形成提供有利场所。

第二节　充 填 地 层

开鲁盆地周围主要出露海西-印支期花岗岩、中生代火山岩及古生代和前古生代的变质岩。盆地内部沉积盖层主要为早白垩世—第四纪地层。

一、基底岩性及分布特征

开鲁盆地基底形态复杂、起伏较大，基岩埋深一般为 300～2000m，最浅处为架玛吐凸起的白 8-3 井，埋深为 89.2m，最深处为哲中凹陷，地震解释埋深为 2500m。基底岩性主要由古生界和前古生界的砂板岩、板岩、片岩、片麻岩、灰岩、大理岩、千枚岩、火山岩及海西期的黑云母花岗岩、钾长花岗岩、花岗闪长岩以及燕山期花岗岩、碎裂花岗岩、蚀变碎裂正长岩等组成（Wu et al.，2001）（图 4-1）。在开鲁盆地北东部埋深较浅，一般为 300～600m，架玛吐凸起附近第四系直接覆盖于基底之上，埋深为 90～120m。钱家店断陷、陆家堡断陷及茫汉洼陷等地区基底埋深较大，一般为1000～2000m。上述基底岩石类型在盆地边缘均有出露，它们在很大程度上控制了盆地内晚中生代沉积岩的组成和分布（李永飞等，2013；杨勇等，2014；姜玲，2015；张晓晖等，2005；陶楠等，2016；Jing et al., 2020；时滥，2020；蔡厚安等，2021）。

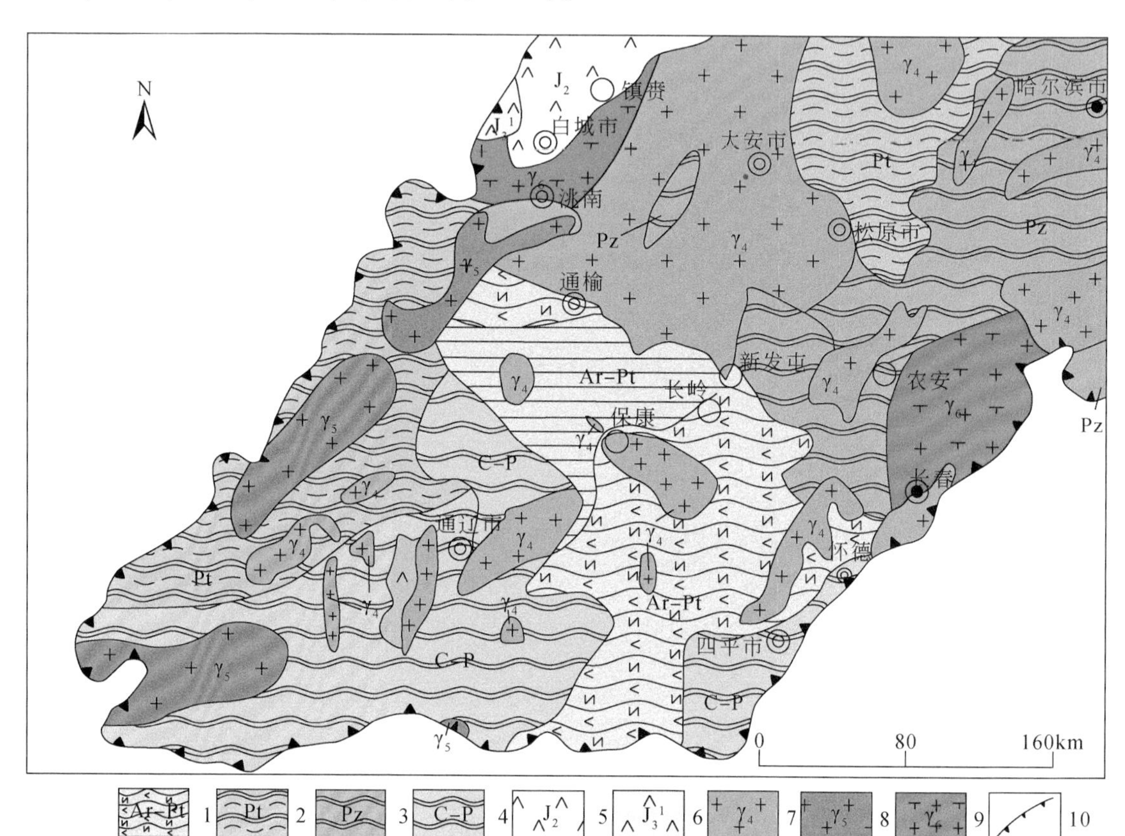

1-太古宇—元古宇；2-元古宇；3-古生界；4-石炭系—二叠系；5-中侏罗统；6-上侏罗统；7-海西期花岗岩；8-燕山期花岗岩；9-花岗闪长岩；10-盆地边界

图4-1　松辽盆地南部基底岩性分布图

二、盖层及分布特征

（一）总体特征

开鲁盆地沉积盖层由白垩系、新近系和第四系组成（许坤和李瑜，1995）（图4-2）。以库伦-通辽-保康一线为界，西侧地层发育相对齐全，主要缺失上白垩统泉头组，东部则缺失上白垩统四方台组、明水组及古近系、新近系。白垩系覆盖全区，为陆相碎屑岩夹煤、油页岩建造，分为上、下统。下白垩统由义县组、九佛堂组、沙海组和阜新组组成（朱筱敏等，2000；迟广城等，1999；周超等，1999；高永富，2001；王祁军等，2007；

丁枫和丁朝辉，2012；刘明洁等，2012；谢庆宾等，2013）；上白垩统由泉头组、青山口组、姚家组、嫩江组、四方台组和明水组组成（高瑞祺等，1982；王璞珺等，1995；夏毓亮等，2003；吴炳伟，2007；冯志强等，2013）；新近系主要为泰康组，分布于盆地西部地区，为陆相碎屑岩建造；第四系广布全区，为一套风积、冲积、洪积而成的松散堆积。依据盆地沉积演化特征，大致可将沉积盖层划分为早白垩世断陷沉积盖层、晚白垩世拗陷沉积盖层及古近纪至第四纪萎缩期沉积盖层三个阶段（李娟和舒良树，2002；胡望水等，2005；王璞珺等，2015）。

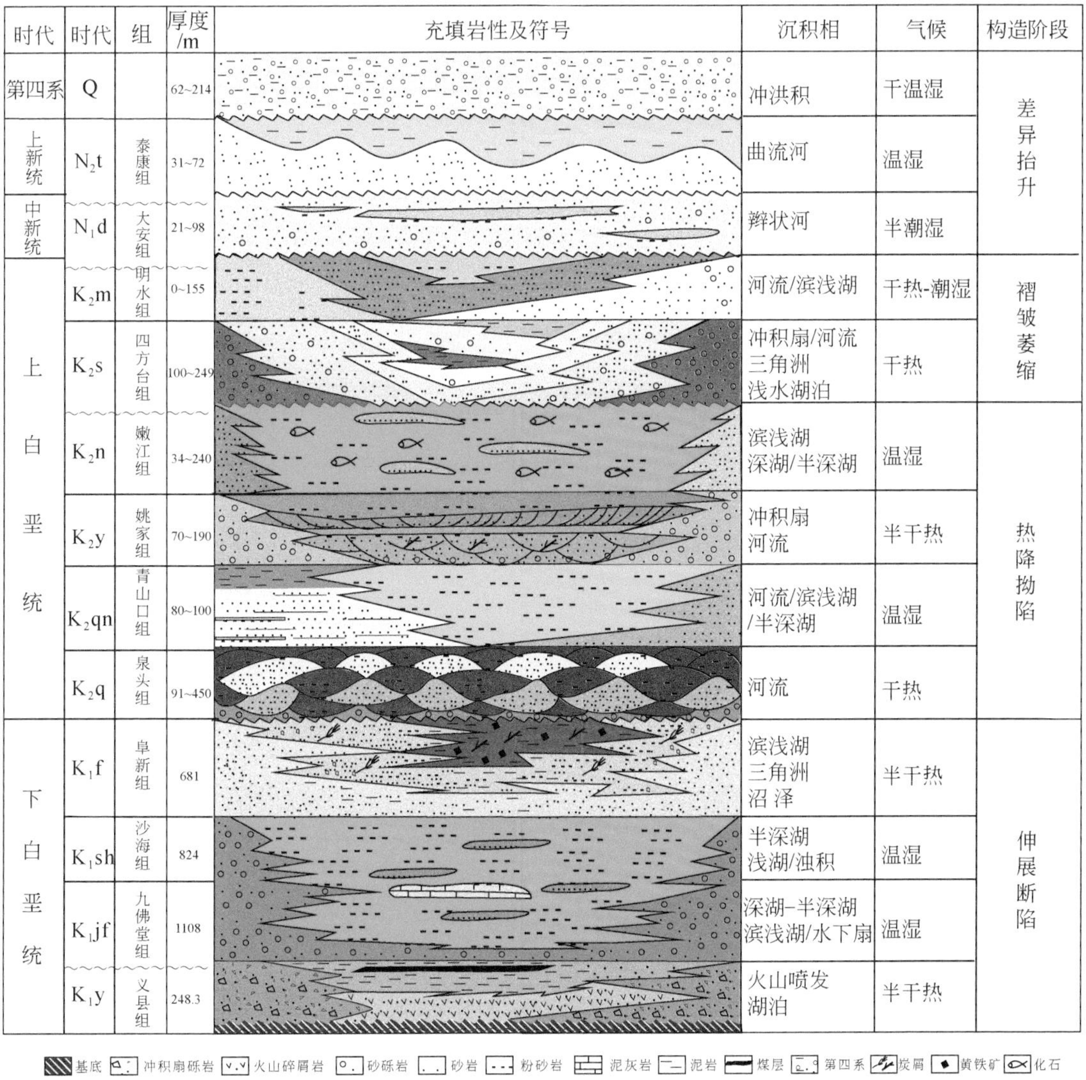

时代	时代	组	厚度/m	充填岩性及符号	沉积相	气候	构造阶段
第四系	Q		62~214		冲洪积	干温湿	差异抬升
上新统	N_2t	泰康组	31~72		曲流河	温湿	
中新统	N_1d	大安组	21~98		辫状河	半潮湿	
上白垩统	K_2m	明水组	0~155		河流/滨浅湖	干热-潮湿	褶皱萎缩
	K_2s	四方台组	100~249		冲积扇/河流 三角洲 浅水湖泊	干热	
	K_2n	嫩江组	34~240		滨浅湖 深湖/半深湖	温湿	热降拗陷
	K_2y	姚家组	70~190		冲积扇 河流	半干热	
	K_2qn	青山口组	80~100		河流/滨浅湖 /半深湖	温湿	
	K_2q	泉头组	91~450		河流	干热	
下白垩统	K_1f	阜新组	681		滨浅湖 三角洲 沼泽	半干热	伸展断陷
	K_1sh	沙海组	824		半深湖 浅湖/浊积	温湿	
	K_1jf	九佛堂组	1108		深湖–半深湖 滨浅湖/水下扇	温湿	
	K_1y	义县组	248.3		火山喷发 湖泊	半干热	

基底 冲积扇砾岩 火山碎屑岩 砂砾岩 砂岩 粉砂岩 泥灰岩 泥岩 煤层 第四系 炭屑 黄铁矿 化石

图 4-2 开鲁盆地沉积体系充填模式图

开鲁盆地在中生代的演化经过了火山湖泊→沼泽河流→湖泊→河流→湖泊→河流等发展演化过程（朱筱敏等，2000）。晚侏罗世主要为火山喷发与湖泊共同发育时期，气候半干热，湖泊边缘发育冲积扇，中心有火山喷发及沉积细粒碎屑岩，沉积义县组，到该时期结束时，气候转向潮湿，可见煤层（杨冬霞，2009）。

在早白垩世早期，气候温暖潮湿，盆地的边缘为水下扇和滨浅湖，湖盆的中心为深湖-半深湖相沉积，夹少量的泥灰岩和浊流相沉积，形成的地层为九佛堂组和沙海组（郑福长等，1989）。早白垩世晚期，气候变为半干热，主要沉积有三角洲、滨浅湖和沼泽，形成的地层为阜新组。

晚白垩世早期为泉头组沉积，气候干热，沉积一套以曲流河为主的河流相组合，见大量的红色泥岩和一些侧向上不连通的“孤立”砂体（邹才能等，2004）。泉头组之上为青山口组，此时气候温湿，湖泊较发育，形成一套有河流、滨浅湖和半深湖相组合的岩石。整个松辽盆地，青山口期湖盆面积较大，水较深，沉积的一套深色泥岩是良好的生油岩。晚白垩世中期主要有姚家组和嫩江组。姚家组形成于半干热气候条件下，盆地边部形成冲积扇，中心部位主要为河流相沉积，早期为辫状河，晚期为曲流河沉积（聂逢君等，2017）。嫩江组沉积时，湖盆地水域面积最大，沉积一套区域上非常稳定的灰色、灰黑色泥岩，含大量的生物化石，湖盆地边缘有少量的滨浅湖砂泥，中心见浊流沉积的生物碎屑。晚白垩世晚期有四方台组和明水组，形成于干热及干热-潮湿的气候条件。四方台组主要是冲积扇、河流、三角洲及浅水湖泊相沉积，明水组主要是河流和滨浅湖相沉积（程日辉等，2009；王国栋等，2011）。

晚白垩世之后的古近纪在研究区没有记录，长期处于剥蚀阶段（Song et al.，2018；Cheng et al.，2018，2019）。新近纪早期形成大安组，由一套半潮湿气候下的辫状河沉积组成，砂体发育，泥岩少。新近纪晚期形成泰康组，由温湿气候条件下的曲流河相沉积组成。第四系主要由干温湿气候下的冲、洪积物组成。

（二）早白垩世断陷期沉积盖层

早白垩世断陷沉积盖层主要发育于开鲁盆地内次级断陷盆地内，断陷盆地多呈 NE 向、NNE 向展布，个别呈 NW 向展布（图 4-3）。

早白垩世义县组沉积期为盆地伸展断陷发育早期，属以火山岩为主的断陷式充填沉积，分布于彼此分割的众多断陷之中，岩性主要为火山间歇喷发的中、酸性火山岩和凝灰岩与砂岩互层，夹数层不可采煤层（张宏等，2005；孟凡雪等，2008）。

早白垩世九佛堂-阜新期为盆地伸展断陷发育阶段，形成了一系列分割较深的断陷盆地群，其间充填了九佛堂组、沙海组和阜新组的冲积相与河流相砂砾岩及湖泊相的砂岩和灰色泥岩夹煤层建造（刘明洁等，2012）。

（三）晚白垩世拗陷沉积盖层

1. 泉头组

泉头组分布较广，多沿盆地东缘分布，在盆地内，被大面积的第四系所覆盖。据钻探揭露，西部泰来-富拉尔基-镇来黑鱼泡-八面山-瞻榆以西广大地区缺失；北部在绥棱-北安-德都-纳河诸县以北缺失。泉头组沉积初期，古地形起伏不平，有的地区基岩凸起，超出水面而无沉积，如顾家店钓鱼台、朱大屯和桦家等地，推测伏龙泉北、三盛玉和农安西

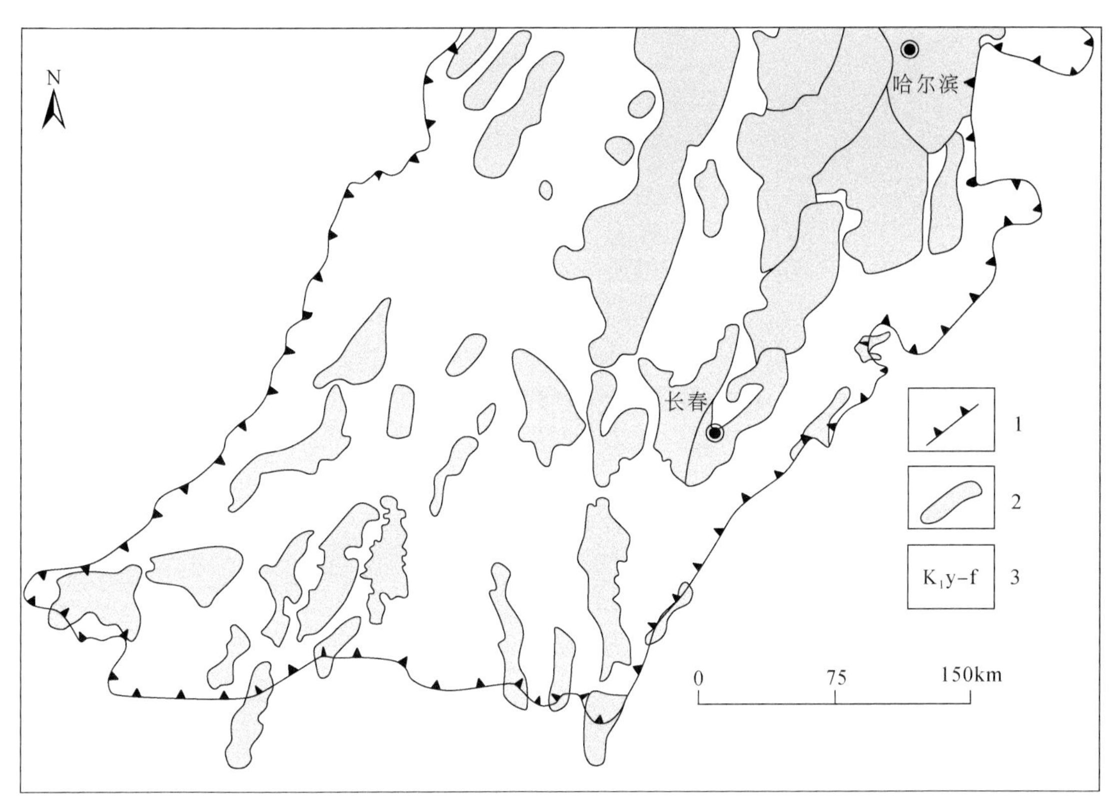

1-盆地边界；2-断陷盆地分布范围；3-早白垩世义县组—阜新组

图 4-3 松辽盆地断陷期沉积地层分布图

也缺失本组下部地层。因此，泉头组下部地层属于填洼补平式的沉积。在平面上具一定分割性，厚度变化大。后期地形比较平坦，沉积范围逐渐扩大，但由于受基底隆起影响，青山口、顾家店、杨大城子等地缺失本组上部地层。泉头组与下伏登娄库组呈平行不整合接触关系（邹才能等，2004，2006）。

泉头组主要为一套棕红色、暗紫红色泥质岩与紫灰色、灰绿色、灰白色砂质岩，局部夹灰绿色、灰黑色泥岩及凝灰岩薄层。颗粒由下往上逐渐变细，显示了明显的旋回特征，由盆地边缘向内逐渐变细，显示了河流-滨湖-浅湖相序列的沉积特点。厚度变化较大，长岭-登娄库地区发育齐全，一般厚 700～1200m，最厚达 2198.5m（松基二井）。与下伏阜新组呈整合-假整合接触，并超覆于不同层位老地层之上。按岩性特征可分为四段。

泉一段：分布比较局限，在盆地东南边缘四平、长春一带可见零星露头。岩性为灰白色、浅灰色、紫灰色砂岩与紫褐色、紫红色、灰黑色砂质泥岩与泥岩互层，局部夹薄层砂砾岩，底部多见砾岩。在砂岩中含灰质泥砾和灰质结核，局部含石膏团块。岩石成分比较复杂。泉一段厚度变化较大，厚度最大为松基二井，深 1181m，一般为 250～440m，在隆起区和西部斜坡区未见沉积。

泉二段：岩性以棕红色、褐红色粉砂质泥岩、泥岩为主，夹数层灰白色、灰绿色、紫灰色粉-细砂岩。局部地区偶夹灰黑色、黑灰色泥岩、砂质泥岩。灰质含量较高，可见方解石细脉及石膏团块。本段主要是由泥质岩组成，岩性比较稳定，故常作为泉头组对比标志之一。该段厚度变化大，为0～479m，一般为200～300m。

泉三段：岩性为浅灰绿色、棕灰色、浅紫灰色细、粉砂岩与暗紫红色、褐红色和少量灰绿色泥岩、砂质泥岩呈不等厚互层，组成较大幅度的正旋回层。本段下部粒度较粗，砂岩发育，旋回幅度小，为10～20m；底部常具砂、砾岩及泥、砾岩；上部以泥质岩为主，旋回幅度较大，为30～50m。该段厚度比较稳定，一般为300～500m，最厚可达692m。

泉四段：本段岩性为棕红色、灰绿色泥岩、粉砂质泥岩和灰白色、浅灰绿色泥质粉砂岩、粉-细砂岩，常组成自下而上、由粗到细的数个不完整旋回，旋回底部常常具有钙质砂岩。一般砂质岩占本段厚度的20%～40%，砾岩不发育，局部有薄层泥砾岩或泥砾。泥岩呈块状，含粉砂、灰质结核和黄铁矿。其中，上部和下部砂岩较发育，中部泥质岩较多，底部砂岩含钙及泥砾，斜层理、交错层理发育。泉四段厚度为0～128m，一般厚度为90m左右。

泉头组沉积时期松辽盆地有多条水系向三肇和古龙地区汇集，形成古松嫩平原，并通过宾县地堑外泄，发育有洪积相、河流相、湖泛平原相及滨浅湖相沉积。该时期河流能量低，改道频繁，多为充填式河道沉积，单层砂体发育规模小，厚度薄，沉积颗粒细，单砂体连通性差，垂向上河道砂岩与泛滥平原相及湖泛平原相泥岩间互沉积形成砂泥互层。

2. 青山口组

青山口组为湖相沉积，青山口组一段属于一套水进式沉积，而青山口组二段和三段则属于水退式反旋回沉积（朱筱敏等，2013）。青一段沉积时期，古松辽湖盆的发育进入极盛时期，湖水扩张，大部分地区均为湖相沉积；青二段沉积时期，总体沉积环境与青一段类似，但湖水总体略有退缩，砂体分布范围更大；青三段沉积时期，湖水退缩，物源分别来自通榆、保康两个方向，砂体从西向东，从西南向东北、东南方向延伸。岩性为棕红色泥岩夹浅灰色细砂岩、泥质粉砂及钙质粉砂岩组成。青三段底部为一层数米厚的泥岩，可作为区域地层对比标志层。

3. 姚家组

姚家组下段以棕红色泥岩、细砂岩为主，夹灰绿色粉砂质泥岩，地层厚度一般为45～60m。其岩性同上覆及下伏地层亦有较大差别，姚下段棕红色泥岩较纯，且夹灰绿色粉砂质泥岩，电阻率曲线呈锯齿状，且基值较低（张顺等，2011；冯志强等，2012）。青山口组末期的构造运动，造成了盆地边缘及东南隆起区抬升幅度较大，受古地形控制，姚家组与青山口组之间存在沉积间断，即到青三段后期，部分地区开始露出水面，湖水范围缩到最小，到姚下段早期湖盆下降，又开始以红层大面积沉积于青三段不同层位之上。姚家组上段由一套灰绿色、紫红色泥岩和浅灰色细砂岩，泥岩含砂，因而电阻率基值较高且平直，地层厚75～100m。

4. 嫩江组

该组沉积时期为松辽盆地第二扩张期，即极盛期。岩性及厚度较稳定，为一套深湖相、浅湖相及浅滩相细碎屑岩系（冯志强等，2012；黄薇等，2013；张智礼等，2014）。自下而上共分为五段，嫩一段（K_2n^1）为暗色泥岩段；嫩二段（K_2n^2）为厚层泥岩段；

嫩三段（K_2n^3）为砂泥岩反韵律段；嫩四、五段（K_2n^{4+5}）为砂泥岩正韵律段。厚度为500～1235m，最厚见于古龙-长岭小区。与下伏姚家组呈整合接触。

5. 四方台组

四方台组为湖盆萎缩时期的红层沉积。主要分布在盆地的中西部，盆地东北部的四方台-望奎一带为残留沉积，由棕红色泥岩、砂质泥岩及砂砾岩、灰绿色砂质泥岩组成，最大沉积厚度为413m（程日辉等，2009；王国栋等，2011）。

6. 明水组

明水组主要分布在盆地中部和西部，东部仅在绥化地区有局部分布，盆地东南部没有沉积（程日辉等，2009）。厚度为0～400m。

（四）萎缩期沉积盖层

1. 新近系

新近系由大安组、泰康组组成，是湖盆萎缩后盆地差异升降运动阶段沉积的产物，由一套胶结程度较差的杂色泥岩、粉砂岩、砂砾岩组成，总厚达300m，属灰色建造。

2. 第四系

第四系地层在盆地中广泛分布，岩性为松散砂、砾石淤泥和黏土夹泥炭。其成因类型繁多，主要为河流、湖泊和沼泽沉积等。

第三节 冲 积 扇

冲积扇相主要分布于盆地边缘，盆地内部局部隆起，也发育小规模冲积扇相沉积，不同部位其发育特征各异。其中泉头期冲积扇相主要发育于盆地东南部，姚家期—明水期东南部缺失冲积扇相（冯志强等，2012）。冲积扇相沉积逐渐向西南、北西部迁移，其中姚家组冲积扇相在开鲁盆地西南、西北部呈弧形展布，嫩江期冲积扇相不发育，四方台期冲积扇相主要发育于盆地西北缘，明水期冲积扇相受构造隆升影响，多被剥蚀，残留范围有限。冲积扇相分布范围与发育程度受构造-沉积演化控制作用较为显著。根据岩心、测井曲线、沉积构造、沉积组合特征和堆叠形式，可进一步将冲积扇相划分为扇根、扇中和扇端三种亚相（孙永传等，1980）。

一、扇根亚相

该亚相的岩相类型主要为块状砾岩相、块状砂砾岩相，其沉积物的特点是发育厚大的泥石流堆积，岩性以紫红色、砖红色、灰白色砾岩和砂砾岩为主，夹有紫红色、灰色、灰绿色泥岩和粉砂岩。砾石成分以花岗岩为主，部分为火山岩、火山碎屑岩、硅质岩和变质岩。沉积物分选差，次棱角状，块状构造。其中，砾、砂砾岩中砾石粒径最大者可达十几厘米，反映近物源快速堆积的特点（图4-4）。

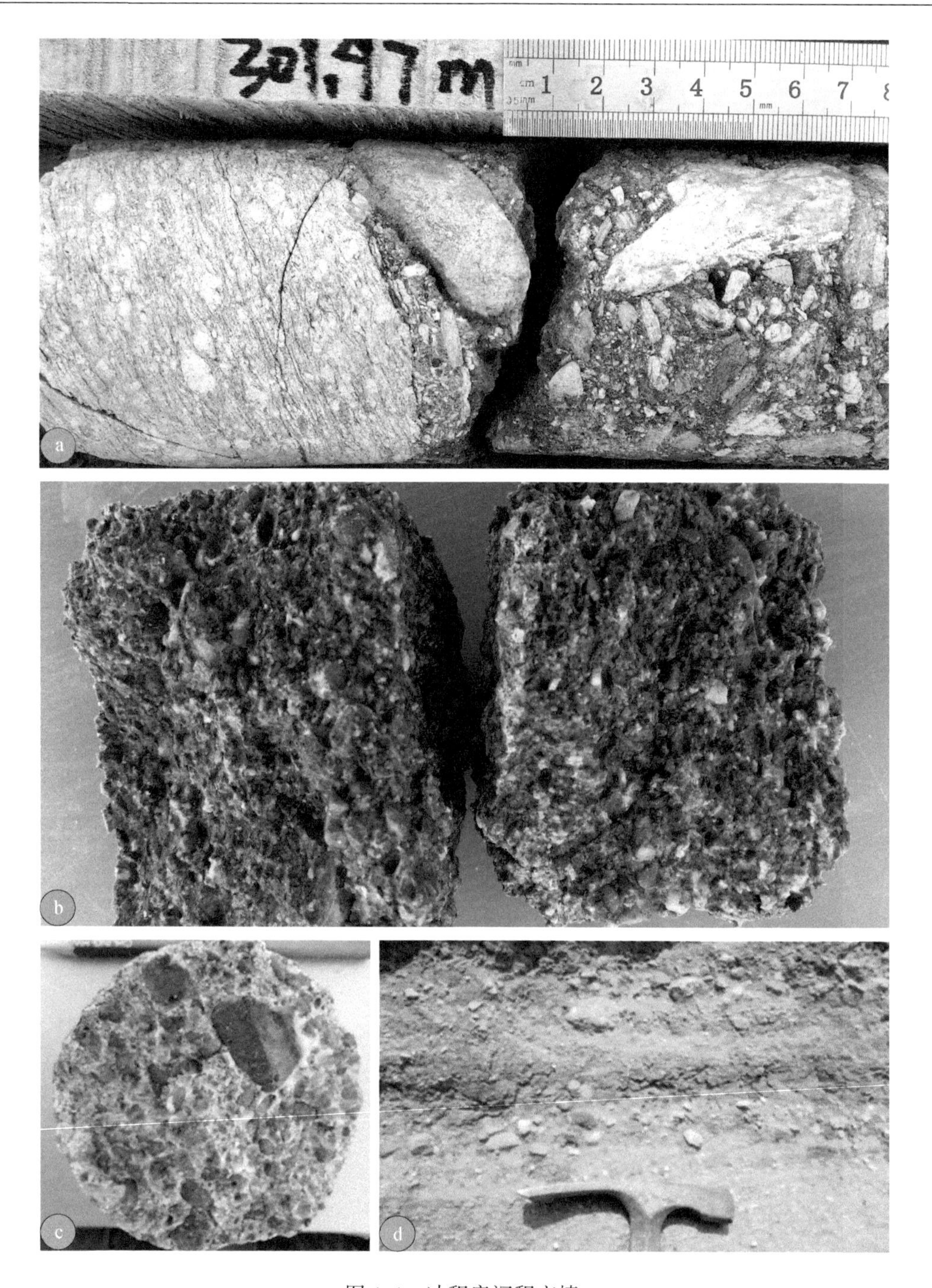

图 4-4　冲积扇沉积充填

a. 姚家组扇根亚相砂质砾岩（ZKBK5-5，301.97m）；b. 姚家组紫红色砂质砾岩（ZK 宝 6-8，643.00m）；c. 泉头组扇根亚相砂质砾岩（ZK 昌 2-0，145.23m）；d. 泉头组冲积扇野外露头

在测井曲线上，扇根亚相沉积以突出的高幅振荡箱形为主，局部泥岩段幅值较低（图 4-5）。泥石流沉积总体表现为低幅锯齿状，仅局部厚层砂砾岩段呈高幅振荡的箱形或锯齿形。从单孔测井曲线上看，具有整体倒粒序的特点，个别钻孔可见下部层位发育扇中

亚相，上部层位发育扇根亚相（如ZK曼2-2孔），从剖面上看，下部泉头组到姚家组下段再到姚家组上段，整体具有由盆地边缘向盆地内部进积沉积的特点（图4-6）。

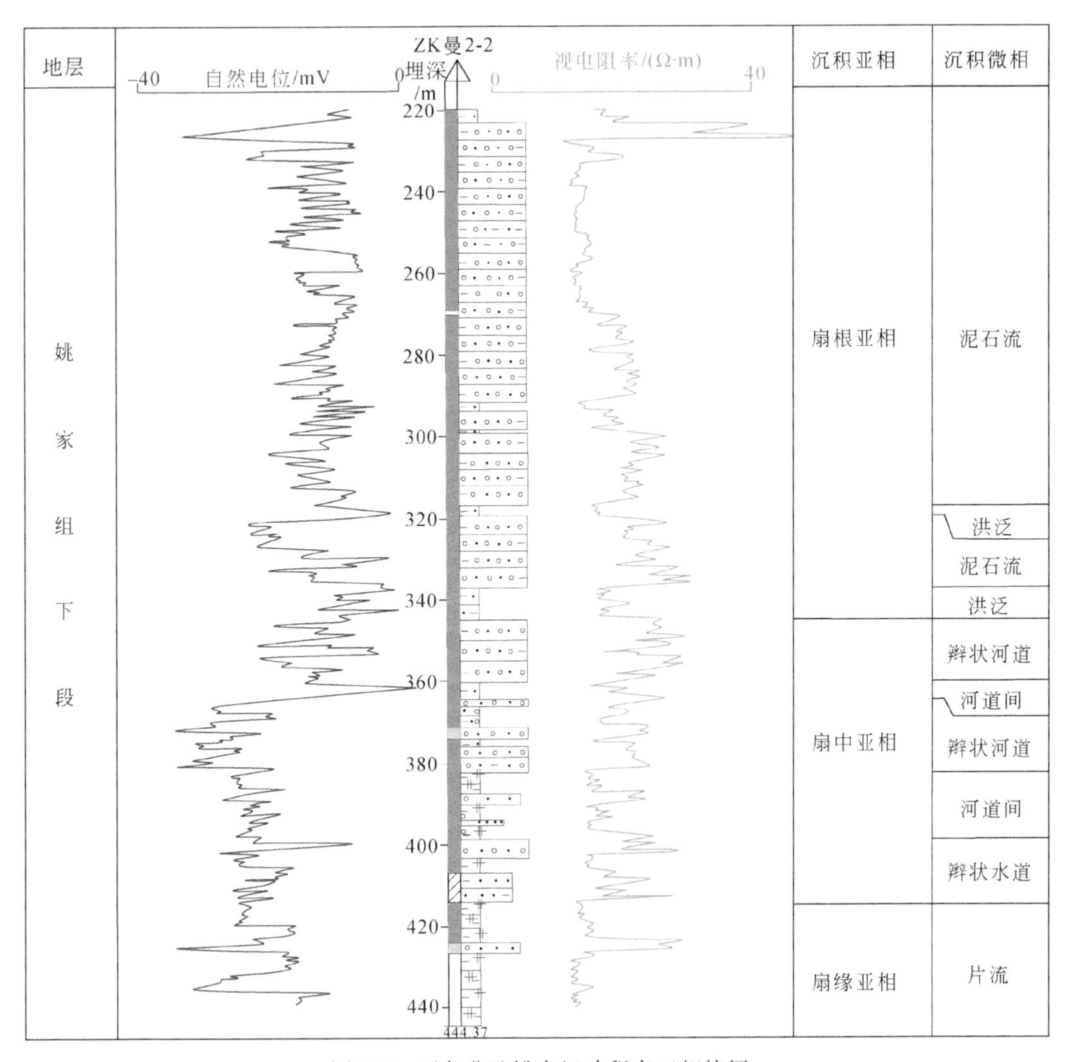

图4-5　开鲁盆地姚家组冲积扇亚相特征

二、扇中亚相

该亚相位于冲积扇相中部，岩相组合类型为块状砾岩相-斑状交错层理砂砾岩相-槽状交错层理砂岩相-块状泥岩相，由辫状河道和河道间沉积微相组成（图4-5）。沉积物以砖红色中粗粒砂岩、砂砾岩为主，夹砖红色细砂岩和紫灰色粉砂岩，岩石分选较差，次磨圆状，多为杂基支撑（图4-7）。其中砂砾岩中砾石一般为1～2cm，大者可达3.5cm，砾石成分多为花岗岩、火山岩和硅质岩，少见泥砾，底部冲刷面清晰。中粗粒砂岩中常含有少量的细砾。扇中辫状河道沉积构造以块状构造为主，上部见交错层理，自然电位曲线和视

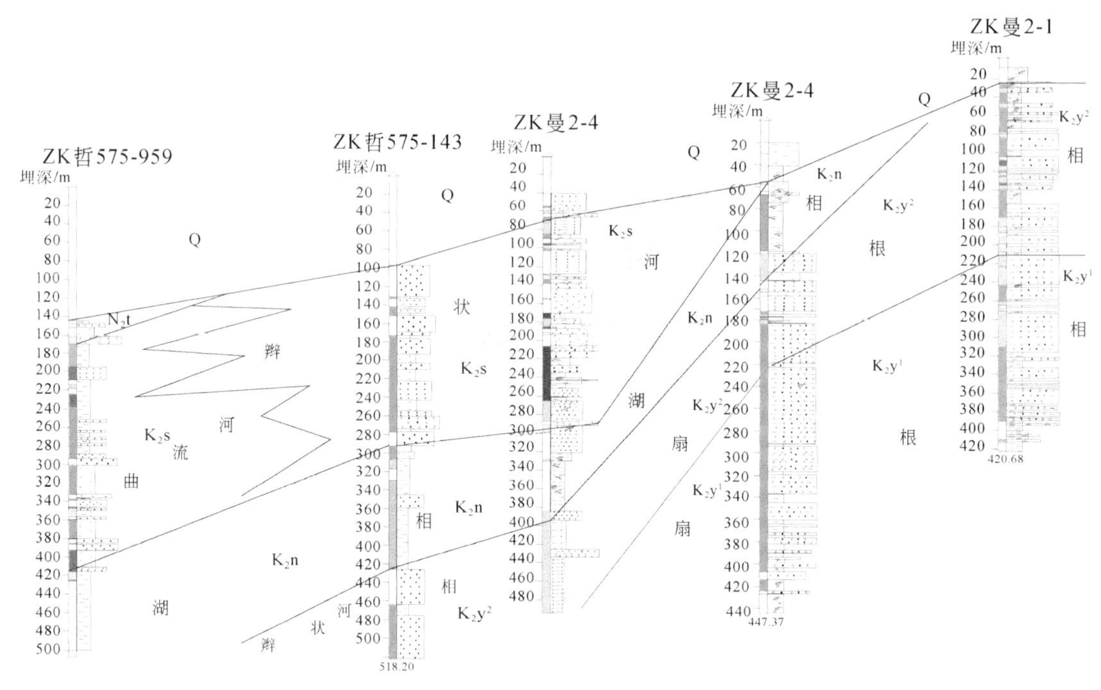

图 4-6　开鲁盆地兆南地段曼 2 勘探线沉积相剖面图

电阻率曲线呈中低幅钟形和齿化箱形，界面形态为顶、底突变型或底部突变、顶部渐变型（图 4-5）。在扇中河道发育部位，由于河道相对稳定，上部旋回的细粒或悬浮沉积不易保存，因而岩性总体以含砾中粗砂、砂砾岩为主，泥质粉砂岩和泥岩厚度薄或呈透镜体状存在。

图4-7　冲积扇扇中岩石组合特征

a. 扇中砂砾岩（ZK兴125-38，560.00m）；b. 扇中含砾中砂岩（ZK兴115-46，593.64m）；c. 扇中砖红色砂砾岩，（ZK余6-5，782.00m）；d. 扇中泥质砂砾岩（ZKBK13-13，398.10m）

三、扇端亚相

该亚相主要分布于扇的前部边缘地形较缓地带，岩相组合特征为块状泥岩相-水平层理粉砂质泥岩相，该亚相由中-小型分散状辫状水道和漫流沉积组成（图4-8），自然电位曲线为低幅指状-漏斗形，界面形态为顶、底突变型，视电阻率曲线幅值变化较大主要是本区含砾粉砂质泥岩或泥岩中多见钙质结核所致。沉积物以含砾粉砂质泥岩和泥质粉砂岩为主（图4-9），溢出河道的漫流沉积物，应属洪水期悬浮沉积物。

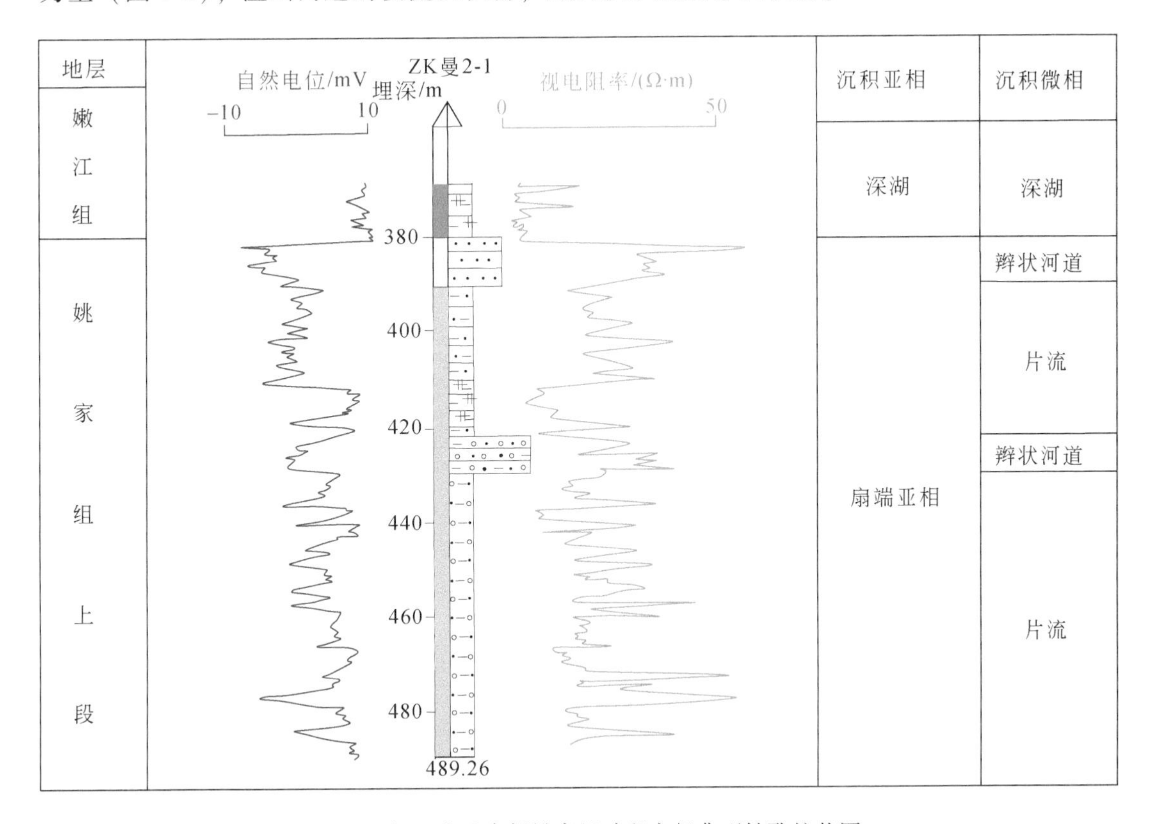

图4-8　松辽盆地南部姚家组冲积扇相典型钻孔柱状图

图 4-9　冲积扇扇缘岩石组合特征

a. 扇端含砾粉砂质泥岩（ZKBK5-8，401.11m）；b. 扇端含砾粉砂质泥岩（ZKBK5-5，291.75m）

第四节　辫　状　河

辫状河相岩相组合类型为块状砂砾岩相–槽状交错层理砂砾岩相–块状砂岩相–槽状交错层理砂岩相–块状粉砂岩相–块状泥岩相（薛良清和 Galloway，1991）。发育于三级层序的早期低水位体系域。辫状河主要出现于研究区南部的姚家组、东部的泉头组和西北部的四方台组和明水组，拗陷沉积早期仍受断陷期影响，盆地沉降速率较大，所以古地理坡降大，致使河流具较强的侵蚀能力，沉积物以粗碎屑沉积为主。按辫状河的沉积学标志（包括岩心段岩石的颜色、成分、结构和构造等）及测井相标志，辫状河相又可进一步划分为河床沉积和河漫沉积两部分。

一、河道充填亚相

辫状河河床亚相由河床滞留和心滩两个微相组成，自然电位曲线与视电阻率曲线呈钟形、微齿化钟形和箱形（图 4-10）。河道滞留沉积规模较小，不连续，与下伏紫红色泥岩的冲刷界面清晰，岩性以砂砾岩为主，可见由泥砾定向排列组成的砾石层；心滩沉积多由细、中、粗粒砂岩组成，砂岩中见粉砂质泥岩或泥岩的薄夹层，发育交错层理、块状层理及平行层理，垂向上为略向上变细的正旋回，由多个砂体叠置构成“泛连通砂体”（图 4-11），是本区铀成矿最有利的砂体。

在图 4-11 中，姚家组下段（K_2y^1）的底部有一层明显的底砾岩，磨圆分选较好，反映不整合的存在，向上有多个向上变细序列，每一个序列由底部的滞留砾岩开始，向上变为粗砂岩、砂岩，河道内心滩沉积物，有些序列的顶部有薄层的泥岩，系辫状河落淤沉积所致。局部见河道沉积的交错层理。砂岩多为黄色、褐黄色，见明显的后生氧化作用。

图 4-12 为白兴吐矿床中钻孔 ZK29–1 含矿层段岩心特征描述。姚家组可以明显分为上

下两段，174.5～192.0m为上段上部（K_2y^{2-2}），岩性为砖红色、紫红色泥岩，细砂偏多，含较多的粉砂，且发育沙纹交错层理，局部发育天然堤、决口扇沉积，砂/泥接近1∶1。192.0～217.3m为上段下部（K_2y^{2-1}），由多旋回河流沉积叠加而成，每个旋回的下部为灰白色中细砂，向上变为紫红泥岩，沉积微相为点坝→洪泛。217.3～271.5m为要下段上部（K_2y^{1-2}），共有5个旋回，以砂为主，缺乏泥岩沉积，即每一个旋回为泥砾粗砂→中粗砂→细砂，其中第三个旋回中普遍含紫红色泥砾，砂、砾岩呈黄色、褐黄色色调。271.5～294.2m为下段下部（K_2y^{1-1}），可细分为三个旋回，由灰色、灰白色中粗/中细砂岩和灰色、灰白色块状泥岩组成，砂岩粒度疏松。含矿段在第二和第三个旋回中，深度为270.0～282.0m，富矿岩性为灰绿含砾中粗砂岩，含大量植物碎屑。从后生氧化带发育上看，174.5～217.3m为姚家组上段曲流河沉积物，泥岩呈砖红色，而砂岩则为灰色，砂岩并未遭受后生氧化作用，保留着原生沉积时颜色。217.3～271.5m为姚家组下段上部地层，为辫状河心滩、滞留和部分落于沉积，泥质含量低，砂岩粒度粗、疏松，孔隙发育，侧向连通性好，因此砂体全部发生氧化作用氧化为黄色、黄褐色。271.5～294.2m为过渡带，或还原带发育区域，无论是砂岩还是泥岩，均为灰色、灰黑色。

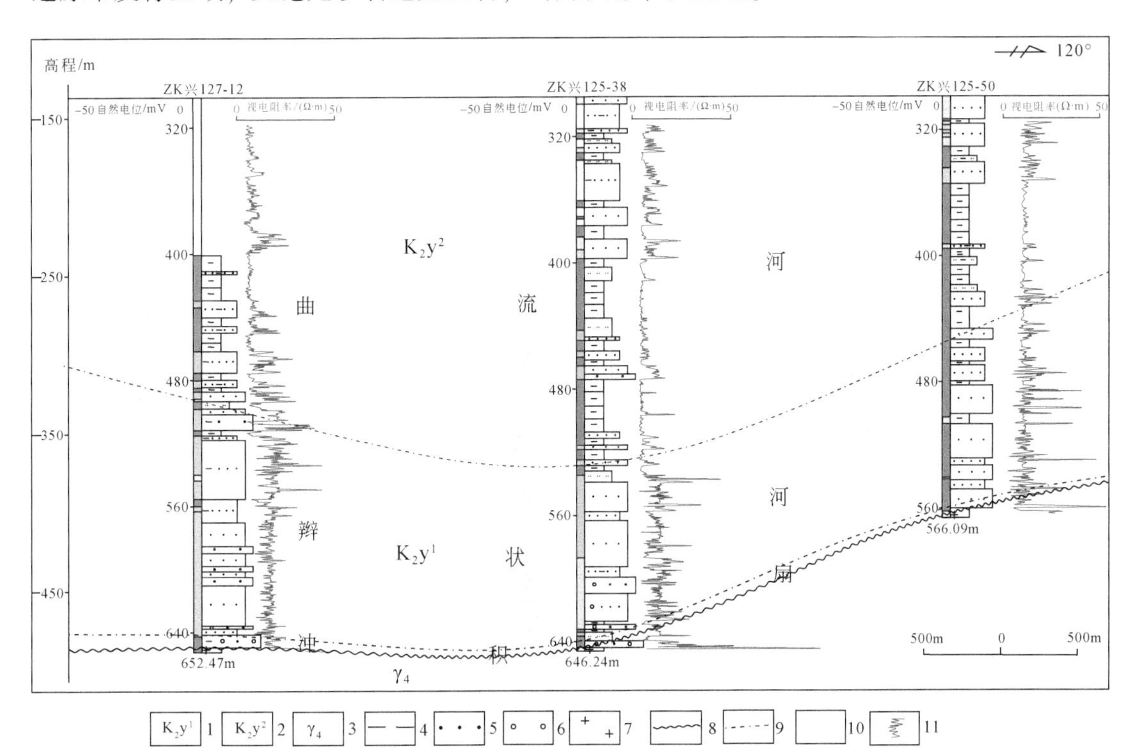

K_2y^1 1　K_2y^2 2　γ_4 3　4　5　6　7　8　9　10　11

1-姚家组下段；2-姚家组上段；3-海西期花岗岩；4-泥岩；5-砂岩；6-砾岩；7-花岗岩；8-不整合面；9-组界线；10-自然电位；11-视电阻率

图4-10　连井剖面上的辫状河砂体特征

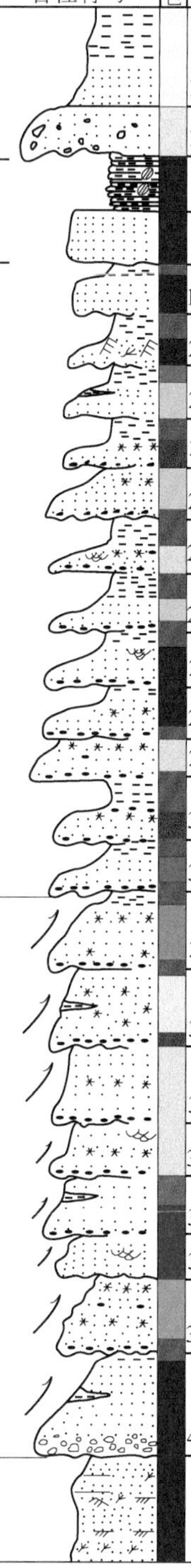

地层分组	岩性符号	颜色	深度/m	岩性描述	沉积相	
Q			118.50	第四系泥砂	冲洪积	
			124.00	黄绿色,褐色辉绿岩风化壳		
K_2n				灰色泥岩,发育水平层理,见化石	半深湖	湖相
			159.00	20cm土灰色中粗砂,分选较好,疏松	砂坝	
K_2y^2			186.10	紫红色泥岩,下部灰色细砂	河道+越岸	曲流河
			203.70	紫红色泥岩灰色细砂,少量泥砾,有炭层,沙纹层理		
			215.90	紫灰色泥岩,灰褐色细砂夹灰泥薄层		
			228.80	紫红色泥岩块状,灰色泥岩块状		
			237.00	浅褐红色细砂岩,灰色细砂岩,紫红泥岩		
			247.30	紫红色泥岩,褐黄色细砂岩,紫红色泥砾岩		
			253.00	紫红色泥岩,夹薄层灰泥岩浅褐红色中砂岩,局部灰色砂岩紫红泥砾岩		
			261.40	灰色紫红色泥岩,灰色中砂岩,下部紫红色泥砾岩		
			271.10	灰色泥岩,黄褐色中砂岩,紫红色泥砾岩		
			286.80	褐黄色砂岩,浅红色砂岩，紫红色泥砾岩		
			301.80	浅褐红色中砂岩,紫红色泥砾岩		
			310.60	紫红色泥岩,浅灰色中砂岩,紫红色泥砾岩		
K_2y^1			327.40	紫红色泥岩3cm,浅灰色中砂岩,胶结疏松	河道充填	辫状河
			342.00	下部浅红色泥砾岩,浅褐黄色中细砂岩		
			351.70	浅褐黄色中砂岩		
			363.60	浅褐黄色中粗砂岩		
			366.70	浅褐红色中粒砂岩夹薄层泥岩,灰色中砂,含细泥砾		
			376.50	浅灰色中粒砂岩		
			387.30	上部细砂岩含层状炭屑,局部褐黄色氧化,紫红色泥砾岩		
			406.70	向上变细,下部砾岩,粒径细砂粉砂,磨圆好,向上变为粗砂、中细砂，顶部灰色泥岩		
K_1f				灰白色泥质粉砂岩局部炭层,上部夹40cm粗砂岩,钙质胶结,发育沙纹交错层理		

图 4-11　开鲁盆地白兴吐 ZK 兴 47-3 井岩心沉积相解释

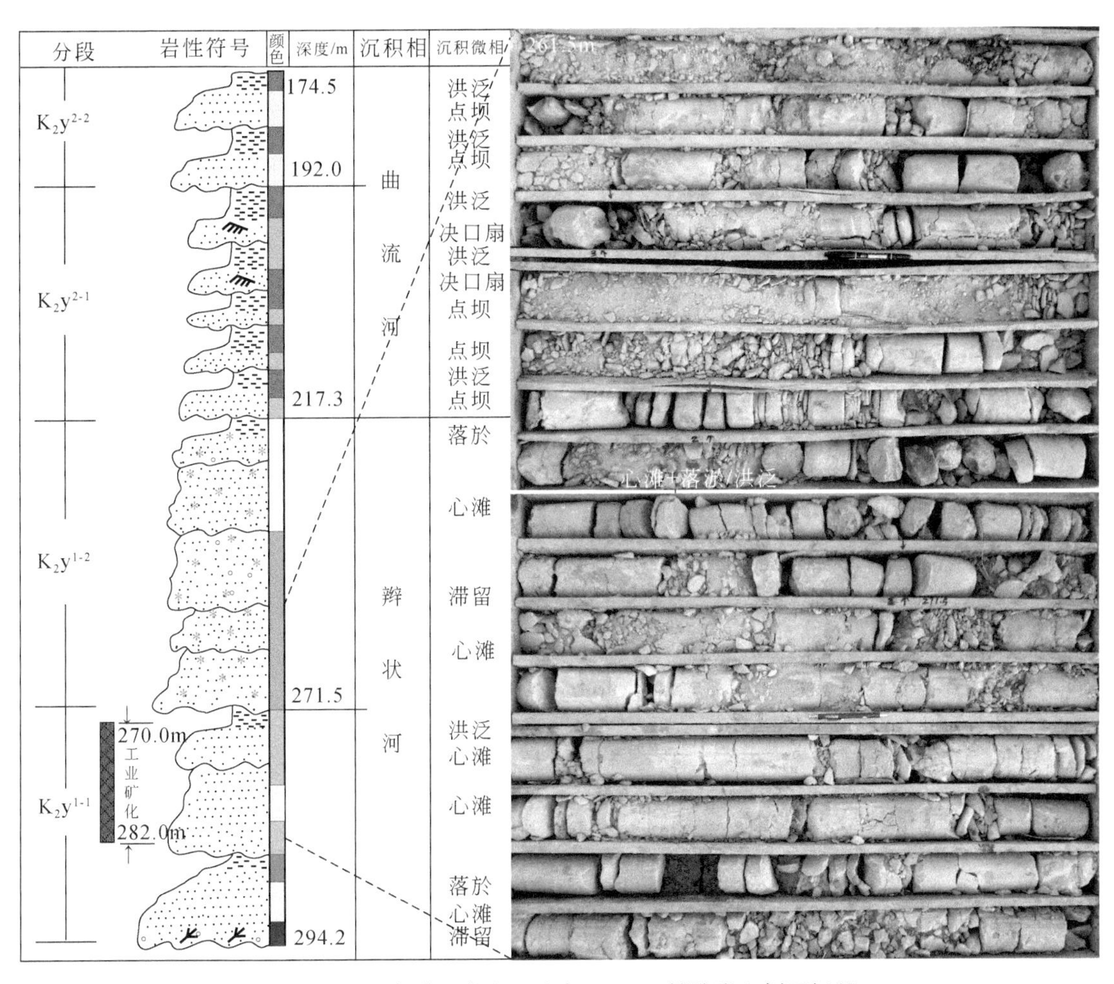

图 4-12　开鲁盆地白兴吐矿床 ZK29-1 钻孔岩心剖面解释

研究区中，辫状河河道充填常见有滞留和心滩两种微相。图 4-13a 和图 4-13b 为大林地区辫状河河道滞留充填沉积，紫红色的泥砾呈大小不均的撕裂状碎块，多数为棱角状，少量可见磨圆作用，泥砾和砂质物共同组成砂质泥砾岩。另一种微相是心滩充填，由图 4-13c 和图 4-13d 可知，灰白色和微红色的中粗粒砂岩发育板状或槽状交错层理，细层厚 2～3cm，层系厚度>30cm。细层因为界面含铀黑色的有机质或黏土而显现出来。

二、越岸亚相

辫状河河流体系中，越岸亚相由三个微相组成：天然堤微相、决口扇微相和决口水道微相（Galloway and Hobday，1996）。

天然堤微相形成于河流漫越河岸，河水变浅、流速降低时，大量河水携带的悬移物质堆积于河道两侧，顺河道延伸，侧向分布很窄。沉积物粒度比心滩细，主要是细砂岩、粉砂岩及泥岩的薄互层组合，单层厚几厘米到几十厘米。磨圆中等偏好，分选中等。层理发育，在砂岩层中见小型交错层理、波痕。垂向剖面上位于心滩的顶部。

图 4-13　辫状河河道充填沉积

a. 滞留沉积砂质砾岩，ZK 兴 125-38，560.00m；b. 滞留-ZK 兴 91B-9，512.7m，紫红色泥砾岩，K_2y^1；
c. 板状交错层理细砂岩，ZK 兴 121-44，615.00m；d. 槽状交错层理中砂岩（ZKS9-5，716.40m）

决口扇微相是在洪水期时，过量的洪水冲决天然堤，并在堤岸靠平原一方的斜坡上形成树枝状水系舌状堆积物的现象。沉积物主要为细砂及粉砂岩等细粒物质，但粒度比相邻的堤岸沉积要粗一些，磨圆中等，分选中等。可见小型交错层理、平行层理。决口扇沉积呈舌状体，断面上呈透镜状，厚度不大。

决口水道微相是辫状河沉积体系中，由主河道于大洪水期冲裂决口后，在河道间形成的具有固定路径及一定限流作用的极窄及浅的短程小型水道。沉积物粒度较细，磨圆较差，分选稍差，含泥量稍高，层理规模小，冲刷弱，略显正旋回，砂体极薄，多小于 2.5m。

图 4-14a 为决口扇细砂岩，砂体呈紫红色，磨圆中等、分选中等，见沙纹交错层理发育，砂岩薄脉状层理层呈波状，细层厚度较小，为 2 ~ 4cm，细层与层系夹角为 2° ~ 3°。图 4-14b 为决口扇包卷层理，内部纹层发生盘回和扭曲，即层理构造发生复杂的“褶皱”，沉积物主要由紫红色、浅紫红色细砂岩组成。图 4-14c 为决口扇细砂岩，砂体呈灰色，局部细砂层发生明显断裂、解体，形成大小不一向下沉陷、变形而成的不规则枕状、球状层，具软沉积变形特征。图 4-14d 为决口水道中的沙纹交错层理，砂岩薄脉状层理层呈羽状，沉积物主要为紫红色细砂岩，层理规模较小，细层厚度为 2 ~ 6cm，细层与层系夹角为 2° ~ 5°。

图 4-14　辫状河越岸沉积

a. 决口扇细砂岩，沙纹交错层理，675.4m，海力锦外围 ZKQH14-2；b. 决口扇包卷层理，QC61 孔，K_2y^2，304.2m（辽河油田）；c. 决口扇细砂岩，软沉积变形，639.39m，海力锦外围 ZKQH14-2；d. 决口水道中的沙纹交错层理，ZKS6-42，558.90m

三、洪泛亚相

辫状河洪泛亚相主要由泛滥平原微相组成，由于辫状河道迁移迅速，稳定性差，加之枯水期部分河道无水，无水河道具有良好的泄洪作用，所以不发育天然堤、决口扇等其他沉积微相。泛滥平原微相岩性以粉砂质泥岩、泥质粉砂岩为主，为垂向加积产物，沉积构造常具水平层理。

ZKQH14-2 钻孔深度为 649.07 ~ 652.03m 处，岩心主要为暗红色泥岩，岩心破碎，为块状；ZKS 兴 115-46 钻孔深度为 389.97m 处，岩心主要为紫红色泥岩，呈块状，见水平层理发育；ZKS35-53 钻孔深度为 456.73 ~ 461.45m 处，岩心为棕红色泥岩，块状，层理发育；ZK 兴 115-15 钻孔深度为 300.05m 处，岩心为棕红色泥岩，为致密块状，构造擦痕发育（图 4-15）。

图 4-15　辫状河河漫亚相沉积

a. 暗红色块状泥岩，海力锦外围，649.07 ~ 652.03m，ZKQH14-2；b. 水平层理泥岩，ZKS 兴 115-46，389.97m；c. 块状层理泥岩，ZKS35-53，456.73 ~ 461.45m；d. 棕红色泥岩，ZK 兴 115-15，300.05m

第五节　曲　流　河

曲流河相主要发育在辫状河沉积的下游地区，该地区地形较平缓，为曲流河相的发育提供了有利的条件，曲流河相的岩相类型为块状砂岩相、槽状交错层理砂岩相、块状粉砂岩相、水平层理泥质粉砂岩相、水平层理粉砂质泥岩相、块状泥岩相等不同类型组合。沉积物总体粒度较细，主要为泥岩、泥质粉砂岩及泥岩与粉砂岩的互层（Wernicke，1981）。总体特征是泥砂互层结构较为发育，纵向上具有明显的向上变细的二元结构，底部多以冲刷面与下伏泥岩接触，自然电位和视电阻率曲线形态为大段低平形+底部钟形或箱形，也称圣诞树形（龚宇等，2013）（图 4-16）。根据环境、沉积物特征及测井曲线可将曲流河相进一步划分为河床、堤岸、河漫、牛轭湖 4 个亚相。

图 4-17 为钱家店矿床钱Ⅳ 56-65 孔岩心观察沉积模式图，姚家组上段主要由滞留、点坝、决口、洪泛等微相组成。从图 4-17 中可知，308.8 ~ 332.2m 为姚家组下段辫状河沉积，221.5 ~ 308.8m 为姚家组上段曲流河沉积。

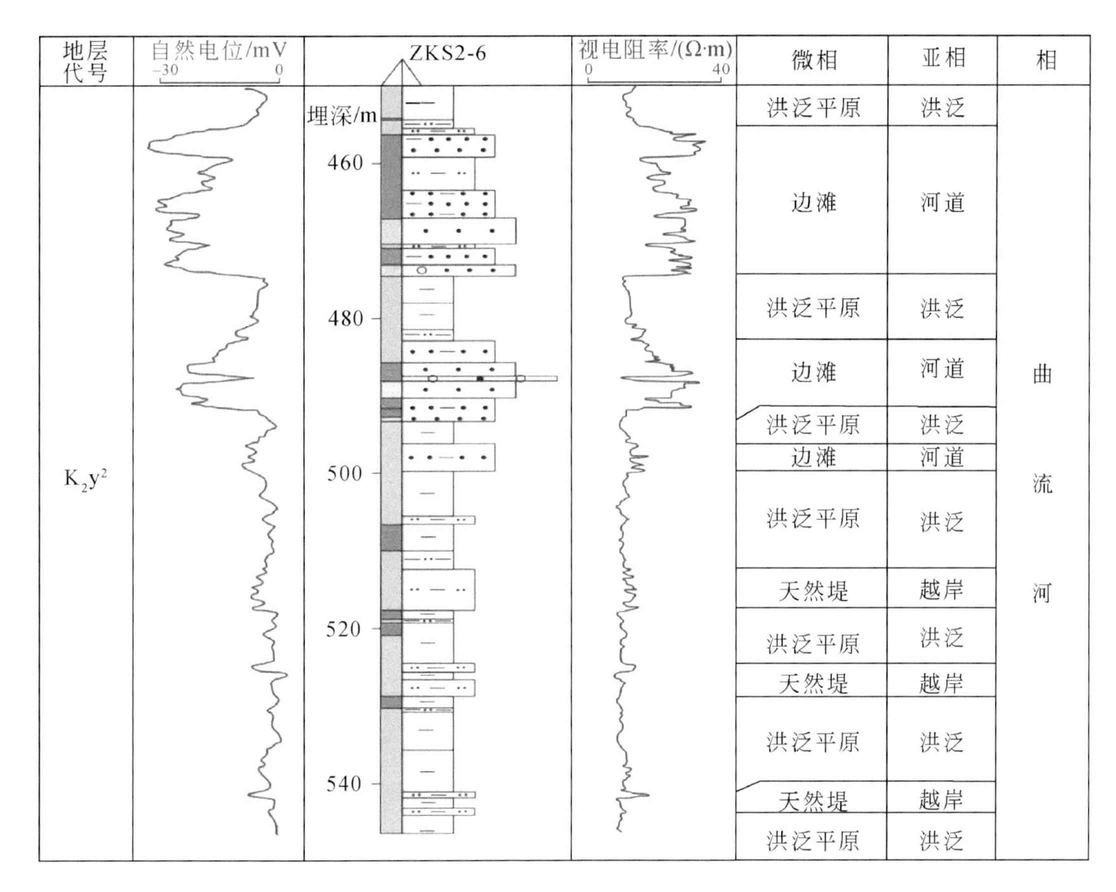

图 4-16　开鲁盆地钻孔 ZKS2-6 姚家组曲流河相典型钻孔柱状图

姚家组上段沉积特征描述如下。

221.5～246.2m：底部为灰色泥砾、砾岩，含大块炭屑，钙质胶结；中部为灰色、灰绿色中砂岩，较疏松，交错层理；上部为灰白粉砂岩、砖红色粉砂岩与砖红色泥岩。

246.2～250.6m：底部为灰色泥砾，钙质胶结→灰色中粗、粗砂岩，较疏松，交错层理。

250.6～269.9m：下部为粗砂岩，含砾岩，钙质胶结，致密，呈灰色、灰黑色；中部为灰色中细砂岩，较疏松；上部为灰色粉砂岩与紫红块状泥岩，纹层交错。

269.9～285.7m：中部为灰色、灰白色的中粗、中细砂岩，交错层理，沿纹层氧化，见菱铁矿结核，钙质结核，弱氧化；中上部为粉砂岩、灰色泥岩、红色泥岩。

285.7～295.5m：底部为中粗粒→中粒→中细粒砂岩，灰黄色，疏松，向上为弱氧化黄色粉砂岩，泥岩，块状。

295.5～308.8m：底部为中砂岩，灰色，含少量炭屑纹层，疏松；中部为中细砂岩，含密集的炭屑纹层向上部为粉砂岩，砖红色泥岩，块状。

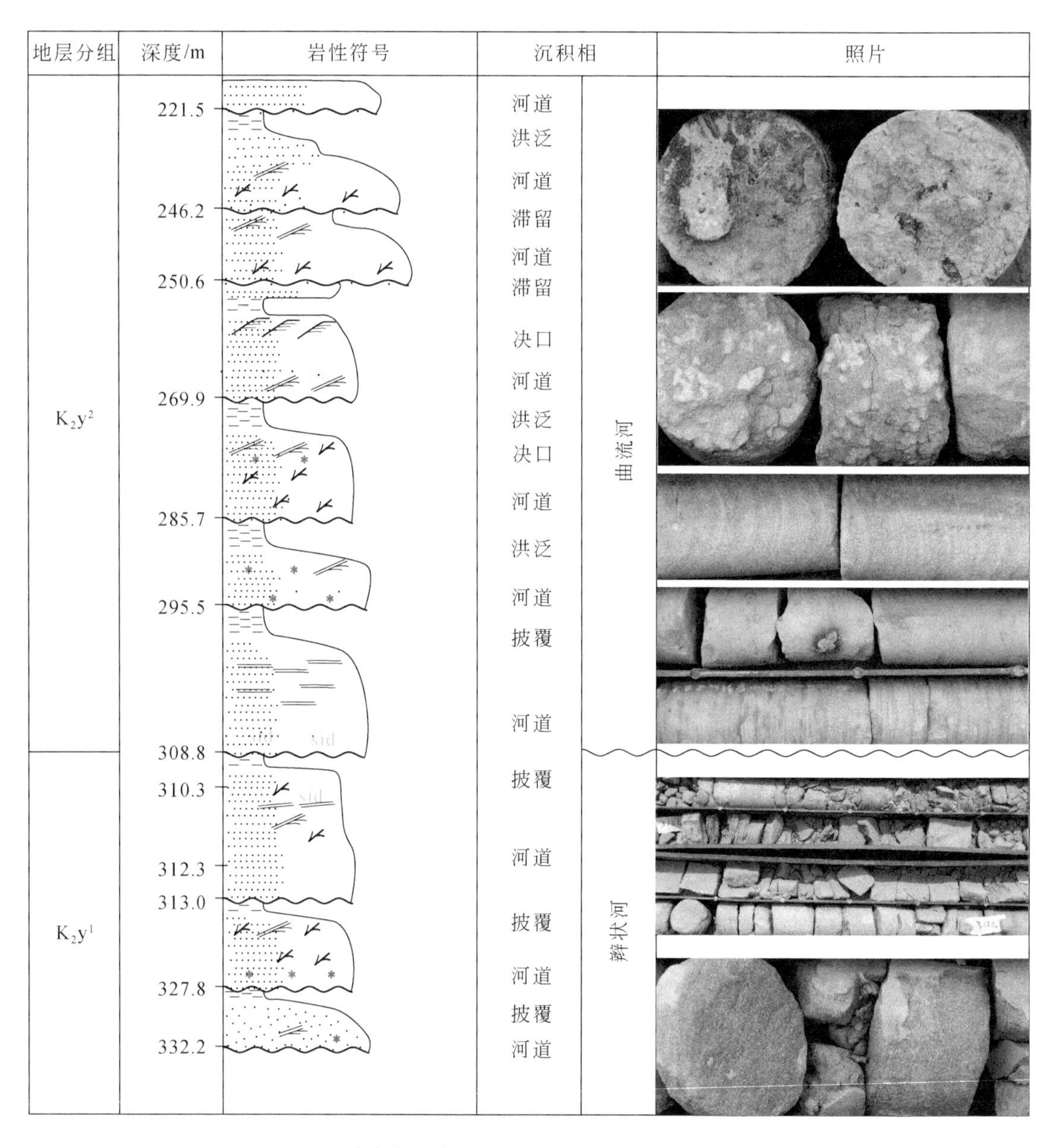

图 4-17　钱家店矿床钱Ⅳ56-65 孔姚家组上段曲流河沉积

图 4-18 为苏 2-5 孔金宝屯地区泉头组岩心的沉积相与微相图。从整体上看，泥岩：砂岩比为 1∶1 左右，泥岩主要为暗红色、暗紫红色，单层泥岩厚度为 3 ~ 6m。砂岩主要为灰白色，局部见微红色，由砂砾岩中紫红色的泥质砾石引起。沉积相分析结果表明：主要的沉积相为曲流河的点坝、滞留和洪泛平原沉积，本钻孔的铀矿化主要发育在 435 ~ 437m 处，即滞留沉积之上的点坝砂体中。

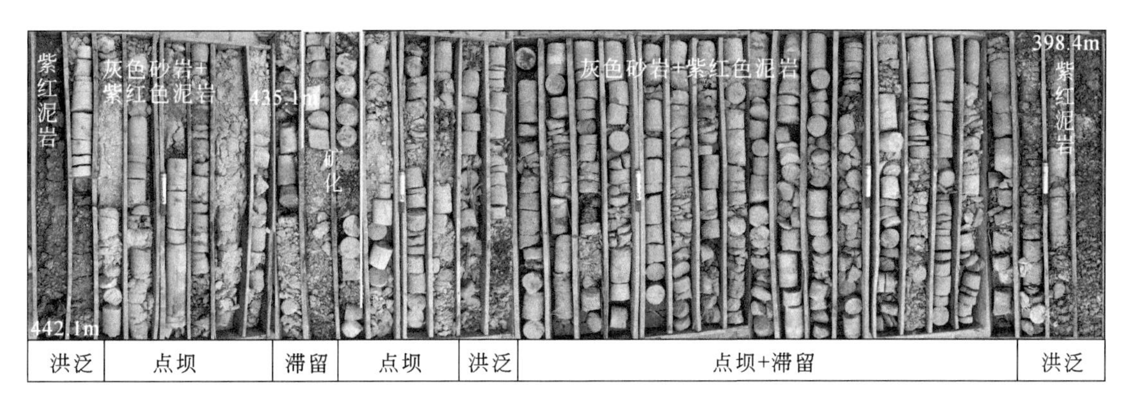

图 4-18　开鲁盆地金宝屯地区泉头组苏 2-5 孔岩心沉积相与微相

一、河道亚相

河道是河谷中经常流水的部分，即平水期水流所占的最低部分。其横剖面呈槽形，上游较窄，下游较宽，流水的冲刷使河床底部显示明显冲刷界面（吴胜和等，2013），构成河流沉积单元的基底。河床亚相又称为河道亚相（国景星等，2019），其岩石类型以砂岩为主，其次为砾岩，碎屑粒度是曲流河相中最粗的。发育多种类型层理构造，缺少动物化石，可见破碎的植物枝、干等残体，沉积体形态多具透镜状，底部具明显的冲刷界面（汤军等，2006，赵俊兴等，2002）。

河道亚相又可进一步划分为河床滞留和点坝两个微相。

（一）滞留

由于河道中流水的选择性搬运，会将呈悬浮搬运的细粒物质带走，而将上游搬来的或就近侧向侵蚀河岸形成的砾石等粗碎屑物质滞留在河床底部，集中堆积成不连续的、厚度较薄的河床滞留沉积（孙诗等，2019）。其特点是以砾石等粗碎屑物质为主，含少量砂及粉砂。开鲁盆地河床亚相沉积的砾石多以泥砾为主，源区砾石相对较少，多为河道侧向侵蚀堤岸亚相洪泛泥岩形成的侧方垮塌泥砾（万涛等，2018）。砾石形态多，分选和磨圆一般较差，常具叠瓦状定向排列构造或形成平行层理构造；砾石扁平面倾向河流上游方向，长轴常垂直水流流向。砾石很难形成厚层，多为十几到几十厘米，一般呈透镜状断续分布于河床最底部，向上过渡为边滩沉积。

（二）点坝

点坝是曲流河中主要的沉积单元，是河床侧向迁移和沉积物侧向加积的结果。砂体厚度一般为 4～10m，最厚可达 22m。垂向上边滩沉积由多个由粗到细的韵律组成，下部为含细砾粗砂岩，常发育有槽状交错层理、板状交错层理、楔状交错层理及平行层理，砂体的底部发育由泥砾构成的断续泥砾层。

如图 4-19a 所示，协尔苏 C4-4 孔钻孔泉头组下部为泥砾砂岩，岩石成分复杂、分选中等，泥砾呈暗紫红色，次棱-棱角状，悬浮于砂体中，微相分析为曲流河河道滞留沉积。如图4-19b所示，在ZKS6钻孔岩心深度490.45m处，为姚家组上段砂质砾岩，岩石分选、磨圆均交叉口，暗紫红色泥砾发育，呈叠瓦状定向排列，与泥砾互层的是砂岩、砾岩，为曲流河河道沉积。如图4-19c所示，宝龙山外围ZK宝6-2钻孔姚家组上段，下部为黄白色中细砂岩，为点坝沉积；上部粒度变细为棕红色泥岩，为洪泛平原相。图4-19d为ZK余6-2岩心深度445.5m处姚家组上段灰色中砂和细砂，粒度向上变细，微相分析为曲流河点坝沉积。图4-19e为ZK兴109-42姚家组上段细砂岩，部分被氧化，发育槽状交错层理，沉积微相分析为点坝沉积。图4-19f为ZKS9-5姚家组上段细砂岩，部分被氧化，大部分为灰色、灰绿色细砂岩，发育槽状交错层理，沉积微相分析为点坝沉积。

二、越岸充填亚相

在平面上，堤岸亚相发育在河床沉积的侧方，平行河流方向延伸；在垂向上，堤岸沉积常发育在河床沉积的上部，相对河床亚相而言，属于顶层沉积（郝守翠，2018）。与河床沉积相比，其岩石类型简单，粒度较细，发育小型交错层理。堤岸亚相又可以划分为天然堤和决口扇两个沉积微相（屈华业等，2010）。

图4-19　曲流河河道充填沉积

a. 下部泥砾砂岩，紫红色泥砾（协尔苏C4-4孔，502.2m，K_2q）；b. 泥砾叠瓦状定向排列，砂质砾岩（ZKS6-42，490.45m，K_2y^2）；c. 宝龙山外围宝6-2，黄白色中细砂岩，点坝沉积，棕红色块状泥岩，洪泛平原沉积（ZK宝6-2，600.5m，K_2y^2）；d. 灰绿色中砂、细砂岩，向上变细（ZK余6-2，445.5m，K_2y^2）；e. 槽状交错层理细砂岩，点坝沉积（ZK兴109-42，381.12m，K_2y^2）；f. 槽状交错层理细砂岩，点坝沉积（ZKS9-5，382.30m，K_2y^2）

（一）天然堤

天然堤主要由细砂岩、粉砂岩、泥岩组成，粒度较边滩沉积的细，比河漫滩沉积粗，向下与边滩沉积呈突变或渐变式接触（张广权等，2017），有时又夹在河漫沉积中，其沉积特征以小型交错层理砂岩相与块状泥岩相互层为主，同时在细砂岩和粉砂岩中常发育小型交错层理，如爬升沙纹层理、波状沙纹层理等（金丽娜等，2018）。

（二）决口扇

决口扇沉积主要由细砂岩、粉砂岩组成，粒度比天然堤沉积物稍粗，具块状层理，发育一些小型交错层理及水平层理，常见冲蚀与充填构造和河水带来的植物化石碎片（Colombera and Mountney，2021）。单次决口扇沉积厚度多为几十厘米到几米，沉积体形态呈舌状，向河漫平原方向变薄、尖灭，剖面上呈透镜状（胡明毅等，2009；高志勇，2007）。

图4-20a为ZKS15-7钻孔为姚家组上段紫红色细砂岩，下部层系爬叠至上部层系，细层与细层之间的夹角较小，具爬升沙纹层理特征，沉积微相分析为天然堤。图4-20b为暗紫红色细砂岩，由一系列相互叠置的波状细层组成，为小型沙纹层理，底部发育小型水平层理，沉积微相分析为天然堤。图4-20c为ZKS105-53钻孔姚家组上段粉砂岩，部分氧化，呈褐黄色，上部细砂层向下沉陷、变形，为枕状，具软沉积变形特征，沉积微相分析为决口河道。图4-20d为姚家组上段粉砂岩，底部为暗棕红色，中部呈灰色、灰绿色，向上为棕红色和灰色，水平层理发育，沉积微相分析为决口扇。

图 4-20 曲流河越岸充填沉积

a. 爬升沙纹层理，天然堤（ZKS15-7，466.91m，K_2y^2）；b. 小型沙纹交错层理，细砂岩，天然堤（ZKS105-53，453.20m，K_2y^2）；c. 软变形层理粉砂岩，决口水道，（ZKS105-53，315.20m，K_2y^2）；d. 水平层理粉砂岩，决口扇，（ZK兴97-38，413.12m，K_2y^2）

三、洪泛平原充填亚相

洪泛平原沉积充填是曲流河主要的沉积环境之一，它位于天然堤外侧，地势低洼而平坦，洪水泛滥期间，水流满溢天然堤，流速降低，使河流悬浮沉积物在河道侧方大量堆积(李洪军等，2015)。河漫亚相沉积类型简单，主要为粉砂岩和泥岩，其沉积物粒度是河流相沉积中最细的，层理类型单调，主要为波状层理和水平层理。垂向上位于河床或堤岸亚相之上，属河流顶层沉积组合。根据环境、沉积物特征及测井曲线可进一步划分泄水畅通平原和泄水不畅通（洪泛湖）平原两个微相。

（一）泄水畅通平原

泄水畅通平原地区的沉积物主要为暗红色、灰色、杂色的泥岩或粉砂质泥岩，局部夹粉砂岩薄层。平面上距河床越远粒度越细，垂向上亦有向上变细的趋势，以波状层理和斜波状层理为主，亦见水平层理。泄水畅通平原地区一般地势较为平坦，很少出现起伏，沉积常因间歇出露水面而在泥岩中保留干裂和雨痕，此外，与泄水不畅通的平原地区相比，虫迹、虫穴、潜穴等一些虫孔构造并不发育。

（二）泄水不畅通平原

泄水不畅通平原是河流相中最细的沉积类型之一，沉积物以灰色、灰绿色、灰黑色泥岩、粉砂岩为主，洪水期流水带来的细粒悬移载荷是沉积物最重要的供给源和供给方式，因此沉积物粒度细，以垂向加积作用为主。一般不发育层理，局部可见水平层理发育。洪泛湖平原整体地势较平坦，冲刷作用不明显，但低洼的部位常年积水而形成河漫沼泽，或岸后沼泽，植物生长茂盛，广泛沉积碳质页岩、泥灰岩或泥炭与煤层等。

第六节　三　角　洲

在开鲁盆地晚白垩世的沉积地层中，三角洲相占有一定地位，在嫩江组和四方台组中最为常见，三角洲相形成于河流入湖处，在平面分布上与河流沉积和湖泊沉积呈相变关系（魏巍等，2014；陈路路等，2018）。三角洲相由三角洲平原、三角洲前缘和前三角洲三个亚相构成（Donald，1982；于兴河，2018）。平原亚相包括平原分流河道、分流间湾、洪泛、沼泽等微相类型；前缘亚相包括水下分流河道、间湾、河口坝、席状砂等微相类型；前三角洲亚相包括湖相泥、浊积等微相类型（郭峰等，2007）

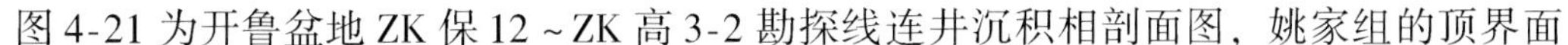

图4-21 为开鲁盆地 ZK 保 12～ZK 高 3-2 勘探线连井沉积相剖面图，姚家组的顶界面

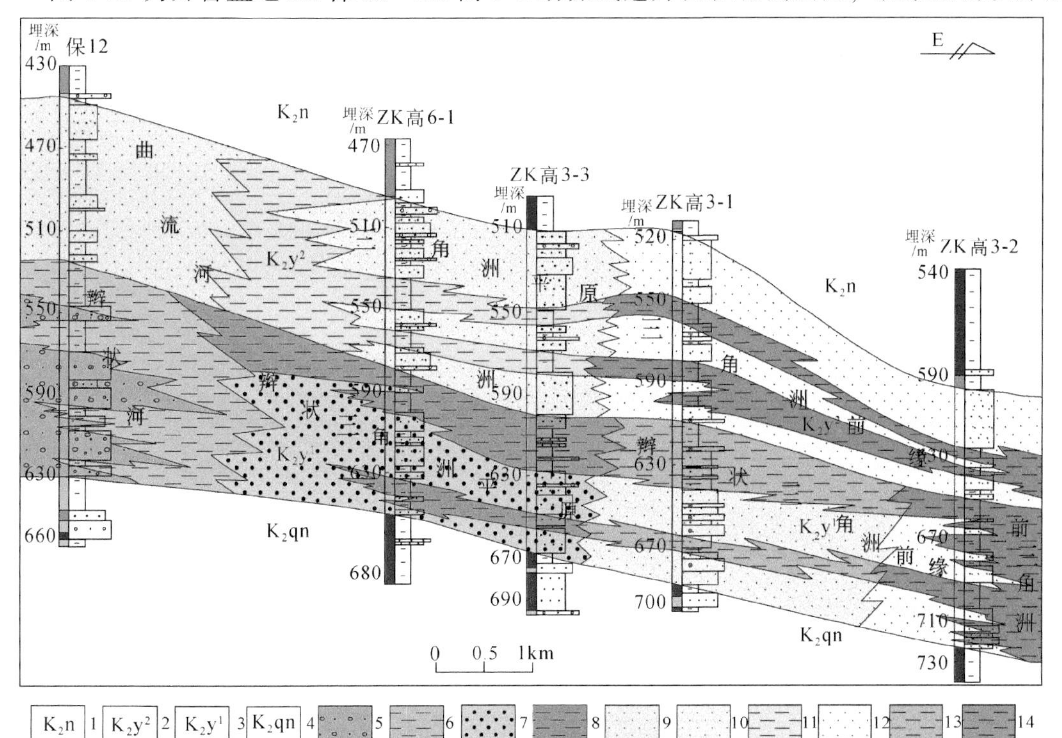

1-上白垩统嫩江组；2-上白垩统姚家组上段；3-上白垩统姚家组下段；4-上白垩统青山口组；5-辫状河；6-辫状河洪泛沉积；7-辫状河三角洲平原分流河道；8-辫状河三角洲平原洪泛微相；9-曲流河沉积；10-三角洲平原分流河道微相；11-三角洲平原洪泛微相（K_2y^2）；12-三角洲前缘水下分流河道微相；13-三角洲前缘间湾微相；14-前三角洲亚相（湖相泥岩）

图 4-21　开鲁盆地 ZK 保 12～ZK 高 3-2 沉积相剖面图

埋深在440～600m、底界面埋深在630～700m，分为姚家组上段和姚家组下段。从岩心观察可知，目的层姚家族上段主要由曲流河和三角洲的各相带组成。北西侧靠近ZK保12地区，姚家组上段的沉积环境主要为曲流河亚相，由细粒的砂岩和泥岩组成（张顺等，2011；马汉峰等，2009）。向东方向。ZK高6-1～ZK高3-3变为三角洲，由三角洲平原洪泛泥岩和水下分流河道砂砾岩与部分泥岩组成。ZK高3-3以东地区，沉积环境变化由三角洲前缘水下分流河道砂岩与前三角洲泥岩组成。姚家组下段主要由辫状河和辫状三角洲各相带组成，ZK高6-1以西，姚家组上段的沉积环境主要发育辫状河亚相，由粗粒的砂砾岩组成，夹少量的泥岩。向东方向变为辫状三角洲平原分流河道微相，主要由中粗砂岩组成。ZK高3-3以东，变为辫状三角洲前缘和前三角洲亚相，由细粒的砂岩和泥岩组成。

一、三角洲平原亚相

研究区四方台组三角洲平原亚相包括分流河道、分流间湾两种微相类型（王东旭等，2021）。三角洲平原亚相测井曲线特征为中幅漏斗形及漏斗-钟形，前积结构是识别本区三角洲最重要的标志（图4-22），也是判断物源方向的重要依据之一（刘招君等，1992，钟延秋等，2010）。岩性为细砂岩及少量中砂岩夹粉砂岩、泥岩，岩石多呈浅灰绿色、浅灰色、灰色，为弱还原-还原环境。水下分流河道微相砂体发育，且还原容量较高。

二、三角洲前缘亚相

（一）水下分流河道

钻孔中水下分流河道沉积微相分布不普遍，说明该微相不甚发育。受湖水作用影响，不同的成因单元之间可夹薄层泥岩，反映出砂质供给的间歇性（国景星，2011，2012）。该微相岩性以较厚层细砂岩和粉砂岩为主，具有向上变细的正粒序层理，顶部为天然堤沉积（窦洪武，2011）。河道沉积常以垂向充填为主，并且主流线经常改变。测井曲线呈箱形或圣诞树形，底部突变（王峰等，2005）（图4-23）。

（二）间湾

由三角洲水下分流河道间的泥质沉积物组成，主要为块状红色、灰绿色、灰色泥质岩或砂泥岩薄互层，生物扰动构造发育，有时见变形层理。

（三）河口坝

河口坝微相具典型的向上变粗的沉积序列，自下而上为泥质粉砂岩、细砂岩，少见中砂岩（李凤杰等，2002）。河口坝砂体岩性以粉砂岩为主，夹泥岩薄层。测井曲线呈漏斗形，顶部突变，底部渐变。

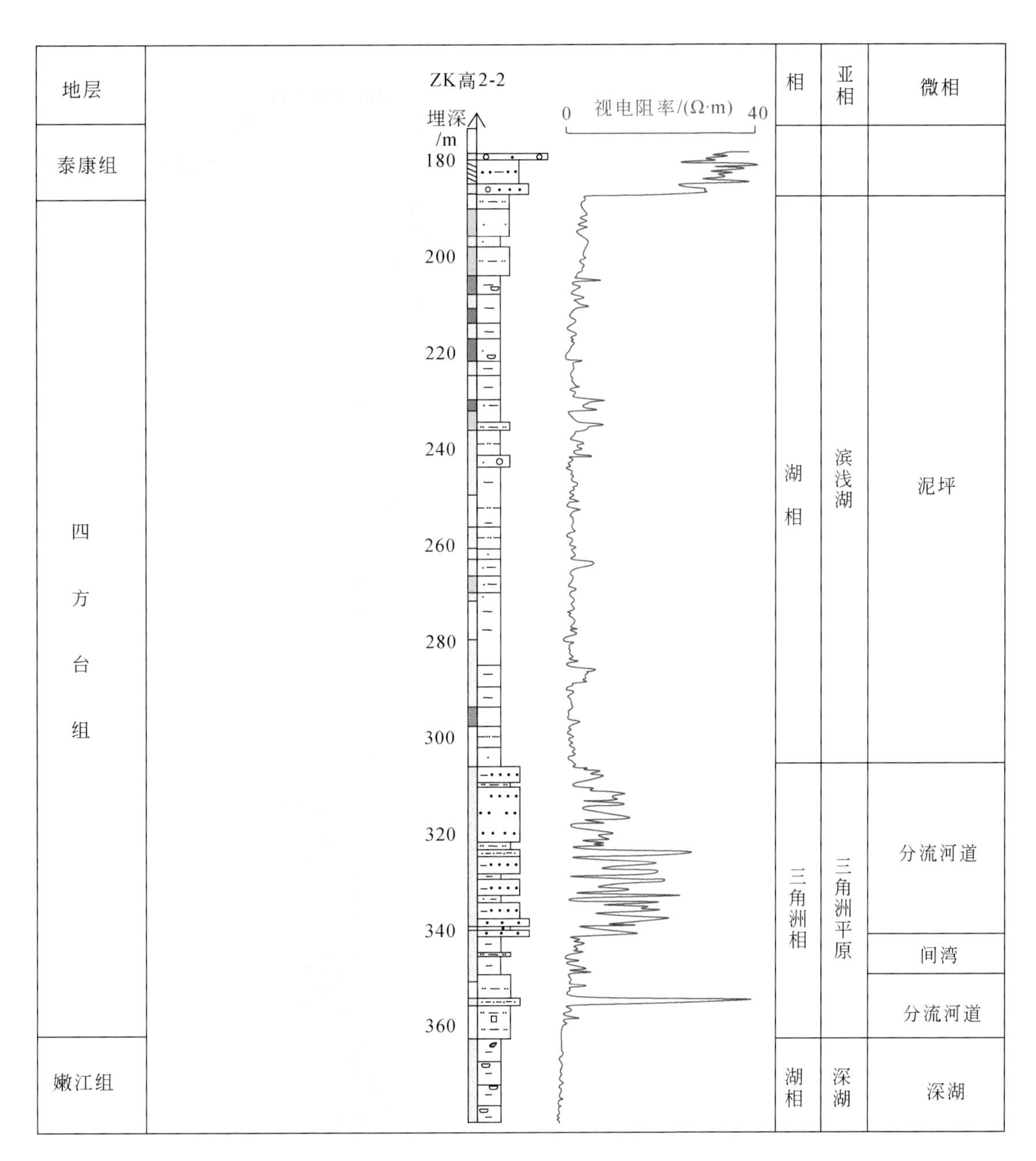

图4-22　开鲁盆地四方台组三角洲相典型钻孔柱状图

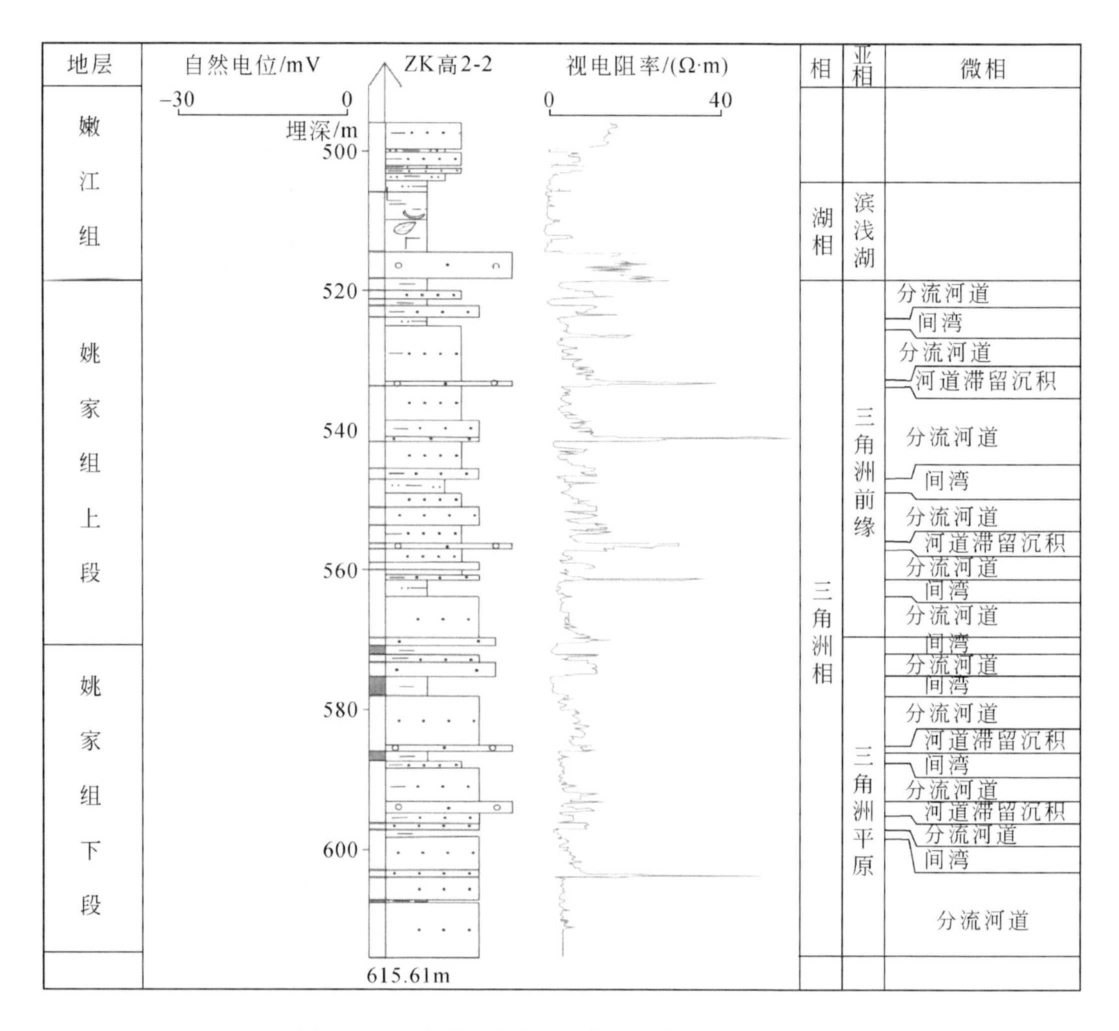

图 4-23　开鲁盆地姚家组三角洲相典型钻孔柱状图

(四) 席状砂

席状砂分布于河口坝前端，为河口坝在湖浪改造下所形成的厚度小、面积较大、平面上呈席状的细碎屑沉积，岩性为粉砂质泥岩、泥岩，粉砂岩单层厚度一般小于 1m。图 4-24a 为 ZKS23-17 钻孔深度 451. 6m 处的岩心，底部为浅紫红色、灰色细砂岩，向上粒度变粗，为灰色中细砂岩，砂体中悬浮大量紫红色泥砾，沉积微相分析为三角洲前缘相；图 4-24b 为 ZKH10-2 钻孔深度 308. 8m 处的岩心，为浅灰色粉砂质泥岩，分选磨圆均较好，沉积微相分析为三角洲前缘相席状砂（吕晓光等，1999）。

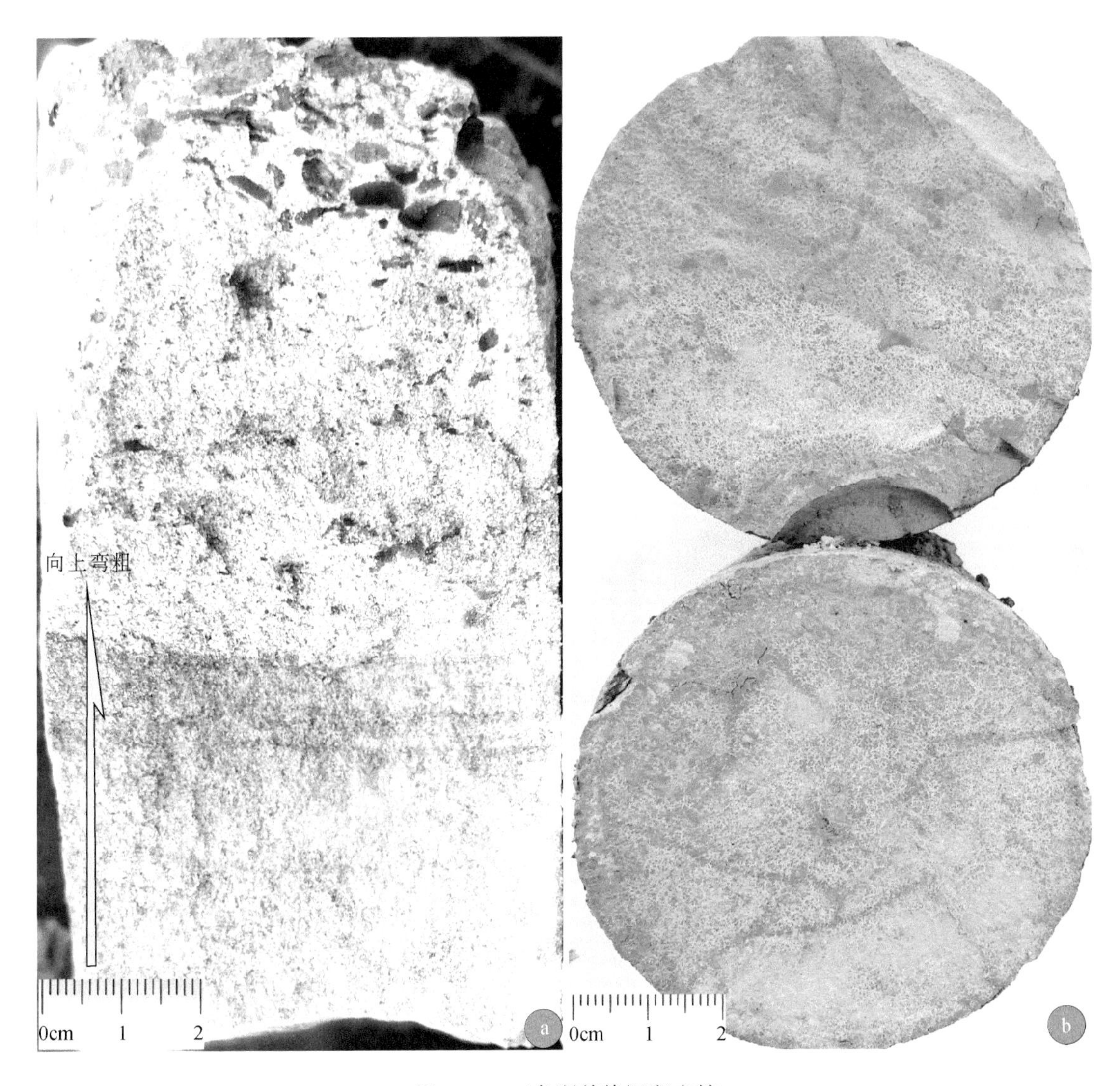

图4-24　三角洲前缘沉积充填

a. 河口坝顶部砂岩（ZKS23-17，451.6m）；b. 浅灰色粉砂质泥岩，前缘席状砂泥（ZKH10-2，308.8m）

三、前三角洲亚相

前三角洲亚相主要发育前三角洲泥质沉积，以紫红色、灰绿色、灰色、暗灰色块状泥岩为主，形成于砂质不足的较深水环境（顾家裕和何斌，1994）。因风暴或河流洪水事件，局部地段表现出粉砂与泥频繁交替沉积，常见变形层理，砂岩一般不发育，但发育的黑色泥岩具有一定的生烃能力（Stingl，1994）。研究区前三角洲发育具有局限性，只在少数钻孔中的湖相斜坡带附近可见。

图4-25为开鲁盆地八仙筒–小街基地区ZKK9-7～ZK东128-0连井沉积相剖面图，明水组埋深为160～320m，主要由三角洲的各相带组成。从岩心观察可知，剖面西南侧靠ZKK9-7一带，沉积环境主要为三角洲平原微相，由粗粒的平原分流河道砂岩和洪泛微相泥岩组成，氧化作用较强，局部泥岩变为红色和黄色。向东方向ZKK3-9～ZK建1-5区间，变为三角洲前缘亚相，由粗粒的平原分流河道砂岩和分流间湾泥岩组成，大部分砂岩被氧化。向北东方向变为前三角洲，粒度变细，氧化作用明显减弱，主要由灰色、灰绿色泥岩组成。

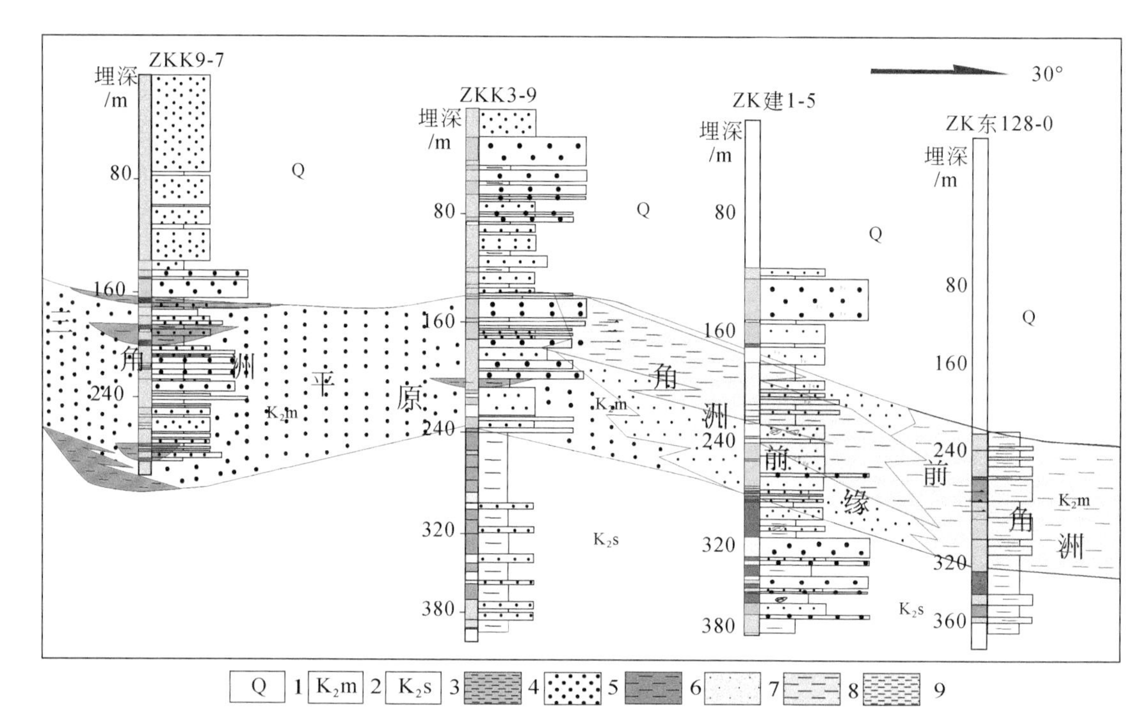

1. 第四系；2. 上白垩统明水组；3. 上白垩统四方台组；4. 冲积扇扇端亚相；5. 平原分流河道微相；6. 平原洪泛微相；7. 三角洲前缘分流河道微相；8. 三角洲前缘间湾微相；9. 前三角洲亚相

图4-25 开鲁盆地八仙筒–小街基地区ZKK9-7～ZK东128-0连井沉积相剖面图

第七节 湖 泊

一、滨浅湖亚相

滨浅湖相岩相广泛发育于嫩江–四方台组时期，并以滨湖亚相沉积为主，可进一步划分出泥坪、砂坪和泥、砂质浅湖三个沉积微相（林玉祥等，2015，2016）。岩性为一套棕红色、紫红色、灰绿色和浅灰色泥岩，常夹有粉砂岩和细砂岩薄层，泥岩中常见钙质结核（郑雪等，2014）。滨浅湖相自然电位曲线主要表现为中–低幅微齿形（王璞君等，

1992）（图4-26）。

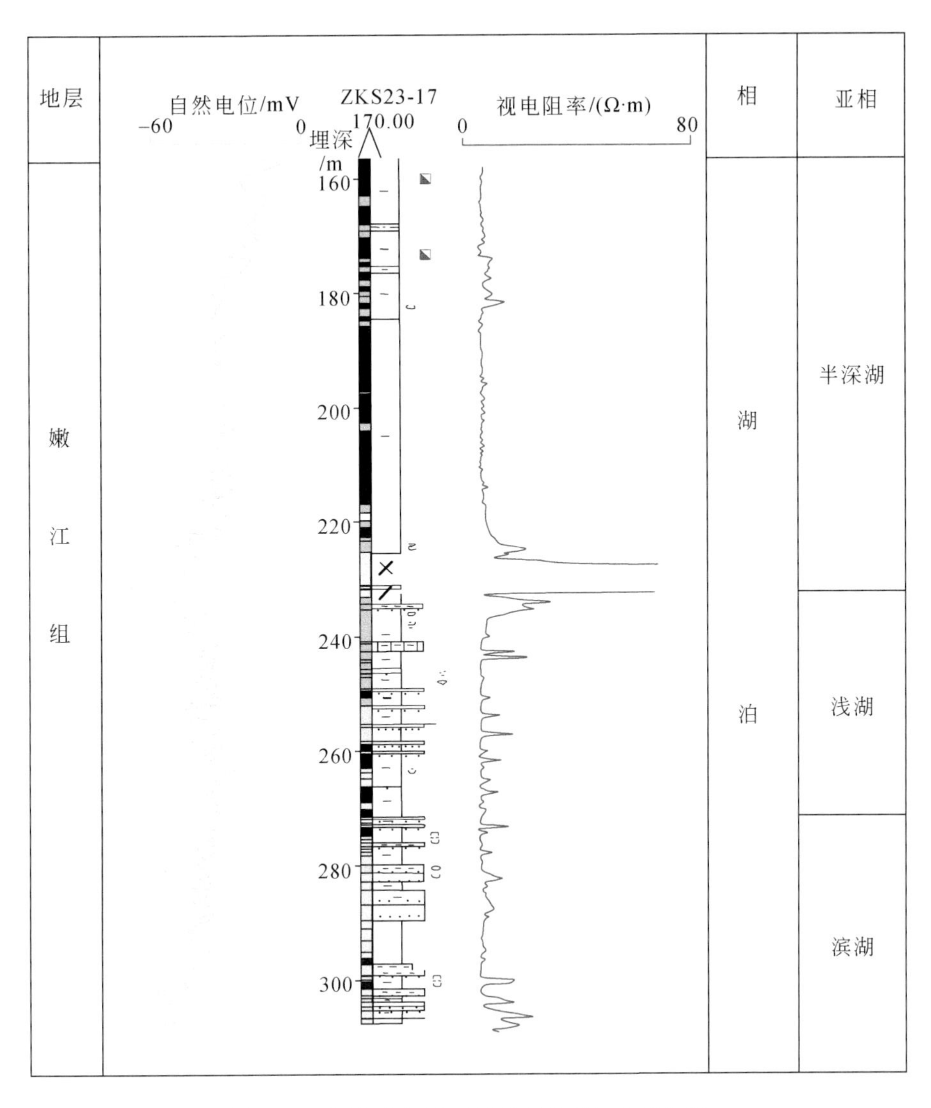

图4-26　开鲁盆地嫩江组湖相典型钻孔柱状图

如图4-27a所示，白城地区ZK镇1-1钻孔岩心深度433.80m处为嫩江组灰色、灰绿色泥岩、粉砂岩，呈块状，沉积微相分析为滨浅湖沙坝、泥坪；如图4-27b所示，ZKQH12-1钻孔岩心深度181.51m处为K_2m组细砂岩，块状，细砂岩中发育炭屑稳层，沉积微相分析为滨浅湖相；如图4-27c所示，ZKQH12-1钻孔岩心深度474.9m处为嫩江组灰色细砂岩，块状，上部为灰绿色页岩，沉积微相分析为滨浅湖相砂坝；如图4-27d所示，陆家堡凹陷ZKJ2-2钻孔岩心深度269.4m处为灰色细砂岩，见波状交错层理发育，碎屑颗粒间以钙质胶结为主，沉积微相分析为滨浅湖相。

图 4-27　滨浅湖相充填沉积

a. 滨浅湖沙坝、泥坪，K_2n，白城地区，镇 1-1 孔；b. 细砂岩中的炭屑稳层，滨浅湖相，K_2m，181.51m，八仙筒，ZKQH12-1；c. 滨浅湖相砂坝，细砂岩，灰绿色，页岩之下，K_2n，474.9m，八仙筒 ZKQH12-1；d. 波状交错层理，细砂岩，钙质胶结，滨浅湖相，K_2m，269.4m，陆家堡凹陷 ZKJ2-2

二、深湖/半深湖亚相

该相以嫩一段和嫩二段最为发育，处于滨浅湖相与深湖相过渡部位，岩性以黑色、灰黑色、灰色泥岩为主，见粉砂岩，发育水平层理，见有细波状层理（Snowball and Thompson，1992；庞军刚等，2009；刘文浩等，2014）。半深湖相自然电位曲线和视电阻率曲线以大段的低幅平直曲线为主（牛大鸣等，2020），偶见中高幅指状峰（图 4-26）。

如图 4-28a 所示，ZK 兴 101-4 钻孔岩心深度 176.80m 处为嫩江组灰绿色泥岩，沿层面见鱼类化石发育；如图 4-28b 所示，ZKBK0-1 钻孔岩心深度 510.47m 处为嫩江组泥岩，呈灰绿色，致密块状，层内见叶肢介化石发育；如图 4-28c 所示，ZKS49-21 钻孔岩心深度 184.91m 处为嫩江组泥岩，层面见腹足类化石；如图 4-28d 所示，ZKS49-21 钻孔岩心深度 189.25m 处为嫩江组灰绿色泥岩，岩心横截面见大量化石，可能为腹足类化石群；如图 4-28e 所示，ZKQH6-1 钻孔岩心深度 340～344.25m 处为嫩江组页岩，顶部夹极薄层砂岩，整体呈灰色、深灰色，为块状、碎块状。综上钻孔岩心特征分析，开鲁盆地上白垩统嫩江组的砂岩和泥岩主要沉积于深湖与半深湖过渡部位。

图4-28　开鲁盆地上白垩统嫩江组湖相

a. 鱼类化石（K_2n，ZK兴101-4，176.80m）；b. 叶肢介化石（K_2n，ZKBK0-1，510.47m）；c. 介形虫、腹足类化石（K_2n，ZKS49-21，184.91m）；d. 腹足类化石群菊石化石（K_2n，ZKS49-21，189.25m）；e. 页岩夹极薄层砂岩（顶），嫩江组，龙湾筒，ZKQH6-1

第五章　主要目的层姚家组

开鲁盆地砂岩型铀矿的主要找矿目的层为上白垩统姚家组（夏毓亮等，2003），尤其是姚家组下段，在区内分布广泛，沿盆地长轴发育，地层厚度总体具有东部埋深浅、倾角缓、厚度大、局部褶皱剥蚀、西部厚度薄、埋深变化大的特点，姚家组下段底板标高一般为-640～-150m，埋深一般小于800m，只在陆家堡凹陷和哲中凹陷中部的沉降中心及保康以东一带底板底埋深大于800m，局部可达1000m。在哲中凹陷和钱家店凹陷，姚家组下段厚度一般为200～300m，在通辽南部及保康以东地区厚度较大，在盆地西缘及陆家堡凹陷中，姚家组厚度一般为50～150m。与下伏青山口组呈平行不整合接触，在局部与基底岩石呈角度不整合接触（冯志强等，2012；蔡建芳等，2018）。

第一节　相识别标志

一、岩性标志

（一）颜色

1. 原生（自生）色

原生色代表了沉积岩在沉积或沉积之后不久留下的颜色记录，它反映了沉积环境或同生环境下介质流体的Eh、pH的性质，它在判断沉积环境时有重要的作用。在砂岩型铀矿的找矿和研究中，岩石的颜色至关重要，它在一定程度上反映了岩石经历的氧化成矿作用。在开鲁盆地中，无论是上白垩统姚家组下段，还是姚家组上段，泥岩的颜色通常代表了沉积时岩石的原生色调（陈晓林等，2008）。砂岩的颜色形成原因比较复杂，灰色调的砂岩通常形成于还原环境，代表了原生色；而红色、黄色、黄绿色的砂岩有可能代表原生色，也有可能形成于后生氧化环境。一些绿色的岩石，如鄂尔多斯侏罗系直罗组绿色砂岩，一些学者（肖新建等，2004；李子颖等，2007，2020；易超等，2019）认为，原来为灰色砂岩，经过后来的氧化变成了红色或黄色，后来又经过了还原作用，再变成了绿色。

在钻孔中可观察到姚家组下段沉积物中的原生色。如图5-1a所示，宝龙山地区ZK宝6-1钻孔中455.7m处为泥岩，块状，岩石呈棕红色，代表了沉积时的氧化环境。如图5-1b所示，大林地区ZK兴91B-9钻孔中490.2m处为深灰色泥岩，块状无层理，岩石致密细腻，断面光滑，形成于还原环境。图5-1c中，大林地区ZK兴91B-9钻孔中455.2m处为灰白色中细砂岩，砂岩分选、磨圆好，植物炭屑发育，代表了还原环境的沉积。图5-1d中，ZK29-0钻孔中293.1m处为灰色细砂、粉砂岩，含丰富的炭化植物碎屑，属于还原环境的沉积。综合以上钻孔岩心特征分析，姚家组早期整体属于半干热气候环境下形成的沉积建造（焦养泉等，2015）。

图 5-1　姚家组岩石中的原生色

a. 棕红色泥岩，块状，宝龙山地区（ZK 宝 6-1，455.7m，K_2y^1）；b. 深灰色泥岩，块状无层理，大林地区（ZK 兴 91B-9，490.2m，K_2y^1）；c. 灰白色中细砂岩，含大块炭屑，大林地区（ZK 兴 91B-9，455.2m，K_2y^1）；d. 灰色细砂、粉砂岩，含丰富的炭化植物碎屑（ZK29-0，293.1m，K_2y^1）

2. 后生（次生）色

后生色是沉积岩形成以后受到次生变化而产生的次生矿物从而着色。这种颜色多半是由于氧化作用或还原作用、水化作用或脱水作用及各种化合物带入或带出等引起的（夏毓亮等，2003；田时丰，2005；罗毅等，2007）。如黑色碳质页岩在地表风化作用下可呈褐黄色，红层中由于局部的有机质的还原作用而出现浅绿色斑点或斑团等（朱筱敏，2008）。

图 5-2 为开鲁盆地姚家组钻孔岩心次生色照片。如图 5-2a 中，哲中凹陷龙湾筒地区 ZKQH6-1 钻孔中 647.31m 处为姚家组下段褐黄色块状氧化砂岩。图 5-2b 中，ZK 钱Ⅳ56-65 钻孔中 327.4m 处为姚家组下段褐黄色氧化中粒砂岩。如图 5-2c 所示，大林地区 ZK 兴 101-4Z 钻孔中 425.1m 处为紫红色氧化中粒砂岩，长石强高岭土化。图 5-2d 中，钱家店凹陷宝龙山地区 ZK 兴 13-12B 钻孔中 296.1m 处砂岩，上下部分呈褐红色氧化，中间部分为褐黄色氧化。图 5-2e 中，钱家店凹陷宝林地区 ZKS45-6 钻孔中 644.45m 处为姚家组下段砖红色中砂岩，沿层理面砂岩出现红色氧化。如图 5-2f 所示，宝龙山地区 ZKS45-6 钻孔中 192.7m 处为姚家组上段泥岩和砂岩，褐红色泥岩为沉积原生色，未被还原。而此处的砂岩被还原，且靠近砂岩、粉砂岩部分的红色泥岩也被还原，还原分界面清晰可辨，推测可能为后期还原性热流体作用影响（聂逢君等，2010b，2017；林双幸等，2017）。综合以上钻孔岩心特征分析，说明姚家组早期整体属于半干热气候环境下形成的沉积建造。

图 5-2　开鲁盆地姚家组次生色

a. 褐黄色氧化砂岩，龙湾筒地区（ZKQH6-1，647.31m，K_2y^1）；b. 中砂岩中的褐黄色氧化，钱Ⅳ地区（ZK 钱Ⅳ56-65，327.4m，K_2y^1）；c. 紫红色中粒砂岩，紫红色氧化，长石强高岭土化，大林地区（ZK 兴 101-4Z，425.1m，K_2y^1）；d. 上下褐红色氧化，中间褐黄色氧化，宝龙山地区（ZK 兴 13-12B，296.1m，K_2y^1）；e. ZKS45-6，644.45m，姚家组下段砖红色中砂岩沿层理氧化，双宝地区；f. 靠近砂岩、粉砂质的红色泥岩被还原，宝龙山地区，可能受后期还原性热流体影响（ZKS45-6，192.7m，K_2y^2）

（二）岩石类型

野外岩心观察，姚家组下段砂体厚度大，分布较稳定，侧向连续性好，孔渗性好，以褐黄色、灰色中粗砂岩及砂砾岩为主，灰色砂岩中局部可见炭屑及黄铁矿，顶部常发育较稳定的紫红色泥岩。姚家组上段发育砖红色及紫红色泥岩，砂岩以灰色或亮黄色细砂岩为主，主要为中粗砂岩。砂体厚度虽然不如姚家组下段，但也具有一定规模，且发育稳定的泥岩隔层（夏毓亮等，2003）。

镜下鉴定结果为姚家组砂岩类型主要为岩屑砂岩及长石岩屑砂岩，砂岩成分成熟度较低，具有近物源、堆积较快的特点。碎屑颗粒粒径主要集中在0.2～0.5mm，为中粒砂状结构。碎屑颗粒磨圆度主要为次棱-棱角状，分选性多为中等-差。砂岩胶结较为致密，碎屑颗粒之间以点接触和线接触为主，胶结类型多为孔隙式。

砂岩碎屑含量较高，为80%～90%。碎屑成分主要为石英、长石、岩屑及少量云母和重矿物。其中岩屑含量为40%～60%，石英含量为30%～50%，长石含量为5%～10%。石英颗粒多为单晶石英，表面较为光洁，少量石英为多晶石英颗粒，各晶粒形状不规则，彼此间多为缝合接触。可见细条状、尖角状石英，搬运距离较近，综合分析为火山晶屑，指示盆地周围酸性火山活动较强。长石含量较少，以钾长石、斜长石为主。长石表面绢云母化蚀变较为发育，镜下表现为表面粗糙，多呈破碎状。云母多以黑云母为主，见少量绢云母和白云母，部分黑云母条带被碎屑颗粒挤压致弯曲变形。由于黑云母具有易风化的特点，在搬运过程中不易保存，黑云母较为完整地保存下来说明了研究区距离母岩较近。研究区的重矿物含量总量虽然不高，但是种类丰富，主要有锆石、石榴子石、绿帘石、电气石、磷灰石、榍石等（夏飞勇，2019）。岩屑含量较为丰富且类型多样，以火成岩岩屑为主，含有少量的花岗质岩屑、碳酸盐岩屑及变质岩岩屑等（详见第八章）。

研究区砂岩填隙物成分为杂基和胶结物两种，总含量为8%～20%，总体含量偏高。杂基是碎屑岩中的机械成因细粒组分，成分包括了火山灰、伊利石、高岭石及少部分绿泥石等黏土类矿物组分。此外，杂基中还含有原始机械沉积、粒径细小的粉砂级组分，如石英、长石微晶等。砂岩中的胶结物主要为黏土矿物和碳酸盐胶结物，黏土矿物以高岭石为主，高岭石多呈书页状或鱼鳞片状，还可见部分伊利石、绢云母、绿泥石及绿脱石等。碳酸盐胶结物主要为方解石。方解石又可分为两种类型，即亮晶方解石和泥晶方解石。研究区碳酸盐胶结物多为亮晶胶结，呈连晶式胶结在石英、长石颗粒之间。

二、沉积构造标志

（一）流动成因构造

1. 岩相类型

通过对松辽盆地南部不同地区岩心的观察和描述，根据岩石的主要岩性，沉积构造及其他相标志、形成环境，将该区姚家组地层划分出8种岩相类型（表5-1）。

表5-1　开鲁盆地上白垩统姚家组岩相类型

序号	主要岩性	沉积构造及其他相标志	形成环境
1	砂砾岩、砾岩	块状构造，颗粒支撑	扇中辫状河道
2	砂砾岩	平行层理	心滩、边滩
3	含砾粗砂岩及中、细砂岩	块状构造，孔隙式胶结	扇中辫状河道及扇缘
4	砂岩	平行层理	边滩
5	泥质粉砂岩	块状构造	泛滥平原及扇缘
6	泥质粉砂岩、粉砂岩	小型交错层理	天然堤、边滩
7	泥岩	水平层理	泛滥平原、湖相
8	粉砂质泥岩、泥岩	块状构造	泛滥平原、洪泛湖

①块状砂砾岩相：研究区钻孔中常见，颜色为灰色、紫红色、紫灰色、褐黄色，砾石以细砾和中砾为主，颗粒支撑、孔隙式胶结，磨圆为次圆状—次棱角状。其中局部层位砾石以灰色、灰黑色、紫红色泥砾为主，块状构造，为河流冲刷下伏泥岩或河道拓宽河岸垮塌所形成。②平行层理砂砾岩相：常常分布在砂砾岩层上部，细层厚1～2cm。颜色为灰色，粒径一般为5～20mm，成分以灰色泥砾为主，可见少量花岗岩、火山岩、硅质岩等。砾石磨圆度较差，呈次棱角状或压扁状。该岩相主要发育于河流相的心滩、边滩沉积之中（李占东等，2015）。③块状砂岩相：研究区钻孔中较为常见，浅灰色和褐黄色粗-细粒砂岩，分选中等，次棱角状，胶结松散，常夹砂质泥岩薄层，其中粗粒砂岩中局部层位含有少量泥砾。同时，砂岩与下伏岩性呈冲刷接触，冲刷面清晰，主要见于扇中辫状河道及扇缘沉积中（陈彬滔等，2015）。④平行层理砂岩相：灰色、褐黄色、紫红色细-粗粒砂岩，局部砂岩中夹紫红色泥岩薄层，偶见炭化植物碎屑沿层理定向排列，层面清晰平整，分选中等。局部可见不同粒级的砂质碎屑呈韵律层理，该种岩性的砂岩细层厚0.1～1cm，层系厚20～50cm，多形成于强水动力条件河流环境，为水浅流急的心滩或边滩（张可等，2018）。⑤板状交错层理砂岩相：灰色、黄褐色、紫红色细砂岩，层系面平直，层系厚10～30cm，形成于边滩、心滩。⑥小型交错层理（流水沙纹层理）砂岩相：灰色、黄褐色、紫红色细砂岩、粉砂岩，局部见炭化植物碎屑及条带状浅褐黄色褐铁矿化沿层理面发育，沉积于边滩。⑦水平层理泥岩相：该岩相可分为两种，一种为紫红色粉砂质泥岩，其内见有灰色斑点或斑块，具水平层理沉积构造，主要见于泛滥平原、河漫湖沉积（张凌华和张振克，2015）；另一种为灰色、深灰色泥岩、页岩，水平层理或页理发育，主要见于浅湖-半深湖沉积。⑧块状泥岩相：钻孔中常见，紫色、紫红色、灰紫色和灰黑色泥岩、粉砂质泥岩，块状构造，常见成层分布的钙质团块及膜状铁锰质，偶见分布不均的少量灰绿色泥岩斑点。

2. 沉积构造

流动成因构造是指沉积物在搬运和沉积时，在水或空气的流动作用下形成的构造。其中有些是以沉积作用为主，并在沉积物表面或内部形成的构造，如波痕和层理，而且多数内部构造与其表面特征有极为密切的关系，如某些交错层理就是由波痕的迁移和相互叠置而形成的；另一些则是在侵蚀作用下形成的表面构造，如冲刷痕和压刻痕，常见流动成因构造有波痕、层理、侵蚀成因构造和定向构造等（桑隆康，2012）。

图5-3为开鲁盆地图姚家组下段中流动成因构造照片。图5-3a中，大林地区ZK兴91-3钻孔深437.45m处为浅砖红色细砂岩，为河道心滩微相沉积，岩心纵截面可见槽状交错层理发育，水流动强度较强（马锋等，2009）。图5-3b中，宝龙山地区ZK兴121-38钻孔深569.30m处为姚家组下段浅褐黄色中砂岩，碎屑磨圆分选一般，见板状交错层理，为河道心滩微相沉积（雷卞军等，2015）。图5-3c中，大林地区ZK兴127-7B钻孔深557.50m处为棕黄色粗砂岩，见板状交错层理及层状褐铁矿化。图5-3d中，ZK67-20钻孔深347.7m处为浅红色细砂岩，见沙纹交错层理与软变形构造，微相分析为决口水道。图5-3e中，ZK钱Ⅳ56-65钻孔深402.7m处为姚家组下段浅红色粗砂岩，分选、磨圆均较差，见板状交错层理，微相分析为辫状河河道心滩。图5-3f中，ZK钱Ⅳ04-19钻孔深

301.5m 处为砂砾岩，发育板状交错层理，微相分析为辫状河河道心滩。

图 5-3　开鲁盆地姚家组下段中流动成因构造

a. 槽状交错层理，河道心滩，浅砖红色细砂岩（ZK 兴91-3，437.45m，K_2y^1）；b. 板状交错层理，河道心滩，浅褐黄色中砂岩（ZK 兴121-38，569.30m，K_2y^1）；c. 板状交错层理，河道心滩，棕黄色粗砂岩，层状褐铁矿化（ZK 兴127-7B，557.50m，K_2y^1）；d. 沙纹交错层理与软变形，决口水道，浅红色细砂岩（ZK67-20，347.7m，K_2y^1）；e. 板状交错层理，辫状河河道中心滩，粗砂岩中（ZK 钱Ⅳ56-65，402.7m，K_2y^1）；f. 板状交错层理，辫状河河道心滩，砂砾岩中（ZK 钱Ⅳ04-19，301.5m，K_2y^1）

（二）同生变形构造

同生变形构造又称变形构造，或软沉积变形。通常是在沉积物固结以前，由于无机作用在层面上或在层内所产生的变形构造（李勇等，2012；杜芳鹏等，2014），具有局部分布的特征。引起沉积物发生变形的作用有差异负荷作用、沉陷作用、在重力影响下的顺坡滑动作用，以及沉积介质对沉积物的拖曳作用等。常见同生变形构造有滑塌构造、包卷层理、泄水构造、重荷模、假层理、砂枕构造、碎屑岩脉等（钟建华等，1999；于兴河，2007）

图5-4为开鲁盆地姚家组下段同生变形构造照片。如图5-4a所示，ZK兴0-3钻孔深451.55m处为灰色泥质粉砂岩，见薄层粉砂岩细层界面下凹变形，发育软沉积变形构造。图5-4b中，大林地区ZK兴99-5钻孔深406.20m处为姚家组下段砖红色细砂岩，内部纹层发生扭曲和盘回，即复杂的“褶皱”，软变形沉积构造和滑塌褶皱发育。图5-4c中，在ZK67-20钻孔深347.5m处为灰白色砂岩和红色泥岩，其中灰白色砂岩镶嵌于上部红色泥岩中，砂岩呈块状，底部界限变形明显，具软沉积变形特征。图5-4d中，ZKQC61钻孔深304.2m处为决口扇细砂岩，呈砖红色和浅砖红色，内部砂体纹层发生盘回形成包卷层理。

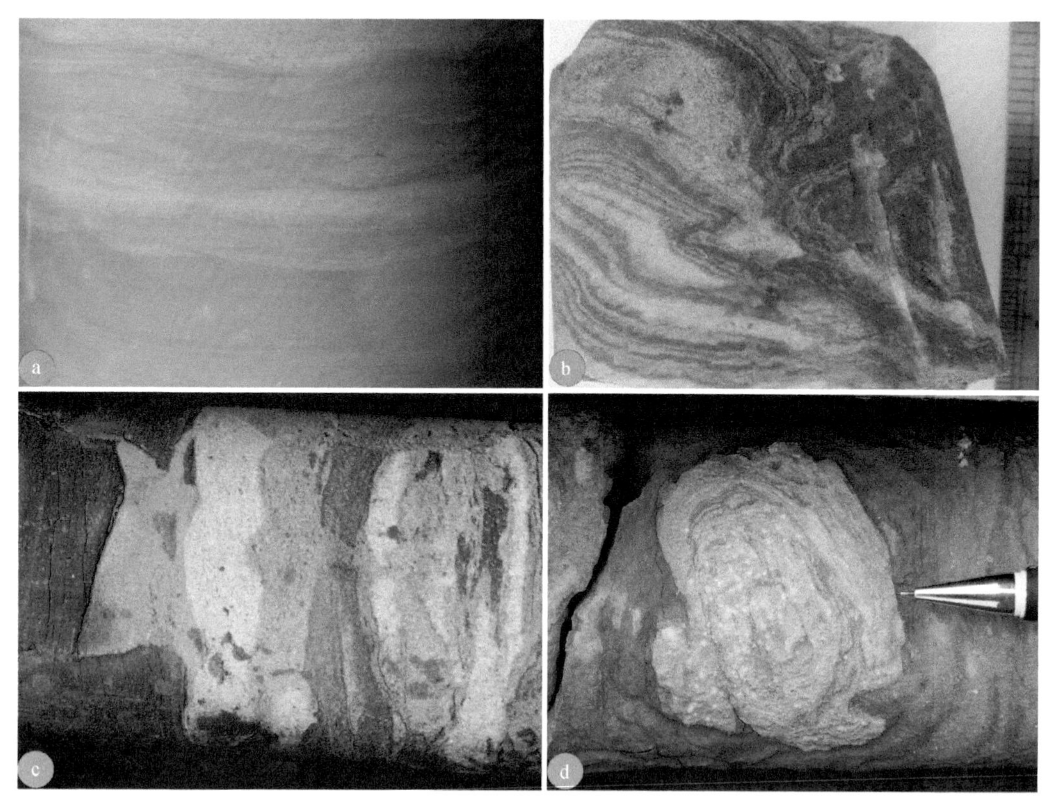

图5-4　开鲁盆地姚家组下段同生变形构造

a. 软变形，ZK兴0-3，姚家组下段451.55m，灰色泥质粉砂岩，软沉积变形；b. 软变形，ZK兴99-5，姚家组下段406.20m，砖红色细砂岩，滑塌褶皱；c. 灰白色砂岩块在软变形中嵌入到上部红色泥岩中，ZK67-20，K_2y^1，347.5m；d. 决口扇包卷层理，ZKQC61，K_2y^1，304.2m

第二节　古生物标志

沉积岩中古生物化石是一定环境条件下的产物，既有海相生物又有陆相生物，因此，不同环境下生长的古生物是记录当时环境的重要标志（肖渊甫，2014）。炭化植物碎屑化石是一种陆地生态系统的产物，是植物埋藏之后在缓慢腐烂的过程中发生的，在分解过程中有机物逐渐失去所含有的气体和液体成分。植物炭化作用和煤的形成过程相同，在一些煤层中可以看到大量的炭化植物化石。在许多地方，植物、鱼和无脊椎动物就是以这种方式保存下它们的化石。此外，炭化植物碎屑一般出现在地势较低、大气降水较多、湿度较大的地区，地表较易积水，有利于沼泽植物滋长。因此，炭化植物碎屑的产生和分布与降水、地面水的扩张、古河道、古湖泊的分布与废弃等有着密切的联系（朱筱敏，2008）。

图5-5为开鲁盆地姚家组沉积生物标志照片。如图5-5a所示，双宝、大林地区ZKS15-7钻孔深度712.89m处为姚家组下段灰色细砂岩，砂岩中见薄层炭化植物碎屑发育，厚度约为2cm。图5-5b中，ZKS15-7钻孔深度736.65m处为姚家组下段灰色细砂岩，砂岩内见丰富的纹层状炭化植物碎屑。通过以上钻孔岩心观察分析认为，该时期沉积环境水动力条件较弱，气候较湿润。

图5-5　开鲁盆地姚家组下段沉积生物标志

a. 姚家组下段灰色细砂岩含炭化植物碎屑，712.89m，ZKS15-7；b. 姚家组下段灰色细砂岩中的纹层状炭化植物碎屑，736.65m，ZKS15-7

第三节　测井曲线对沉积旋回的响应

研究区主要含矿目的层姚家组下段的河流作用过程的旋回性非常明显。为了探索河流作用的这种规律，我们选择了宝龙山地区钻孔姚家组下段进行解剖分析，划分出不同的沉积旋回。划分依据主要是自然电位曲线与视电阻率曲线的组合。从总体特征来看，该地区自然电位的分辨率虽然较低，但沉积旋回的趋势性，尤其是总趋势性在自然电位曲线上表现较为明显。而视电阻率虽然趋势性不如自然电位高，但分辨率很高，能识别出微相的变化（于炳松和梅冥相，2016）。

一、单井测井曲线响应

图5-6为开鲁盆地白兴吐地区ZK兴24-20钻孔的姚家组下段旋回划分图，从图中可以看出，一共划分出7个旋回，每一个旋回的底部是含砾的砂岩开始，向上变细旋回的结构为含砾砂岩→砂岩→泥质粉砂岩，每一个旋回的底部为一明显的冲刷面（聂逢君等，2017）。

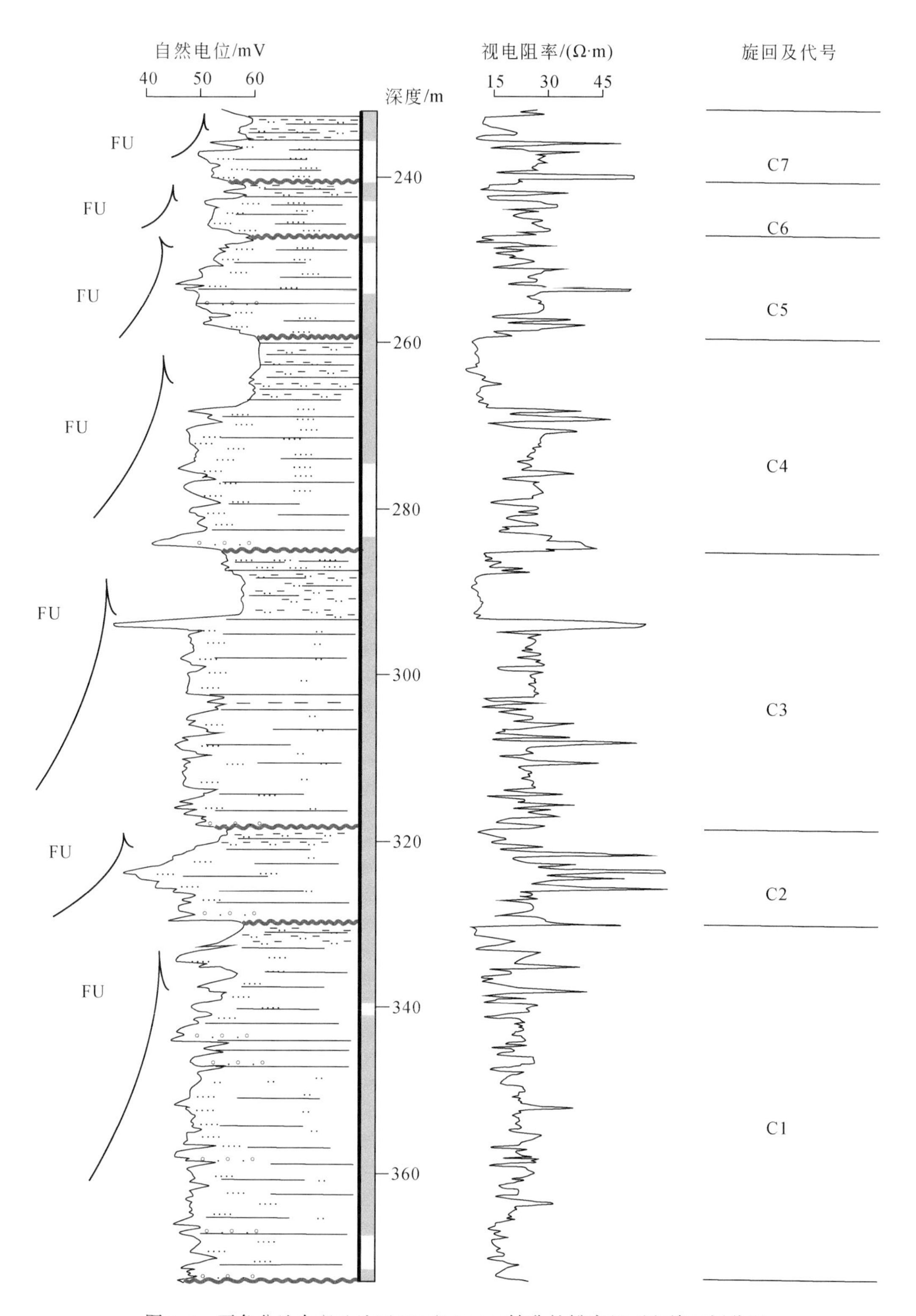

图 5-6　开鲁盆地白兴吐地区 ZK 兴 24-20 钻孔的姚家组下段旋回划分图

为了充分了解姚家组下段河流作用和旋回性与沉积微相之间的关系，我们选择了钱Ⅱ地区的两个钻孔做详细的沉积微相与旋回性对应研究。从图5-7中可知，姚家组下段均有两个大的一级旋回（A1和A2），在Q2-01-01孔中，240～300m处为一级旋回A1，170～240m处为一级旋回A2。在Q2-02-01孔中，244～318m处为一级旋回A1，167～244m处为一级旋回A2。两个钻孔中，旋回A1中含有3个二级旋回（C1～C3），旋回A2中含有4个二级旋回（C4～C7）。每个二级旋回中又含有2～4个三级旋回，这反映了河流作用的周期性变化规律。从总体上看，从姚家组下段的下部至上部，乃至姚家组上段，变化趋势是沉积物的粒度逐渐变细，也就是说，姚家组下段具有从早期到晚期逐渐由辫状河向曲流河变化的大趋势（董文明等，2007）。

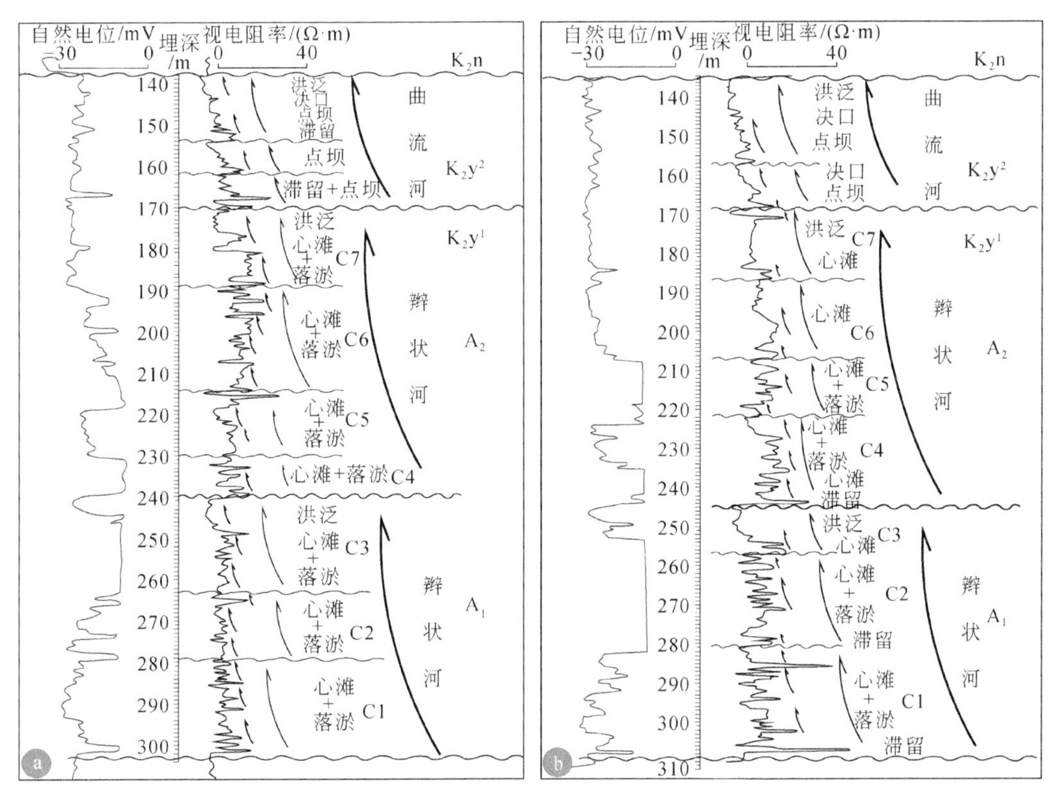

图5-7　开鲁盆地测井曲线对沉积旋回的响应

a. 钱Ⅱ地区Q2-01-01；b. 钱Ⅱ地区Q2-02-01

二、连井测井曲线的响应

为了进一步查明测井曲线对沉积旋回的响应，我们选取了过钱家店矿床钱Ⅱ地区0号勘探线做了较大范围的测井曲线与沉积相和微相分析（图5-8）。从该剖面上所用的钻孔中的曲线分析得知，沉积旋回特征和微相变化规律与开鲁白兴吐地区ZH兴24-20钻孔和钱Ⅱ地区Q2-01-01、Q2-02-01钻孔较为一致。

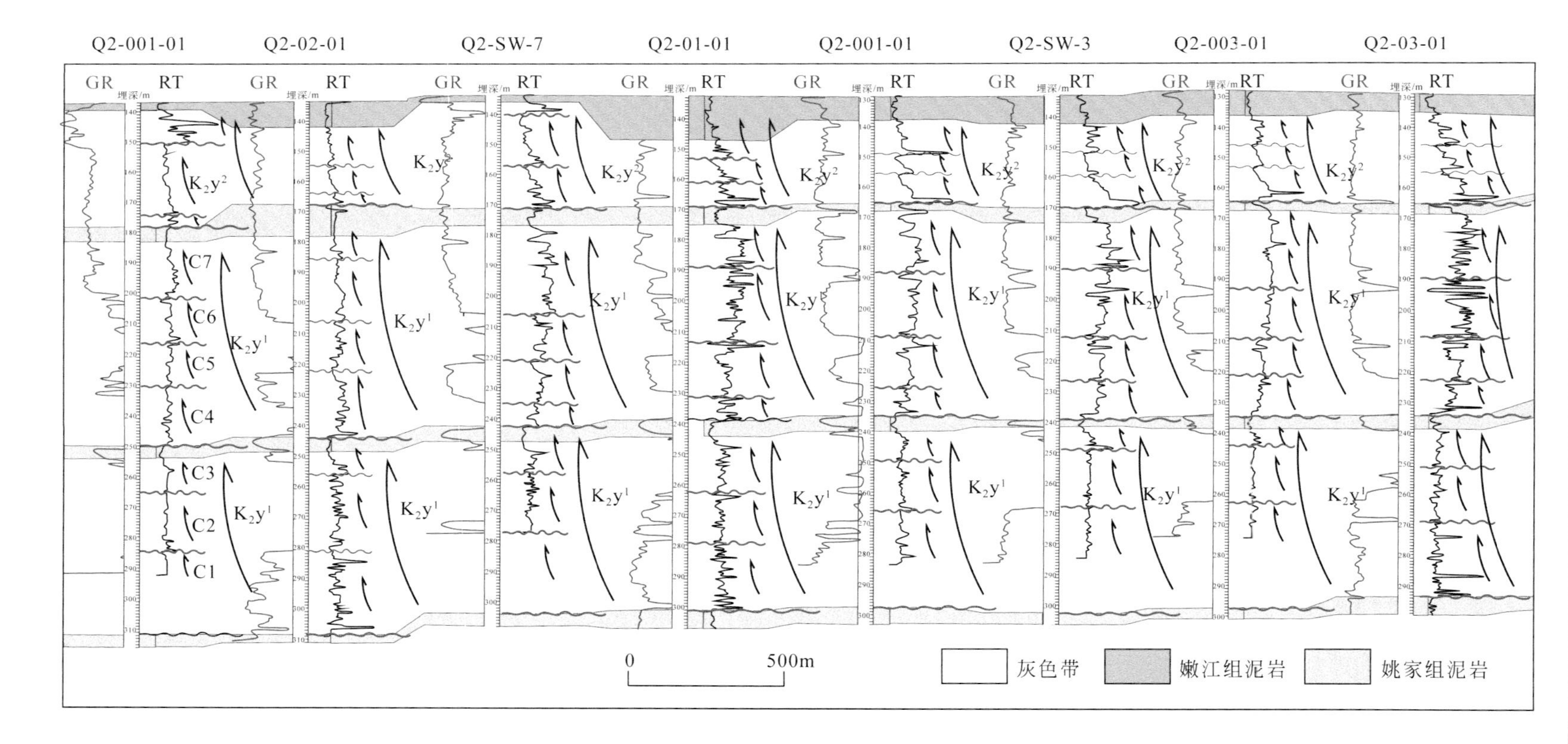

图5-8　开鲁盆地钱家店铀矿床0号勘探线剖面连井沉积相解释

如图5-8所示，钱家店矿床钱Ⅱ地区0号勘探线钻孔姚家组下段可划分出3个大的一级旋回，均为正粒序沉积，其中姚家组下段顶部一级旋回厚度约30m，较下部两个旋回厚度（60～80m）明显要小，下部两个一级旋回底部以粗粒砾岩或含砾砂岩为主，向上粒度变细为砂岩或粉砂岩，顶部一级旋回沉积物粒度整体较下部要细。此外，每个大旋回又由三四个小旋回组成，每个小旋回均为正粒序沉积，旋回与旋回之间见明显的冲刷面发育。综上分析认为，姚家组下段早期主要为辫状河沉积，晚期演变为曲流河沉积。

三、河道类型、弯度指数、宽深比

开鲁盆地砂岩型铀矿主要含矿岩系为上白垩统的姚家组，其次为上白垩统的泉头组、明水组、四方台组。姚家组的上、下段均是良好的铀矿含矿目的层，尤其是姚家组下段的灰色–灰黑色砂岩、含砾砂岩和部分细砾岩，它们多形成于温暖潮湿的亚热带气候，并有半潮湿、半干旱气候的波动。为了更好地揭示姚家组河流相岩石的形成条件，我们对研究区含矿性最好的姚家组下段岩系进行更加详细的沉积学研究。通过沉积相和微相以及岩性旋回的对比，把宝龙山地区的姚家组下段进行了详细划分，共划分出7个旋回（C1～C7）。对每个旋回的地层厚度、含砂率等特征参数的进行统计，再经过相关公式计算河道弯度指数，最终判断河道类型，并大致确定河道的宽深比及河道的宽度等河流作用的基本参数。

Rust（1978）用河流曲率与辫状参数一起来划分河流的类型（表5-2）。

表5-2　根据几何特征的河流分类（Rust，1978）

河流曲率	单河道（辫状参数≤1）	多河道（辫状参数>1）
低曲度（≤1.5）	直流河	辫状河
高曲度（>1.5）	曲流河	网状河

根据Schumm（1960）的计算公式：

$$P=3.5F^{-0.27} \tag{5-1}$$

$$F=1.765M^{-1.08} \tag{5-2}$$

式中，P为河流曲率；F为河流的宽深比；M为粉砂泥质的百分含量。

表5-3～表5-9分别为宝龙山地区各个钻孔中统计出来的从C1～C7旋回的旋回厚度、砂体厚度、砂体与旋回厚度比（含砂率或砂地比），再通过式（5-1）和式（5-2）计算出河流曲率、宽深比以及每个旋回河道的宽度。在计算过程中，把少量计算出来的河道宽度>2000m的井和<10m的井的数据删除掉了，因为通常情况下，这两个现象不出现。

表5-3　开鲁盆地宝龙山姚家组下段第一旋回（C1）河流参数

钻孔编号	旋回	旋回厚度/m	砂体厚度/m	砂地比	$F=1.765M^{-1.08}$	$P=3.5F^{-0.27}$	河道宽度/m
ZK兴12-34	C1	12.40	6.20	0.50	3.73	2.45	23.13
ZK兴127-1	C1	24.80	19.80	0.80	10.04	1.88	198.75
ZK兴69-14	C1	18.00	12.40	0.69	6.25	2.13	77.53
ZK白22-3	C1	8.58	6.18	0.72	6.98	2.07	43.13

续表

钻孔编号	旋回	旋回厚度/m	砂体厚度/m	砂地比	$F=1.765M^{-1.08}$	$P=3.5F^{-0.27}$	河道宽度/m
ZK兴16-16	C1	9.80	3.50	0.36	2.86	2.64	10.00
ZK兴20-12	C1	19.60	4.40	0.22	2.31	2.79	10.16
ZK兴21-10	C1	14.00	8.60	0.61	4.88	2.28	41.97
ZK兴21-7	C1	9.60	5.20	0.54	4.08	2.39	21.23
ZK兴24-5	C1	50.80	26.60	0.52	3.90	2.42	103.73
ZK兴24-7	C1	18.80	14.80	0.79	9.52	1.90	140.93
ZK兴25-11	C1	22.40	21.80	0.97	77.88	1.08	1697.89
ZK兴25-14	C1	43.90	41.30	0.94	36.84	1.32	1521.57
ZK兴25-6	C1	14.00	8.20	0.59	4.62	2.32	37.91
ZK兴28-10	C1	12.80	7.00	0.55	4.18	2.38	29.27
ZK兴28-46	C1	19.60	9.60	0.49	3.65	2.47	35.06
ZK兴28-7	C1	20.40	17.80	0.87	15.98	1.66	284.52
ZK兴29-46	C1	35.20	33.40	0.95	44.86	1.25	1498.32
ZK兴29-5	C1	29.80	27.80	0.93	31.19	1.38	867.13
ZK兴33-8	C1	16.20	5.20	0.32	2.68	2.68	13.92
ZK兴36-6	C1	24.48	23.28	0.95	44.86	1.25	1044.34
ZK兴41-1	C1	21.00	18.40	0.88	17.43	1.62	320.66
ZK兴4-20	C1	34.50	23.20	0.67	5.84	2.17	135.59
ZK兴47-3	C1	26.80	25.60	0.96	57.08	1.17	1461.37
ZK兴47-6	C1	13.80	12.80	0.93	31.19	1.38	399.25
ZK兴4-82	C1	52.80	40.90	0.77	8.63	1.96	353.02
ZK兴57-20	C1	19.80	19.00	0.96	57.08	1.17	1084.61
ZK兴59-29	C1	17.10	7.10	0.42	3.18	2.56	22.57
ZK兴59-39	C1	27.80	19.40	0.70	6.48	2.11	125.68
ZK兴63-14	C1	25.20	23.60	0.94	36.84	1.32	869.47
ZK兴65-23	C1	14.40	10.60	0.74	7.56	2.03	80.15
ZK兴69-5	C1	55.00	50.00	0.91	23.78	1.49	1188.87
平均		23.66	17.86	0.71	18.59	1.93	443.33

表5-4　开鲁盆地宝龙山姚家组下段第二旋回（C2）河流参数

钻孔编号	旋回	旋回厚度/m	砂体厚度/m	砂地比	$F=1.765M^{-1.08}$	$P=3.5F^{-0.27}$	河道宽度/m
ZK兴12-34	C2	9.40	4.00	0.43	3.24	2.55	12.96
ZK兴127-1	C2	13.00	10.60	0.82	11.25	1.82	119.22
ZK兴28-30	C2	9.20	4.80	0.52	3.90	2.42	18.72
ZK白26-1	C2	9.80	7.60	0.78	9.06	1.93	68.82

续表

钻孔编号	旋回	旋回厚度/m	砂体厚度/m	砂地比	$F=1.765M^{-1.08}$	$P=3.5F^{-0.27}$	河道宽度/m
ZK 架 8-9	C2	15.40	13.60	0.88	17.43	1.62	237.01
ZK 兴 16-16	C2	17.60	7.50	0.43	3.24	2.55	24.29
ZK 兴 20-12	C2	7.80	6.40	0.82	11.25	1.82	71.98
ZK 兴 21-10	C2	13.40	12.40	0.93	31.19	1.38	386.78
ZK 兴 21-7	C2	11.00	5.60	0.51	3.81	2.44	21.36
ZK 兴 25-11	C2	27.80	25.80	0.93	31.19	1.38	804.75
ZK 兴 25-14	C2	11.80	9.40	0.80	10.04	1.88	94.35
ZK 兴 25-6	C2	29.40	27.20	0.93	31.19	1.38	848.41
ZK 兴 28-10	C2	21.20	18.00	0.85	13.70	1.73	246.51
ZK 兴 28-46	C2	16.00	5.40	0.34	2.76	2.66	14.93
ZK 兴 28-7	C2	40.80	38.00	0.93	31.19	1.38	1185.28
ZK 兴 29-5	C2	31.00	26.40	0.85	13.70	1.73	361.55
ZK 兴 33-2	C2	16.60	9.00	0.54	4.08	2.39	36.75
ZK 兴 33-8	C2	17.40	16.20	0.93	31.19	1.38	505.31
ZK 兴 36-12	C2	34.20	28.60	0.84	12.77	1.76	365.31
ZK 兴 36-6	C2	25.80	24.80	0.96	57.08	1.17	1415.70
ZK 兴 4-1	C2	16.40	11.00	0.67	5.84	2.17	64.29
ZK 兴 41-1	C2	11.70	9.70	0.83	11.96	1.79	116.05
ZK 兴 41-20	C2	21.80	19.80	0.91	23.78	1.49	470.79
ZK 兴 4-20	C2	10.70	4.00	0.37	2.91	2.62	11.63
ZK 兴 45-33	C2	10.00	9.80	0.98	120.68	0.96	1182.66
ZK 兴 4-66	C2	22.20	6.00	0.27	2.48	2.74	14.88
ZK 兴 47-6	C2	28.40	24.60	0.87	15.98	1.66	393.21
ZK 兴 48-1	C2	6.40	5.20	0.81	10.61	1.85	55.17
ZK 兴 57-16	C2	17.60	13.00	0.74	7.56	2.03	98.29
ZK 兴 57-20	C2	41.40	37.80	0.91	23.78	1.49	898.78
ZK 兴 57-7	C2	34.40	25.00	0.73	7.26	2.05	181.47
ZK 兴 59-39	C2	14.80	12.00	0.81	10.61	1.85	127.31
ZK 兴 63-14	C2	13.40	10.80	0.81	10.61	1.85	114.58
ZK 兴 65-23	C2	49.00	23.30	0.48	3.58	2.48	83.33
ZK 兴 69-5	C2	44.40	26.80	0.60	4.75	2.30	127.25
ZK 兴 93-2	C2	26.20	20.80	0.79	9.52	1.90	198.07
平均		20.76	15.58	0.74	16.81	1.91	304.93

表 5-5　开鲁盆地宝龙山姚家组下段第三旋回（C3）河流参数

钻孔编号	旋回	旋回厚度/m	砂体厚度/m	砂地比	$F=1.765M^{-1.08}$	$P=3.5F^{-0.27}$	河道宽度/m
ZK 兴 12-34	C3	13.40	6.40	0.48	3.58	2.48	22.89
ZK 兴 127-1	C3	11.40	10.20	0.89	19.14	1.58	195.27
ZK 兴 28-30	C3	17.20	15.40	0.90	21.22	1.53	326.79
ZK 兴 29-22	C3	9.80	8.60	0.88	17.43	1.62	149.87
ZK 兴 29-25	C3	29.00	24.00	0.83	11.96	1.79	287.13
ZK 白 26-1	C3	13.00	11.20	0.86	14.75	1.69	165.25
ZK 架 8-9	C3	31.20	24.20	0.78	9.06	1.93	219.15
ZK 兴 14-3	C3	12.20	6.20	0.51	3.81	2.44	23.64
ZK 兴 16-16	C3	7.00	6.60	0.94	36.84	1.32	243.16
ZK 兴 20-12	C3	24.00	16.60	0.69	6.25	2.13	103.80
ZK 兴 21-7	C3	26.70	24.50	0.92	27.00	1.44	661.57
ZK 兴 25-11	C3	20.20	18.40	0.91	23.78	1.49	437.50
ZK 兴 25-14	C3	46.80	41.20	0.88	17.43	1.62	718.00
ZK 兴 25-6	C3	27.60	25.00	0.91	23.78	1.49	594.43
ZK 兴 28-10	C3	18.10	17.30	0.96	57.08	1.17	987.57
ZK 兴 28-46	C3	9.90	3.60	0.36	2.86	2.64	10.29
ZK 兴 28-7	C3	13.20	9.00	0.68	6.04	2.15	54.38
ZK 兴 29-5	C3	20.20	18.40	0.91	23.78	1.49	437.50
ZK 兴 33-8	C3	38.60	33.80	0.88	17.43	1.62	589.04
ZK 兴 36-6	C3	11.20	6.60	0.59	4.62	2.32	30.51
ZK 兴 4-1	C3	37.40	32.00	0.86	14.75	1.69	472.15
ZK 兴 41-1	C3	29.30	26.50	0.90	21.22	1.53	562.33
ZK 兴 41-20	C3	8.00	6.40	0.80	10.04	1.88	64.24
ZK 兴 4-66	C3	55.20	29.00	0.53	3.99	2.41	115.68
ZK 兴 47-3	C3	20.40	16.20	0.79	9.52	1.90	154.26
ZK 兴 47-46	C3	35.70	5.20	0.15	2.10	2.86	10.94
ZK 兴 47-6	C3	18.80	10.20	0.54	4.08	2.39	41.65
ZK 兴 48-1	C3	20.60	12.60	0.61	4.88	2.28	61.48
ZK 兴 4-82	C3	9.70	6.10	0.63	5.17	2.25	31.51
ZK 兴 57-20	C3	39.20	34.80	0.89	19.14	1.58	666.22
ZK 兴 57-7	C3	27.00	25.90	0.96	57.08	1.17	1478.49
ZK 兴 59-39	C3	16.60	13.00	0.78	9.06	1.93	117.73
ZK 兴 63-14	C3	21.60	19.60	0.91	23.78	1.49	466.04

续表

钻孔编号	旋回	旋回厚度/m	砂体厚度/m	砂地比	$F=1.765M^{-1.08}$	$P=3.5F^{-0.27}$	河道宽度/m
ZK 兴 65-23	C3	23.60	18.60	0.79	9.52	1.90	177.12
ZK 兴 69-5	C3	13.00	8.00	0.62	5.02	2.26	40.15
ZK 兴 93-2	C3	13.40	12.60	0.94	36.84	1.32	464.21
平均		21.95	16.78	0.76	16.22	1.86	328.32

表 5-6　开鲁盆地宝龙山姚家组下段第四旋回（C4）河流参数

钻孔编号	旋回	旋回厚度/m	砂体厚度/m	砂地比	$F=1.765M^{-1.08}$	$P=3.5F^{-0.27}$	河道宽度/m
ZK 兴 12-34	C4	22.80	5.00	0.22	2.31	2.79	11.54
ZK 兴 127-1	C4	18.00	6.60	0.37	2.91	2.62	19.19
ZK 兴 28-30	C4	12.80	12.20	0.95	44.86	1.25	547.29
ZK 兴 29-22	C4	14.00	12.00	0.86	14.75	1.69	177.05
ZK 兴 29-25	C4	19.80	12.80	0.65	5.48	2.21	70.20
ZK 白 22-3	C4	6.60	5.20	0.79	9.52	1.90	49.52
ZK 架 8-9	C4	19.00	18.40	0.97	77.88	1.08	1433.08
ZK 兴 16-16	C4	45.00	15.40	0.34	2.76	2.66	42.58
ZK 兴 20-12	C4	32.80	18.20	0.55	4.18	2.38	76.09
ZK 兴 25-11	C4	28.00	22.00	0.79	9.52	1.90	209.49
ZK 兴 25-14	C4	8.40	7.00	0.83	11.96	1.79	83.74
ZK 兴 25-6	C4	22.00	19.80	0.90	21.22	1.53	420.16
ZK 兴 28-10	C4	9.10	8.30	0.91	23.78	1.49	197.35
ZK 兴 28-46	C4	19.30	7.10	0.37	2.91	2.62	20.64
ZK 兴 28-7	C4	11.00	5.40	0.49	3.65	2.47	19.72
ZK 兴 29-46	C4	20.90	13.00	0.62	5.02	2.26	65.24
ZK 兴 29-5	C4	15.80	14.80	0.94	36.84	1.32	545.26
ZK 兴 33-2	C4	23.40	20.40	0.87	15.98	1.66	326.07
ZK 兴 33-8	C4	25.60	17.80	0.70	6.48	2.11	115.31
ZK 兴 36-12	C4	35.00	32.40	0.93	31.19	1.38	1010.61
ZK 兴 36-6	C4	16.60	16.00	0.96	57.08	1.17	913.36
ZK 兴 4-1	C4	27.20	24.20	0.89	19.14	1.58	463.29
ZK 兴 41-1	C4	33.70	26.10	0.77	8.63	1.96	225.28
ZK 兴 41-20	C4	15.00	14.60	0.97	77.88	1.08	1137.12
ZK 兴 47-3	C4	17.40	16.60	0.95	44.86	1.25	744.67
ZK 兴 48-1	C4	15.60	14.00	0.90	21.22	1.53	297.08
ZK 兴 48-10	C4	19.40	17.80	0.92	27.00	1.44	480.65
ZK 兴 4-82	C4	23.80	18.00	0.76	8.24	1.98	148.38

续表

钻孔编号	旋回	旋回厚度/m	砂体厚度/m	砂地比	$F=1.765M^{-1.08}$	$P=3.5F^{-0.27}$	河道宽度/m
ZK 兴 57-7	C4	24.00	22.00	0.92	27.00	1.44	594.06
ZK 兴 59-39	C4	29.80	24.80	0.83	11.96	1.79	296.70
ZK 兴 63-14	C4	16.60	15.60	0.94	36.84	1.32	574.73
ZK 兴 65-23	C4	13.60	8.60	0.63	5.17	2.25	44.42
ZK 兴 69-5	C4	27.20	25.20	0.93	31.19	1.38	786.03
平均		20.88	15.68	0.77	21.50	1.80	368.06

表 5-7 开鲁盆地宝龙山姚家组下段第五旋回（C5）河流参数

钻孔编号	旋回	旋回厚度/m	砂体厚度/m	砂地比	$F=1.765M^{-1.08}$	$P=3.5F^{-0.27}$	河道宽度/m
ZK 兴 12-34	C5	16.40	9.20	0.56	4.28	2.36	39.41
ZK 兴 127-1	C5	10.60	6.60	0.62	5.02	2.26	33.12
ZK 兴 29-22	C5	28.80	16.20	0.56	4.28	2.36	69.40
ZK 兴 29-25	C5	18.60	13.80	0.74	7.56	2.03	104.34
ZK 白 26-1	C5	11.40	7.60	0.67	5.84	2.17	44.42
ZK 架 8-9	C5	14.60	8.40	0.58	4.50	2.33	37.84
ZK 兴 14-3	C5	15.60	14.00	0.90	21.22	1.53	297.08
ZK 兴 16-16	C5	37.20	14.00	0.38	2.96	2.61	41.41
ZK 兴 20-12	C5	11.00	9.20	0.84	12.77	1.76	117.51
ZK 兴 21-10	C5	15.60	13.80	0.88	17.43	1.62	240.50
ZK 兴 21-7	C5	51.40	45.20	0.88	17.43	1.62	787.71
ZK 兴 25-11	C5	19.80	17.60	0.89	19.14	1.58	336.94
ZK 兴 25-14	C5	12.60	11.40	0.90	21.22	1.53	241.91
ZK 兴 25-6	C5	22.00	19.00	0.86	14.75	1.69	280.34
ZK 兴 28-10	C5	32.10	27.70	0.86	14.75	1.69	408.70
ZK 兴 28-46	C5	15.90	9.60	0.60	4.75	2.30	45.58
ZK 兴 28-7	C5	12.60	10.60	0.84	12.77	1.76	135.39
ZK 兴 29-46	C5	13.20	8.00	0.61	4.88	2.28	39.04
ZK 兴 29-5	C5	34.00	31.00	0.91	23.78	1.49	737.10
ZK 兴 33-2	C5	15.60	13.20	0.85	13.70	1.73	180.78
ZK 兴 33-8	C5	6.80	3.40	0.50	3.73	2.45	12.69
ZK 兴 36-12	C5	21.00	11.40	0.54	4.08	2.39	46.54
ZK 兴 36-6	C5	34.80	33.40	0.96	57.08	1.17	1906.63
ZK 兴 4-1	C5	35.40	31.00	0.88	17.43	1.62	540.24
ZK 兴 41-1	C5	58.70	54.10	0.92	27.00	1.44	1460.85
ZK 兴 41-20	C5	16.40	8.40	0.51	3.81	2.44	32.03

续表

钻孔编号	旋回	旋回厚度/m	砂体厚度/m	砂地比	$F=1.765M^{-1.08}$	$P=3.5F^{-0.27}$	河道宽度/m
ZK 兴 47-3	C5	34.80	31.00	0.89	19.14	1.58	593.47
ZK 兴 47-6	C5	17.60	12.80	0.73	7.26	2.05	92.91
ZK 兴 48-10	C5	35.40	31.80	0.90	21.22	1.53	674.79
ZK 兴 4-82	C5	26.60	6.80	0.26	2.44	2.75	16.61
ZK 兴 57-16	C5	22.00	21.40	0.97	77.88	1.08	1666.74
ZK 兴 57-20	C5	11.20	7.00	0.63	5.17	2.25	36.16
ZK 兴 59-29	C5	6.40	4.00	0.63	5.17	2.25	20.66
ZK 兴 63-14	C5	10.40	9.80	0.94	36.84	1.32	361.05
ZK 兴 69-5	C5	26.00	20.60	0.79	9.52	1.90	196.16
ZK 架 7-9	C5	16.20	14.80	0.91	23.78	1.49	351.90
平均		21.91	16.88	0.75	15.41	1.90	339.67

表 5-8　开鲁盆地宝龙山姚家组下段第六旋回（C6）河流参数

钻孔编号	旋回	旋回厚度/m	砂体厚度/m	砂地比	$F=1.765M^{-1.08}$	$P=3.5F^{-0.27}$	河道宽度/m
ZK 兴 29-22	C6	6.00	5.00	0.83	11.96	1.79	59.82
ZK 兴 29-25	C6	25.40	17.60	0.69	6.25	2.13	110.05
ZK 白 22-3	C6	27.60	8.20	0.30	2.59	2.71	21.27
ZK 白 26-1	C6	23.80	21.20	0.89	19.14	1.58	405.86
ZK 兴 14-3	C6	25.20	22.20	0.88	17.43	1.62	386.89
ZK 兴 21-10	C6	22.00	19.60	0.89	19.14	1.58	375.23
ZK 兴 21-7	C6	25.30	23.10	0.91	23.78	1.49	549.26
ZK 兴 25-11	C6	30.40	29.00	0.95	44.86	1.25	1300.93
ZK 兴 25-14	C6	13.80	10.80	0.78	9.06	1.93	97.80
ZK 兴 25-6	C6	23.20	22.00	0.95	44.86	1.25	986.92
ZK 兴 28-7	C6	29.80	25.80	0.87	15.98	1.66	412.39
ZK 兴 29-46	C6	14.80	4.40	0.30	2.59	2.71	11.42
ZK 兴 29-5	C6	14.80	11.00	0.74	7.56	2.03	83.17
ZK 兴 33-2	C6	57.00	47.80	0.84	12.77	1.76	610.55
ZK 兴 33-8	C6	10.00	7.00	0.70	6.48	2.11	45.35
ZK 兴 36-12	C6	17.50	15.20	0.87	15.98	1.66	242.96
ZK 兴 36-6	C6	21.60	8.20	0.38	2.96	2.61	24.25
ZK 兴 4-1	C6	10.00	7.80	0.78	9.06	1.93	70.64
ZK 兴 41-1	C6	15.40	12.20	0.79	9.52	1.90	116.17
ZK 兴 41-20	C6	23.60	9.30	0.39	3.01	2.60	27.99
ZK 兴 47-3	C6	14.80	8.40	0.57	4.39	2.35	36.89

续表

钻孔编号	旋回	旋回厚度/m	砂体厚度/m	砂地比	$F=1.765M^{-1.08}$	$P=3.5F^{-0.27}$	河道宽度/m
ZK 兴 47-46	C6	10.90	8.00	0.73	7.26	2.05	58.07
ZK 兴 47-6	C6	34.20	33.00	0.96	57.08	1.17	1883.80
ZK 兴 57-16	C6	17.40	11.00	0.63	5.17	2.25	56.82
ZK 兴 57-20	C6	14.80	11.80	0.80	10.04	1.88	118.44
ZK 兴 59-39	C6	34.60	28.60	0.83	11.96	1.79	342.16
ZK 兴 69-5	C6	29.40	13.80	0.47	3.50	2.50	48.35
ZK 兴 93-2	C6	24.00	10.20	0.43	3.24	2.55	33.04
平均		21.79	15.72	0.70	13.45	1.99	293.97

表 5-9　开鲁盆地宝龙山姚家组下段第七旋回（C7）河流参数

钻孔编号	旋回	旋回厚度/m	砂体厚度/m	砂地比	$F=1.765M^{-1.08}$	$P=3.5F^{-0.27}$	河道宽度/m
ZK 兴 127-1	C7	34.00	13.20	0.39	3.01	2.60	39.73
ZK 兴 29-22	C7	18.60	12.60	0.68	6.04	2.15	76.13
ZK 兴 69-14	C7	23.40	10.00	0.43	3.24	2.55	32.39
ZK 白 22-3	C7	21.40	12.40	0.58	4.50	2.33	55.85
ZK 白 26-1	C7	18.60	10.20	0.55	4.18	2.38	42.65
ZK 架 8-9	C7	17.40	5.00	0.29	2.55	2.72	12.77
ZK 兴 14-3	C7	32.00	16.20	0.51	3.81	2.44	61.78
ZK 兴 21-10	C7	16.40	7.60	0.46	3.43	2.51	26.10
ZK 兴 25-11	C7	12.60	9.60	0.76	8.24	1.98	79.14
ZK 兴 25-14	C7	7.20	6.00	0.83	11.96	1.79	71.78
ZK 兴 25-6	C7	26.10	15.00	0.57	4.39	2.35	65.87
ZK 兴 29-5	C7	26.80	19.80	0.74	7.56	2.03	149.71
ZK 兴 33-2	C7	28.20	13.40	0.48	3.58	2.48	47.93
ZK 兴 33-8	C7	35.60	19.40	0.54	4.08	2.39	79.21
ZK 兴 36-12	C7	18.80	8.60	0.46	3.43	2.51	29.53
ZK 兴 36-6	C7	28.40	14.40	0.51	3.81	2.44	54.92
ZK 兴 41-1	C7	22.30	8.20	0.37	2.91	2.62	23.84
ZK 兴 45-33	C7	15.30	6.10	0.40	3.06	2.59	18.69
ZK 兴 47-3	C7	21.60	15.40	0.71	6.72	2.09	103.48
ZK 兴 47-46	C7	26.30	13.70	0.52	3.90	2.42	53.42
ZK 兴 47-6	C7	16.20	5.20	0.32	2.68	2.68	13.92
ZK 兴 57-16	C7	19.00	13.40	0.71	6.72	2.09	90.05
ZK 兴 57-20	C7	24.80	16.00	0.65	5.48	2.21	87.75
ZK 兴 57-7	C7	25.20	21.00	0.83	11.96	1.79	251.23

续表

钻孔编号	旋回	旋回厚度/m	砂体厚度/m	砂地比	$F=1.765M^{-1.08}$	$P=3.5F^{-0.27}$	河道宽度/m
ZK兴59-29	C7	20.50	13.80	0.67	5.84	2.17	80.65
ZK兴59-39	C7	13.20	9.00	0.68	6.04	2.15	54.38
ZK兴63-14	C7	17.40	7.80	0.45	3.37	2.52	26.26
ZK兴69-5	C7	25.80	14.60	0.57	4.39	2.35	64.11
ZK架7-9	C7	29.60	19.40	0.66	5.66	2.19	109.79
ZK兴93-2	C7	28.80	12.00	0.42	3.18	2.56	38.14
平均		22.38	12.03	0.54	4.90	2.35	62.88

在第一旋回的各井数据中，旋回厚度最大为55.00m（ZK兴69-5），最小为8.58m（ZK白22-3），平均为23.66m。而砂体厚度最大为50.00m（ZK兴69-5），最小为3.50m（ZK兴16-16），平均为17.86m。砂地比最高为0.97（ZK兴25-11），最低为0.22（ZK20-12），平均为0.71。河道宽度最宽为1697.89m（ZK兴25-11），最窄为10.00m（ZK兴16-16），平均为443.33m。河流曲率的平均值为1.93。

在第二旋回的各井数据中，旋回厚度最大为49.00m（ZK兴65-23），最小为6.40m（ZK兴48-1），平均为20.76m。而砂体厚度最大为37.80m（ZK兴57-20），最小为4.00m（ZK兴12-34和ZK兴4-20），平均为15.58m。砂地比最高为0.98（ZK兴45-33），最低为0.27（ZK4-66），平均为0.74。河道宽度最宽为1415.70m（ZK兴36-6），最窄为11.63m（ZK兴4-20），平均为304.93m。河流曲率的平均值为1.91。

在第三旋回的各井数据中，旋回厚度最大为55.20m（ZK兴4-66），最小为7.00m（ZK白16-16），平均为21.95m。而砂体厚度最大为41.2m（ZK兴25-14），最小为3.6m（ZK兴28-46），平均为16.78m。砂地比最高为0.96（ZK兴28-10和ZK兴57-7），最低为0.15（ZK47-46），平均为0.76。河道宽度最宽为1478.49m（ZK兴57-7），最窄为10.29m（ZK兴28-46），平均为328.32m。河流曲率的平均值为1.86。

在第四旋回的各井数据中，旋回厚度最大为45.00m（ZK兴16-16），最小为6.6m（ZK白22-3），平均为20.88m。而砂体厚度最大为32.4m（ZK兴36-12），最小为5.00m（ZK兴12-34），平均为15.68m。砂地比最高为0.97（ZK兴41-20），最低为0.22（ZK兴12-34），平均为0.77。河道宽度最宽为1433.08m（ZK架8-9），最窄为11.54m（ZK兴12-34），平均为368.06m。河流曲率的平均值为1.80。

在第五旋回的各井数据中，旋回厚度最大为58.70m（ZK兴41-1），最小为6.40m（ZK白59-29），平均为21.91m。而砂体厚度最大为45.20m（ZK兴21-7），最小为3.40m（ZK兴33-8），平均为16.88m。砂地比最高为0.96（ZK兴36-6），最低为0.26（ZK兴4-82），平均为0.75。河道宽度最宽为1906.63m（ZK兴36-6），最窄为12.69m（ZK兴33-8），平均为339.67m。河流曲率的平均值为1.90。

在第六旋回的各井数据中，旋回厚度最大为57.00m（ZK兴33-2），最小为6.00m（ZK白29-22），平均为21.79m。而砂体厚度最大为47.80m（ZK兴33-2），最小为4.40m（ZK兴29-46），平均为15.72m。砂地比最高为0.96（ZK兴47-6），最低为0.30（ZK兴

29-46 和白 22-3），平均为 0.70。河道宽度最宽为 1883.80m（ZK 兴 47-6），最窄为 11.42m（ZK 兴 29-46），平均为 293.97m。河流曲率的平均值为 1.99。

在第七旋回的各井数据中，旋回厚度最大为 35.6m（ZK 兴 33-8），最小为 7.2m（ZK 兴 25-14），平均为 22.38m。而砂体厚度最大为 19.8m（ZK 兴 29-5），最小为 5.00m（ZK 架 8-9），平均为 12.03m。砂地比最高为 0.83（ZK 兴 25-14 和 ZK 兴 57-7），最低为 0.29（ZK 架 8-9），平均为 0.54。河道宽度最宽为 251.3m（ZK 兴 57-7），最窄为 12.77m（ZK 架 8-9），平均为 62.88m。河流曲率的平均值为 2.35。

从 7 个旋回的统计情况看（表 5-10），平均旋回厚度为 21.90m，平均砂体厚度为 15.79m，平均含砂率为 0.71，河流的平均河流曲率为 1.96，河道的平均宽度为 305.88m。河流的各种参数 C1 ~ C6 接近，只有 C7 明显不同，它相似于曲流河，反映了研究区的姚家组下段变为姚家组上段时，沉积体系有相应的改变趋势。

表 5-10　C1 ~ C7 旋回河流参数平均值

旋回	平均旋回厚度/m	平均砂体厚度/m	含砂率	河流曲率	河道宽度/m
C1	23.66	17.86	0.71	1.93	443.33
C2	20.76	15.58	0.74	1.91	304.93
C3	21.95	16.78	0.76	1.86	328.32
C4	20.88	15.68	0.77	1.80	368.06
C5	21.91	16.88	0.75	1.90	339.67
C6	21.79	15.72	0.70	1.99	293.97
C7	22.38	12.03	0.54	2.35	62.88
平均	21.90	15.79	0.71	1.96	305.88

第四节　沉积相与沉积模式

一、沉积相类型

开鲁盆地姚家期湖盆面积急剧减小，河流体系在盆内发育，通辽水系表现出强劲的势头，成为本区控制姚家组沉积的主导水系，而青山口组时期发育的通榆水系萎缩退出本区，在盆地南部双辽水系又开始活动，成为盆地南部又一物源区（朱筱敏等，2013；黄文彪等，2014）。受通辽、双辽两条水系控制，形成以河流相为主的红色陆源碎屑岩建造（汤超等，2021）。根据钻孔岩心、测井曲线和沉积构造等环境参数，从开鲁盆地晚白垩世姚家组沉积地层中识别出四种沉积相类型，即冲积扇相、辫状河相、曲流河相、三角洲相（徐增连等，2017；陈方鸿等，2005）。

二、单井沉积相分析

为了充分揭示开鲁盆地姚家组沉积时期的沉积相发育规律，本研究主要选择了一些钱家店矿床和宝龙山矿床的钻孔岩心观察结果来说明。钱家店矿床的单孔沉积相解释为钱Ⅳ04-19，大林矿床为ZKX99-5。

图5-9是钱家店矿床钱Ⅳ04-19岩心观察与沉积相与微相解释图，从图5-9中可知以下内容。

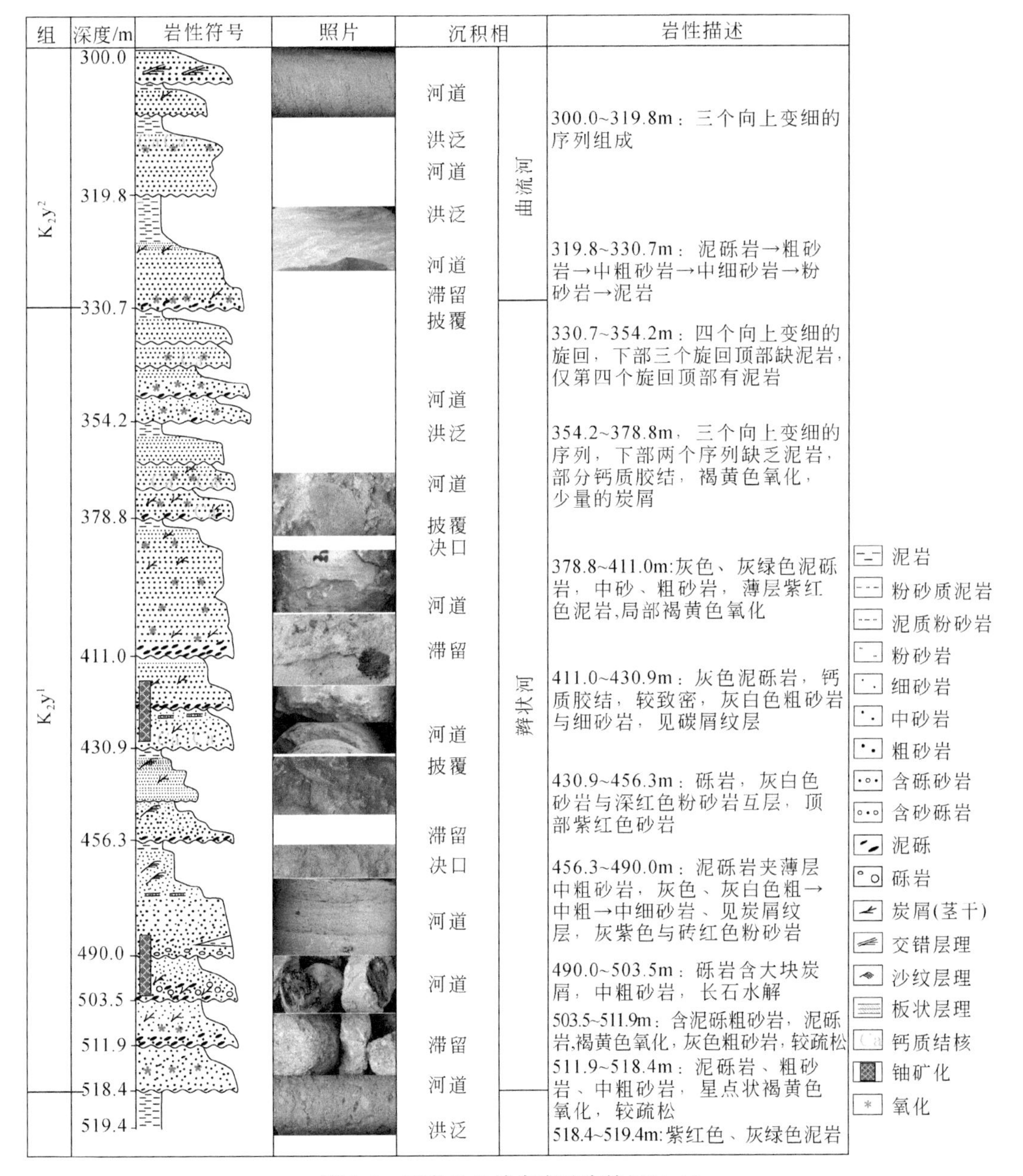

图5-9　开鲁盆地钱家店矿床钱Ⅳ04-19

300.0～319.8m：由三个向上变细的序列组成，即每一个序列的岩性变化为粗砂岩→中细砂→粉砂岩→细砂岩→砖红色泥岩，局部有钙质胶结，含少量炭屑，上部见交错层理。

319.8 ~330.7m：旋回底部为紫红色泥砾岩→粗砂岩→中粗砂岩→中细砂岩→粉砂岩→泥岩，砂岩中含细泥砾，较疏松，泥岩和粉砂岩呈灰绿色，块状，粉砂岩中含细炭屑。

330.7 ~354.2m：由四个向上变细的旋回组成，第一旋回（底部）为粗砂→中粗→中细砂→砖红色薄层泥岩。第二旋回为天然堤微相的沙纹交错层理。第三、第四旋回由粗砂→中粗砂→薄层泥岩组成。

354.2 ~378.8m：由三个向上变细的序列组成。第一旋回由砖红色钙质胶结泥砾岩、中粗、中细砂岩、砖红色含少量炭屑的粉砂岩与泥岩组成。第二旋回由钙质胶结的泥砾粗砂岩、含泥砾砂岩、褐黄色氧化粗砂岩、灰紫色泥岩组成。第三旋回由紫红泥砾岩、灰白色、灰黄色中粗砂岩、灰绿色、灰紫色薄层泥岩组成。

378.8 ~411.0m：由灰色、灰绿色泥砾岩，褐黄色氧化中砂、粗砂岩，紫红色薄泥岩组成。

411.0 ~430.9m：由灰色钙质胶结泥砾岩、粗砂岩、细砂岩组成，见炭屑纹层。

430.9 ~456.3m：由砾岩、灰白色砂岩、深红色粉砂岩互层组成，顶部为紫红色砂岩，分别形成于滞留、心滩等微相。

456.3 ~490.0m：下部由泥砾岩夹薄层中粗砂岩，发育弱矿化；中部由灰色、灰白色粗→中粗→中细砂岩组成，见炭屑纹层；上部由灰紫色、砖红色沙纹交错层理粉砂岩、砖红色块状泥岩组成。

490.0 ~503.5m：由含大块炭屑砾岩、泥砾岩、中粗、中砂岩组成，长石水解为高岭土，发育弱矿化。

503.5 ~511.9m：由含泥砾粗砂岩、泥砾岩、灰色粗砂岩组成，底部见褐黄色氧化。

511.9 ~518.4m：由泥砾岩、粗砂岩、中粗砂岩组成，星点状褐黄色氧化，较疏松。

518.4 ~519.4m：由紫红色泥岩与灰绿泥岩组成。

图5-10为开鲁盆地大林地区典型铀矿化代表性钻孔岩心观察与沉积相、微相解释，从图中可知，姚家组下段底部为冲积扇环境沉积，发育几个向上变细的沉积序列，由扇中河道和少量的洪泛沉积组成。姚家组下段主体为辫状河环境沉积产物，由辫状河心滩、披覆和少量的决口扇、洪泛沉积组成，铀矿化出现在辫状河序列下部心滩沉积砂体中，详细岩性特征与微相解释如下。

694.2 ~705.75m：紫红色卵石砾岩夹紫红色砂岩与薄层粉砂岩。砾石主要为中酸性（灰白色、灰黄色、斑状）及中基性（紫红色、灰黑色）火山岩，大者为4cm，小者为0.3 ~0.5cm，一般为1 ~2cm。次圆状-次棱角状，分选很差，冲积扇扇中河道为主，局部为扇中洪泛。

690.4 ~694.2m：两个向上变细序列，序列由紫色泥质砾岩→粗砂岩夹灰色泥岩薄层组成，含少量的大块炭化植物碎屑及黄铁矿，长石高岭土化，泥质胶结，扇中河道。

685.2 ~690.4m：紫色砂质泥砾岩，泥砾丰富，少量火山岩及砂岩砾石，含大块炭化植物碎屑及粉末状黄铁矿→浅紫红色、暗紫红色氧化含砾粗砂岩→浅紫红色含炭质纹层中砂岩，交错层理，炭质纹层氧化后为黑褐色，扇中河道。

674.6 ~685.2m：两个向上变细序列，序列由灰色粗砂岩→灰白色中砂岩→灰色含炭

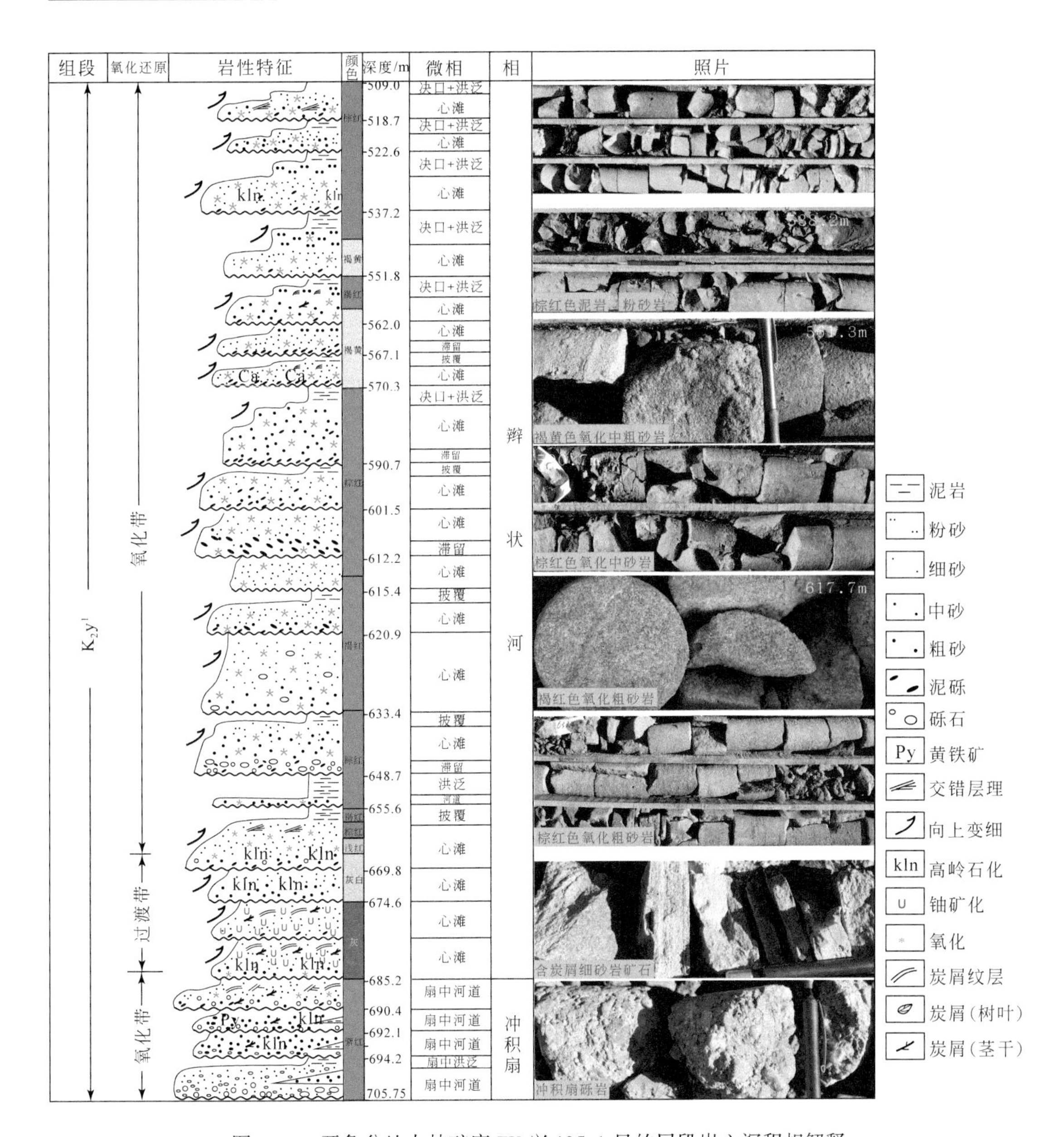

图 5-10　开鲁盆地大林矿床 ZK 兴 135-1 目的层段岩心沉积相解释

质纹层的细砂岩组成，细砂岩炭屑含量高，铀矿化段，下部砂岩见黄色氧化高岭土化，辫状河心滩。

669. 8 ~674. 6m：灰白色粗砂岩，灰白色中粗砂岩，次棱角状、次圆状，分选较好，心滩。

655. 6 ~669. 8m：灰色、灰白色泥砾岩→灰白色含泥砾粗砂岩，长石高岭土化→浅红色氧化粗砂岩→棕红色中砂岩→紫红色中砂岩→紫红色中细砂岩→褐红色块状泥岩，心滩与披覆。

648.7 ~655.6m：棕红色斑点状粗砂岩→棕色块状泥岩，河道与洪泛。

633.4 ~648.7m：棕红色砂质砾岩，砾石为中酸性、中基性火山岩，少量的泥砾→棕红色粗砂岩、中粗砂岩→中细砂岩→棕红色粉砂岩→棕红色夹灰绿色斑块泥岩，心滩与披覆。

620.9 ~633.4m：褐红色含细砾粗砂→褐红色粗砂、中粗砂，心滩。

615.4 ~620.9m：褐红色砂质泥砾岩→褐红色粗砂岩→褐红色中粗砂岩→薄层褐红色块状泥岩，心滩与披覆。

612.2 ~615.4m：棕红色中粗砂岩→棕红色细砂岩，心滩。

601.5 ~612.2m：棕红色砂质泥砾岩，泥砾粗砂岩，泥砾为棕红色→棕红色中粗砂岩，心滩。

590.7 ~601.5m：棕红色砂质泥砾岩→棕红色中砂岩→棕红色中粗砂岩→棕红色薄层泥岩（约15cm），心滩与披覆。

570.3 ~590.7m：棕红色砂质泥砾岩→棕红色中粗砂岩夹少量棕红泥砾→棕红色中细砂、粉砂岩→棕红色块状泥岩，心滩、决口与洪泛。

567.1 ~570.3m：褐黄色含砂泥质砾岩，钙质胶结→褐黄色粗砂岩→褐黄色细砂岩→褐黄色粉砂岩，沙纹层理→褐黄色块状泥岩，心滩与披覆。

562.0 ~567.1m：褐黄色含砂泥砾岩→浅黄褐色粗砂岩→黄褐色中粗砂岩→褐黄色粉砂岩，滞留于心滩。

551.8 ~562.0m：褐黄色含泥砾粗砂岩→褐红色粗砂岩，含氧化残留炭屑→浅褐红色粉砂岩→褐黄色块状泥岩，心滩、决口与洪泛。

537.2 ~551.8m：褐红色、褐黄色含泥砾粗砂岩→褐红色粗砂岩→褐红色中细砂岩→褐红色粉砂岩→褐红色块状泥岩，心滩、决口与洪泛。

522.6 ~537.2m：棕红色含砂泥砾岩、含泥砾粗砂岩→棕红色粗砂岩、中粗砂岩，长石高岭土化→棕红色粉砂岩→棕红色块状泥岩，心滩、决口与洪泛。

518.7 ~522.6m：棕红色组砂岩、中粗砂岩→棕红色粉砂岩→棕红色泥岩，心滩、决口与洪泛。

509.0 ~518.7m：棕红色含泥砾粗砂岩→棕红色粗砂、中粗砂岩，交错层理→棕红色粉砂岩→棕红色块状泥岩，心滩、决口与洪泛。

三、连井剖面沉积相分析

在开鲁盆地中姚家组分布广泛，可分为姚家组上段和姚家组下段。总体上，姚家组下段地层具有东部埋深浅、倾角缓、厚度大、局部抬升剥蚀的特点；西部具有厚度薄、埋深变化大的特点（赵忠华等，2018；于文斌等，2008）。一般情况下，姚家组厚度为200 ~400m，在盆地西缘及陆家堡凹陷中姚家组厚度较薄，为50 ~150m。姚家组总体由盆地边缘向盆地中心倾斜，盆地中局部地段因受嫩江末期反转构造影响（陈骁等，2010），产状有所变化，且在钱家店矿床及其周围出现“天窗”，即姚家组被抬升剥露至地表（前第四系），地层倾角通常<5°。

姚家组底板埋深在350～600m，只在陆家堡凹陷、哲中凹陷中部、钱家店凹陷南部及中央拗陷区的沉降中心一带底板底埋深大于600m，局部可达900m以上。姚家组地层主要呈弧形EW向和NE-SW向展布，如图5-11所示，在舍伯吐凸起和哲中凹陷的东部（ZK同6-4孔一带）姚家组底板埋深浅，为400～500m，而在哲中凹陷中心部位埋深较大，达到700m以上。在NE-SW向纵剖面中（图5-12），哲中凹陷的西南部ZK曼2-5孔及其西南部位埋藏较浅，为400～500m，而在哲中凹陷中心部位埋深达到800m以上。在钱家店凹陷部位埋深为510～530m，在瞻榆凹陷中埋深又开始加大，达600～700m。

辫状河体系砂体主要受河道作用的控制，研究区对砂岩型铀矿最为有利的砂体是姚家组辫状河砂体。统计表明，姚家组砂体总厚度一般为80～150m，最厚可达200m。平面上，姚家组砂体规模很大，从南部的奈曼地区到保康地区，沉积相从冲积扇→辫状河→三角洲变化，砂体在SW→NE方向连续发育，图5-12所示。对大量的钻孔岩性统计得出，姚家组的含砂率大体为0.4～0.8，富砂带含砂率一般>0.7，局部>0.9，展现了辫状河沉积体系骨架砂体的基本形态。

近年来，铀矿钻探揭露及可控源大地音频电磁测深等综合研究认为，研究区姚家组沉积时期受西南隆起区的阻隔作用，导致其南北发育不同的沉积体系，西南隆起区以南的开鲁盆地范围内发育冲积扇-辫状河-曲流河沉积体系；而西南隆起区以北发育冲积扇-辫状河-曲流河-三角洲-湖泊沉积体系（图5-13）。

开鲁拗陷在姚家期的沉积物源受盆地的南部蚀源区和西南隆起区联合控制，碎屑物随水流沿不同方向向开鲁拗陷中心汇聚，盆地内部次级隆起或褶皱带等正地貌对沉积河道的展布的阻挡、限制作用。因此，沉积期古河道主要沿三级构造单元的长轴方向发育，汇聚于哲中凹陷、钱家店凹陷南部地形逐渐变缓的地区。在盆地边缘及西南隆起区的南西侧发育冲积扇相沉积，在次级隆起区与凹陷区过渡部位的非典型斜坡内形成弧形的辫状河相沉积，在哲中凹陷、钱家店凹陷南部地形逐渐变缓的地区，姚家组上段沉积相也由辫状河相沉积转变为曲流河相沉积。开鲁盆地北西侧由于受舍伯吐凸起的阻隔作用，以陆家堡凹陷为沉积中心发育冲积扇-湖泊沉积体系。

西南隆起区以北姚家期沉积物源主要受盆地两侧的蚀源区及西南隆起区补给，沉积期的水流沿不同方向向中央拗陷区汇聚，在盆地边缘及西南隆起区的北东侧形成冲积扇相沉积，在双辽-保康一线形成辫状河相沉积，在太平川-乌兰花一线形成小规模的曲流河相沉积，在新安-太平川-通榆一线形成大规模的三角洲相沉积，至长岭-乾安一线的中央拗陷区入湖，形成以浅湖相为主的湖相沉积（图5-13）。

四、沉积相平面分布

关于岩相古地理的研究，关键是要在单剖面和沉积断面详细分析沉积环境的基础上，统计出各种能反映沉积环境的参数，最终编制出岩相古地理图。岩相古地理分析首先必须重视岩相、沉积环境特征研究及单剖面的环境分析及古水流分析（刘宝珺和曾允孚，1985），除此之外，在编图过程中各种反映沉积环境参数（即单因素）的客观定量统计也是必不可少的。实际资料的研究是编制岩相古地理图的基础工作。注重对每个钻孔的

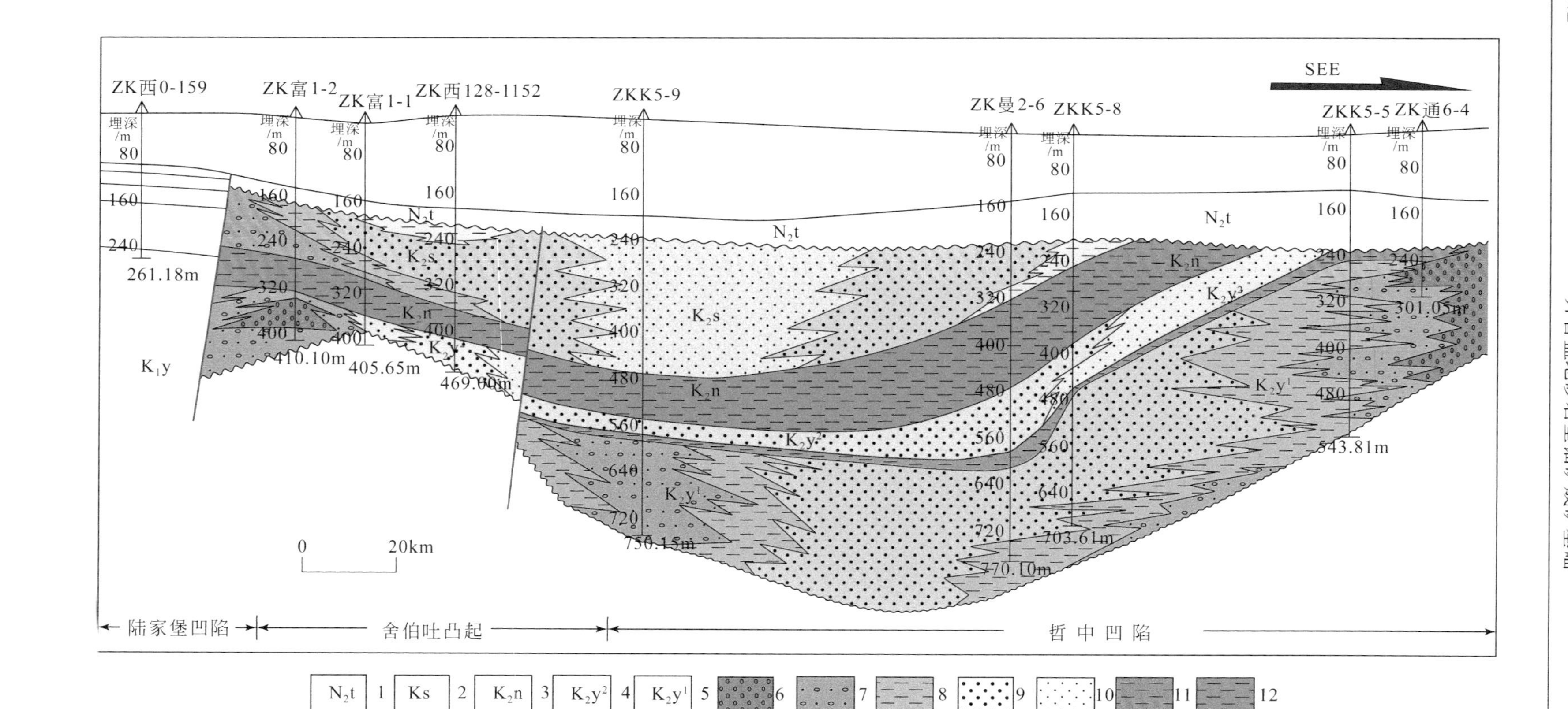

1-上新统泰康组；2-上白垩统四方台组；3-上白垩统嫩江组；4-上白垩统姚家组上段；5-上白垩统姚家组下段；6-冲积扇扇根亚相；7-冲积扇扇中亚相；8-冲积扇扇端亚相；9-辫状河河道亚相；10-曲流河河床亚相；11-泛滥平原亚相；12-浅湖相

图5-11　跨开鲁盆地的钻孔横向(NWW-SEE)沉积相剖面图

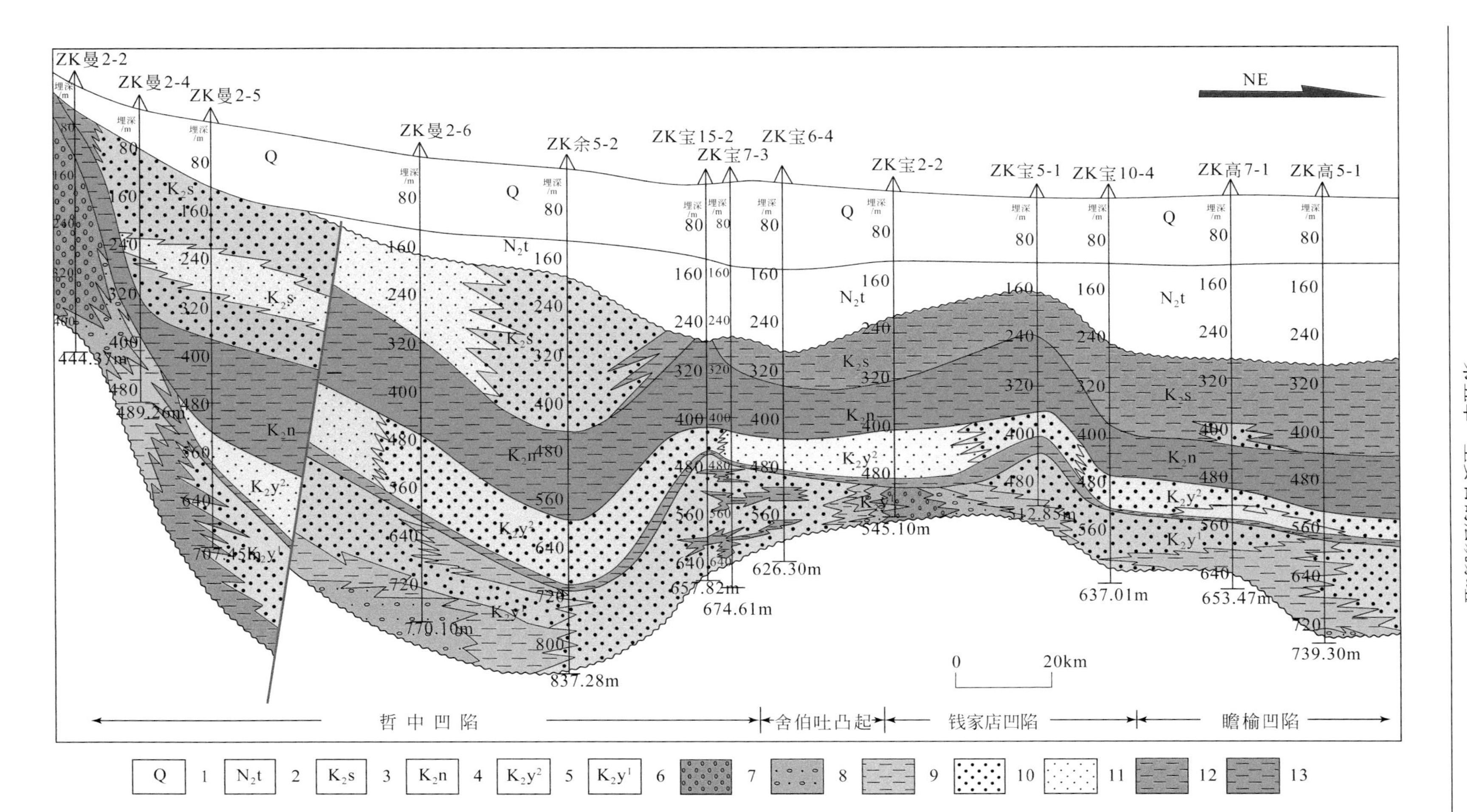

1-第四系；2-上新统泰康组；3-上白垩统四方台组；4-上白垩统嫩江组；5-上白垩统姚家组上段；6-上白垩统姚家组下段；7-冲积扇扇根亚相；8-冲积扇扇中亚相；9-冲积扇扇端亚相；10-辫状河河道亚相；11-曲流河河床亚相；12-泛滥平原亚相；13-浅湖相

图5-12　跨开鲁盆地钻孔纵向（NE-SW）沉积相剖面图

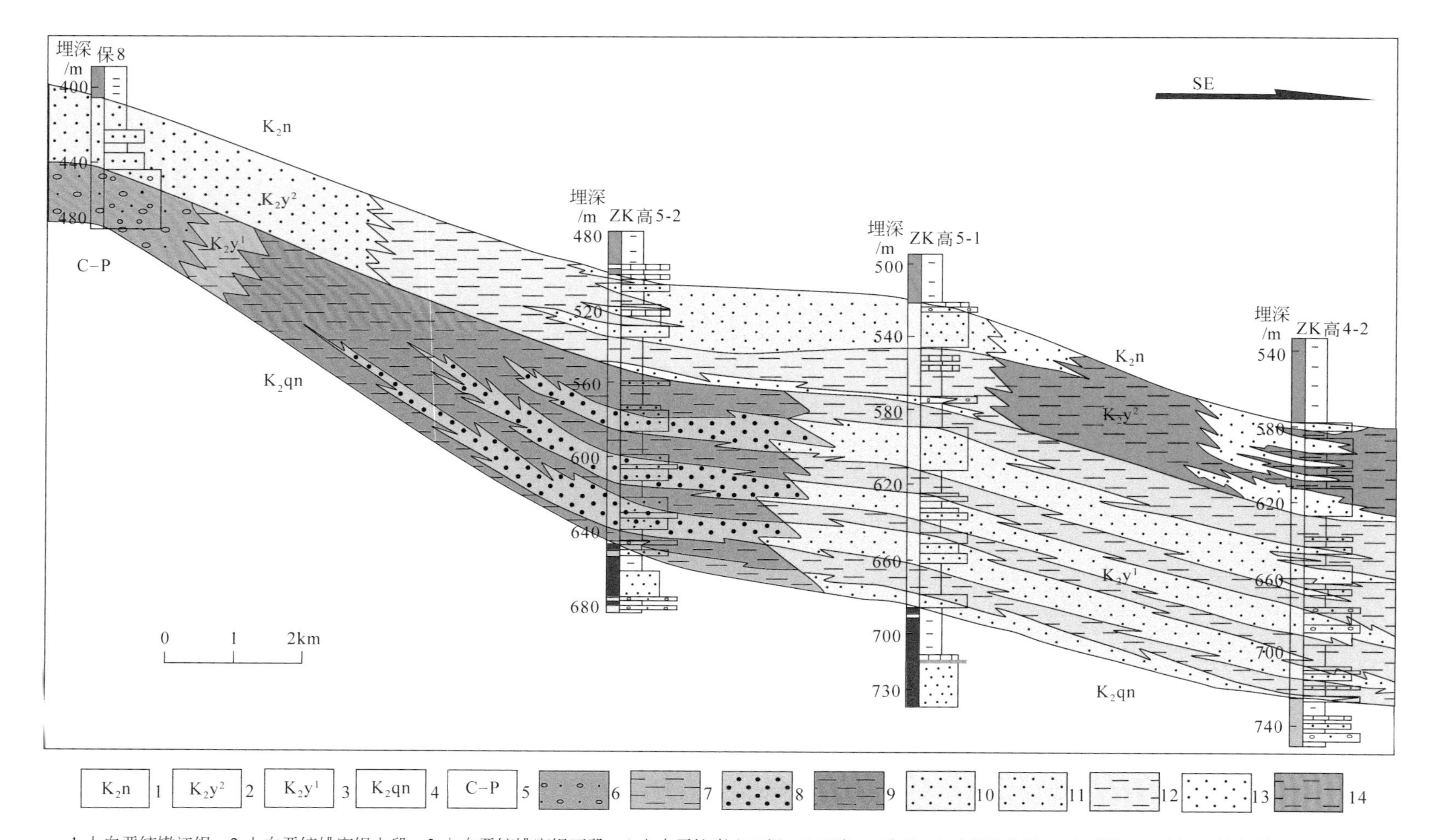

1-上白垩统嫩江组；2-上白垩统姚家组上段；3-上白垩统姚家组下段；4-上白垩统青山口组；5-石炭—二叠系；6-冲积扇扇根-扇中亚相；7-冲积扇扇端亚相；8-辫状河河道亚相；9-洪泛平原微相；10-曲流河相；11-三角洲平原分流河道微相；12-三角洲平原分流间湾微相；13-三角洲前缘水下分流河道微相；14-三角洲前缘水下间湾微相

图5-13　松辽盆地南部ZK保8～ZK高4-2沉积相剖面图

分析，有目的地选择制作剖面图，不断扩大认识范围，最后编制平面图。采取这种由点到面、循序渐进的方法，使整个编图过程做到资料翔实可信、分析准确，最终编制出符合客观实际、能反映沉积环境分布的岩相古地理图。

图 5-14 为开鲁盆地姚家组早期沉积相分布图。从图中可知，南面库伦-张强-康平以南为剥蚀区，西北角布嘎吐为剥蚀区，其他均为沉积区。西北区和西南区为沉积物的主要供给区，发育大量的冲积扇，有扇根、扇中和扇缘（邢作昌等，2021）。研究区的中心部分，由舍伯吐-开鲁-八仙筒-茫汗-阿古拉-双辽所围限的广大区域为河流相沉积区，主要是辫状河的滞留、心滩、洪泛沉积（席党鹏等，2009）。钱家店和白兴吐矿床均分布在辫状河沉积区。研究区的东北角，即保康-双辽一线以东，为三角洲沉积区。姚家沉积期整个古地理面貌为西南高，东北低，沉积相的变化从西南向东北依次为冲积扇→辫状河→三角洲。推测湖泊中心在研究区东北方向发育。

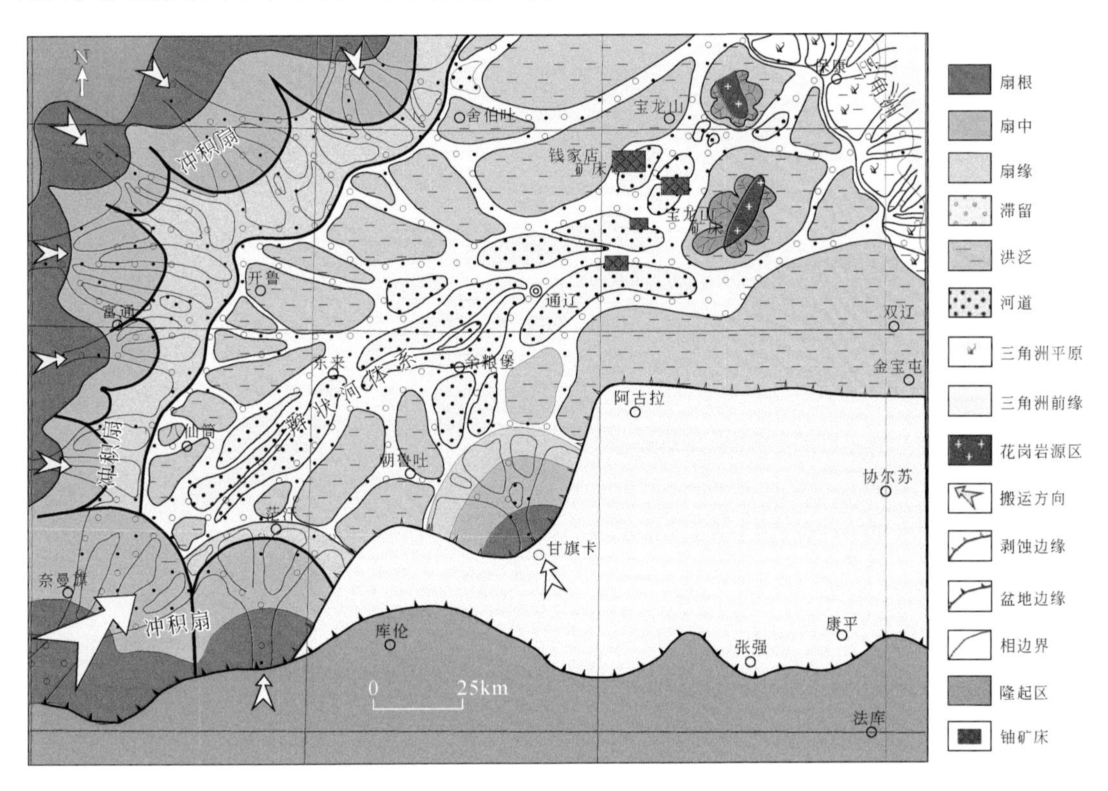

图 5-14　开鲁盆地姚家组早期沉积相分布图

第六章　次要目的层

第一节　概　　述

开鲁盆地位于松辽盆地西南缘，以三叠纪前的花岗岩、变质岩为基底，在基底之上依次覆盖着中生界下白垩统、上白垩统及新生界古近系、新近系地层。许坤和李瑜（1995）通过开鲁盆地与邻区（辽西、辽北、黑龙江、吉林）的白垩系地层进行对比，以开鲁盆地陆参1井钻探中所揭露的完整的热河生物群化石、松花江生物群化石、明水生物群化石为依据，泉头组以下地层采用辽西地区地层名称命名，细分为义县组、九佛堂组、沙海组及阜新组；泉头组及以上地层采用松辽盆地地层名称命名，细分为泉头组、姚家组、嫩江组、四方台组和明水组（表6-1）。下白垩统的九佛堂组、沙海组湖相细粒沉积发育，是油气勘探的重要目标层位（郑福长等，1989；迟广城等，1999；周超等，1999；高永富，2001；吴炳伟，2007；王祁军等，2007；杨冬霞，2009；丁枫和丁朝辉，2012；刘明洁等，2012；谢庆宾等，2013；Li et al.，2021）；上白垩统的姚家组为砂岩型铀矿勘探的主要目的层，泉头组、四方台组及明水组为次要目的层（罗毅等，2007；夏毓亮等，2010；蔡建芳等，2018；宁君等，2018；陈梦雅等，2021）。

表6-1　开鲁盆地地层划分与构造演化阶段

时代	代号	组群	年龄/Ma	岩性	地震反射	沉积相	沉积建造	构造演化	
								性质	时期
第四系	Q					冲洪积		整体抬升	挤压反转期
新近系	Nt	泰康组				河流相	红色碎屑岩建造		
上白垩统	K_2m	明水组一段	65.6 71.1	砂岩、粉砂岩、泥岩		河流相、湖泊相			
	K_2s	四方台组	73.6 79.0	泥岩、砂岩		曲流河			
	K_2n	嫩江组	83.0	泥岩、粉砂岩		湖泊		拗陷期	后裂谷期
	K_2y^2	姚家组二段		泥岩、砂岩		曲流河			
	K_2y^1	姚家组一段		砂岩、粉砂岩、泥岩		辫状河	杂色碎屑岩建造		
	K_2q	泉头组							

续表

时代	代号	组群	年龄/Ma	岩性	地震反射	沉积相	沉积建造	构造演化	
								性质	时期
下白垩统	K_1f	阜新组		泥岩、砂岩、砾岩		深湖湖沼相	含煤细碎屑岩建造	伸展断陷	同裂谷期
	K_1sh	沙海组		泥岩、粉砂岩、油页岩		半深湖浅湖			
	K_1if	九佛堂组		泥岩、粉砂岩、砂岩		深湖半深湖	含油细碎屑岩建造		
	K_1y	义县组	124.4	凝灰岩、角砾岩、集块岩	火山岩、火山碎屑岩	火山岩建造			
前三叠纪	Pre-Triassic					片岩 片麻岩 板岩 花岗岩	变质造山		前裂谷期

开鲁盆地作为我国重要的产铀盆地之一。目前，铀矿的找矿突破集中于钱家店凹陷姚家组辫状河砂体内（蔡建芳等，2018；宁君等，2018），现已发现了钱家店矿床、宝龙山矿床及大林矿床等一批大中型铀矿床（蔡煜琦和李胜祥，2008；张金带等，2010；聂逢君等，2017；Zhao et al.，2018；蔡建芳等，2018；焦养泉等，2018）。近期，开鲁盆地泉头组、四方台组及明水组等多个层位也相继发现了铀异常，核工业系统已将上述层位列为铀矿找矿勘探的“新地区、新层位”。核工业二四三大队在松辽盆地东南缘金宝屯地区泉头组的铀矿勘探中取得了突破性进展，发现了多个工业孔和一批矿化孔；核工业二四〇研究所在松辽盆地北部大庆长垣南部及其周边地区的四方台组中新发现了多处铀矿化（钟延秋和马文娟，2011；汤超等，2018；肖鹏等，2018；魏达，2018；吴兆剑等，2018；魏佳林等，2019；魏帅超等，2019；于洋等，2020；王东旭等，2021；蔡宁宁等，2021；罗敏等，2021；刘晓辉和罗敏，2021）。

综上所述，对开鲁盆地铀矿找矿次要目的层开展研究，可进一步扩大砂岩型铀矿找矿空间，为开鲁盆地砂岩型铀矿找矿“新层位”“新地区”，甚至“新类型”的突破发挥重要作用。

第二节　泉　头　组

泉头组为开鲁盆地潜力找矿目标层位，主要分布于盆地东南部，奈曼-舍伯吐以西缺失。泉头组下伏断陷沉积地层富含还原性流体，是促使泉头组发生二次还原作用的主要的因素。

一、地层结构

泉头组地层埋深变化较大，总体上呈现出由盆缘至凹陷中心埋深增大的趋势，底板标高一般为-800～-400m（图6-1a）。该区断陷层序主要为含煤碎屑岩，富含还原性流体，为河道砂体提供良好的还原性物质，是找矿的有利地段。开鲁盆地内地层沉积厚度较小，沿八仙筒-双辽一线呈带状分布，厚度一般为100～300m（图6-1b）。

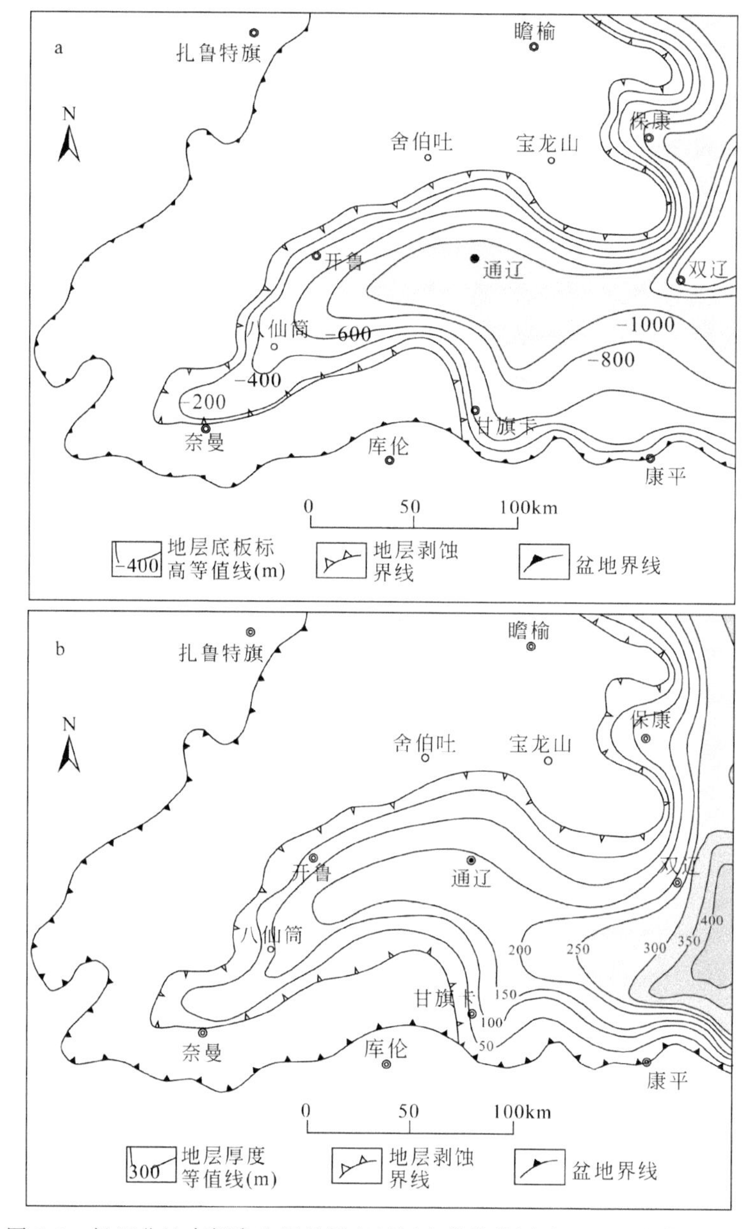

图6-1　松辽盆地南部泉头组地层底板标高等值线图及地层厚度等值线图

a. 泉头组地层底板标高等值线图；b. 泉头组地层厚度等值线图

二、砂体条件

通过钻探揭露的泉头组砂体主要分布于盆地东南部康平-双辽一带，产于辫状河相中，在康平-双辽一带泉头组地层埋深较浅，但该时期沿盆缘地形坡降大，地势较陡，物源近，沉积速率快，地层厚度较大。单层砂体厚度为 20 ~ 50m，砂体累厚普遍为 50 ~ 200m（图 6-2a），砂体主要在泉一段发育，含砂率一般为 20% ~40%（图 6-2b），康平-秀水一带含砂率可达 60% ~70%。岩性主要为棕红色、灰色中粗粒砂岩及砾岩，成分以石英、长石为主，含少量岩屑，含有泥砾。分选较差，磨圆为次棱-次圆状，孔隙式胶结，固结程度较疏松-疏松，渗透性好。

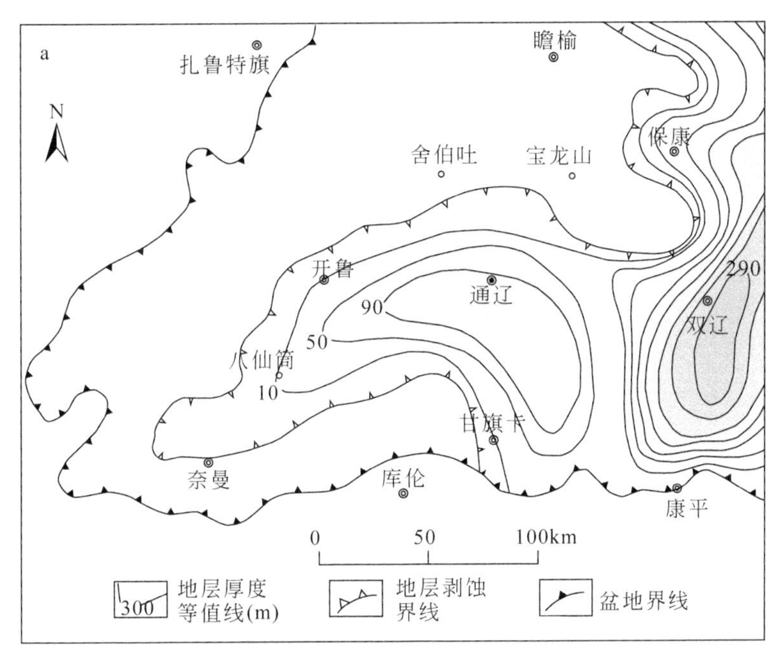

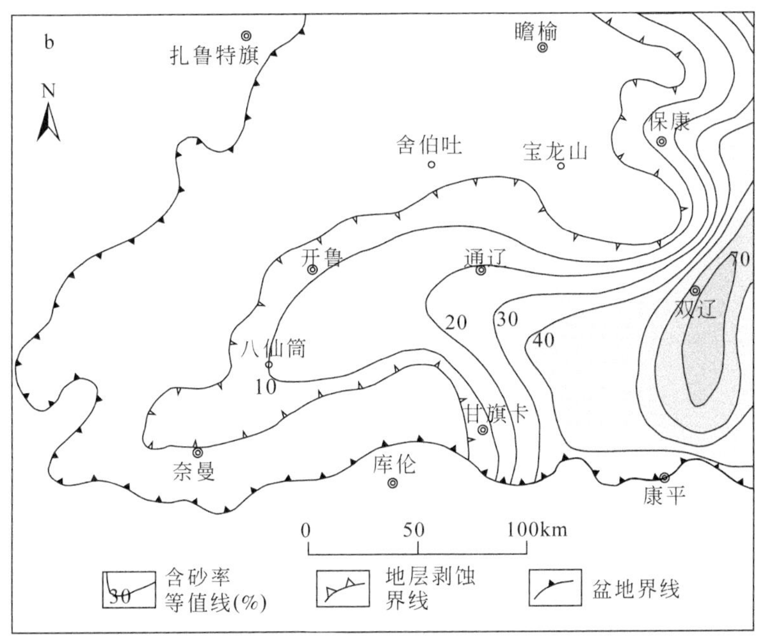

图 6-2　松辽盆地南部泉头组砂体等厚图及含砂率等值线图

a. 泉头组砂体等厚图；b. 泉头组含砂率等值线图

三、岩性-岩相条件

泉头期是拗陷演化阶段早期，在断陷时期形成的多中心小型湖泊在泉一段和泉二段沉积期基本上完成了盆地填平补齐过程后，泉头组超覆在晚侏罗世和早白垩世地层之上，泉头组沉积岩以红色为主，间夹灰绿色。泉头期沉积范围比断陷期明显扩大，形成拗陷演化初期以河流相为主的红色陆源碎屑岩建造。

泉头组沉积时期具有水动力条件强、物源供给较充足和沉积相带发育齐全的特点。由于该时期地形坡降大，地势较陡，物源近，搬运距离短，沿盆缘形成了拗陷发育早期的以粗碎屑为主的冲积扇相和辫状河相沉积。沉积相带由南向北总体表现为冲积扇相-辫状河相-曲流河相的相带渐变特征（图6-3）。

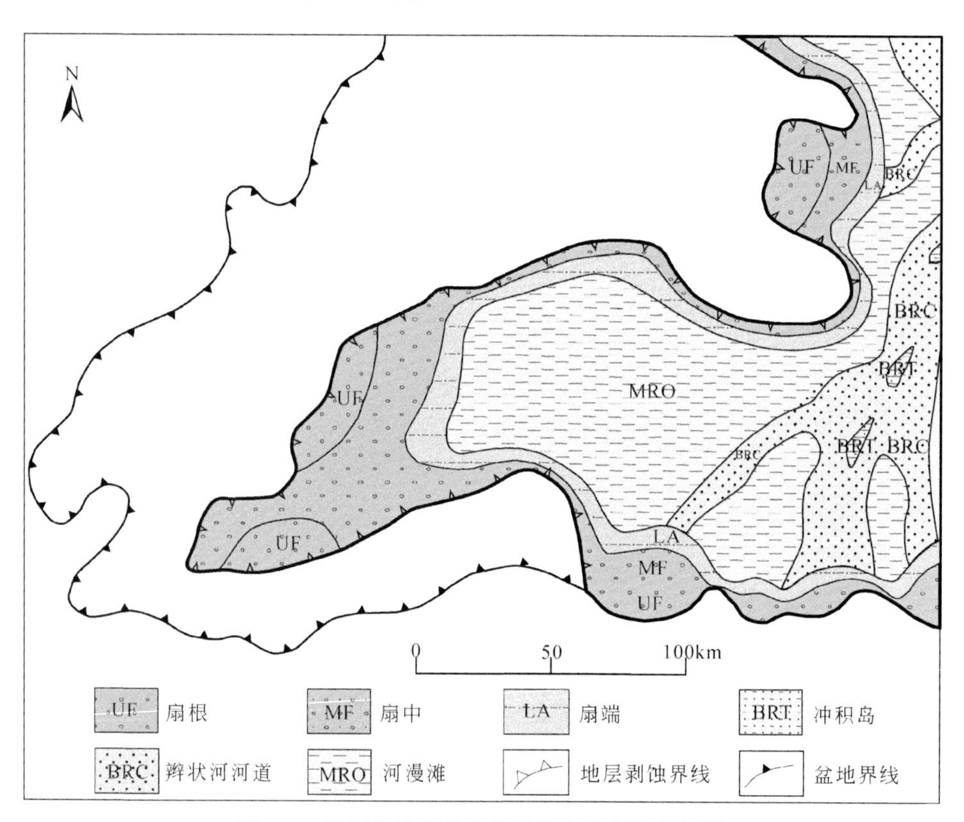

图6-3　松辽盆地南部晚白垩世泉头期沉积相图

冲积扇主要分布于盆地边缘，尤其是南部边缘的奈曼-康平一带，以及盆地的西缘大兴安岭东坡最为发育，由于近物源、坡降大，所以冲积扇流程短，向盆内延伸距离有限。该区揭露的冲积扇主要为扇中和扇端亚相，仅在章古台一带可见小范围的扇根亚相沉积。扇根亚相发育厚层的泥石流堆积，岩性以紫红色、灰白色砾岩和砂砾岩为主；扇中亚相以发育辫状河道为特征，总体岩性为紫红色、灰绿色砂岩、砂砾岩夹泥质粉砂岩、泥岩；扇端亚相细碎屑沉积发育，岩性为棕红色砂岩、泥质砂砾岩、紫红色泥岩、粉砂质泥岩及粉砂岩。

辫状河主要发育在金宝屯-双辽一带，包括河道亚相和河漫亚相。岩性主要为紫红色泥岩、粉砂岩和灰绿色砂岩，局部夹砂砾岩。河道亚相沉积物总体粒度较粗，以灰绿色、杂色砂砾岩为主，夹紫红色、褐红色泥岩。另外，在双辽-浩坦以西和双辽-康平以东发育有较大范围的泛滥平原沉积，沉积物总体粒度较细，主要为泥岩、泥质粉砂岩以及泥岩与粉砂岩的互层。

四、氧化-还原条件

松辽盆地东南部泉头组沉积环境为氧化、弱氧化环境，原生含炭灰色、灰色沉积较少，后生氧化在盆地边缘普遍可见。康平地区三台子凹陷、铁法凹陷中钻孔普遍可见后生氧化砂体；梨树凹陷东南部近源地区泉头组中下部层位见后生氧化砂体；金宝屯凹陷岩性以还原性灰色砂岩为主，局部可见褐铁矿化及工业铀矿体产出；至凹陷中部桑树台及杨大城子一带，泉头组发育原生灰色、灰绿色沉积，并见有明显的油浸现象。考虑到泉头组在盆地南缘大面积掀斜出露及杨大城子地区存在泉头组构造天窗，借鉴姚家组区域铀成矿模式，现推测从盆地南缘至盆内沿泉头组辫状河相砂体中存在含铀含氧水由盆地南缘补给，在辫状河相砂体中径流，并在河道砂体中形成区域性的氧化带（氧化带侧翼金宝屯地段见铀矿化异常），至杨大城子一带铀在还原衬度较高的灰色砂体中富集沉淀，地下水通过西拉木伦断裂或杨大城子泉头组构造天窗排泄，最终形成完整的地下水“补-径-排”系统。

五、铀矿化特征

通过多年铀矿勘查工作，在松辽盆地东南部泉头组已发现多处砂岩型铀矿化、异常。在盆地南部金宝屯凹陷、杨大城子背斜带及三台子凹陷均见铀的富集作用。其中金宝屯凹陷铀矿化最为典型，并见铀工业矿体产出。

第三节　四 方 台 组

前人将出露于黑龙江省绥化市四方台火车站附近的一套由灰绿、棕红色泥岩夹粉、细砂岩组成的地层命名为“四方台层”[①]。1958 年地质部第二普查大队在此基础上创“四方台组”[②]。孢粉和轮藻研究显示，四方台组沉积时期属马斯特里赫特期（王振等，1985；高瑞祺等，1999）。松科 1 井对四方台组进行了连续取心，对岩心的生物地层、旋回地层和磁性地层学研究结果显示，四方台组沉积时期相当于中-晚坎潘期（王成善等，2011）。

区域上，四方台组为湖盆萎缩时期的红层沉积，覆盖整个开鲁盆地，主要分布在松辽盆地的中-南部，即昌五-肇源-扶余以西，巨宝-富拉尔基-镇赉-白城以东。该组岩性下

① 松辽石油普查大队. 1959 年松辽平原地质总结报告. 长春：吉林省地质资料馆，1960.

② 地质部第二普查大队. 松辽盆地石油地质 1955～1963 年石油地质普查阶段总结报告. 长春：吉林省地质资料馆，1965.

部为砖红色含细砾的砂岩、泥岩夹棕灰色、灰绿色砂岩和泥质粉砂岩，呈正韵律层；中部为灰白色、灰色细砂岩、粉砂岩、泥质粉砂岩与砖红色、紫红色泥岩互层；上部以红色、紫色泥岩为主，夹少量灰白色、灰绿色粉砂岩或泥质粉砂岩，层厚 50 ~ 360m，北薄、南厚，与下伏嫩江组呈不整合接触，沉积相为冲泛平原相—三角洲相—滨浅湖相序列，以曲流河亚相和浅湖亚相为主（程日辉等，2009；张雷等，2009；王国栋等，2011）。

四方台组的湖相沉积在保康地区和三肇地区表现是非明显，地层中含有大量的滨浅湖的双壳类化石（图 6-4a 和图 6-4b），代表着湖水相对较浅。图 6-4c 和图 6-4d 均为腹足类化石，化石出现的地层岩石中颜色较深，呈灰色、灰黑色，有机质含量较高，而且也更加丰富，推测沉积环境为浅湖至半深湖相。由此可见，四方台组在研究区沉积环境主要为浅湖至半深湖相。

图 6-4　四方台组湖相化石图

a. 双壳类化石，保康地区（ZKBK1-1，243. 60m，K_2s）；b. 双壳类化石，三肇地区南部（ZKQ12-1，382. 5m，K_2s）；c. 腹足类化石，保康地区（ZKBK1-5，237. 11m，K_2s）；d. 腹足类化石，保康地区（ZKBK1-1，256. 30m，K_2s）

嫩江组末期大型湖泊全面萎缩干涸，湖岸线后退形成广阔平原地带，为后期河流发育提供有利地形与气候条件。这一时期，开鲁盆地西南缘抬升强烈，盆地可容空间增加，物源补给能力增强，扇上河道在扇前溢散成的大规模辫状河向盆地内汇聚，沉积较大规模的砂体，为铀的富集沉淀提供储层空间。为了对开鲁盆地次要目的层四方台组进行详细的沉积相和找矿预测研究，选择地层厚度、顶底板埋深、砂体厚度及含砂率等参数，对开鲁盆地四方台组进行地层参数统计，以确定砂体的空间展布规律及划分沉积相等。

一、地层结构

四方台组主要分布在开鲁盆地中西部，分布面积较大，仅在甘旗卡-双辽一带缺失。四方台组与上覆新近系泰康组呈角度不整合接触或者与上白垩统明水组呈平行整合接触，与下伏嫩江组呈平行不整合接触关系，嫩江组为一套深灰色泥岩为主的湖相沉积，形成了较为稳定的底板隔水层。四方台组底板埋深一般为250～450m，埋深较大的区域主要分布于哲中凹陷中部（东明-东来一带）及保康东北部，一般大于450m（图6-5a）。四方台组地层厚度一般为60～120m，地层厚度较大的区域分布趋势与底板埋深基本一致，厚度最大达200m以上，分布于哲中凹陷中部、陆家堡凹陷北部及开鲁盆地东北部地区。靠近西南侧剥蚀区附近和舍伯吐地区地层厚度较薄（图6-5b）。

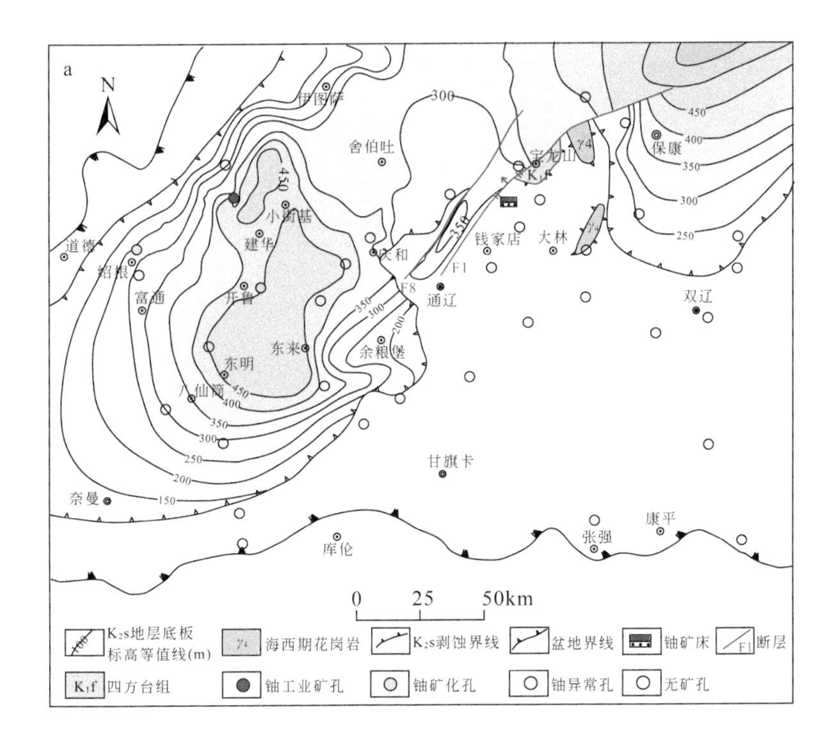

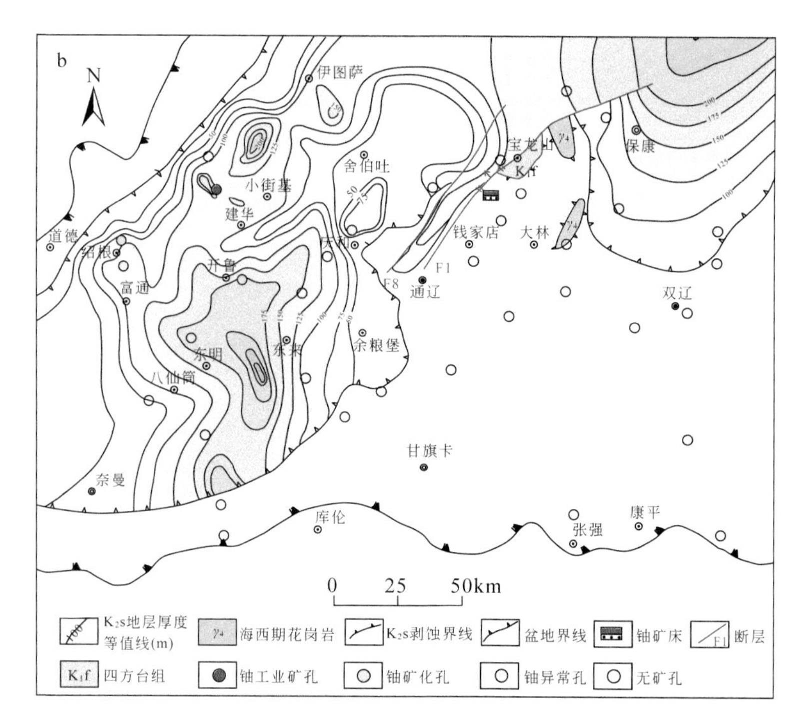

图 6-5　松辽盆地南部四方台组底板标高等值线图及地层厚度等值线图

a. 四方台组底板标高等值线图；b. 四方台组地层厚度等值线图

陆家堡地区的陆东地区与陆西地区的四方台组地层具有明显的区别。陆东地区四方台组主要发育紫红色泥岩与杂色砂砾岩，陆西地区的四方台组主要发育暗色泥岩与杂色砂砾岩。但是无论是陆西地区还是陆东地区其四方台组与下伏的嫩江组地层均为不整合接触，四方台组底部的大套砂砾岩与嫩江组顶部的暗色泥岩构成了十分明显的界面（魏佳林等，2018）。

二、砂体条件

四方台组砂体受沉积相带控制明显，在富通-建华一线和奈曼-开鲁一线发育冲积扇相砂体，单层砂体厚度为 5 ~ 10m，砂体累计厚度为 30 ~ 60m，连续性较好，结构较疏松。东明-庆和一线，发育辫状河相，砂体厚度大，一般为 80 ~ 140m。伊图萨-舍伯吐一线发育曲流河-三角洲相砂体，厚度一般为 65 ~ 110m（图 6-6a）。

地层含砂率分布趋势与砂体分布相似，含砂率一般为 30% ~60%。开鲁盆地含砂率较高区域分布范围较小，集中分布在哲中凹陷中部（东来）地区和陆西凹陷绍根地区，含砂率一般大于 70%（图 6-6b）。砂体具有较好的连续性及成层性。

三、岩性-岩相条件

四方台组沉积时期，松辽盆地东部抬升掀斜作用持续进行，导致沉积中心西移，四方

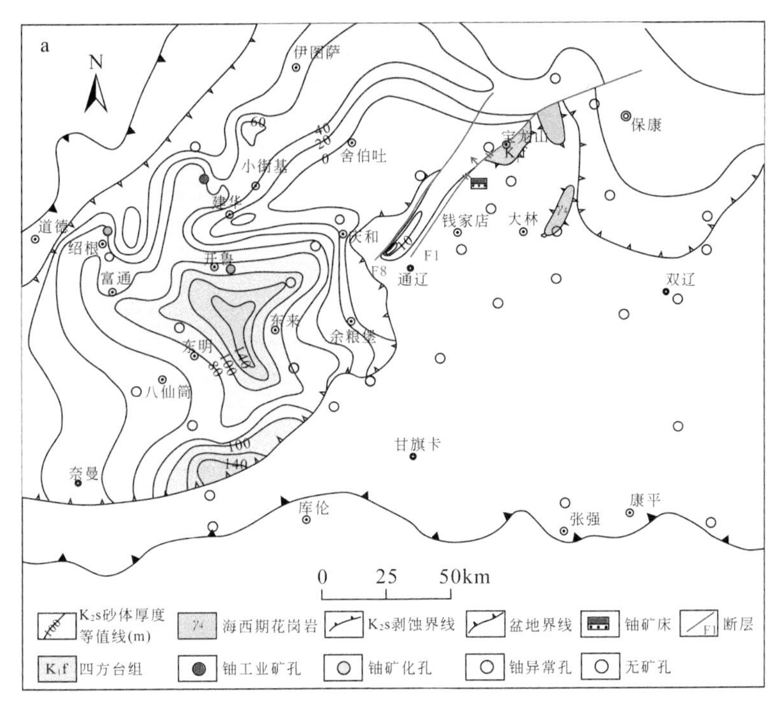

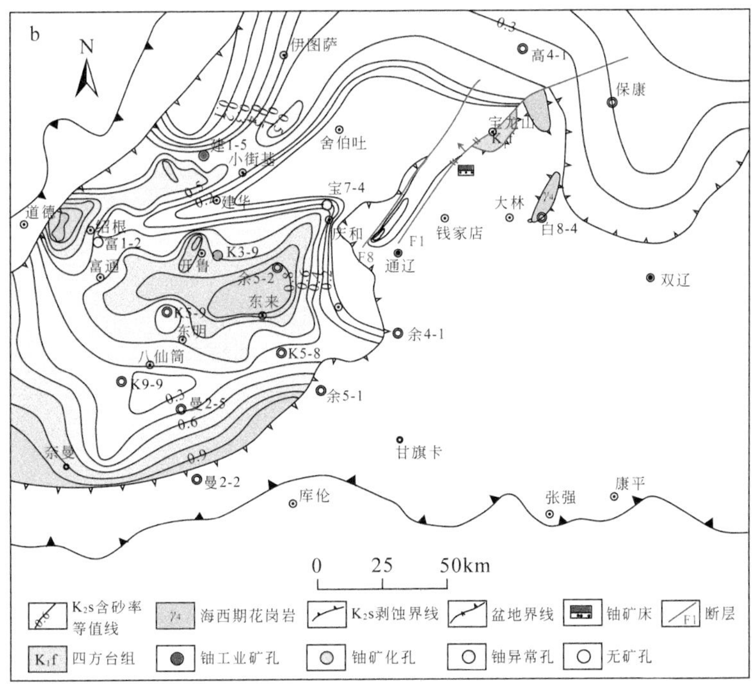

图 6-6　松辽盆地南部四方台组砂体等厚图及含砂率等值线图

a. 四方台组砂体等厚图；b. 四方台组含砂率等值线图

台组分布于开鲁盆地中西部，沿八仙筒-开鲁-舍伯吐一线分布，以冲积扇-河流体系为主，湖泊亦为小型浅水湖泊，且分布范围局限（图6-7）。

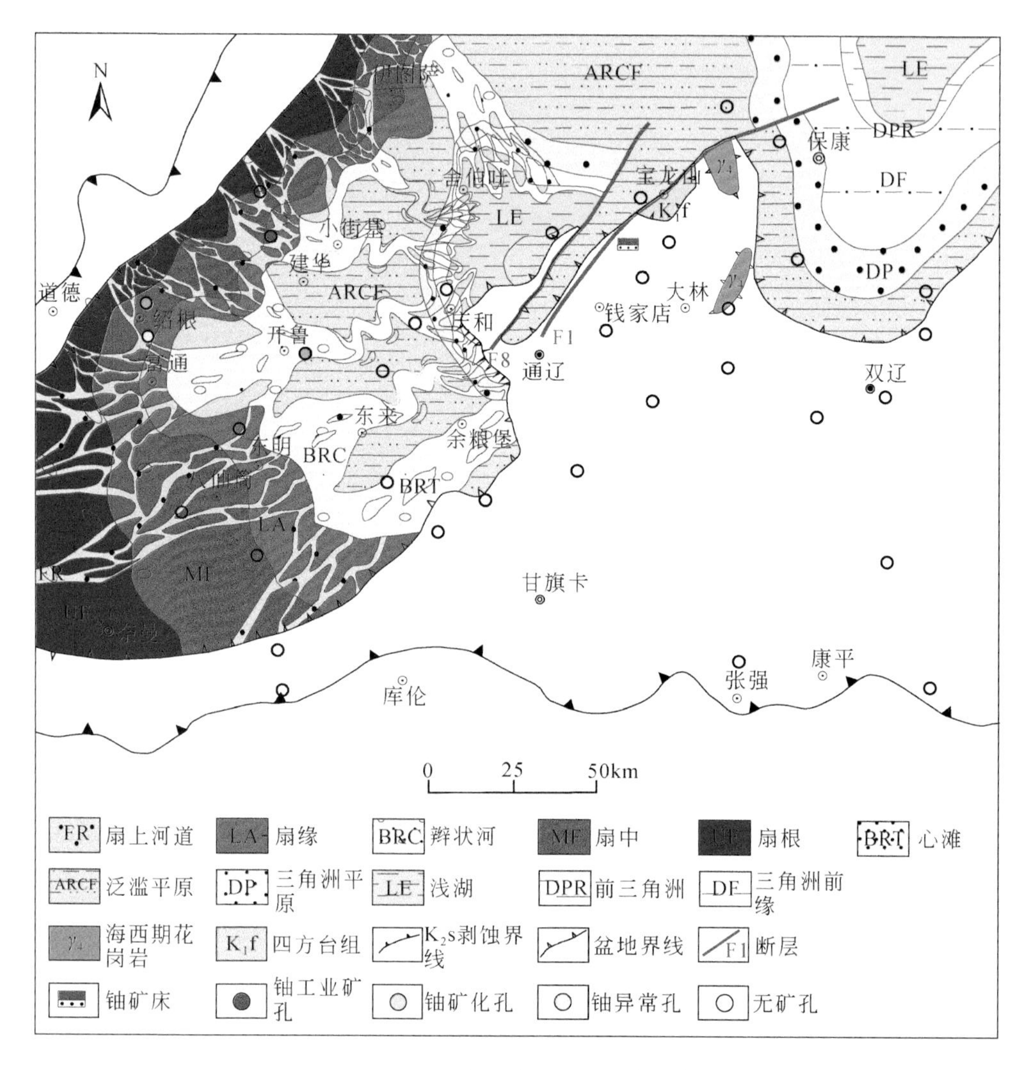

图6-7 松辽盆地南部晚白垩世四方台期沉积相图

四方台组主要物源来自盆地西缘，其次为盆地南缘。开鲁盆地四方台组主要分布6条主河道，在陆家堡凹陷为冲积扇相沉积，岩性主要为紫红色、灰色砂质砾岩，其次为泥岩、含砾砂质泥岩，岩石结构较疏松，分选性差。东来-小街基一线过渡为辫状河相，岩性为灰色、砖红色中、细砂岩夹紫红色、灰色砂质砾岩、泥岩，砂岩局部含砾。在庆和-舍伯吐一线过渡到三角洲相，继续向东部过渡到湖泊沉积。

四、氧化-还原条件

四方台组在开鲁盆地内总体上为干旱-半干旱气候条件下沉积的一套以氧化为主，局部为还原的沉积体系。盆地西南部靠近剥蚀区发育氧化环境的冲积扇相，中部余粮堡-舍伯吐一线为还原环境，在氧化与还原之间的区域（东来-开鲁-小街基）推测了一条氧化-还原过渡带，宽为 5～15km，长约 120km，呈近南北向展布（图 6-8）。砂体结构较疏松，渗透性较好。

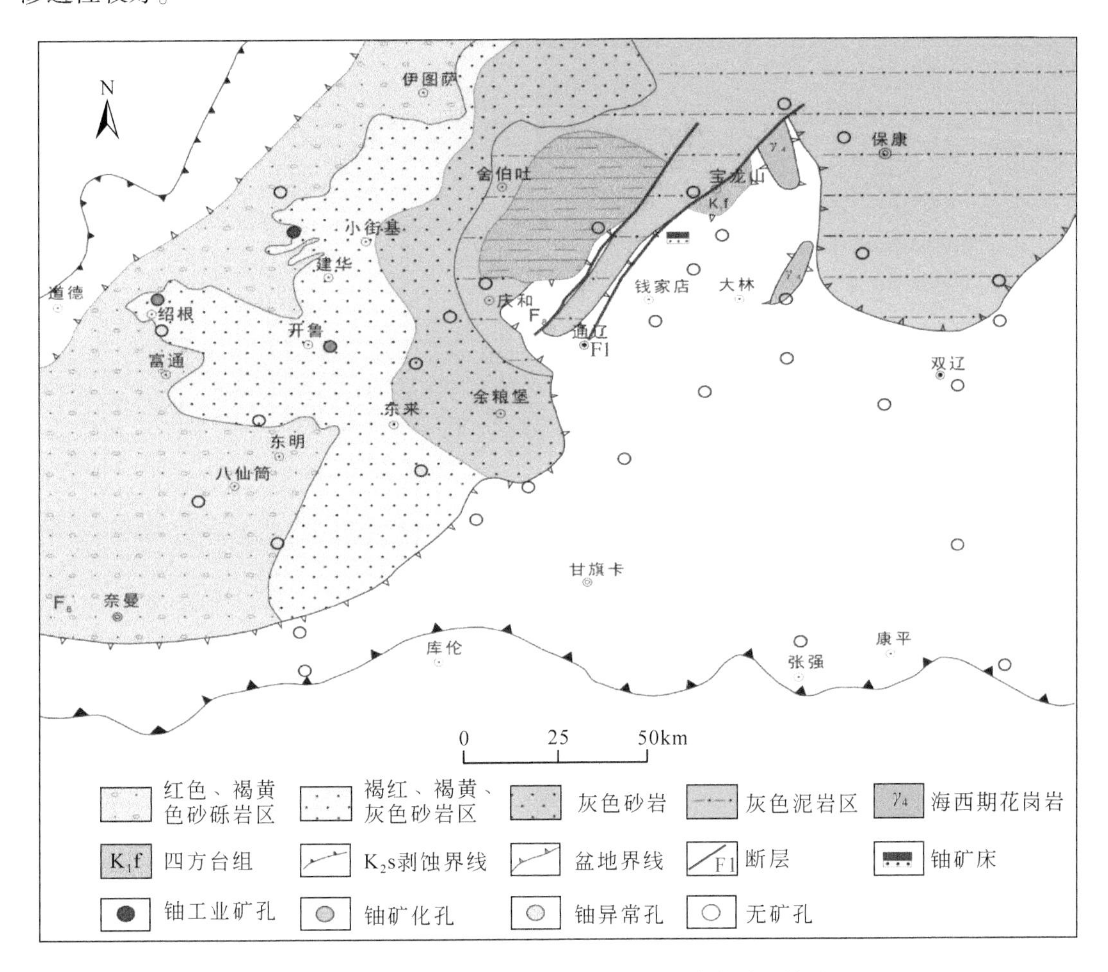

图 6-8　松辽盆地南部四方台组岩性地球化学环境图

陆家堡凹陷深部断陷沉积地层富含的还原流体沿构造上移，对地层进行了大范围的还原改造作用，使得建华-伊图萨一线普遍发育一层较连续、稳定且具有一定厚度的灰绿色砂质砾岩，而含铀、含氧水又从西南部蚀源区沿道德-五十家子庙一带由潜水转层间对地层进行持续的氧化作用，在后生氧化-还原不断作用过程中，铀不断地富集，最终在氧化带前锋线位置富集成矿。

五、铀矿化特征

四方台组中铀矿化异常比较明显，主要集中分布在富通-建华地区的氧化-还原过渡带内。

核工业系统曾发现铀工业矿孔 1 个（ZK 建 1-5），多个铀矿化异常孔。其中，铀工业矿化产于四方台组扇面河道中，其埋深为 315.35 ~ 316.85m，厚 1.50m，品位为 0.0939%，每平方米铀量为 3.03kg，岩性为灰色砂质砾岩，含矿含水层岩石结构较疏松，其上、下具有稳定的泥岩隔水层，为层间氧化带砂岩型铀矿（图 6-9）。

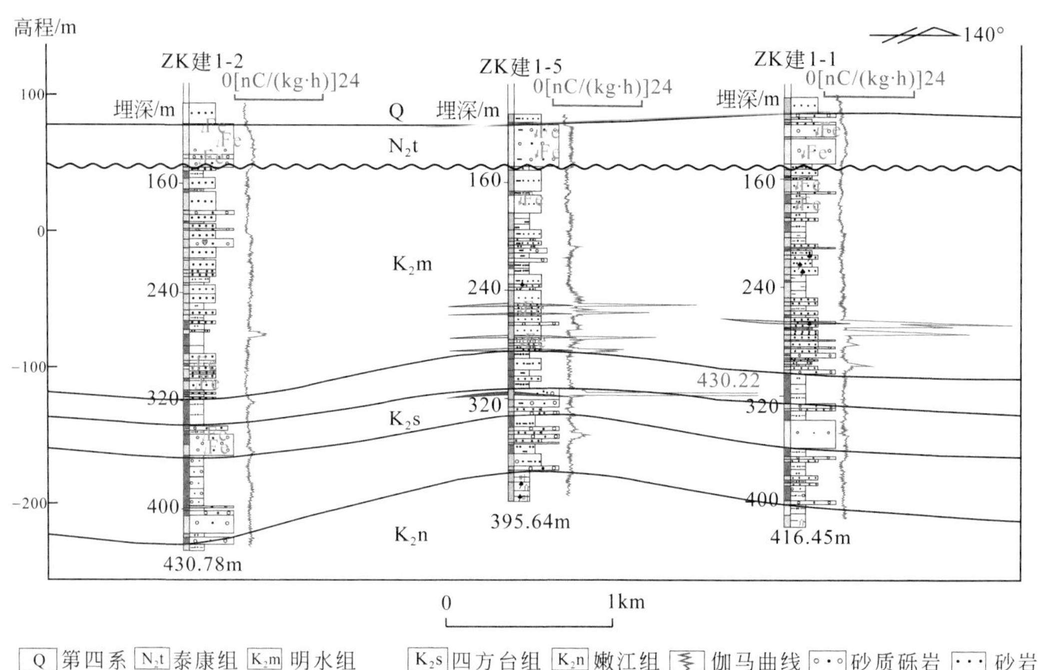

图 6-9　松辽盆地西南部建 1 号勘探线剖面图

近几年，煤炭部门在陆家堡凹陷绍根地区发现了一定数量的铀矿化情况，矿体主要发育于四方台组底板灰绿色砂质砾岩中，矿体形态以板状为主（万涛等，2018）。通过对绍根地区岩心分析可知，四方台组自下而上发育灰绿色砂质砾岩、褐红色砂质砾岩、褐红色含砾泥岩及紫红色砂质泥岩，而由矿化主要赋存于灰绿色砂质砾岩中。

另外，石油部门在陆家堡凹陷开鲁地区北部发现了铀工业矿井，在陆东和陆西凹陷均发现十余个铀矿化异常孔。同时通过对石油探井和开发井的复查，发现有两个井达到了铀矿化标准，说明该区具有较好的成矿条件和找矿前景。

第四节　明　水　组

明水组主要分布于开鲁盆地中部，呈北东向展布，其余地区缺失。温湿沉积气候，盆地内以河流相和三角洲相沉积为主，砂岩颜色以灰色、浅灰色为主，富含有机质。

一、地层结构

明水组底板埋深较浅，一般为 240 ~ 340m，其分布规律与地层厚度基本一致，沿东风–建华一带地层埋深较大，呈 NW 向展布，一般大于 340m（图 6-10a）。建华地段发现的铀矿化孔 ZK 建 1-5、ZK 建 1-1 均处于底板埋深变化较大的区域。明水组主要分布于陆东凹陷和哲中凹陷西南角，沉积范围较小，厚度变化较大，主要沿八仙筒–小街基一带分布。地层厚 60 ~ 150m，陆东凹陷地层厚度局部大于 220m，已发现的铀矿化孔位于陆东凹陷地层厚度为 150 ~ 220m（图 6-10b）。

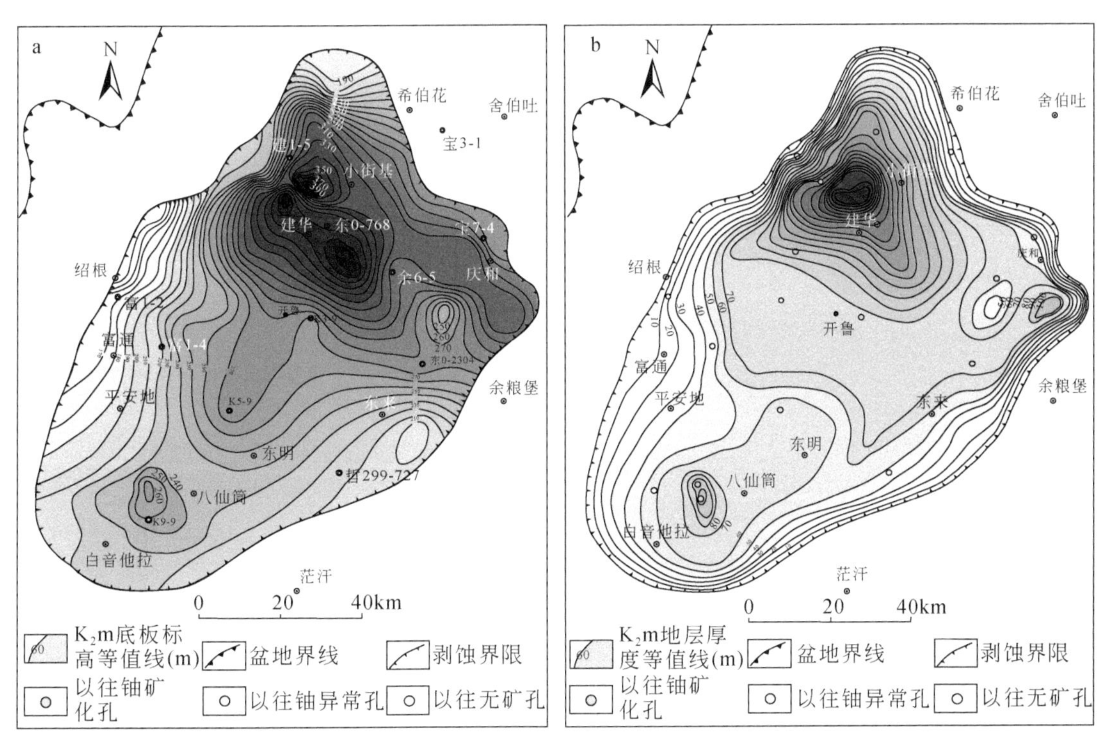

图 6-10　松辽盆地南部明水组底板标高等值线图及地层厚度等值线图

a. 明水组底板标高等值线图；b. 明水组地层厚度等值线图

二、砂体条件

明水组砂体主要发育于八仙筒地区和陆东凹陷中部（建华地区），八仙筒地区为河流相沉积，砂体厚度一般为 40 ~ 80m，建华地区为三角洲相沉积。砂体厚度一般为 60 ~ 100m，局部地区大于 120m（图 6-11a）。

陆东北部两个高值区被建华–小街基一带的低值地区隔断，都是由 SW 向 NE 展布。整体呈宽窄变化的条带状，在向 NE 方向推进过程中，有小规模的舌状砂体向东分流，砂体逐渐减薄。

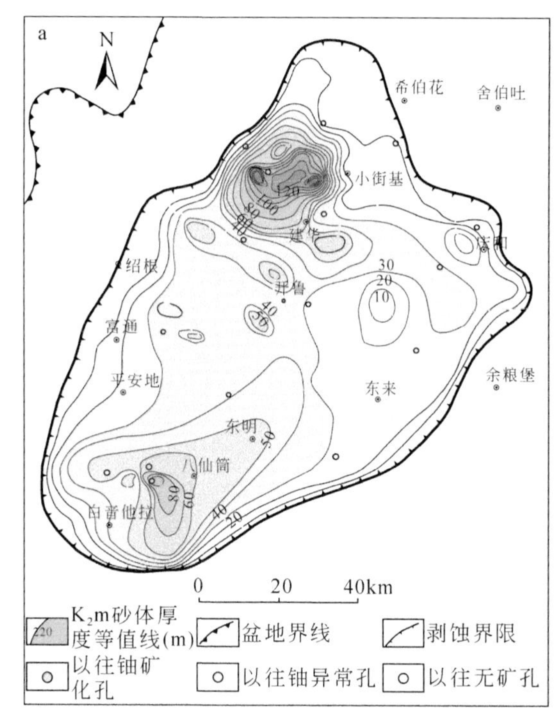

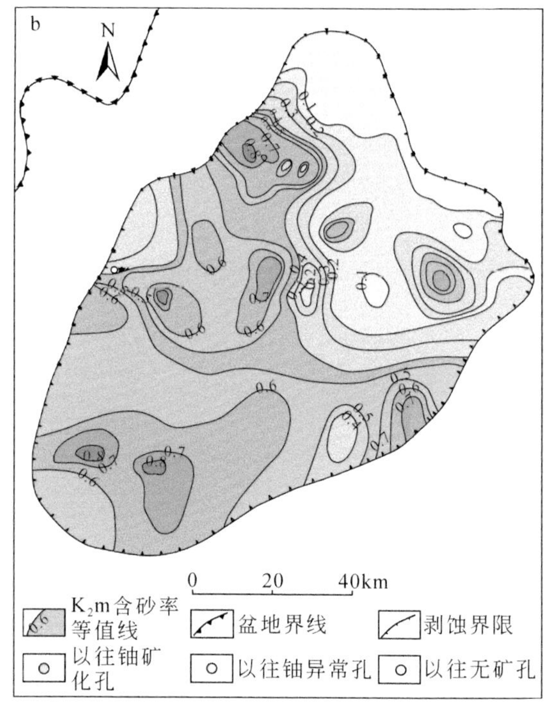

图 6-11　松辽盆地南部明水组砂体厚度等值线图及含砂率等值线图

a. 明水组砂体厚度等值线图；b. 明水组含砂率等值线图

陆东地区东北部与西南部均出现低值区（砂体厚度小于 40m）。根据展布特征及厚度变化可以划分出里低值区和外低值区。里低值区被砂体较厚地区包围，可以将各个高值区分隔开来；外低值区位于条带状砂体的边部。总体看来，砂体厚度呈中间厚，两端薄的特征，砂体高值带为主要砂体运移通道，主要受西北部物源控制。

含砂率与砂体厚度分布规律大致相同，不同的是，在开鲁地区的西部也出现了较好的砂体运移通道，即含砂率高值带。含砂率分布不均匀，平均含砂率为 55%，最大含砂率大于 95%。八仙筒、开鲁及建华附近含砂率较高，一般大于 60%，哲中凹陷与陆西凹陷过渡部位、陆东地区东北部（小街基附近）含砂率较低（含砂率小于 40%）。总体看来，具有砂体厚度大、含砂率高的特点，铀富集现象明显，为铀成矿有利砂体范围。受物源影响，表现为自 SW 向 NE 展布的特征（图 6-11b）。

明水组的岩性以暗色的粉砂岩和细砂岩为主，少部分地区发育红色细砂岩，在颜色上与下伏的四方台组具有较为明显的区别，在岩石粒度上，明水组的碎屑岩明显偏细与四方台组的砂砾岩与有明显的区别。两套地层的界面也可以清晰地识别。

三、岩性-岩相条件

上白垩统明水组为拗陷沉积末期温湿环境下形成的内陆碎屑岩建造，沉积过程中伴随开鲁拗陷西南部整体抬升，表现为西南部明水组沉积的同时接受剥蚀作用，导致西南部冲积扇相不发育且地层沉积厚度小，并沿长轴北东向过渡为河流相-三角洲相-滨浅湖相，沉积厚度逐渐增大。其中，八仙筒地区明水组辫状河相最为发育，岩性以灰色、灰绿色细砂岩为主，在该砂体中见明显的铀矿化异常显示，具备较好的成矿潜力。陆东凹陷明水组以曲流河相沉积为主，逐渐过渡到三角洲相，砂体厚度大，连通性好。

明水组以河流相和三角洲相砂体沉积为主，是成矿的有利砂体。岩性以中细粒碎屑岩为主，并且地层相对平缓，砂岩厚度普遍大于泥岩厚度，认为主要发育辫状河和曲流河相，且自 SW 向 NE 由辫状河过渡到曲流河、三角洲相，最终入湖排泄（图 6-12）。

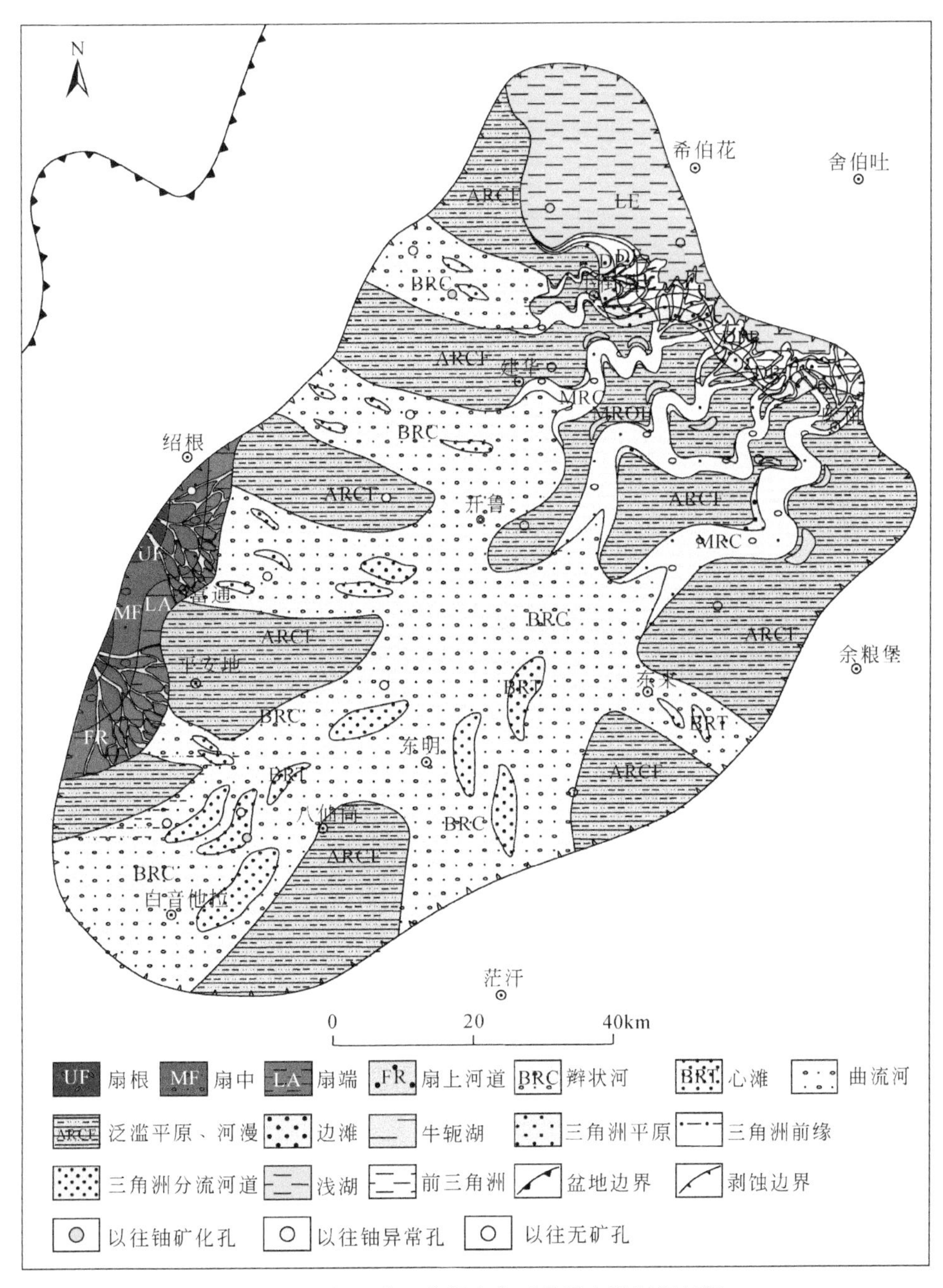

图 6-12　松辽盆地南部晚白垩世明水期沉积相图

四、氧化-还原条件

区内明水组主要为温湿气候条件下形成的河流、三角洲相沉积，以还原环境为主(图6-13)。由于上覆地层为上新统泰康组，岩性以褐红色、褐黄色砂质砾岩为主，岩石成岩性差，对第四系含氧水无阻隔作用，从而导致明水组上部潜水氧化较发育，并由浅部

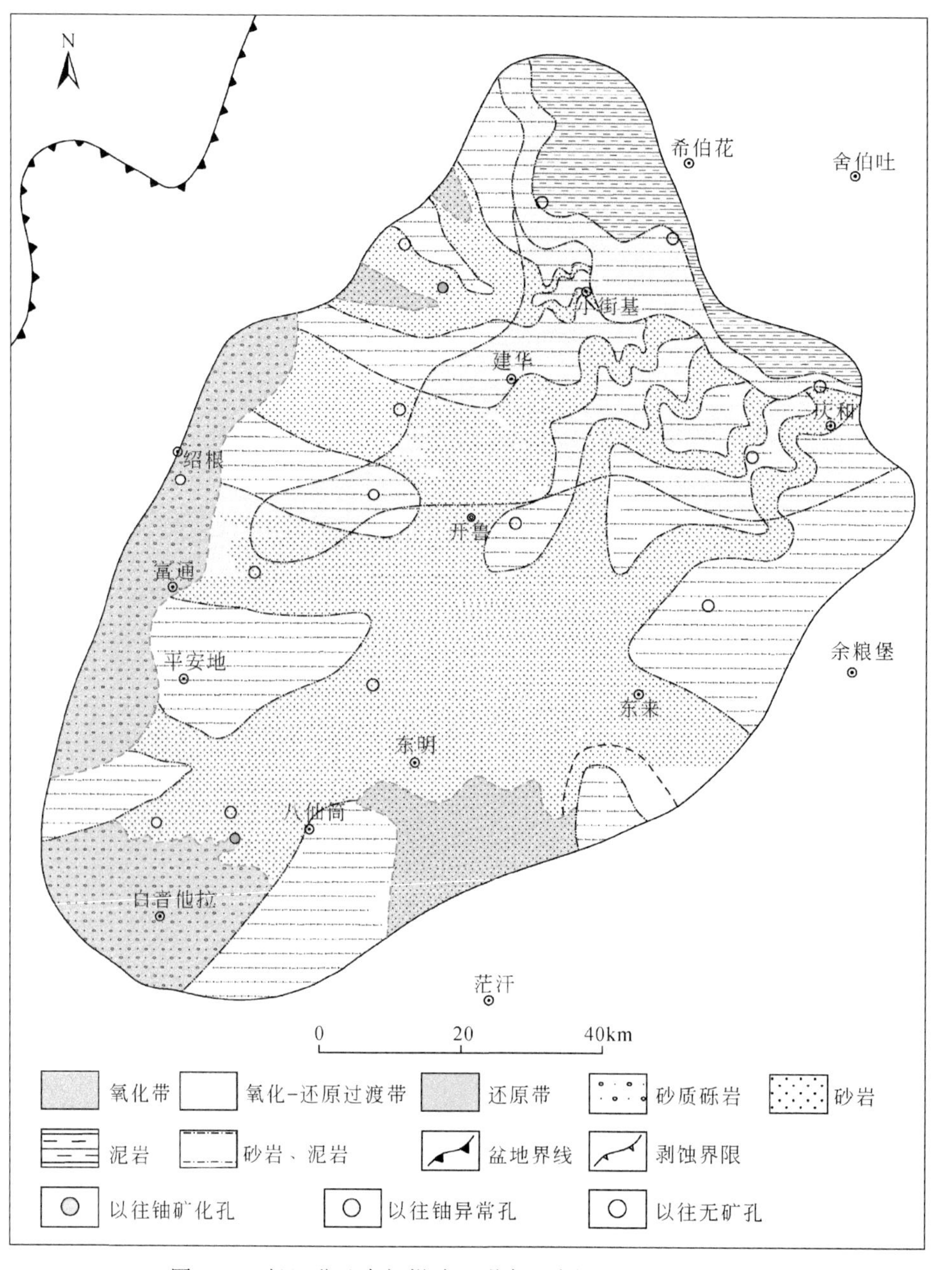

图6-13　松辽盆地南部拗陷区明水组岩性地球化学环境图

剥蚀区向盆地深部由潜水转层间对砂体进行层间氧化作用，并最终在八仙筒-开鲁-建华一线形成较为有利的氧化-还原过渡带。

由于四方台组末期西部抬升明显，明水组物源补给方向的冲积扇相大面积剥蚀殆尽，仅保留局部氧化环境的冲积扇沉积，与四方台组一样，在陆家堡凹陷西缘接受含铀含氧水的持续补给，同时，上部砂体受潜水氧化作用明显。因此，整体上明水组由剥蚀边缘的氧化环境过渡到盆地内部的还原环境，顶部砂体普遍发育一层潜水氧化的砂体。地层本身还原性较强，加之深部地层还原流体的后生还原改造作用，使得明水组底部后生氧化砂体被再次还原改造，从而使最终保存下来的氧化砂体较薄，厚度一般为 15 ~ 30m，具有由北西向南东逐渐减弱的特点。

五、铀矿化特征

明水组铀矿化异常主要分布于开鲁拗陷区八仙筒-建华一线。近年来，核工业系统、石油及煤炭部门已发现一批铀矿化孔、异常孔，其铀矿化异常埋深一般为 250 ~ 330m，厚度一般为 0. 30 ~ 2. 50m，品位一般为 0. 0110% ~ 0. 0330%，岩性以灰色细砂岩为主，其次为灰色泥岩（图 6-14），说明该区具有较好的成矿条件和找矿前景。明水组铀矿化可能包括原生富集和后生层间氧化-还原沉积富集两个阶段，这在今后的找矿勘探工作中将作进一步查证。

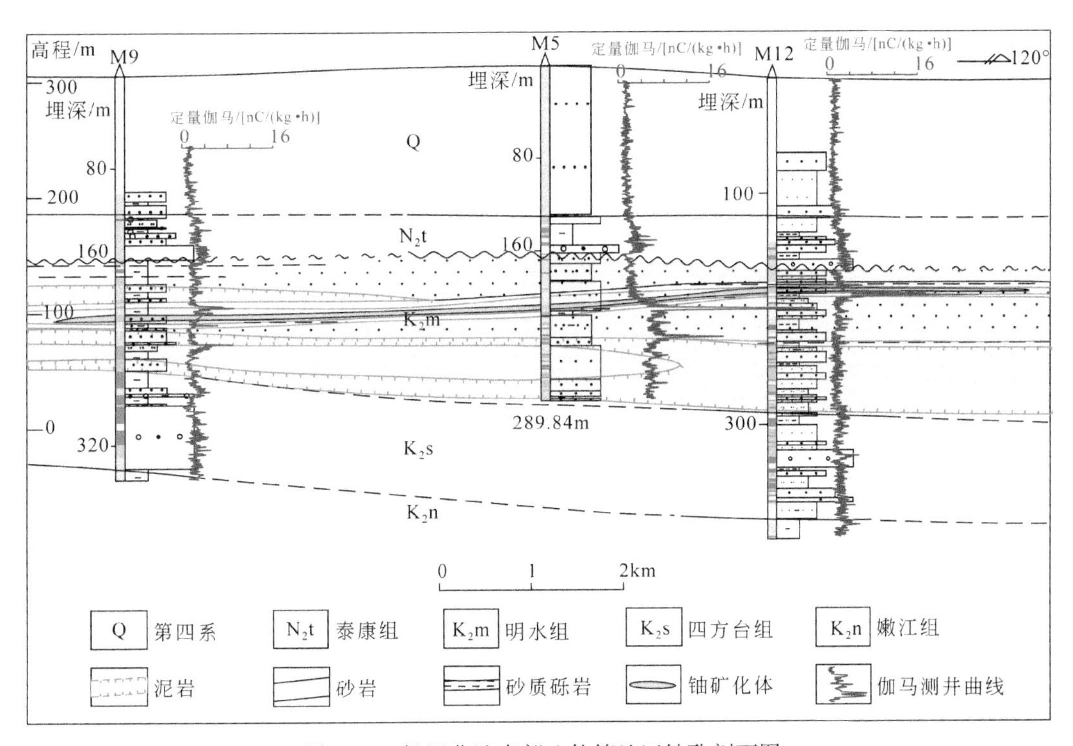

图 6-14　松辽盆地南部八仙筒地区钻孔剖面图

综上可见，开鲁盆地上白垩统的泉头组、四方台组及明水组均有明显的铀矿化显示，可作为铀矿的有效储层。

第七章　辉绿岩与热流体

第一节　概　　述

传统成矿理论认为砂岩型铀矿成矿流体是以大气降水为主的表生流体，然而随着研究的不断深入，热流体（>75℃）也参与了砂岩型铀矿床的形成（聂逢君等，2010b，2017），在开鲁盆地表现更为明显，勘查实践显示70%～80%的钻孔中能见到辉绿岩，主要分布在含矿目的层姚家组的上部，部分呈岩枝状穿插在姚家组中，厚度从几米到几十米不等，最厚可达100m，矿化程度受断裂和辉绿岩控制明显（图7-1）。

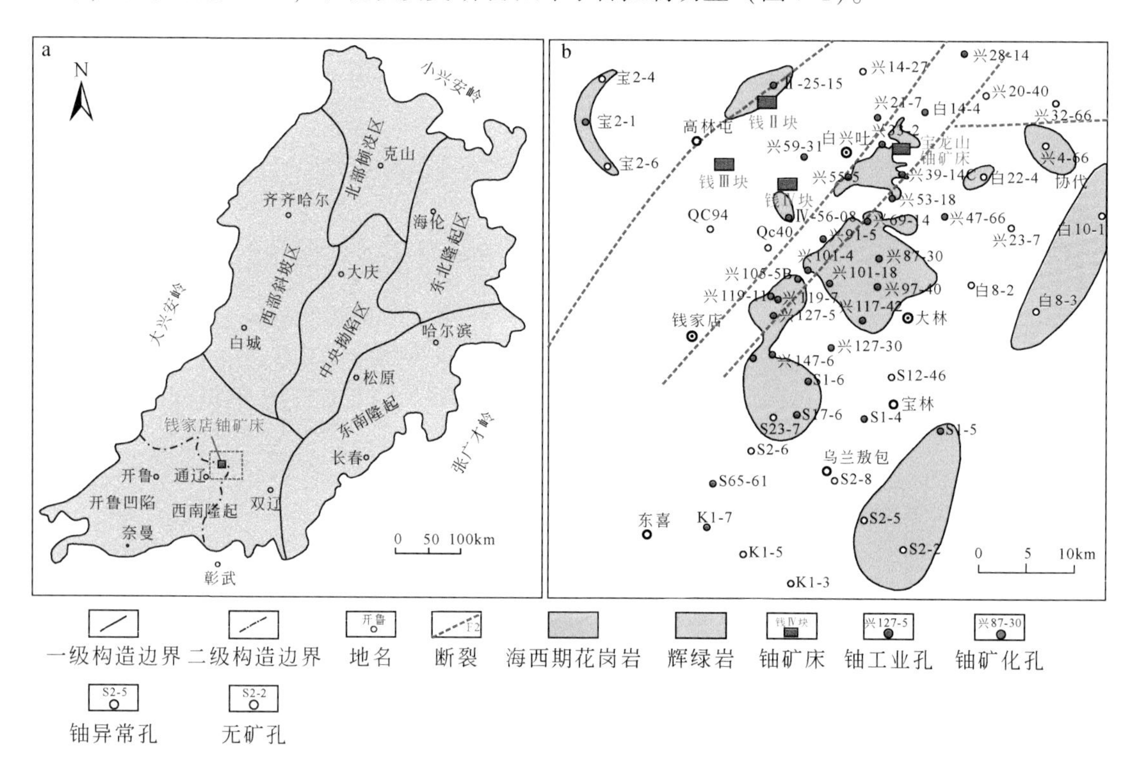

图7-1　构造单元图与空间分布特征

a. 松辽盆地构造单元图（Feng et al.，2010）；b. 开鲁盆地铀矿床与辉绿岩空间分布特征

热流体作用在砂岩型铀矿中叠加改造成矿或直接形成矿床已经被越来越多的学者所认识。聂逢君等（2010b）在研究非洲尼日尔砂岩型铀矿时指出，特吉达地区砂岩中铀成矿与氧化带成矿作用完全不同，是由热流体引起的。加拿大Otish盆地砂岩地层中铀矿体紧密围绕基性岩墙分布，在盆地基底古老变质岩系与基性岩墙接触带中也发育铀矿体，接触

带两侧都受到强烈的钠长石化，然后是强烈的绢英岩化形成很富 U-Au 的矿体（杜乐天，2015），在加拿大阿萨巴斯卡盆地铀矿床同样发育与铀矿化（13 亿年）同期的辉绿岩墙（12.6 亿年）（Armstrong and Ramaekers，1985；Richard et al.，2012，2016），同时在不足 3km 的埋藏深度下，成矿流体的温度高达 200℃以上，进一步暗示了深部地质过程参与铀矿的形成（Chi et al.，2018）。

杜乐天（2011）认为基性岩浆对铀矿床的贡献在于基性岩墙引领幔汁上涌通过碱交代作用成矿，所谓的碱交代作用是指富 Na 或富 K 的地幔流体对矿床深部含铀岩石强烈蚀变交代浸出萃取岩石以提供矿源，热液由最初的强碱性随着被岩石不断中和酸化，卸载矿质沉淀而成矿，岩石经过长石化（400～600℃）形成碱交代岩，消耗流体中的 Na^+、K^+使其碱性减弱，而 H^+增强，进入绢英岩化阶段（热液阶段，<400℃）。同时，流体中碱性程度越高越有利于铀的迁移，因此需要酸化（绢英岩化）成矿，成分上 H^+带入，Ca^{2+}、Fe^{3+}、Fe^{2+}、Mg^{2+}带出造成蚀变岩多孔隙、高渗透性，有利于矿质沉淀其中。李子颖（2006）指出控制铀矿的核心因素是热点作用与构造作用的叠合，即热点铀成矿理论，在热点作用或其影响下，来自深源的铀在多期次岩浆和流体作用过程中在晚期的熔体或流体中富集，当成矿流体作用于近地表时，由于物理化学条件的改变和晚期伸展构造的作用，铀发生了富集沉淀并成矿。还有学者指出，基性岩浆携带的富 F 和富 Cl 的 CO_2等还原性气体对铀成矿有重要作用，成矿热液中的铀主要以 $UO_2(CO_3)_2^{2-}$和 $UO_2(CO_3)_4^{3-}$等铀络合离子形式迁移（胡瑞忠等，1993，2004，2007；Hu et al.，2008，2012）。

第二节　辉绿岩岩石学特征

通过对开鲁盆地钻孔基性岩脉系统取样，采样位置见表 7-1 及图 7-2，根据辉石、斜长石等矿物的结晶程度，根据 CIPW 标准矿物计算中霞石（Ne）的含量，可将研究区基性岩脉分为以下几种类型。

表 7-1　开鲁盆地基性岩脉采样位置

样品编号	岩性	坐标		钻孔号	取样深度/m
		Y	*X*		
BLS01	碧玄岩	21468796	4845860	ZK 兴 123-5	123.24～157.69
BLS02	辉绿岩	21468416	4845985	ZK 兴 123-7	121.15～163.86
BLS03	辉绿岩	21467221	4845649	ZK 兴 127-11	124.36～162.26
BLS04	辉绿岩	21475746	4852332	ZK 兴 87-8	124.32～129.09
BLS05	辉绿岩	21472241	4850882	ZK 兴 99-5	210.86～243.98
BLS06	辉绿岩	21470283	4836876	ZKS9-5	133.92～143.42
BLS07	辉绿岩	21470956	4848951	ZK 兴 105-5B	134.61～144.10
BLS08	玄武岩	21469575	4829883	ZKS45-6	
BLS11	辉绿玢岩	21430935	4862550	ZK 宝 3-9	235.43～240.10
BLS12	细粒辉长岩	21468127	4837306	ZKS15-7	195.56～200.30

续表

样品编号	岩性	坐标		钻孔号	取样深度/m
		Y	*X*		
BLS13	斜长岩	21519519	4857510	ZKBK2-1	249.42～251.15
BLS14	细粒辉长岩	21478497	4846061	ZK 兴 109-42	157.68～162.42
BLS15	辉绿岩	21478544	4844602	ZK 兴 115-46	181.07～197.82
BLS16	辉绿岩	21470907	4834935	ZKS17-6	162.54～167.28
BLS17	辉绿岩	21478258	4860902	ZK18-02	192.21～196.95
14KL005	辉绿岩			ZK 兴 41-6	214.00
14KL009	辉绿岩			ZK 兴 25-14	120.75
14KL012	辉绿岩			ZK 兴 25-2	125.53
14KL041	辉绿岩			ZKQC121	312.40
14KL073	辉绿岩			ZK 兴 4-82	243.80

碧玄岩：呈灰绿色或灰黑色，突出的特点为矿物结晶细小，富含橄榄石，化学成分中硅铝低，铁、镁高，CIPW 标准矿物计算中 Ne 含量较高，为 9.41%～13.00%，在 TAS 图解中落入碧玄岩区域内。块状构造，板状斜长石杂乱分布，其搭成的格架中充填他形的辉石、橄榄石等矿物，构成辉绿结构（图 7-2a），主要矿物有基性斜长石、橄榄石、普通辉石等，斜长石呈自形-半自形板状，聚片双晶发育（图 7-2b），含量为 45%～50%，粒度为 0.3～0.5mm。单斜辉石，正高突起，含量为 35%～40%，粒度为 0.2～0.5mm。橄榄石，不规则粒状，正高突起，最高干涉色三级绿，含量为 6%～10%，粒度为 0.1～0.2mm，沿裂隙或边缘网状蚀变为蛇纹石、伊丁石等矿物。

Cpx-单斜辉石；Ol-橄榄石；Pl-斜长石

图 7-2　开鲁盆地碧玄岩显微镜下特征

a. BLS01（-）；b. BLS01（+）

辉绿岩：呈灰绿色或灰黑色，块状构造，有些斜长石呈自形长板状杂乱分布，其搭成的格架中充填他形的辉石、橄榄石等矿物，构成典型的辉绿结构（图 7-3）。主要矿物有基性斜长石、橄榄石、辉石等，斜长石呈自形-半自形板状，聚片双晶发育，含量为50% ~55%，粒度为0.3 ~0.7mm。辉石呈正高突起，含量为35% ~40%，粒度为0.2 ~1mm，以普通辉石为主，含少量斜方辉石。橄榄石呈不规则粒状，正高突起，最高干涉色三级绿，含量为2% ~4%，粒度为0.1 ~0.2mm。

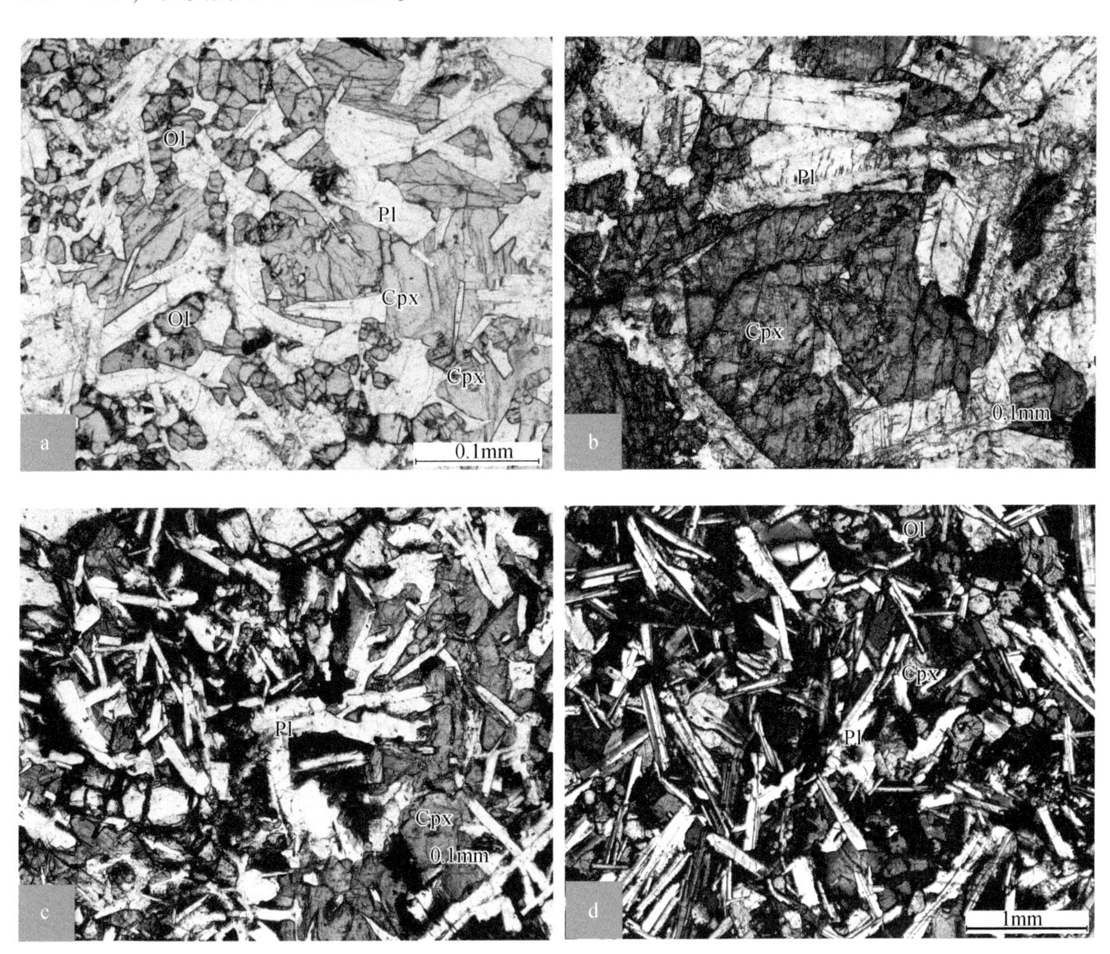

Cpx-单斜辉石；Ol-橄榄石；Pl-斜长石

图7-3　开鲁盆地辉绿岩显微镜下特征

a. 辉绿岩中橄榄石、单斜辉石，BLS06（-）；b. 辉绿岩中单斜辉石，14KL009（-）；c. 辉绿岩中斜长石搭成格架里面充填单斜辉石矿物，构成辉绿结构，14KL073（-）；d. 辉绿岩中斜长石搭成格架里面充填橄榄石、辉石等矿物，构成辉绿结构，BLS15（+）

辉绿玢岩：灰黑色，斑状结构，块状构造。斑晶主要为斜长石、单斜辉石，斜方辉石少见（图7-4），基质为辉绿结构，主要见板状斜长石杂乱分布，其搭成的格架中充填他形的辉石、橄榄石等矿物。斑晶斜长石，呈自形-半自形板状，聚片双晶发育，含量为5% ~10%，粒度为2 ~2.5mm。斑晶单斜辉石，正高突起，斜消光，消光角为43°，最高干涉色二级蓝绿，粒度为1.5 ~2.5mm，含量为10% ~15%。基质主要由斜长石、辉石橄榄石组成，粒度为0.1 ~0.5mm。

Cpx-单斜辉石；Opx-斜方辉石；Pl-斜长石

图 7-4　松辽盆地南部钱家店-白兴吐地区辉绿玢岩显微镜下特征

a. 辉绿玢岩中斜长石斑晶，BLS11（+）；b. 辉绿玢岩中单斜辉石斑晶，BLS11（+）；c. 辉绿玢岩中单斜辉石、斜方辉石斑晶，BLS11（+）；d. 辉绿玢岩中单斜辉石、斜方辉石斑晶，BLS11（+）

细粒斜长岩：灰黑色，细粒半自形结构，块状构造，主要组成矿物为斜长石（~90%），含少量单斜辉石（~10%）（图 7-5）。斜长石呈自形-半自形板状，聚片双晶发育，粒度为 0.5~1.0mm。单斜辉石呈正高突起，斜消光，消光角为 44°，最高干涉色二级蓝绿，粒度为 0.3~0.7mm。

细粒辉长岩：灰黑色，细粒半自形结构，块状构造。矿物主要有斜长石（~55%）、单斜辉石（~40%），副矿物主要为含 Ti 磁铁矿（~5%）（图 7-6）。斜长石呈半自形板状，可见聚片双晶及环带构造，粒度为 0.5~2mm。可见自形斜长石镶嵌于单斜辉石和普通辉石中，构成嵌晶含长结构。单斜辉石呈正高突起，斜消光，消光角为 45°，最高干涉色二级蓝绿，粒度为 0.6~2.5mm。橄榄石熔蚀呈浑圆状包含在单斜辉石中，构成包橄结构。

Cpx-单斜辉石；Pl-斜长石

图 7-5　松辽盆地南部钱家店-白兴吐地区细粒斜长岩显微镜下特征

a. 细粒斜长岩中斜长石堆晶结构，BLS13（+）；b. 细粒斜长岩见少量单斜辉石，BLS13（+）

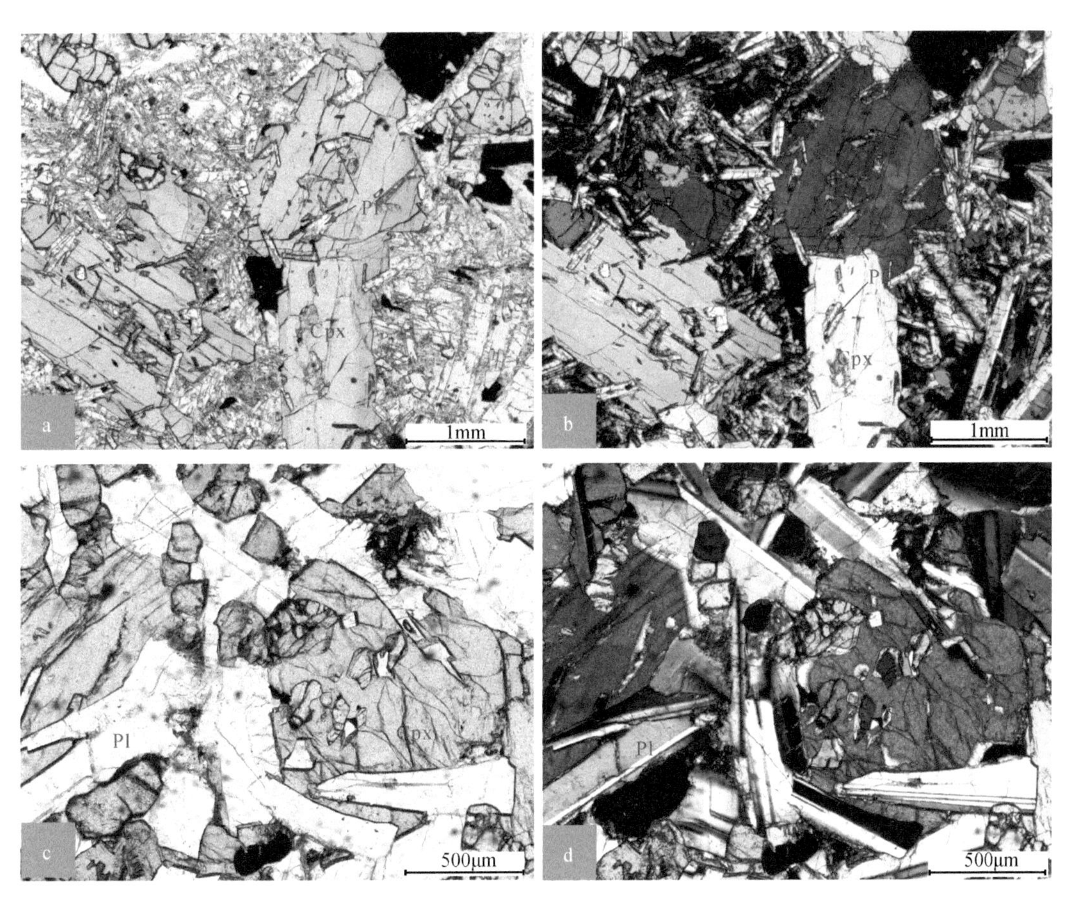

Cpx-单斜辉石；Ol-橄榄石；Pl-斜长石

图 7-6　松辽盆地南部钱家店-白兴吐地区辉长岩显微镜下特征

a. 细粒辉长岩中自形斜长石镶嵌于单斜辉石和普通辉石中，构成嵌晶含长结构，BLS14（-）；b. 细粒辉长岩中自形斜长石镶嵌于单斜辉石和普通辉石中，构成嵌晶含长结构，BLS14（+）；c. 橄榄石熔蚀呈浑圆状包含在单斜辉石中，呈包橄结构，BLS12（-）；d. 橄榄石熔蚀呈浑圆状包含在单斜辉石中，呈包橄结构，BLS12（+）

第三节　辉绿岩地球化学

主量和微量元素分析结果见表7-2～表7-4。钱家店凹陷辉绿岩以低 SiO_2（44.90%～51.20%），高 TFe_2O_3（9.10%～15.50%）、较富碱（$K_2O+Na_2O=3.91\%～6.73\%$）及变化的MgO（1.89%～12.58%）含量为特征。根据火山岩TAS分类图解，样品可分为碱性系列和亚碱性系列两类（图7-7a），在AFM图解上，亚碱性系列样品均落入拉斑玄武岩系列区域内（图7-7b）。基于CIPW标准矿物Ne-Ol-Di-Hy-Qz分类图解，研究区样品可分为碱性玄武岩系列（Group 1和Group 2）和石英拉斑玄武岩系列（Group 3），标准矿物Ne含量，碱性玄武岩系列进一步可分为碧玄岩系列（Group 1，Ne>5%）和碱性橄榄玄武岩系列（Group 2，Ne<5%）（图7-7c和d）。

表7-2　开鲁盆地辉绿岩主、微量元素分析结果（Group 1）

样品编号	BLS01-5	BLS01-6	BLS01-8	BLS16-3	BLS16-4
SiO_2/%	45.09	44.90		48.74	49.59
TiO_2/%	1.97	1.91		2.80	2.63
Al_2O_3/%	12.55	12.26		14.88	14.97
TFe_2O_3/%	13.33	13.14		11.80	11.37
MnO/%	0.17	0.17		0.17	0.17
MgO/%	12.22	12.58		2.98	2.72
CaO/%	7.53	7.49		6.22	6.13
Na_2O/%	4.20	3.86		5.38	5.42
K_2O/%	1.75	1.96		2.99	3.12
P_2O_5/%	0.76	0.75		0.94	0.90
烧失量（LOI）	0.99	1.33		4.51	2.57
总和	100.56	100.35		101.41	99.59
$Mg^{\#}$	64.71	65.70		33.57	32.38
Ne	7.18	6.45		5.56	5.15
Hy	0.00	0.00		0.00	0.00
Ol	14.15	14.87		0.82	0.36
Di	15.55	15.47		12.43	12.57
Q	0.00	0.00		0.00	0.00
Sc/ppm	16.40	15.40	17.10	12.30	11.70
V/ppm	172.00	153.00	178.00	164.00	123.00
Cr/ppm	390.00	431.00		50.00	53.00
Co/ppm	61.90	57.90	63.60	26.40	23.10
Ni/ppm	428.00	385.00	399.00	8.54	8.25

续表

样品编号	BLS01-5	BLS01-6	BLS01-8	BLS16-3	BLS16-4
Rb/ppm	24.60	28.30	27.50	49.90	46.80
Sr/ppm	921.00	887.00	984.00	518.00	510.00
Y/ppm	19.40	18.10	20.60	32.80	34.00
Zr/ppm	298.00	285.00	318.00	333.00	316.00
Nb/ppm	60.30	58.20	64.20	74.80	82.20
Ba/ppm	384.00	371.00	412.00	423.00	567.00
La/ppm	48.90	47.10	52.80	51.50	52.80
Ce/ppm	96.31	92.17	104.00	99.50	102.00
Pr/ppm	10.60	10.10	11.40	11.60	12.00
Nd/ppm	42.60	40.60	46.20	45.10	47.30
Sm/ppm	8.51	8.03	9.19	9.17	9.54
Eu/ppm	2.67	2.52	2.90	2.47	2.50
Gd/ppm	7.45	6.91	8.08	8.64	9.05
Tb/ppm	0.93	0.86	1.02	1.25	1.31
Dy/ppm	4.75	4.43	5.16	6.33	6.69
Ho/ppm	0.74	0.68	0.83	1.12	1.19
Er/ppm	1.80	1.68	2.01	3.01	3.17
Tm/ppm	0.20	0.18	0.24	0.41	0.42
Yb/ppm	1.18	1.08	1.32	2.27	2.41
Lu/ppm	0.16	0.15	0.20	0.31	0.33
Hf/ppm	6.62	6.29	7.22	6.82	6.75
Ta/ppm	3.71	3.50	5.42	3.99	4.35
Th/ppm	5.11	4.90	5.72	6.28	5.81
U/ppm	1.66	1.61	1.84	1.95	1.87
∑REE	227.00	217.00	245.00	243.00	251.00
δEu	1.01	1.02	1.02	0.84	0.82
$(La/Yb)_N$	27.40	28.80	26.30	15.00	14.40
Nb/U	36.20	36.30	34.90	38.40	43.90
La/Yb	41.50	43.70	40.00	22.70	21.90
Sm/Yb	7.22	7.44	6.97	4.05	3.96
$(Tb/Yb)_{PM}$	3.61	3.65	3.54	2.52	2.47
$(Yb/Sm)_{PM}$	0.12	0.12	0.13	0.22	0.23

注：$Mg^{\#}=Mg/(\mu g+Fe)$；$1ppm=10^{-6}$。

表 7-3　开鲁盆地辉绿岩主、微量元素分析结果（Group 2）

样品编号	BLS11-2	BLS11-3	BLS11-4	BLS11-5	BLS11-6	BLS11-9	BLS13-8	BLS16-5	BLS16-6
SiO_2/%	51.2	43.68	46.57	45.38	47.58	47.45		46.25	46.62
TiO_2/%	1.93	3.58	2.58	2.88	1.56	1.46		3.41	2.76
Al_2O_3/%	15.59	13.36	14.12	14.52	16.36	15.53		13.54	15.77
TFe_2O_3/%	11.37	14.6	11.54	12.94	9.1	9.97		13.03	11.33
MnO/%	0.21	0.19	0.15	0.15	0.13	0.14		0.17	0.15
MgO/%	1.89	4.09	4.56	4.56	5.88	7.45		4.26	3.84
CaO/%	5.1	8.94	10.46	10.09	11.33	10.11		8.57	8.5
Na_2O/%	5.72	3.99	4.03	4.08	3.51	3.55		4.36	4.42
K_2O/%	2.84	1.49	1.32	1.02	0.92	0.99		2.13	1.78
P_2O_5/%	0.58	1.47	0.45	0.36	0.29	0.28		0.69	0.57
烧失量（LOI）	3.23	3.81	4.37	3.7	3.5	3.28		2.95	4.17
总和	99.66	99.20	100.15	99.68	100.16	100.21		99.36	99.9
$Mg^{\#}$	24.97	35.89	44.12	41.36	56.4	59.91		39.53	40.38
Ne	2.47	1.12	3.18	3.42	1.33	0.83		4.3	3.5
Hy	0	0	0	0	0	0		0	0
Ol	0	3.44	0	0.79	4.15	8.99		0.59	2.57
Di	9.55	14.82	23.15	21.37	20.97	18.28		19.44	15.1
Q	0	0	0	0	0	0		0	0
Sc/ppm	8.4	15.1	25.1	24.2	25.5	22.3	17.5	17.6	15.2
V/ppm	16	207	418	495	211	181	166	359	291
Cr/ppm	55	139	151	143	139	199		57	49
Co/ppm	15.3	40.8	40.4	46.8	37.1	41.3	42.5	36.9	32.1
Ni/ppm	3.48	6.68	11.8	20.8	51.8	102	162	25.9	40.2
Rb/ppm	40.4	21	22	17.1	13.7	13.6	16.3	37.5	27.1
Sr/ppm	506	596	534	719	721	780	443	532	786
Y/ppm	29.8	29.1	21.7	17.5	15.3	14.7	16.9	25.9	20
Zr/ppm	267	182	183	151	137	126	133	257	197
Nb/ppm	63.7	39	30	26.5	20.6	19.7	27.3	57.2	44.9
Ba/ppm	654	366	288	241	216	189	156	317	326
La/ppm	40	33.6	22.4	17.4	15.2	14.2	17.8	34.7	28.3
Ce/ppm	78	70.1	45.9	36.7	31.9	29.4	36	67.8	55.1
Pr/ppm	9.37	9.02	5.72	4.54	3.98	3.65	4.3	8.11	6.56
Nd/ppm	37.9	39.9	24.5	19.5	16.8	15.5	17.6	33.4	26.7
Sm/ppm	8.1	8.85	5.67	4.56	3.93	3.65	4.2	7.23	5.67

续表

样品编号	BLS11-2	BLS11-3	BLS11-4	BLS11-5	BLS11-6	BLS11-9	BLS13-8	BLS16-5	BLS16-6
Eu/ppm	2. 76	2. 61	1. 74	1. 51	1. 38	1. 2	1. 35	2. 03	1. 85
Gd/ppm	7. 66	8. 31	5. 46	4. 41	3. 85	3. 54	4. 1	6. 74	5. 34
Tb/ppm	1. 14	1. 2	0. 84	0. 68	0. 59	0. 55	0. 63	0. 99	0. 79
Dy/ppm	5. 87	5. 98	4. 38	3. 5	3. 06	2. 95	3. 35	5. 14	4. 01
Ho/ppm	1. 06	1. 03	0. 77	0. 64	0. 55	0. 53	0. 6	0. 92	0. 71
Er/ppm	2. 84	2. 64	2. 06	1. 67	1. 44	1. 4	1. 56	2. 43	1. 86
Tm/ppm	0. 39	0. 34	0. 27	0. 22	0. 19	0. 19	0. 21	0. 33	0. 25
Yb/ppm	2. 25	1. 85	1. 59	1. 29	1. 09	1. 08	1. 17	1. 8	1. 4
Lu/ppm	0. 31	0. 25	0. 22	0. 17	0. 15	0. 15	0. 16	0. 25	0. 19
Hf/ppm	5. 82	4. 18	4. 34	3. 64	3. 31	2. 95	3. 09	5. 69	4. 38
Ta/ppm	3. 34	2. 17	1. 64	1. 45	1. 12	1. 1	1. 47	3. 04	2. 4
Th/ppm	4. 18	2. 63	2. 53	1. 92	1. 67	1. 62	2	4. 46	3. 27
U/ppm	1. 24	0. 77	0. 74	0. 57	0. 49	0. 47	0. 61	1. 4	1. 04
ΣREE	198	186	122	96. 8	84. 2	78	93. 1	172	139
δEu	1. 06	0. 92	0. 95	1. 03	1. 09	1. 02	0. 99	0. 88	1. 02
$(La/Yb)_N$	11. 7	12	9. 28	8. 89	9. 17	8. 63	9. 96	12. 7	13. 3
Nb/U	51. 4	50. 3	40. 5	46. 4	42. 3	41. 9	44. 4	41	43
La/Yb	17. 8	18. 2	14. 1	13. 5	13. 9	13. 1	15. 1	19. 2	20. 2
Sm/Yb	3. 6	4. 79	3. 56	3. 54	3. 59	3. 37	3. 57	4. 01	4. 05
$(Tb/Yb)_{PM}$	2. 31	2. 96	2. 4	2. 42	2. 45	2. 33	2. 47	2. 51	2. 59
$(Yb/Sm)_{PM}$	0. 25	0. 19	0. 25	0. 25	0. 25	0. 27	0. 25	0. 22	0. 22

注：$Mg^{\#}=Mg/(\mu g+Fe)$。

表 7-4　开鲁盆地辉绿岩主、微量元素分析结果（Group 3）

样品编号	BLS07-5	BLS14-4	BLS14-5	BLS15-1	BLS15-2	BLS15-4	BLS17-3	BLS17-4	BLS17-5
SiO_2/%		50. 52	50. 83	48. 88	49. 16	47. 17	48. 68	49. 51	48. 75
TiO_2/%		2. 59	2. 42	1. 79	1. 72	1. 35	1. 38	1. 47	1. 32
Al_2O_3/%		12. 93	12. 79	15. 26	15. 41	12. 72	15. 57	15. 83	14. 4
TFe_2O_3/%		14. 93	14. 15	13. 27	13. 28	15. 5	10. 6	10. 18	12. 08
MnO/%		0. 2	0. 19	0. 17	0. 17	0. 19	0. 14	0. 14	0. 16
MgO/%		4. 05	4. 6	5. 73	5. 98	11. 6	6. 99	6. 55	9
CaO/%		8. 66	9. 32	8. 87	8. 97	7. 34	8. 2	8. 94	8. 35
Na_2O/%		3. 8	3. 61	4. 07	3. 9	3. 37	3. 64	3. 3	3. 1
K_2O/%		1. 01	0. 94	0. 76	0. 72	0. 61	0. 89	0. 98	0. 73
P_2O_5/%		0. 4	0. 36	0. 27	0. 24	0. 22	0. 25	0. 22	0. 2

续表

样品编号	BLS07-5	BLS14-4	BLS14-5	BLS15-1	BLS15-2	BLS15-4	BLS17-3	BLS17-4	BLS17-5
烧失量（LOI）		0. 5	0. 47	0. 53	0. 47	0. 29	4	3. 04	1. 95
总和		99. 59	99. 68	99. 6	100. 02	100. 36	100. 34	100. 16	100. 04
Mg#		35. 16	39. 4	46. 34	47. 39	59. 94	56. 88	56. 27	59. 84
Ne		0	0	0	0	0	0	0	0
Hy		0. 9	1. 21	6	6. 75	9. 84	11. 19	9. 47	15. 03
Ol		0	0	0	0	10. 58	0	0	0
Di		17. 49	19. 56	14. 91	14. 39	11. 8	11. 48	12. 81	12. 13
Q		5. 78	5. 8	0. 04	0. 63	0	0. 15	1. 93	0. 75
Sc/ppm	20. 4	24. 4	27. 6	21. 8	21. 8	18. 5	17. 9	18	17
V/ppm	189	235	258	198	201	167	157	166	154
Cr/ppm		441	3	143	128	135	4	41	151
Co/ppm	50. 7	39. 6	40. 1	45. 6	48. 5	76. 61	44. 05	40. 68	53. 41
Ni/ppm	162. 7	25	39. 6	85. 4	92. 9	356	88. 4	84. 7	181
Rb/ppm	8. 62	14. 4	13. 7	11. 2	11. 2	8. 91	15. 2	15. 7	11. 7
Sr/ppm	306	346	343	379	374	316	499	461	363
Y/ppm	19. 7	29. 2	27. 3	20. 7	20. 7	17	15. 3	15. 4	14. 8
Zr/ppm	111	181	172	138	135	114	114	125	95. 21
Nb/ppm	10. 4	23. 4	21. 5	15. 3	14. 5	12. 5	16. 6	16. 8	11. 6
Ba/ppm	133	181	163	147	143	160	199	197	145
La/ppm	8. 41	16	14. 5	11. 1	10. 7	9. 17	13. 1	12. 8	9. 66
Ce/ppm	18. 8	35. 6	32. 3	24. 2	23. 6	20. 1	27. 6	26. 8	20. 7
Pr/ppm	2. 52	4. 62	4. 17	3. 14	3. 09	2. 6	3. 43	3. 29	2. 6
Nd/ppm	11. 6	20. 8	19	14. 3	13. 8	11. 7	14. 6	13. 9	11. 2
Sm/ppm	3. 34	5. 66	5. 22	3. 86	3. 74	3. 16	3. 52	3. 43	2. 95
Eu/ppm	1. 14	1. 76	1. 65	1. 31	1. 3	1. 08	1. 23	1. 18	1. 01
Gd/ppm	3. 66	5. 86	5. 48	3. 99	3. 97	3. 36	3. 47	3. 39	3. 03
Tb/ppm	0. 64	0. 99	0. 93	0. 69	0. 68	0. 57	0. 56	0. 54	0. 49
Dy/ppm	3. 66	5. 54	5. 16	3. 84	3. 84	3. 18	3. 01	2. 97	2. 75
Ho/ppm	0. 7	1. 01	0. 97	0. 71	0. 71	0. 6	0. 54	0. 54	0. 52
Er/ppm	1. 91	2. 71	2. 56	1. 92	1. 93	1. 6	1. 46	1. 47	1. 4
Tm/ppm	0. 27	0. 38	0. 36	0. 28	0. 28	0. 22	0. 2	0. 21	0. 2
Yb/ppm	1. 52	2. 14	2. 02	1. 53	1. 6	1. 3	1. 12	1. 15	1. 13
Lu/ppm	0. 22	0. 3	0. 28	0. 21	0. 22	0. 18	0. 15	0. 16	0. 16
Hf/ppm	2. 83	4. 3	4. 11	3. 29	3. 23	2. 69	2. 69	2. 9	2. 26
Ta/ppm	0. 59	1. 28	1. 19	0. 87	0. 81	0. 71	0. 93	0. 95	0. 65

续表

样品编号	BLS07-5	BLS14-4	BLS14-5	BLS15-1	BLS15-2	BLS15-4	BLS17-3	BLS17-4	BLS17-5
Th/ppm	0.98	1.62	1.54	1.2	1.18	1.01	1.52	1.59	1.18
U/ppm	0.28	0.49	0.48	0.36	0.34	0.29	0.46	0.49	0.35
∑REE	58.3	103	94.6	71	69.4	58.9	74.1	71.8	57.8
δEu	1	0.93	0.95	1.02	1.04	1.01	1.08	1.06	1.03
$(La/Yb)_N$	3.63	4.92	4.72	4.78	4.42	4.66	7.71	7.32	5.64
Nb/U	36.8	47.9	45.2	42.8	42.2	42.4	36	34.4	33
La/Yb	5.52	7.47	7.16	7.26	6.7	7.07	11.7	11.1	8.56
Sm/Yb	2.19	2.64	2.58	2.53	2.34	2.44	3.13	2.97	2.61
$(Tb/Yb)_{PM}$	1.92	2.1	2.09	2.06	1.94	2	2.28	2.12	1.99
$(Yb/Sm)_{PM}$	0.41	0.34	0.35	0.36	0.38	0.37	0.29	0.3	0.35

注：$Mg^{\#}=Mg/(\mu g+Fe)$。

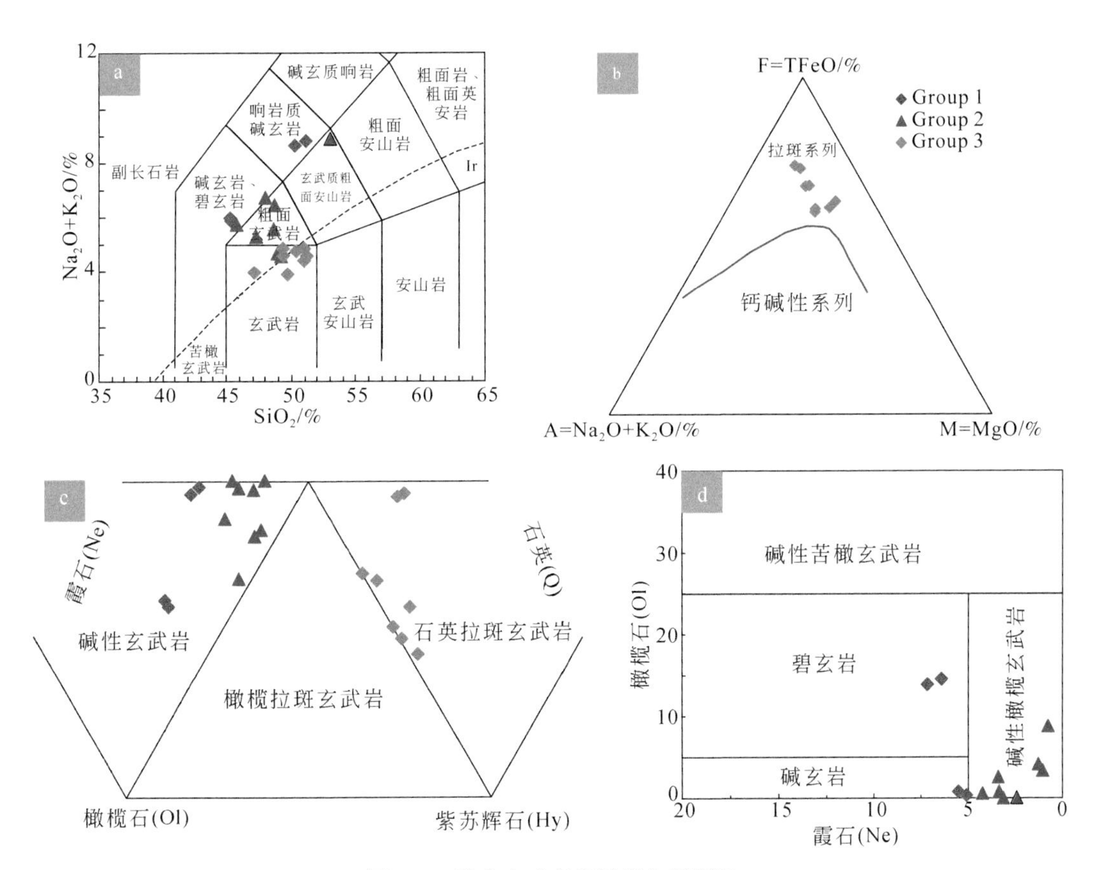

图7-7　钱家店矿床辉绿岩分类图解

a. Na_2O+K_2O 与 SiO_2（据 Irvine and Baragar, 1971）；b. AFM 图解，拉斑和钙碱性系列界限（据 Irvine and Baragar, 1971）；c. Ne-Ol-Di-Hy-Qz 分类图解（据 Yoder and Tilley, 1962）；d. Ne-Ol 分类图解（据池际尚，1988）

碱性玄武岩系列和拉斑玄武岩系列均具有洋岛玄武岩（OIB）特征，稀土元素配分图解上均富集轻稀土元素（LREE），亏损重稀土元素（HREE），轻重稀土分异明显［$(La/Yb)_N$=3.63～28.8］，无明显 Eu 异常，表明不存在斜长石的分离结晶作用。在微量元素蛛网图中，研究区样品富集大离子亲石元素（LILE）K、Rb、Sr 和 Ba 及高场强元素（HFSE）Nb、Ta、Zr、Hf 和 P 等。整体来看相比于拉斑系列，碱性系列辉绿岩整体具有更高的 REE 总量（78.0～251ppm），LREE/HREE［$(La/Yb)_N$=8.89～28.8］及微量元素组成（图 7-8）。

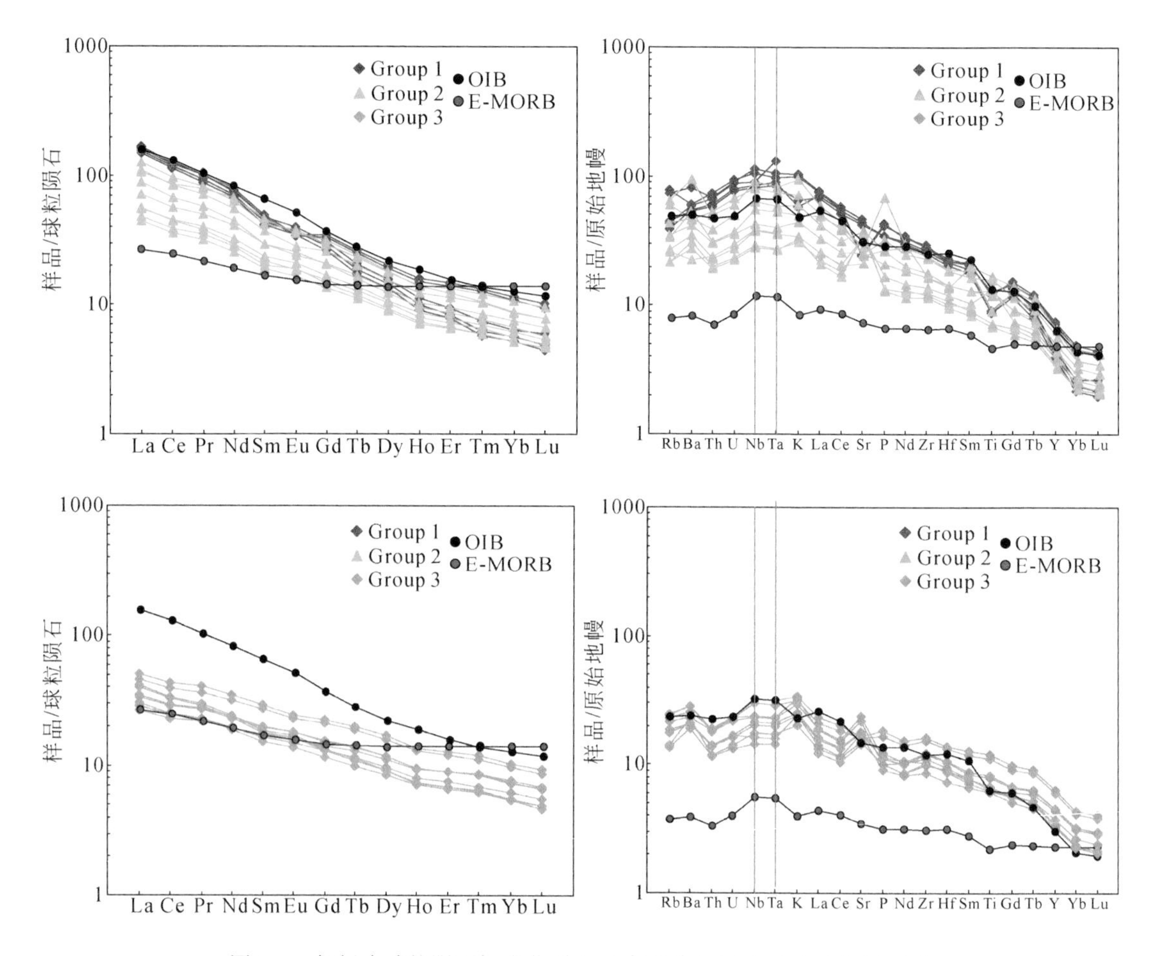

图 7-8　辉绿岩球粒陨石标准化稀土元素配分图解及微量元素蛛网图

球粒陨石数据引自 Boynton，1984；原始地幔数据引自 Sun and McDonough，1989

第四节　辉绿岩时代

基于全岩 Ar-Ar 定年，夏毓亮等（2010）指出钱家店铀矿床辉绿岩形成时代为 49.5±5Ma，而白兴吐铀矿床锆石 U-Pb 定年结果显示辉绿岩侵位时间为 70.0±3.0Ma（Cheng et al., 2018），可见辉绿岩的形成时代仍不明确。

为确定基性岩脉的形成时代，本项目初步采集6件基性岩脉进行LA-ICP-MS锆石U-Pb测年，测试结果见表7-5，其中5件为锆石样品（BLS12-1、BLS13-5、BLS13-7、BLS14-5、BLS16-4），一件为斜锆石样品（BLS17-3）。锆石样品呈自形-半自形晶，粒度相对较小，为30～60um，在CL图像中发光性不均匀，多数具有亮的核部，有些可见基性岩常见的条痕状吸收的特征（图7-9a～c），结合样品较低的Th/U值，显示了岩浆结晶锆石成因的特点（Hoskin and Schaltegger，2003）。

表7-5　开鲁盆地辉绿岩锆石U-Pb同位素分析结果

样品测点	Th/U	$^{207}Pb/^{206}Pb$	±1σ	$^{207}Pb/^{235}U$	±1σ	$^{206}Pb/^{238}U$	±1σ	$^{207}Pb/^{235}U$ 年龄/Ma	±1σ	$^{206}Pb/^{238}U$ 年龄/Ma	±1σ
BLS12-1-01	0.46	0.0525	0.0021	0.2908	0.0108	0.0402	0.0006	259	8	254	3
BLS12-1-02	1.20	0.0461	0.0017	0.0433	0.0015	0.0068	0.0001	43	1	44	1
BLS12-1-03	0.84	0.0701	0.0012	1.5124	0.0279	0.1564	0.0021	935	11	937	12
BLS12-1-04	1.07	0.0466	0.0007	0.0443	0.0008	0.0069	0.0001	44	1	44	1
BLS12-1-05	1.50	0.0536	0.0054	0.0498	0.0049	0.0067	0.0001	49	5	43	1
BLS12-1-06	0.52	0.0633	0.0039	0.3178	0.0189	0.0364	0.0006	280	15	231	3
BLS12-1-07	1.35	0.0499	0.0013	0.0492	0.0013	0.0072	0.0001	49	1	46	1
BLS12-1-08	1.27	0.0505	0.0012	0.0442	0.0011	0.0064	0.0001	44	1	41	1
BLS12-1-09	1.64	0.0489	0.0036	0.0439	0.0032	0.0065	0.0001	44	3	42	1
BLS12-1-10	1.51	0.0470	0.0027	0.0406	0.0023	0.0063	0.0001	40	2	40	1
BLS12-1-11	1.32	0.0477	0.0008	0.0440	0.0008	0.0067	0.0001	44	1	43	1
BLS12-1-12	1.48	0.0512	0.0038	0.0462	0.0033	0.0065	0.0001	46	3	42	1
BLS12-1-13	1.74	0.0664	0.0017	0.0605	0.0016	0.0066	0.0001	60	2	43	1
BLS12-1-14	1.04	0.0482	0.0026	0.0432	0.0022	0.0065	0.0001	43	2	42	1
BLS12-1-15	1.56	0.0486	0.0010	0.0447	0.0010	0.0067	0.0001	44	1	43	1
BLS12-1-16	1.43	0.0549	0.0017	0.0467	0.0015	0.0062	0.0002	46	1	40	1
BLS12-1-17	0.29	0.1920	0.0038	7.1881	0.1764	0.2715	0.0068	2135	22	1549	34
BLS12-1-18	0.48	0.2931	0.0058	24.3119	0.5962	0.6014	0.0150	3281	24	3036	60
BLS12-1-19	0.33	0.2359	0.0087	13.7140	0.3706	0.4216	0.0107	2730	26	2268	48
BLS12-1-20	0.25	0.3158	0.0063	30.3328	0.7461	0.6966	0.0174	3498	24	3408	66
BLS13-5-01	1.72	0.0549	0.0083	0.0476	0.0071	0.0063	0.0002	47	7	40	1
BLS13-5-02	1.39	0.0477	0.0012	0.0415	0.0012	0.0063	0.0002	41	1	41	1
BLS13-5-03	1.52	0.0523	0.0013	0.0451	0.0013	0.0062	0.0002	45	1	40	1
BLS13-5-04	1.52	0.0466	0.0053	0.0442	0.0048	0.0069	0.0002	44	5	44	1
BLS13-5-05	1.48	0.0484	0.0012	0.0410	0.0011	0.0061	0.0002	41	1	40	1

续表

样品测点	Th/U	$^{207}Pb/^{206}Pb$	±1σ	$^{207}Pb/^{235}U$	±1σ	$^{206}Pb/^{238}U$	±1σ	$^{207}Pb/^{235}U$ 年龄/Ma	±1σ	$^{206}Pb/^{238}U$ 年龄/Ma	±1σ
BLS13-5-06	1.60	0.0469	0.0050	0.0409	0.0042	0.0063	0.0002	41	4	41	1
BLS13-5-07	1.64	0.0464	0.0013	0.0409	0.0012	0.0064	0.0002	41	1	41	1
BLS13-5-08	1.33	0.0461	0.0043	0.0401	0.0036	0.0063	0.0002	40	3	41	1
BLS13-5-09	1.65	0.0549	0.0015	0.0473	0.0014	0.0062	0.0002	47	1	40	1
BLS13-5-10	1.81	0.0531	0.0015	0.0459	0.0014	0.0063	0.0002	46	1	40	1
BLS13-5-11	1.65	0.0512	0.0062	0.0434	0.0051	0.0062	0.0002	43	5	40	1
BLS13-5-12	1.86	0.0494	0.0014	0.0407	0.0012	0.0060	0.0002	41	1	38	1
BLS13-5-13	1.35	0.0492	0.0014	0.0447	0.0014	0.0066	0.0002	44	1	42	1
BLS13-5-14	1.68	0.0574	0.0015	0.0480	0.0014	0.0061	0.0002	48	1	39	1
BLS13-5-15	2.07	0.0653	0.0017	0.0536	0.0016	0.0060	0.0002	53	2	38	1
BLS13-7-01	1.46	0.0548	0.0067	0.0490	0.0058	0.0065	0.0002	49	6	42	1
BLS13-7-02	1.33	0.0549	0.0066	0.0483	0.0056	0.0064	0.0002	48	5	41	1
BLS13-7-03	1.59	0.0498	0.0012	0.0447	0.0013	0.0065	0.0002	44	1	42	1
BLS13-7-04	1.75	0.0518	0.0013	0.0460	0.0014	0.0065	0.0002	46	1	41	1
BLS13-7-05	1.50	0.0490	0.0012	0.0428	0.0013	0.0063	0.0002	43	1	41	1
BLS13-7-06	1.56	0.0493	0.0014	0.0439	0.0014	0.0065	0.0002	44	1	41	1
BLS13-7-07	1.82	0.0486	0.0061	0.0449	0.0055	0.0067	0.0002	45	5	43	1
BLS13-7-08	1.20	0.0510	0.0055	0.0448	0.0046	0.0064	0.0002	44	4	41	1
BLS13-7-09	1.36	0.0494	0.0052	0.0450	0.0045	0.0066	0.0002	45	4	42	1
BLS13-7-10	1.28	0.0479	0.0013	0.0454	0.0015	0.0069	0.0002	45	1	44	1
BLS13-7-11	1.53	0.0515	0.0017	0.0461	0.0016	0.0065	0.0002	46	2	42	1
BLS13-7-12	1.82	0.0493	0.0014	0.0425	0.0014	0.0063	0.0002	42	1	40	1
BLS13-7-13	1.41	0.0512	0.0015	0.0451	0.0015	0.0064	0.0002	45	1	41	1
BLS13-7-14	1.81	0.0551	0.0015	0.0478	0.0015	0.0063	0.0002	47	1	40	1
BLS13-7-15	1.35	0.0536	0.0014	0.0474	0.0015	0.0064	0.0002	47	1	41	1
BLS13-7-16	1.38	0.0481	0.0050	0.0429	0.0043	0.0065	0.0002	43	4	42	1
BLS13-7-17	1.46	0.0536	0.0013	0.0493	0.0015	0.0067	0.0002	49	1	43	1
BLS13-7-18	1.56	0.0505	0.0014	0.0450	0.0014	0.0065	0.0002	45	1	42	1
BLS13-7-19	2.09	0.0562	0.0015	0.0514	0.0016	0.0066	0.0002	51	2	43	1
BLS13-7-20	1.98	0.0580	0.0015	0.0511	0.0016	0.0064	0.0002	51	1	41	1

续表

样品测点	Th/U	$^{207}Pb/^{206}Pb$	±1σ	$^{207}Pb/^{235}U$	±1σ	$^{206}Pb/^{238}U$	±1σ	$^{207}Pb/^{235}U$ 年龄/Ma	±1σ	$^{206}Pb/^{238}U$ 年龄/Ma	±1σ
BLS14-5-01	1. 56	0. 05364	0. 00568	0. 04611	0. 00476	0. 00623	0. 00015	47. 0	2. 0	40. 1	1. 0
BLS14-5-02	1. 83	0. 04705	0. 00531	0. 04097	0. 00452	0. 00632	0. 00015	43. 0	5. 0	40. 6	1. 0
BLS14-5-03	1. 79	0. 05203	0. 00174	0. 04748	0. 00159	0. 00623	0. 00013	39. 0	2. 0	40. 0	0. 8
BLS14-5-04	1. 51	0. 04966	0. 00549	0. 04336	0. 00468	0. 00633	0. 00015	96. 0	15. 0	40. 7	1. 0
BLS14-5-05	1. 29	0. 04605	0. 00300	0. 03924	0. 00241	0. 00618	0. 00013	43. 0	5. 0	39. 7	0. 9
BLS14-5-06	1. 17	0. 10793	0. 01847	0. 09946	0. 01666	0. 00668	0. 00023	44. 0	4. 0	43. 0	1. 0
BLS14-5-07	1. 68	0. 05351	0. 00624	0. 04362	0. 00497	0. 00591	0. 00015	42. 0	1. 0	38. 0	1. 0
BLS14-5-08	1. 23	0. 05305	0. 00551	0. 04411	0. 00446	0. 00603	0. 00014	43. 0	3. 0	38. 8	0. 9
BLS14-5-09	1. 30	0. 04921	0. 00124	0. 04248	0. 00108	0. 00603	0. 00012	43. 0	4. 0	38. 8	0. 8
BLS14-5-10	0. 83	0. 05009	0. 00423	0. 04311	0. 00350	0. 00624	0. 00015	39. 0	3. 0	40. 1	0. 9
BLS14-5-11	1. 21	0. 05057	0. 00483	0. 04315	0. 00400	0. 00619	0. 00014	55. 0	5. 0	39. 8	0. 9
BLS14-5-12	1. 66	0. 04606	0. 00354	0. 03874	0. 00286	0. 00610	0. 00013	38. 0	5. 0	39. 2	0. 9
BLS14-5-13	1. 07	0. 05973	0. 00541	0. 05515	0. 00481	0. 00670	0. 00016	46. 0	5. 0	43. 0	1. 0
BLS14-5-14	2. 23	0. 04873	0. 00623	0. 03840	0. 00481	0. 00572	0. 00014	44. 0	1. 0	36. 7	0. 9
BLS14-5-15	1. 32	0. 04942	0. 00563	0. 04612	0. 00513	0. 00677	0. 00017	41. 0	3. 0	43. 0	1. 0
BLS14-5-16	1. 63	0. 04791	0. 00144	0. 04420	0. 00134	0. 00631	0. 00013	45. 0	4. 0	40. 5	0. 8
BLS14-5-17	0. 97	0. 05136	0. 00442	0. 04163	0. 00344	0. 00588	0. 00014	103. 0	45. 0	37. 8	0. 9
BLS14-5-18	1. 38	0. 04914	0. 00465	0. 04519	0. 00415	0. 00667	0. 00015	41. 0	4. 0	42. 9	1. 0
BLS14-5-19	1. 71	0. 13814	0. 06419	0. 10642	0. 04867	0. 00559	0. 00046	203. 0	10. 0	36. 0	3. 0
BLS14-5-20	1. 34	0. 05025	0. 00479	0. 04149	0. 00383	0. 00599	0. 00014	43. 0	1. 0	38. 5	0. 9
BLS14-5-21	0. 42	0. 05153	0. 00294	0. 22171	0. 01172	0. 03120	0. 00066	38. 0	4. 0	198	4
BLS14-5-22	1. 73	0. 05242	0. 00159	0. 04358	0. 00134	0. 00557	0. 00012	40. 0	3. 0	35. 8	0. 8
BLS14-5-23	1. 60	0. 04744	0. 00468	0. 03851	0. 00369	0. 00589	0. 00014	41. 0	5. 0	37. 8	0. 9
BLS14-5-24	1. 66	0. 04647	0. 00422	0. 04043	0. 00357	0. 00631	0. 00014	45. 0	1. 0	40. 5	0. 9
BLS14-5-25	2. 14	0. 05055	0. 00607	0. 04088	0. 00481	0. 00587	0. 00014	41. 0	3. 0	37. 7	0. 9
BLS14-5-26	1. 31	0. 04735	0. 00129	0. 04565	0. 00127	0. 00642	0. 00013	41. 0	4. 0	41. 3	0. 8
BLS14-5-27	1. 41	0. 04606	0. 00381	0. 04120	0. 00328	0. 00649	0. 00014	38. 0	4. 0	41. 7	0. 9
BLS14-5-28	1. 57	0. 04881	0. 00475	0. 04091	0. 00386	0. 00608	0. 00014	46. 0	1. 0	39. 1	0. 9
BLS14-5-29	1. 84	0. 04616	0. 00462	0. 03801	0. 00370	0. 00597	0. 00014	47. 0	2. 0	38. 4	0. 9
BLS14-5-30	1. 57	0. 04679	0. 00122	0. 04646	0. 00124	0. 00648	0. 00013	43. 0	5. 0	41. 6	0. 8

续表

样品测点	Th/U	^{207}Pb/^{206}Pb	±1σ	^{207}Pb/^{235}U	±1σ	^{206}Pb/^{238}U	±1σ	^{207}Pb/^{235}U 年龄/Ma	±1σ	^{206}Pb/^{238}U 年龄/Ma	±1σ
BLS16-4-01	0. 22	0. 06421	0. 00158	0. 59955	0. 01327	0. 06773	0. 00073	477	8	422	4
BLS16-4-02	0. 61	0. 06809	0. 00123	1. 16548	0. 02928	0. 12396	0. 00137	785	14	753	8
BLS16-4-03	0. 43	0. 06474	0. 00212	1. 02054	0. 03144	0. 11433	0. 00128	714	16	698	7
BLS16-4-04	0. 85	0. 06810	0. 00090	1. 20687	0. 02047	0. 12422	0. 00131	804	9	755	8
BLS16-4-05	1. 04	0. 06744	0. 00093	1. 37889	0. 02569	0. 14393	0. 00153	880	11	867	9
BLS16-4-06	1. 03	0. 06669	0. 00105	1. 34524	0. 02981	0. 14436	0. 00156	866	13	869	9
BLS16-4-07	0. 68	0. 07179	0. 00211	1. 22095	0. 03332	0. 12335	0. 00136	810	15	750	8
BLS16-4-08	0. 35	0. 06655	0. 00183	1. 12501	0. 02846	0. 12260	0. 00132	765	14	746	8
BLS16-4-09	0. 56	0. 06338	0. 00083	0. 93428	0. 01502	0. 09988	0. 00104	670	8	614	6
BLS16-4-10	0. 73	0. 07922	0. 00159	1. 58213	0. 04906	0. 14422	0. 00165	963	19	868	9
BLS16-4-11	0. 45	0. 04901	0. 00309	0. 04915	0. 00303	0. 00727	0. 00010	49. 0	3. 0	46. 7	0. 6
BLS16-4-12	0. 59	0. 07156	0. 00350	1. 41607	0. 06704	0. 14352	0. 00178	896	28	865	10
BLS16-4-13	0. 74	0. 06834	0. 00363	1. 33500	0. 06896	0. 14169	0. 00177	861	30	854	10
BLS16-4-14	0. 03	0. 07091	0. 00182	1. 29026	0. 03032	0. 13197	0. 00138	841	13	799	8
BLS16-4-15	0. 57	0. 06005	0. 00175	0. 93580	0. 03801	0. 10319	0. 00127	671	20	633	7
BLS16-4-16	0. 41	0. 05900	0. 00107	0. 81827	0. 01920	0. 10007	0. 00108	607	11	615	6
BLS16-4-17	0. 84	0. 06020	0. 00824	0. 06585	0. 00888	0. 00793	0. 00019	65. 0	8. 0	51. 0	1. 0
BLS16-4-18	0. 57	0. 07849	0. 00400	0. 84660	0. 04193	0. 07822	0. 00095	623	23	486	6
BLS16-4-19	0. 20	0. 09185	0. 00452	0. 08103	0. 00385	0. 00640	0. 00008	79. 0	4. 0	41. 1	0. 5
BLS16-4-20	0. 68	0. 05094	0. 00712	0. 05264	0. 00725	0. 00750	0. 00018	52. 0	7. 0	48. 0	1. 0
BLS16-4-21	1. 04	0. 04626	0. 00467	0. 04616	0. 00462	0. 00724	0. 00014	46. 0	4. 0	46. 5	0. 9
BLS16-4-22	0. 47	0. 04939	0. 00240	0. 04941	0. 00230	0. 00726	0. 00010	49. 0	2. 0	46. 6	0. 7

辉绿岩样品 BLS12-1 共选择了 20 个点进行测试，20 个测点中有 12 个测点产生的 ^{206}Pb/^{238}U 表面年龄为 40±1 ~ 44±1Ma，加权平均年龄为 42±1Ma，其加权平均方差（MSWD）为4. 6。其余 8 个测点产生的表面年龄为 254 ~ 3549Ma，可能代表岩浆上升过程过捕获围岩中的锆石或继承性锆石的年龄。12 个测点产生的 42±1Ma（MSWD=4. 6，n=12；图 7-10a）的加权平均年龄应代表该辉绿岩的形成时代。

辉绿玢岩样品 BLS13-5 共选择了 15 个点进行测试，产生的^{206}Pb/^{238}U 表面年龄为 38 ~ 42Ma，加权平均年龄为 40±1Ma，其加权平均方差为 2. 0（图 7-10b），代表该辉绿玢岩的形成时代。

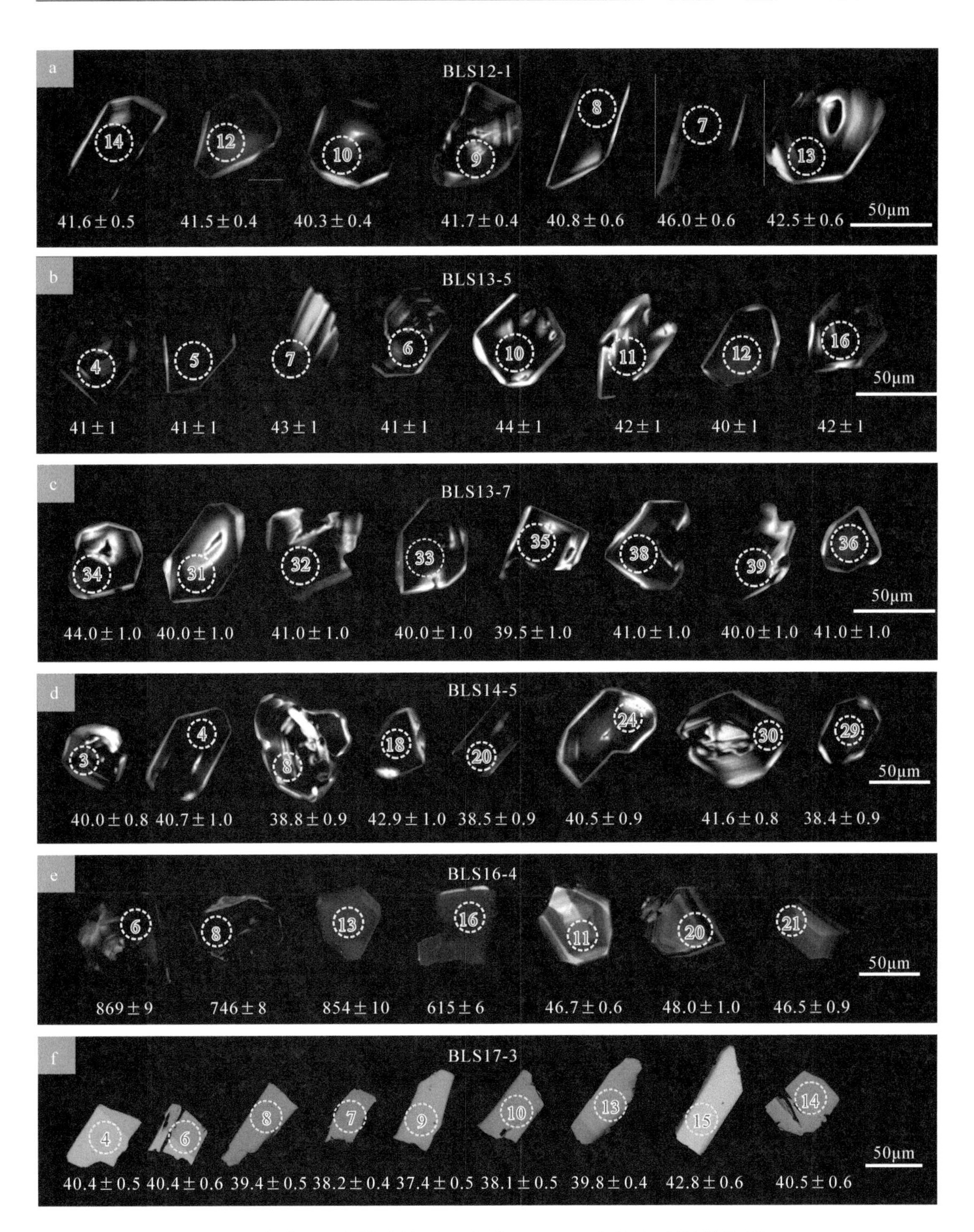

图 7-9　开鲁盆地基性脉岩锆石 CL 图像（a~e）和斜锆石背散射图像（f）

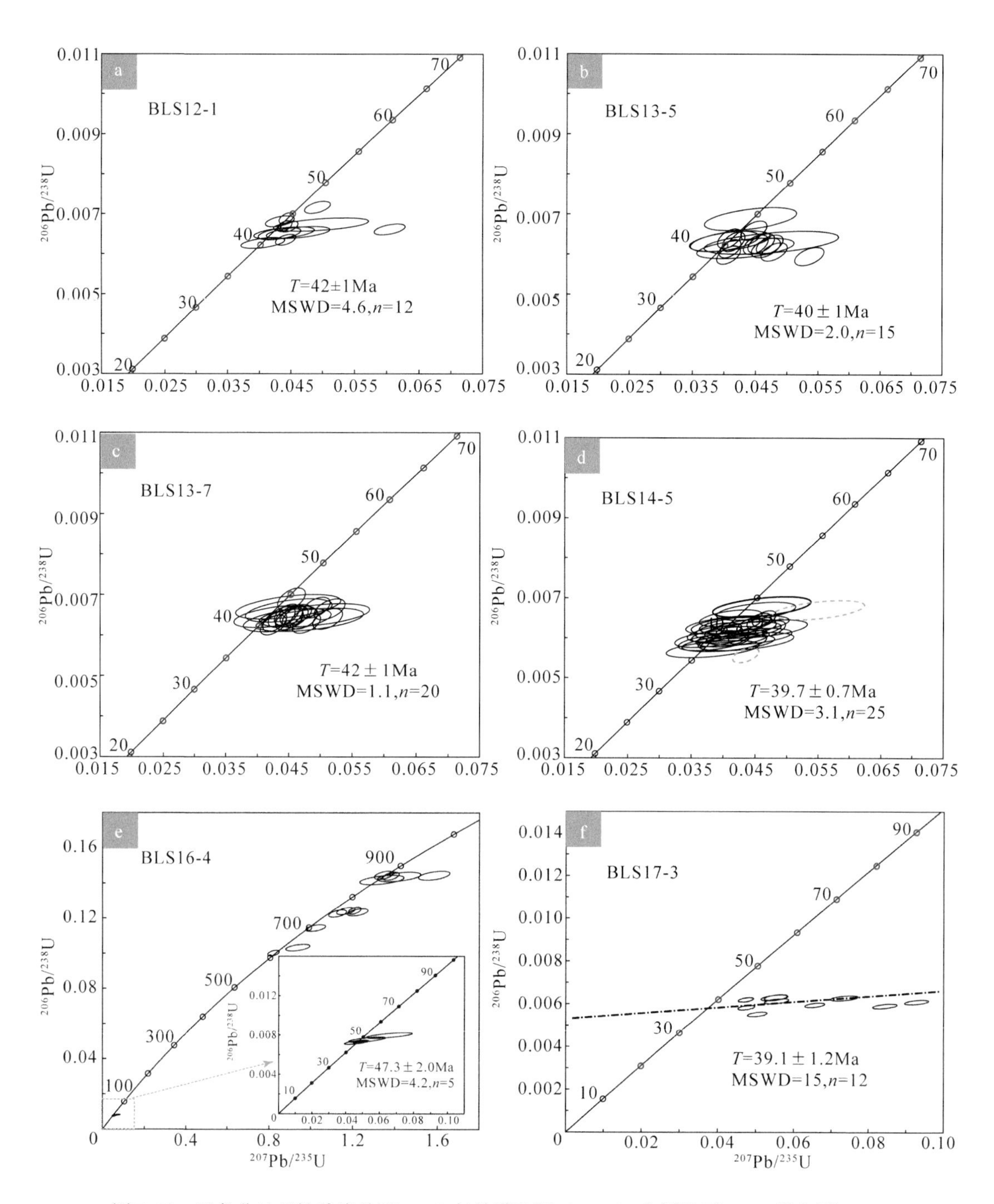

图 7-10　开鲁盆地基性脉岩锆石 U-Pb 年龄谐和图（a ~ e）和斜锆石 U-Pb 谐和图（f）

辉绿岩样品 BLS13-7 共选择了 20 个点进行测试，产生的$^{206}Pb/^{238}U$表面年龄为 40 ~ 44Ma，加权平均年龄为 42±1Ma，其加权平均方差为 1.1（图 7-10c），代表该辉绿岩的形成时代。

辉绿岩样品 BLS14-5 共选择了 30 个点进行测试，其有 25 个测点产生的$^{206}Pb/^{238}U$表面年龄为37.8±0.9～42.9±1.0Ma，加权平均年龄为39.7±0.7Ma，其加权平均方差为3.1。1个测点（21）产生的表面年龄为198±4Ma，另外4个测点（6、13、19和28）谐和度较差（<80%），偏离谐和曲线。21号测点可能代表岩浆上升过程过捕获围岩中的锆石或继承性锆石的年龄，25个测点产生的39.7±0.7Ma（MSWD=3.1，n=25）的加权平均年龄应代表该辉绿岩的形成时代（图7-10d）。

辉绿岩样品BLS16-4共选择了22个点进行测试，其中有5个测点产生的$^{206}Pb/^{238}U$表面年龄为46.5±0.9～51.0±1.0 Ma，加权平均年龄为47.3±2.0 Ma。12个测点产生的表面年龄为615±6～869±9Ma，可能代表岩浆上升过程过捕获围岩中的锆石或继承性锆石的年龄。另外5个测点（1、9、14、18和19）偏离谐和曲线，可能由于铅丢失导致。5个测点产生最年轻的加权平均年龄47.3±2.0 Ma（MSWD=4.2，n=5）代表该辉绿岩的形成时代（图7-10e）。

对一件辉绿岩样品进行斜锆石年代学测试，分析结果见表7-6。背散射图像显示，斜锆石呈短柱状，短轴长度为20～50μm，长轴长度多为50～120μm，晶形较好（图7-10f）。辉绿岩样品BLS17-3共选择了15个点进行测试，产生的$^{206}Pb/^{238}U$表面年龄为35.3±0.38～56.2±0.95Ma，加权平均年龄为39.1±1.2 Ma，代表该辉绿岩的结晶年龄，样品测点普遍偏离谐和线，呈水平分布，可能存在放射性Pb丢失（图7-10f），导致$^{207}Pb/^{235}U$年龄偏离谐和曲线，然而$^{206}Pb/^{238}U$年龄在误差范围内一致，因此$^{206}Pb/^{238}U$加权平均年龄是可靠的。

表7-6　开鲁盆地辉绿岩LA-ICP-MS斜锆石U-Pb定年结果

样品测点	$^{207}Pb/^{206}Pb$		$^{207}Pb/^{235}U$		$^{206}Pb/^{238}U$		$^{207}Pb/^{206}Pb$		$^{207}Pb/^{235}U$		$^{206}Pb/^{238}U$	
	比值	1σ	比值	1σ	比值	1σ	年龄/Ma	1σ	年龄/Ma	1σ	年龄/Ma	1σ
BLS17-3-01	0.0592	0.0019	0.0475	0.0015	0.0058	0.0001	572.8	67.87	47.1	1.42	37.4	0.44
BLS17-3-02	0.1035	0.0028	0.0843	0.0022	0.0059	0.0001	1688.1	49.10	82.2	2.03	38.0	0.46
BLS17-3-03	0.0663	0.0023	0.0504	0.0017	0.0055	0.0001	815.5	71.98	49.9	1.66	35.5	0.45
BLS17-3-04	0.0848	0.0030	0.0735	0.0025	0.0063	0.0001	1311.5	66.12	72.0	2.32	40.4	0.54
BLS17-3-05	0.1182	0.0034	0.0930	0.0025	0.0057	0.0001	1929.3	50.28	90.3	2.34	36.7	0.47
BLS17-3-06	0.0633	0.0028	0.0549	0.0024	0.0063	0.0001	718.7	91.22	54.3	2.27	40.4	0.57
BLS17-3-07	0.0799	0.0022	0.0656	0.0018	0.0060	0.0001	1195.2	54.16	64.5	1.68	38.3	0.46
BLS17-3-08	0.0657	0.0026	0.0555	0.0021	0.0061	0.0001	797.4	80.3	54.8	2.03	39.4	0.53
BLS17-3-09	0.1281	0.0044	0.1147	0.0037	0.0065	0.0001	2071.9	59.61	110.3	3.41	41.8	0.61
BLS17-3-10	0.1267	0.0035	0.1152	0.0030	0.0066	0.0001	2052.9	47.55	110.7	2.72	42.4	0.55
BLS17-3-11	0.0491	0.0010	0.0372	0.0007	0.0055	0.0001	151.8	45.93	37.1	0.70	35.3	0.38
BLS17-3-12	0.1104	0.0026	0.0928	0.0021	0.0061	0.0001	1805.2	42.50	90.1	1.95	39.2	0.47
BLS17-3-13	0.0555	0.0016	0.0474	0.0013	0.0062	0.0001	432.3	63.20	47.0	1.30	39.8	0.47
BLS17-3-14	0.0637	0.0024	0.0553	0.0020	0.0063	0.0001	730.3	78.08	54.7	1.95	40.5	0.54
BLS17-3-15	0.2353	0.0079	0.2840	0.0088	0.0088	0.0002	3088.6	52.87	253.8	6.93	56.2	0.95

第五节　辉绿岩成因

一、分离结晶与地壳混染

玄武质岩浆上升过程一般经历地壳混染和分离结晶作用，或两者的叠加（AFC 过程），能够显著影响样品的化学成分。研究区辉绿岩具有低的 SiO_2 含量（44.90% ~ 51.20%），变化 MgO 含量（4.59% ~15.87%）（图 7-11），同时在微量元素蛛网图中，显示 Sr 正异常，暗示可能存在地壳物质混染。然而，Sr 含量并不随 MgO 含量降低而增高，此外根据已发表的同位素资料（Xu et al., 2012），并不存在随 MgO 含量降低（$^{87}Sr/^{86}Sr$）$_i$ 增高和 εNd（t）值降低趋势，表明地壳物质的混染作用是微弱的。

辉绿岩低 MgO、Cr、Co 及 Ni 含量的原因可能为分离结晶作用，在哈克图解中，随着 MgO 含量降低，Ni 及 Cr 含量逐渐降低（图 7-11e、f），表明存在橄榄石的分离结晶作用，同时 CaO 含量随 MgO 含量降低具有先增高后降低的趋势，并在 MgO 含量为 7% 时达到最大值（图 7-11d），表明随着岩浆演化，先发生橄榄石分离结晶作用，当 MgO<7% 时，发生单斜辉石的分离结晶作用。

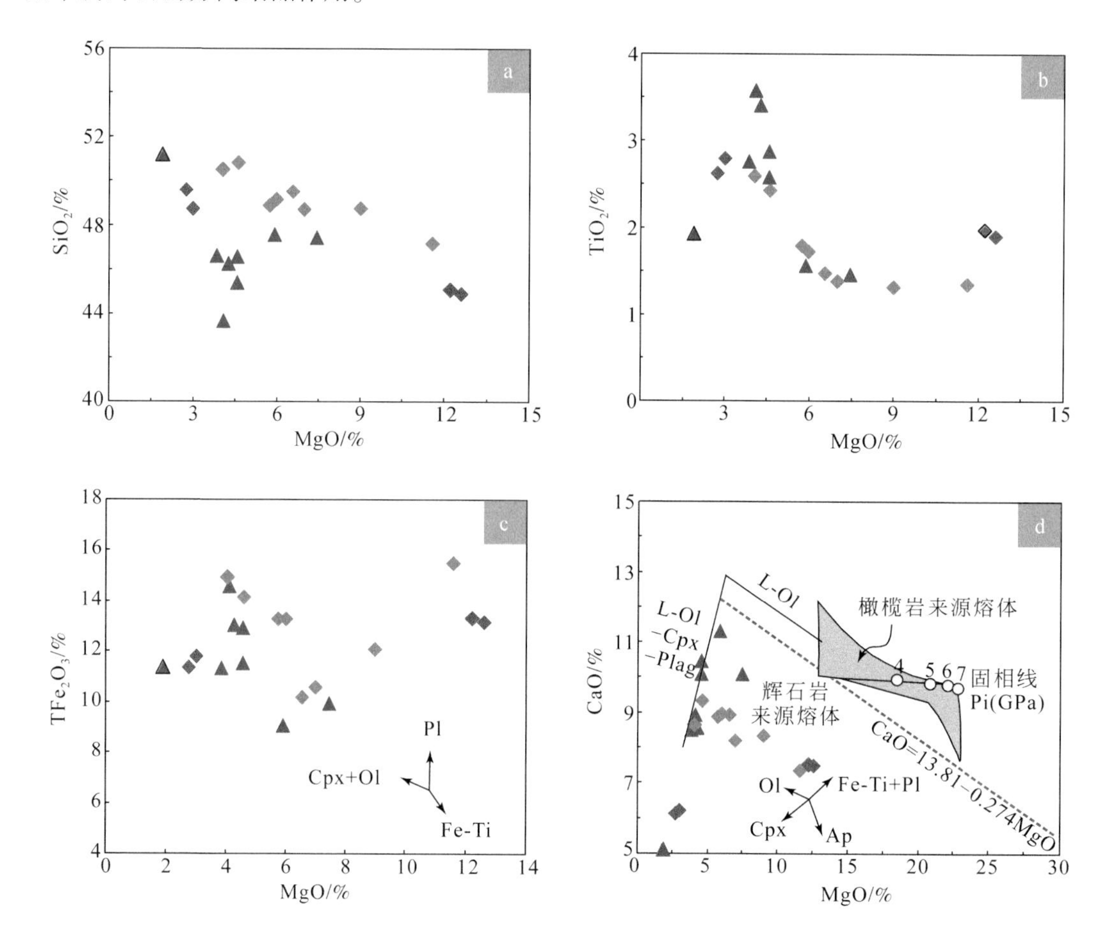

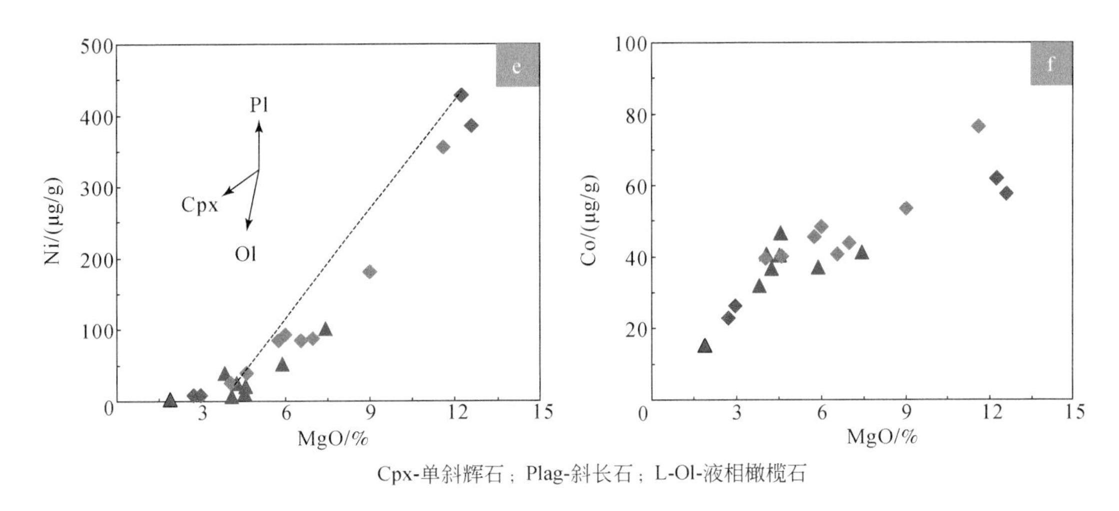

图 7-11　开鲁盆地辉绿岩 MgO 与相关主量（a～d）及微量元素（e、f）图解（图例同图 7-7）

二、地幔源区

辉绿岩普遍具有低 SiO_2（44.90%～51.20%）含量、高 MgO（4.59%～15.87%）含量及含 Cr（3.00～441ppm）、Co（15.3～63.9ppm）、Ni（3.48～428ppm），表明来自地幔部分熔融，此外，高 Nb/U（23.0～45.6）值（图 7-12a）和 OIB 型稀土及微量元素组成（图 7-8），结合已发表的 Sr-Nd 同位素组成，暗示源区为亏损的软流圈地幔。富集 LILE 及 LREE 的特点，暗示存在富集组分的加入。在排除地壳物质混染后，可能的解释是岩浆受到流体/熔体的交代作用。在 Nb/Zr-Th/Zr 图解上（图 7-12b），研究区样品显示熔体有关的富集趋势，明显不同于流体有关的富集特征。CaO 在辉石岩岩中的分配系数远小于橄榄岩（Herzberg，2011），因此辉石岩源区起源的熔体通常具有较低的 CaO 含量，在 MgO-CaO 图解中，研究区样品均落入辉石岩源区起源的熔体内（图 7-11d）。此外，由于 Fe/Mn 在橄榄石和辉石中具有不同的分配系数，辉石起源地的熔体与橄榄石相比具有较高的 Fe/Mn 值（>60），开鲁盆地辉绿岩具有较高的 Fe/Mn 值（62.48～77.36），平均值为 67.71，高于洋中脊玄武岩平均值（～57）。Zn/Fe 值在橄榄石和斜方辉石的分配系数相对一致，而在单斜辉石和石榴子石中却远小于 1，单斜辉石分离结晶可能增加这些辉绿岩样品的 Zn/Fe，然而即使是分异程度较低（MgO>8%）的样品，仍具有较高的 Zn/Fe 值，10000 * Zn/Fe 为 11.21～17.58，平均为 14.18，远高于上地幔值 8.5，与辉石岩起源玄武岩样品 Zn/Fe 值一致（Le Roux et al.，2010）。地震层析成像显示，中国东部核幔过渡带存在停滞的太平洋板片（Huang and Zhao，2006；Wei et al.，2015），在邻区双辽，玄武岩具有低 $\delta^{26}Mg$ 值，玄武岩中单斜辉石斑晶显示 $\delta^{18}O$ 值特征，指示沉积碳酸盐再循环进入上地幔（Li et al.，2017；Chen et al.，2017）。可能的解释是，辉石岩为地幔橄榄石与再循环沉积碳酸盐反应的产物。

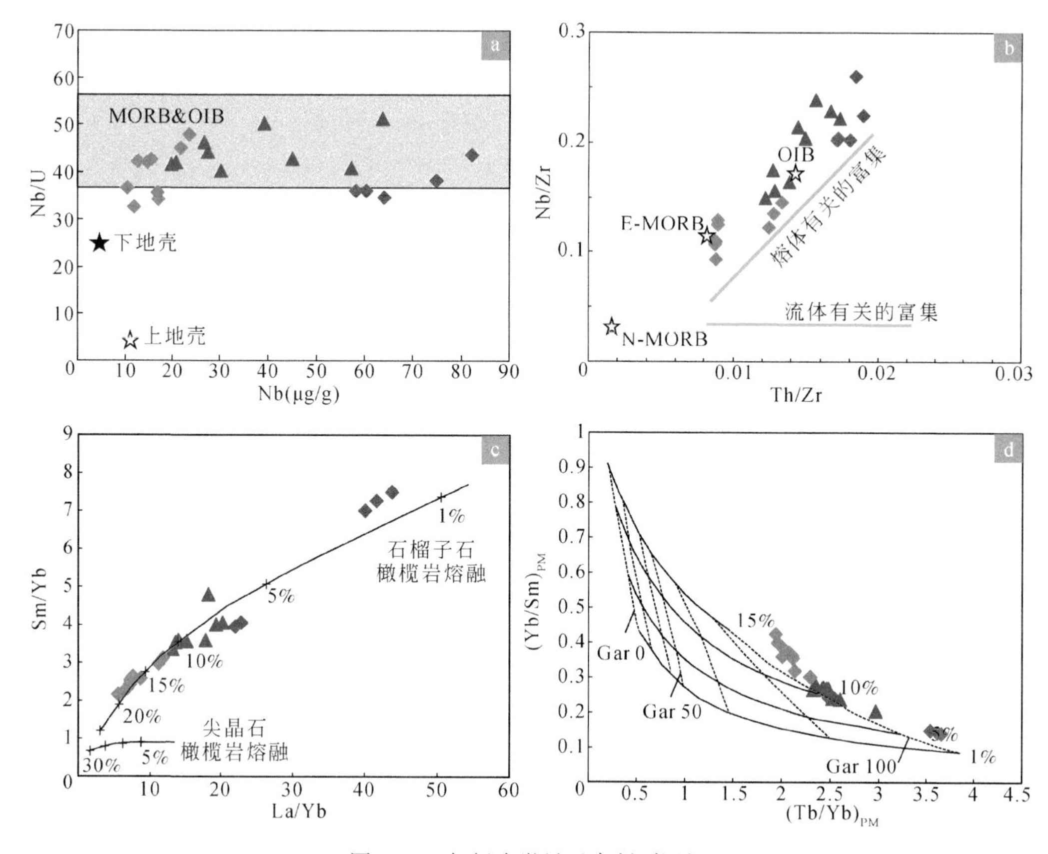

图 7-12　辉绿岩微量元素判别图解

a. Nb/U-Nb（MORB 和 OIB 数据引自 Hofmann 等，1986，上地壳和下地壳数据引自 Rudnick 和 Gao，2003，MORB-OIB 区域数据引自 Pearce，2008）；b. Nb/Zr-Th/Zr（据 Zhao 和 Zhou，2006）；c. La/Yb-Sm/Yb（据 Johnson 等，1990）；d. $(Tb/Yb)_{PM}$-$(Yb/Sm)_{PM}$（据 Zhang 等，2006）

三、成因机制

如前面所述，辉绿岩可分为碱性玄武岩和拉斑玄武岩系列。碱性系列相比于拉斑系列具有更低的 SiO_2 含量，更高的 REE 总量，表明不同程度分离结晶并不是造成两者之间成分差异的主要原因。通常，熔融压力对岩浆的硅饱和具有重要影响（Takahashi and Kushiro，1983；Kushiro，2001；Xu et al.，2005），高压条件下，低程度部分熔融产生的岩浆具有高 Ne 含量，而低压条件下高度部分熔融产生的岩浆标准矿物常出现 Hy 和 Q（DePaolo and Daley，2000）。研究区碱性系列辉绿岩具有高 Ne 含量，而多数拉斑系列辉绿岩不含 Ne，暗示两者成分差异可能与不同熔融条件有关。

Yb 在石榴子石中比 La 和 Sm 具有更高的相容性，岩石经历低程度部分熔融通常具有高 La/Yb 值和 Sm/Yb 值，而岩石经历高程度批次熔融或起源于尖晶石相稳定区域通常具有低 La/Yb 值和 Sm/Yb 值（Xu et al.，2005），因此 La/Yb-Sm/Yb 图解常用于区分来自尖晶石橄榄岩和石榴子石橄榄石熔融产生玄武岩。图 7-12c 表明，1% ~20% 批次熔融能够产生研究区辉绿岩，拉斑系列辉绿岩相比于碱性系列辉绿岩显示高程度部分熔融，这与 $(Tb/Yb)_{PM}$-$(Yb/Sm)_{PM}$图解得到的结论一致（图 7-12d）。考虑到熔融深度与熔融压力具有负相关关系（Langmuir et al.，1992），表明碱性系列比拉斑系列辉绿岩形成于更深的深度。

辉绿岩斜锆石 U-Pb 定年及前人的 Ar-Ar 定年表明（Xu et al.，2012），碱性系列形成于 51～47Ma，早于拉斑系列 42～40Ma。因此，岩石圈减薄可以揭示研究区碱性系列到拉斑系列辉绿岩成分的变化。可能的情况是，约 50Ma，岩石圈相对较厚，以至于只有较深部位的辉石岩发生部分熔融，形成碱性系列辉绿岩（图 7-13a）。随着岩石圈减薄，约 40Ma，相对浅部辉石岩也开始熔融，因此相对高程度部分熔融发生，形成拉斑系列辉绿岩（图 7-13b）。

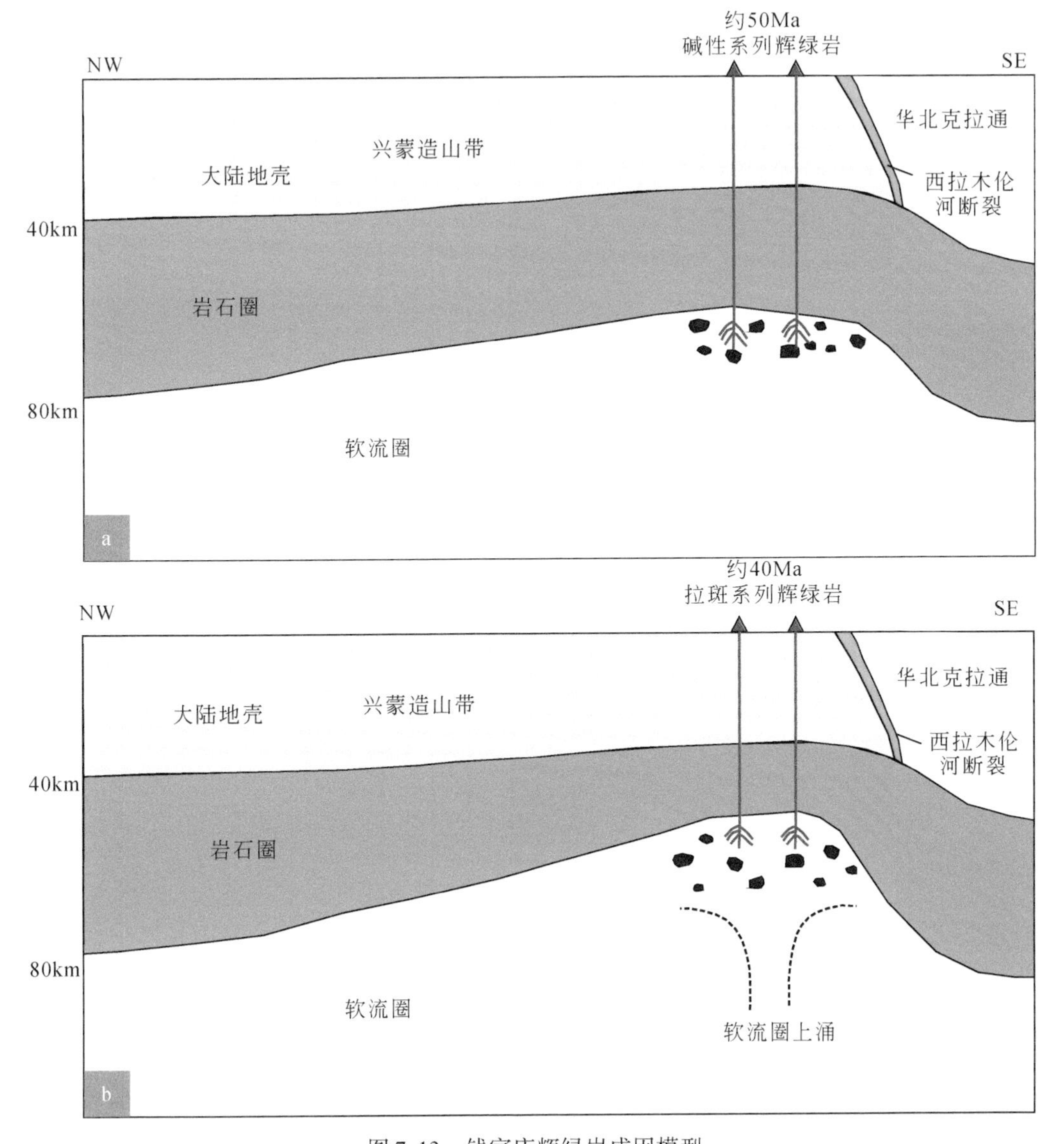

图 7-13　钱家店辉绿岩成因模型

a. 约 50Ma 碱性系列辉绿岩起源于相对较深的软流圈；b. 约 40Ma 随着软流圈上涌（岩石圈减薄，导致拉斑系列辉绿岩在软流圈较浅部位形成）

Maruyama 和 Seno（1986）基于大洋板块与欧亚板块相对运动方向结合相关地质学资料，对东亚约 250Ma 以来古地理进行重建，认为钙碱性岩浆指示存在板块俯冲，板块边界为转换断层及非常低的汇聚速率时不会出现岩浆活动，RFT 型三节点或洋中脊俯冲能够在海沟附近产生弧前火山以及宽的火山岩带，低 P/T 型区域变质岩带隆升与碰撞事件有关，并描绘板块运动速率及运动方向如图 7-14 所示，基于以上发现结合开鲁盆地研究总结如下：①与太平洋板块相比伊泽奈岐板块的俯冲速率相对较大（>20cm/a），因此中国东部早白垩-晚白垩世早期大面积岩浆岩分布，晚白垩世以来岩浆活动减弱；②53～48Ma 太平洋板块向 NNW 向俯冲，48～43Ma 转向北西方向；③太平洋板块俯冲方向的改变是造成开鲁盆地碱性系列和拉斑系列辉绿岩成分变化的内在机制。

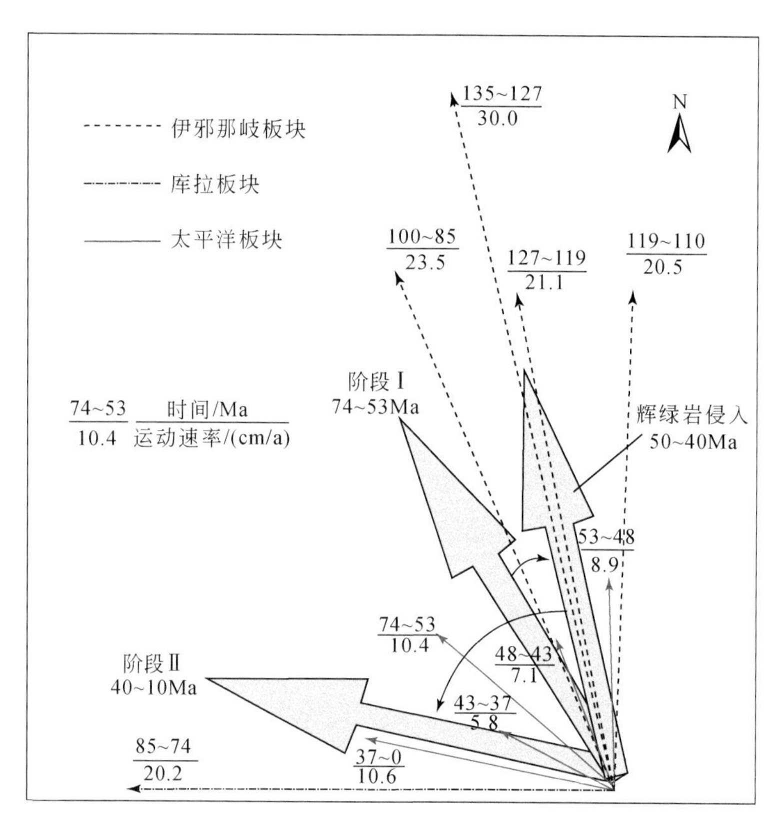

图 7-14　太平洋板块运动方向、运动速率随时间变化图（据 Maruyama and Seno，1986）

因此，不同程度部分熔融是造成研究区辉绿岩成分变化的主要原因，其动力学机制可能与太平洋板块俯冲方向的改变有关，始新世期间松辽盆地发生岩石圈减薄。

第六节　热流体与铀成矿

开鲁盆地砂岩型铀矿床成矿流体的性质还存在不同认识。早期人们认为矿床为典型的氧化带成矿，即表生含铀氧化流体由剥蚀天窗向周围砂岩中渗入，U 被炭屑和油气还原而成矿（赵忠华等，1998；于文斌等，2006；陈晓林等，2007；夏毓亮等，2010；庞雅庆等，2010；郑纪伟，2010；罗毅等，2012）。后来发现一些证据与氧化流体从天窗渗入成矿相矛盾，于是有人提出了氧化流体从更远的西南隆起区渗入，径流很长距离（200～300km）后从天窗排泄渗出成矿（焦养泉等，2015；荣辉等，2016）。但以上模式均强调表生流体作用下的氧化带型铀矿化，通过本项目组多年来的研究发现，铀矿化明显受断裂控制，且与辉绿岩脉有空间上的联系，热流体也参与了砂岩型铀矿的形成（聂逢君等，2017，2021；Yang et al.，2020；陈梦雅等，2021；杨东光等，2021）。

热流体是指具有一定化学活泼性并且在一般情况下温度高于75℃的流体（龚再升等，1997；孙永传等，1995）。聂逢君等（2017）通过包裹体测温显示，开鲁盆地砂岩型铀矿含矿目的层砂岩胶结物平均温度为118.7℃，钱家店-白兴吐矿床砂岩中碳酸盐矿物和石英裂隙中的包裹体研究表明，铀矿床经历了三期热流体活动，对应的温度分别是80～90℃、110～120℃和140～150℃，盐度分别为低盐度区（5.0%～10.0% NaCl）、中盐度区（10.1%～15.0% NaCl）和高盐度区（15.1%～20.07% NaCl）。种种迹象表明，开鲁盆地砂岩型铀矿氧化带表生含铀含氧流体成矿之后叠加了热流体的改造作用。为了研究开鲁盆地热流体的性质，对砂岩矿石中碳酸盐胶结物和黄铁矿的C、O、S同位素研究，非矿化岩石与矿石的同位素值比值都很低，多为很大的负值，如碳同位素$\delta^{13}C$的PDB值一般<-20‰，反映了来自深部渗出和浅部渗入两种流体的共同来源（罗毅等，2012）。陈梦雅等（2021）通过对含矿砂岩中黄铁矿原位S同位素分析，发现草莓状黄铁矿具有轻$\delta^{13}S$同位素组成（-55.6‰～-4.3‰），自形-半自形黄铁矿及胶状黄铁矿在硫同位素上显示较重$\delta^{13}S$同位素组成（0.9‰～23.2‰），指出黄铁矿具有细菌硫酸盐还原作用及热化学硫酸盐还原作用两种成因，铀矿经历了层间氧化成矿和热液流体叠加改造成矿。

另外，宝龙山矿床中钛铀矿的出现，直接反映了热流体成矿作用的存在（聂逢君等，2017）。辉绿岩与钱Ⅰ、钱Ⅱ、钱Ⅲ、钱Ⅳ、钱Ⅴ矿床也显示了密切的空间关系（颜新林，2018），在与辉绿岩接触部位可见姚家组红色砂岩显示二次还原特征，如氧化砂体被漂白变成白色砂体，以及渗透性砂体普遍发生绿色蚀变（杨东光等，2021）。地球化学特征表明，辉绿岩具有较高的全铁含量，以及大量含Fe（Ⅱ）矿物，如辉石和磁铁矿等，并伴随热流体与含矿目的层砂岩相互作用，出现大量的Fe、Mg碳酸盐、金属硫化物、绿泥石、绢云母等热液蚀变矿物（聂逢君等，2017）。

第八章　物源与铀源

第一节　概　　述

盆地作为一种主要的构造单元，参与并记录了造山演化的全过程，盆地记录了同沉积期的盆地沉降、盆缘山脉隆升和剥露过程。造山带隆升与沉积盆地形成及其相互关系长久以来都是大陆构造动力学的研究热点。盆地沉积充填研究的一个重要动向是沉积过程的源-汇系统研究，即把研究区从沉积区扩大到剥蚀物源区，揭示碎屑物从造山带遭受风化剥蚀，搬运到沉积的完整动力系统。在砂岩型铀矿领域，造山带中的富铀地质体能为沉积盆地的充填提供充足的物源和铀源，这些物质被地表水系搬运至沉积盆地中堆积成岩，形成潜在的含铀岩系。沉积盆地中的砂岩型铀矿来自造山带中的富铀岩石随流体迁移、汇聚，并在合适的氧化还原区域沉淀而形成，铀成矿作用受控于区域大地构造背景（焦养泉等，2015）。因此，必须整体性研究源-汇系统，明确含矿物质的来源和沉积搬运路径才可能正确地对砂岩型铀矿的勘查做出准确的预测和评价。

在砂岩型铀矿勘探中，物源和铀源及二者的源-汇系统严重制约着砂岩型铀矿的形成。物源供给是连接沉积盆地与造山带的纽带，它不仅影响了含铀岩系沉积路径和沉积序列的变化，同时还控制了含矿砂体和含氧含铀流体运移通道的展布（王成善和李祥辉，2003；屈红军等，2011；徐长贵，2013）。其研究内容不仅包括物源区的方位、蚀源区与母岩区的位置、母岩的性质及组合特征，还包括沉积物的搬运距离、搬运路径。而且，根据物源分析资料还可以进一步了解物源区的气候条件和大地构造背景，进行沉积体系分析，重建古地理面貌。因此这项研究不仅能为含铀岩系的物质来源提供依据，服务于区域性成矿预测和勘探部署，而且能构建盆地与造山带研究的桥梁。铀源是铀成矿的重要物质基础，盆地周缘蚀源区高铀含量的岩体可为盆地内部输送丰富的铀，同时也直接决定了砂岩型铀矿目的层能否形成对成矿有利的原始预富集（夏毓亮和刘汉彬，2006；刘汉彬等，2007）。

物源分析的历史由来已久，其在砂岩型铀矿成矿理论研究和矿产预测等方面具有十分重要的科学意义。传统的物源研究方法主要有沉积学、地震资料和测井资料等地质方法。随着现代分析手段的提高，物源分析方法日趋增多，并不断的相互补充和完善。目前应用较多的有重矿物法、碎屑岩类分析法、沉积法、裂变径迹法、地球化学法和同位素法等。主要研究岩石、矿物成分及其组合特征、地层的发育状况（包括接触关系和沉积界面等）、岩相的侧向变化和纵向叠置、地球化学特征及其组合变化等，其依据在于不同的物源在沉积物的搬运和沉积过程中就会有不同的岩性、岩相和地球化学特征响应。这些方法各有可取之处，从不同的角度对物源进行阐述，它们相互补充和完善，使得物源的判定结果更加可靠。近年来对砂岩型铀矿来说，判断目的层物源区方向，确定母岩性质及其矿物组分，现已成为众多学者关注的重点课题（Morton，1991；Morton and Hurst，1995；Morton and

Hallsworth, 1999；李忠等, 1999；和钟烨等, 2001；王成善和李祥辉, 2003；李忠等, 2004, 2005；Morton et al., 2005；陈全红, 2009；方世虎等, 2006, 2010；徐亚军等, 2011；付玲等, 2013；宋博等, 2013, 2014；林畅松等, 2015；裴先治等, 2015；田洋等, 2015；廖婉琳等, 2015；黄银涛等, 2016）。

铀源泛指形成铀矿床所需要的成矿物质（铀）的来源（黄世杰, 1994）。按照铀的来源可分为外源和内源两大类。外源是指盆地沉积盖层之外的基底蚀源区铀源，包括盆地边部隆起基岩区提供的铀源和盆地盖层覆盖下的基底铀源；内源是指来自盆地盖层中的铀源，包括来自目的层本身的铀源和上覆及下伏沉积地层中的铀源。在后生改造成矿期，外源和内源均起作用，当层间氧化带沿含水层走向发育距离很长时，内源也成为重要的铀源条件。铀源是铀成矿的必要条件，且铀源越富越有利于成矿。

砂岩型铀矿对盆地演化和充填中的源-汇系统十分敏感（李盛富等, 2016）。物源方向与目的层的沉积路径息息相关，在砂体展布方向上，砂体厚度、砂泥比例、碎屑粒度及氧化还原带等的变化均会对铀矿的发育和走向产生一定的影响。蚀源区高背景值的岩体既可以是盆地内富铀砂体的良好物源，又可以在形成砂岩型铀矿过程中提供铀，成为矿床的铀源。因此查明具高铀背景值的目的层来源，约束物源空间和时间上的变化规律，并确定主要蚀源区岩体的富铀情况显得尤为关键（刘华健等, 2017）。对物源和铀源及二者的源-汇系统的精确厘定有助于深入理解砂岩型铀矿的成矿作用，并对有利成矿区段进行合理的预测和评价，指导区域找矿工作的部署，促进找矿工作取得新的突破。

第二节　沉积物源与大地构造状况

开鲁盆地位于松辽盆地的西南部，是在海西地槽褶皱基底上发育起来的中生代断陷型沉积盆地（陈娟等, 2008；唐克东等, 2011）。古生代的构造演化与古亚洲洋密切相关，并形成了混杂岩、古生代同碰撞花岗质岩石，以及中生代造山后形成A型花岗岩（Sengör et al., 1993；Wu et al., 2002, 2011；Xiao et al., 2003；Windley et al., 2007；Zhou et al., 2009, 2014）。晚中生代及新生代期间，东北地区又受到环太平洋构造体系与蒙古-鄂霍次克构造体系的叠加与改造（Jia et al., 2004；Li, 2006；Wu et al., 2011），形成了中生代俯冲有关的增生杂岩、大规模北东向的花岗岩和火山岩带及走滑断层体系（Maruyama et al., 1997；Wilde et al., 2000, 2003, 2010；Zhou et al., 2009, 2014；Wu et al., 2011）。在上述演化过程中，形成了辽宁法库地区英云闪长岩、花岗闪长花岗岩（437～432Ma，时溢, 2020），库伦旗地区晚古生代黑云母二长花岗岩（杨勇等, 2014；姜玲, 2015），法库地区晚古生代花岗杂岩（284～265Ma，张晓晖等, 2005；Jing et al., 2020）、义县组火山岩（132～115 Ma，蔡厚安等, 2021），突泉地区早白垩世次火山岩（136.0±2.0 Ma，李永飞等, 2013；陶楠等, 2016），此外在钱家店凹陷钻孔也揭露到基底花岗岩和石榴子石石英黑云母片岩，测年结果显示花岗岩的形成时代为257～246Ma，石榴子石石英黑云母片岩的形成时代为257±4Ma。可见，富铀物质主要是来源于古生代—中生代的花岗岩及中酸性火山岩和晚古生代变质沉积岩系等为主的富铀基底，而这些富铀基底既分布于松辽盆地南部蚀源区，同时也以基底小隆起剥蚀出露的形式存在于盆地内部。

白垩纪以来，受到（古）太平洋板块多阶段俯冲方向和角度的转变，开鲁盆地经历了伸展-挤压-伸展的多阶段演化过程，早白垩世至晚白垩世早期，开鲁盆地在古太平洋板块高角度俯冲下发生伸展裂陷和拗陷作用，形成砂岩型铀矿次要目的层泉头组及含矿目的层姚家组辫状河及曲流河等沉积环境。地层不整合接触关系与前人的低温热年代学资料，揭示了开鲁盆地发生多期构造反转事件。地层接触关系上，青山口组与姚家组（T01）、嫩江组与四方台组（T03）、明水组与依安组（$E_{2-3}y$）（T02）、依安组（$E_{2-3}y$）与大安组（N_1d）之间存在角度不整合指示盆地发生构造挤压反转。松辽盆地内部磷灰石裂变径迹研究显示70～50 Ma 盆地整体处于抬升过程（Cheng et al., 2019, 2020），沉积物由上白垩统嫩江组湖相沉积变为上白垩统四方台组、明水组河流相沉积，直至处于剥蚀状态。在渐新世—中新世（30～10Ma），太平洋板块运动方向由 NNW 向转为 NWW 向，并有加速的趋势，速度由 30～40mm/a 变为 70～95 mm/a（Northrup et al., 1995），盆地遭受快速隆升剥蚀（Song et al., 2018; Cheng et al., 2018, 2019）。晚白垩世以来多期构造挤压反转，导致盆地边缘隆升，在盆地边缘暴露于地表，盆地边缘蚀源区淋滤含铀岩石的含铀含氧表生流体，沿着可渗透的目的层砂岩侧向向盆地中心迁移，为铀成矿提供丰富的铀源。

第三节　物　　源

物源分析是通过各种方法确定沉积物物源位置和性质及沉积物搬运路径，甚至整个盆地的沉积构造演化的过程，是盆地分析不可缺少的内容，为古地理和古气候重建提供基本材料，物源区分析可以解决物源区的位置和性质、沉积物的搬运过程、影响沉积物组分差异的成因、盆地性质等问题。

物源分析已经成为连接沉积盆地与造山带的纽带，为盆-山耦合分析提供了一个有效切入点，归纳起来，碎屑组分分析法、沉积法、重矿物法、裂变径迹法和地球化学法是目前应用最为广泛的物源分析方法，下面分别对这些方法作简要介绍。

一、物源研究方法

（一）碎屑组分分析法

1. 砂岩

沉积盆地中的沉积物主要来源于盆地范围以外的物源区，不同大地构造背景的物源区提供给沉积盆地的沉积物也不尽相同。因此碎屑岩中的碎屑组分和结构特征能直接反映物源区和沉积盆地的构造环境。Dickinson 等（1983）与 Dickinson 和 Suczek（1979）利用碎屑组分三角图对来自世界上已知构造背景的88 个地区的砂岩组分进行统计分析，并建立了 QFL、QmFLt、QpLvLs、QmPK 等经验判别图解，该套图解可以将物源类型确定出来。Dickinson 三角图解主要通过常规岩石薄片的显微镜下成分统计，包括石英、长石、岩屑、单晶石英、多晶石英、硅质岩屑等，然后利用模式图归纳出大陆板块、岩浆岛弧（或大陆边缘活动带）和再旋回造山带三类基本构造单元相对应的物源区，并做了次级分区。其中，在 QFL 图解上，将所有的石英质颗粒都归在一起，强调碎屑的稳定性。在 QmFLt 图解上，则是将岩屑（Lt）全都统计在一起，主要反映母岩的粒度。国内学者对该图解不断地进行了补充，使其更为完善（李忠等，1999；王松等，2012；李双应等，2014）。

2. *砾岩*

砾岩中砾石的成分、粒径的变化是确定物源的直接证据。利用砾石中不同成分的含量、粒径大小及所占百分比等统计资料，能区分源岩的主要岩性、搬运距离。砾序层、砾石的分选、磨圆、砾岩体的形态等都可作为有用的参考。

（二）沉积法

盆地中的钻井、测井、地震等资料可以识别目的层序的关键层序界面及标志层，划分层序地层单元，进行区域上的层序地层对比，建立目的层系的等时地层格架，在此基础上编制地层等厚图、砂分散体系、沉积体系图等图件，来推断出物源区的相对位置，波痕、交错层理等沉积构造和具有指示意义的古流向标志及植物微体化石等资料的综合利用，可使物源的判别结果更令人信服。

（三）重矿物法

1. *单矿物分析法*

由于电子探针技术的应用及其分析水平、精度的不断提高，重矿物分析法得到应用广泛。重矿物因其耐磨蚀、稳定性强，能够较多地保留其母岩的特征，在物源分析中占有重要地位。用于重矿物分析的单矿物颗粒主要有辉石、角闪石、绿帘石、十字石、石榴子石、尖晶石、硬绿泥石、电气石、锆石、磷灰石、金红石、钛铁矿、橄榄石等。分析上述矿物的含量、化学组分及其类型等，并针对每个重矿物的特性及其特征元素含量，用其典型的化学组分判断图或指数来判定其物源。另外，单颗粒重矿物含量比值亦具有一定的源区意义。独居石/锆石值（Mzi）可显示深埋砂岩物源区的情况；石榴子石/锆石值（Gzi）可用来判断层序中石榴子石是否稳定；磷灰石/电气石值（ATi）可指示层序是否受到酸性地下水循环的影响等。

2. *重矿物组合法*

矿物之间具有严格的共生关系，所以重矿物组合是物源变化极为敏感的指示剂。碎屑岩中的重矿物组合受控于搬运距离和母岩区岩石类型的综合。不同类型的重矿物组合对于物源示踪具有良好的指示意义（Morton and Hallsworth，1999；赵红格和刘池阳，2003）。重矿物根据其稳定性可分为稳定、中等稳定、不稳定、极不稳定 4 个级别，稳定和不稳定的重矿物组合可以反映物源方向（田豹等，2017）。重矿物 ZTR 指数（碎屑岩中锆石、金红石、电气石在透明重矿物中所占比例）和重矿物稳定系数常用来判别沉积物的搬运方向和搬运距离的远近（Hubert，1962；焦养泉等，1998）；ZTR 指数反映矿物的成分成熟度，成分成熟度越高，搬运距离越远；ATi 指数判断物源火成岩比例；Gzi 指数判断是否存在变质岩物源；Mzi 指数判断深成岩的比例。

（四）裂变径迹法

裂变径迹法分析物源区是利用磷灰石、锆石中所含的微量铀杂质裂变时在晶格中产生的辐射损伤，经一系列化学处理后，形成径迹，通过观测径迹的密度、长度等分布，并对其加以统计分析，从中提供与物源区的年龄及构造演化有关的信息。磷灰石裂变径迹退火带温度范围为60～130℃，与生油窗口温度带基本一致，故在油气研究中应用广泛。浅部地层中的磷灰石没有受到退火的影响，其裂变径迹的年龄及长度均可代表物源特征。但也常以锆石来判断，因其退火温度较高（160～250℃），不易受退火的影响。

（五）地球化学法

现代化的高精尖测试和分析手段的迅猛发展使得物源分析朝定量化发展。地球化学和同位素方法在限制沉积物源方面起到了重要作用，其优点是既可以应用到富含基质的砂岩和页岩中，又可以确定物源的年龄和地球化学历史。稀土元素示踪、蚀源区风化强度的量化判别（化学蚀变指数CIA、化学风化指数CIW、斜长石蚀变指数PIA、成分变异指数ICA）、古气候背景的判别、源区母岩组成的模拟及各种同位素测年技术将物源分析逐步推向半定量-定量化转变。

1. 元素地球化学

沉积物各种元素中的富集丰度受多种因素的综合控制，这些因素有物源母岩性质、源区的风化程度、搬运距离的远近、分选程度、沉积和成岩作用。稀土元素和部分微量元素（如Th、Sc、Cr、Co）在沉积成岩过程中稳定性高且难溶解，在搬运过程中因其含量基本保持不变，能很好地指示源区母岩类型。Bhatia（1983）、Roser和Korsch（1988）提出了用泥质、砂泥质岩石的主要元素地化特征来判别物源类型，用K_2O、Na_2O、SiO_2、CaO、Al_2O_3、Fe_2O_3、MgO等的判别图来区别被动大陆边缘、活动大陆边缘和大洋岛弧、大陆岛弧物源区。

2. 同位素方法

用岩石中的同位素测年及其间的相互关系图来判别物源类型和年龄，是一种更为精确的年代学物源判定方法。目前，发展最为迅速的是单颗粒矿物测年在物源研究中的应用，因为它可以限定物源区岩石形成的时间年龄，从而极大地提高了利用重矿物分析物源的可靠性。现在使用较多的为稳定的锆石和独居石、LA-ICP-MS和高分辨率离子探针（SHRIMP）等，这些测年方法测出的数据精度高，能够提供物源形成的准确年代。但总体而言，大多数锆石U-Pb测年的研究主要集中于火成岩或变质岩的年代学分析（梁细荣等，2000）。与火成岩或变质岩相比较，沉积岩的物源呈现多源性，锆石U-Pb测年结果常会得到多个年龄峰值。

沉积物源分析的历史由来已久，多年的发展时期使得各种理论日趋完善。目前而言，物源分析的方法众多，但它们都比较孤立，每一种方法都有其优越性和局限性。因此，物源分析应该建立在传统物源研究的基础上，结合研究区地质背景，对物源研究的多种方法采取扬长避短，只有这样才能使物源研究更为精确。

二、常规矿物分析

常规矿物分析主要包括石英、长石和岩屑等碎屑颗粒的分析，其在物源研究中十分重要，通过对碎屑颗粒和重矿物的组合分析，可以推断出母岩的特征和类型。

本研究选择了开鲁盆地钱家店-宝龙山地区铀成矿区域中姚家组含矿目的层作为研究对象，在40件样品砂岩中，按石英Q端元（仅含单晶）、长石F端元（含斜长石和钾长石）和岩屑Lt端元（含岩浆岩、变质岩、沉积岩及多晶石英）进行统计，结果见表8-1。

表8-1　开鲁盆地铀矿目的层砂岩成分特征

样品编号	岩性	钻孔编号及深度/m	Q	F	Lt
Q08-02	漂白砂岩	ZK0805，266.36	40	18	42
Q08-05	黄褐色氧化砂体	ZK兴57-16，396.00	50	17.5	32.5
Q08-07	紫红色氧化砂体	ZK兴57-16，355.00	60	18	22
Q08-08	灰白色细砂岩	ZK兴29-6，325.55	35	16	49
Q08-09	灰白色细砂岩	ZK兴29-6，329.48	40	15	45
Q08-10	灰白色细砂岩	ZK兴29-6，338.70	50	13	37
Q08-11	灰白色细砂岩	ZK兴29-6，337.80	35	26	39
Q08-12	灰白色细砂岩	ZK兴29-6，345.87	30	10.5	49.5
Q-09-1	灰色含砾砂岩	ZK兴29-0，288.90	25	20	55
Q-09-2	灰色含砾砂岩	ZK兴29-0，288.00	55	30	15
Q-09-3	灰色细砂岩	ZK兴29-0，284.40	30	10	60
Q-09-4	灰色细砂岩	ZK兴29-1，273.00	29	11	60
Q-09-5	灰色中砂岩	ZK兴29-1，278.20	35	10	55
Q-09-8	灰白色中砂岩	ZK兴48-10，133.20	45	10	45
Q-09-9	亮黄色氧化砂体	ZK兴48-10，135.40	35	10	55
Q-09-10	灰色中砂岩	ZK兴48-10，135.00	10	35	55
Q-09-13	黄色砂砾岩	ZK兴35-4，334.70	29	12	59
Q-09-14	砖红色中粗砂岩	ZK兴35-4，269.20	30	10	60
Q-09-16	灰色还原细砂岩	ZK兴25-0，274.52	30	10	60
Q-09-17	过渡带灰色细砂岩	ZK兴25-0，272.00	35	10	55
Q-09-25	灰白色含泥砾砂岩	ZK兴59-31，348.00	20	15	65
Q-09-26	灰色含赤铁矿细砂岩	ZK兴59-31，243.80	35	15	50
KL10-34	砖红色、灰色中砂岩	ZK兴33-6，325.00	25	15	60
13-TL-01	弱氧化中砂岩	ZK兴-35B-14B，352.80	40	10	50
13-TL-03	灰色中砂岩	ZK兴-35B-14B，336.70	33	7	60
13-TL-08	钙质胶结中砂岩	ZK兴-35B-14B，209.80	50	5	45
13-TL-09	褐黄色中砂岩	ZK兴-37B-14C，351.90	43	5	52

续表

样品编号	岩性	钻孔编号及深度/m	Q	F	Lt
13-TL-10	灰色含砾粗砂岩	ZK 兴-37B-14C，341.70	43	5	52
13-TL-12	褐黄色中粗砂岩	ZK 兴-37B-14C，323.80	35	8	57
13-TL-13	褐黄色中砂岩	ZK 兴 33B-14A，366.90	37	10	53
13-TL-14	灰色含砾砂岩	ZK 兴 33B-14A，348.10	45	5	50
13-TL-16	褐黄色中砂岩	ZK 兴 33B-14A，308.50	40	10	50
13-TL-20	褐黄色中粗砂岩	ZK 兴 37-16，361.40	45	10	45
13-TL-21	灰色中砂岩	ZK 兴 37-16，343.20	40	5	55
13-TL-22	浅褐黄色砂质砾岩	ZK 兴 37-16，317.50	52	8	40
13-TL-28	褐黄色粗砂岩	ZK 兴 37-16B，362.30	45	10	45
13-TL-29	灰色中粗砂岩	ZK 兴 37-16B，345.50	40	5	55
13-TL-30	褐黄色粗砂岩	ZK 兴 37-16B，319.90	50	10	40
18KL008	紫红色粗砂岩	ZK 兴 99-5，503.40	54	15	31
18KL017	含碳灰白色中砂岩	ZK 兴 87-8，457.50	47	24	29
18KL029	浅灰白色中砂岩	ZKH6-4，574.70	46	11	43
18KL038	浅红色中粗砂岩	ZK 高 3-1，662.50	52	19	29
18KL048	灰白色中粗砂岩	ZK 余 5-2，668.30	42	32	26
18KL052	浅红色氧化砂岩	ZKH4-4，599.40	34	12	54
18KL085	浅红色中砂岩	ZK 兴 147-6，709.50	53	13	34
18KL093	灰白色中砂岩	ZK18-02，321.50	63	18	19
18KL102	灰白色中砂岩	ZKS49-47，698.10	56	27	17
19KL013	浅紫红色中砂岩	ZK 兴 115-7，502.76	47	35	18
19KL020	浅紫红色中砂岩	ZKZ2-1，668.15	49	25	26
19KL027	浅紫红色中粗砂岩	ZKS13-49，691.73	44	11	45
19KL030	浅紫红色中砂岩	ZKZ1-1，691.34	55	20	25
19KL043	灰白色中砂岩	ZKL40-24，576.12	56	3	41
19KL047	灰白-紫红色中砂岩	ZK 兴 105-2，535.60	47	28	25
19KL049	灰白色中细砂岩	ZK 兴 4-82，352.00	50	15	35
19KL053	浅紫红色中砂岩	ZK 宝 3-5，528.00	55	20	25
19KL054	浅紫红色中砂岩	ZK 宝 6-1，506.00	53	21	26
19KL056	灰白色中砂岩	ZK 架 7-9，268.00	45	29	26
19KL058	浅紫红色中砂岩	ZK 兴 97-40，516.00	50	22	28
19KL059	浅紫红色中砂岩	ZKS65-61，696.00	48	10	42
19KL060	浅紫红色中砂岩	ZK 高 9-1，593.31	40	25	35
19KL068	灰白色中粗砂岩	ZK93c-5c，469.84	51	18	31

目的层姚家组砂岩总体为中粒砂状结构，镜下观察其粒径主要为0.2～0.5mm。碎屑颗粒的磨圆度主要为次棱-棱角状，分选性多为中等-差。砂岩普遍胶结较为致密，碎屑颗粒之间以点接触和线接触为主，胶结类型多为孔隙式胶结。由于姚家组为河流相沉积，砂岩成分成熟度较低的结构特征反映了其距物源区距离较近，沉积较快。通过薄片观察，开鲁地区姚家组砂岩碎屑含量多为80%～90%，个别样品较低，碎屑成分主要为石英、长石、岩屑及少量云母和重矿物。石英颗粒主要由单晶石英和多晶石英组成，其中多晶石英含量较低，单晶石英含量较高。岩屑总含量多为40%～50%。长石总含量为10%～20%。根据砂岩端元分类法，对姚家组砂岩进行三端元投图，其主要落于岩屑砂岩和长石岩屑砂岩区域中，少部分落于岩屑长石砂岩区域（图8-1）。

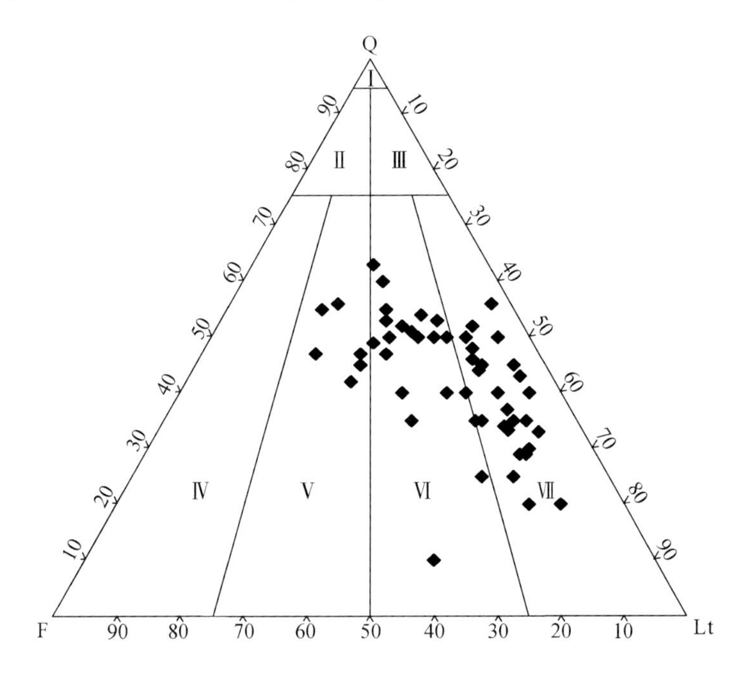

Ⅰ-石英砂岩；Ⅱ-长石石英砂岩；Ⅲ-岩屑石英砂岩；Ⅳ-长石砂岩；Ⅴ-岩屑长石砂岩；Ⅵ-长石岩屑砂岩；Ⅶ-岩屑砂岩

图8-1　开鲁盆地姚家组砂岩分类三角图

（一）碎屑组分分析

开鲁盆地姚家组砂岩主要碎屑组分特征如下所示。

1. 石英

石英为主要的碎屑成分，分为单晶石英（35%～65%）和多晶石英（10%～25%）。单晶石英表面较为光洁，磨圆度较差，以棱角状-次棱角状为主。部分薄片中可见细条状、尖角状石英颗粒（图8-2a），没有经过搬运，应为火山晶屑直接掉落形成。少量石英经过硅质胶结作用，形成石英的次生加大边（图8-2b）；研究区碳酸盐化强烈，常见石英颗粒被碳酸盐交代呈港湾状（图8-2c）；还可见石英受应力作用被挤压断裂（图8-2d）。多晶石英包括具有放射状的玉髓碎屑（图8-2e）和隐晶结构的燧石（图8-2f）及具有不等粒结构的燧石。

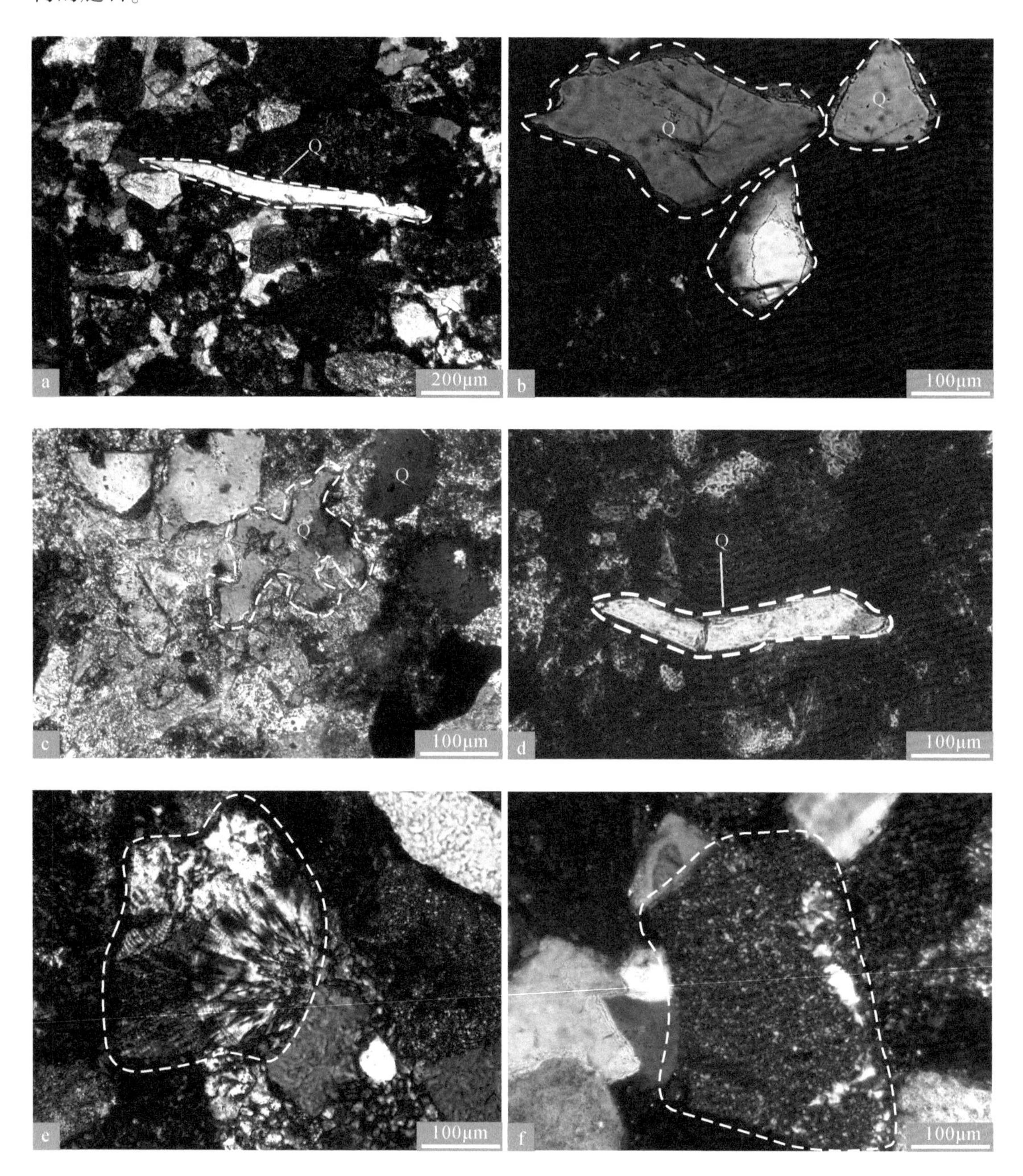

图 8-2　姚家组砂岩碎屑石英（Q）图版

a. 尖角状石英，18KL056，ZKH1-6，593.67m（+）；b. 石英次生加大，18KL088，ZKH0-2，589.5m（+）；c. 石英被碳酸盐交代呈港湾状，19KL030，ZKZ1-1，691.43m（+）；d. 石英受应力作用被压断，18KL016，ZK 兴 87-8，506.00m（+）；e. 多晶石英，具放射状结构的玉髓，18KL094，ZK 兴 117-5，613.89m（+）；f. 多晶石英，具隐晶结构的燧石，18KL038，ZK 高 3-1，662.54m（+）

2. 长石

长石颗粒多呈板状、短柱状，以钾长石、斜长石为主，整体上分选性差，磨圆度为次圆-次棱角状。镜下可见具格子双晶的微斜长石，整体轮廓清晰。斜长石表面浑浊，可见聚片双晶，双晶纹细而密。长石表面、绢云母化现象比较严重（图 8-3），镜下表现为表面粗糙，多呈破碎状。长石的稳定性较石英差，在化学上的不稳定性导致其容易发生溶蚀，形成粒内溶蚀孔隙。

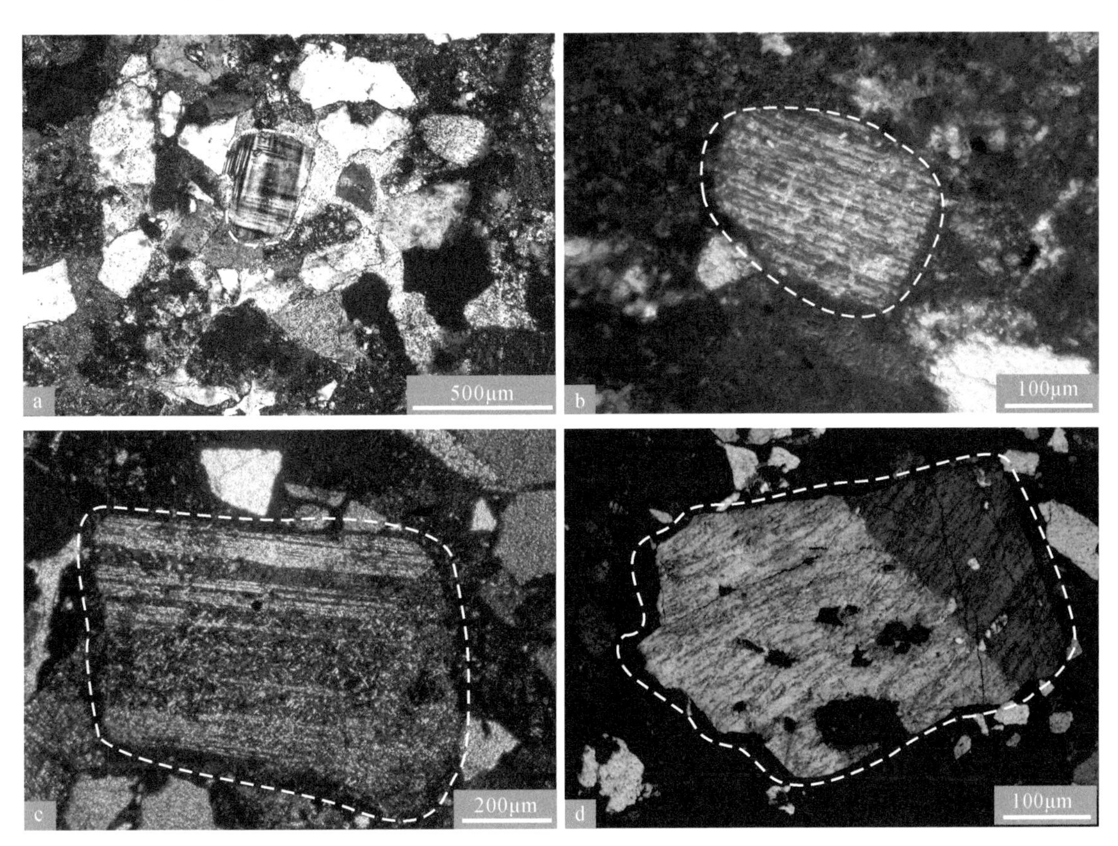

图 8-3　姚家组砂岩碎屑长石图版

a. 微斜长石，具格子双晶，整体轮廓清晰，19KL053，ZK 宝 3-5，528.00m（+）；b. 斜长石，聚片双晶，长石表面伊利石化-绢云母化，18KL015，ZK 兴 87-8，530.00m（+）；c. 斜长石，聚片双晶，表面见绢云母化发育，整体轮廓清晰，18KL031，ZKH6-4，602.2m（+）；d. 条纹长石，整体轮廓清晰，可见粒间溶蚀孔洞，18KL015，ZK 兴 87-8，530.00m（+）

3. 岩屑

岩屑是母岩岩石的碎屑，保留着母岩结构的矿物集合体，是物源区母岩类型的重要指示物。研究区姚家组砂岩中岩屑类型多样，以火成岩岩屑为主（图 8-4a），其次为变质岩岩屑和沉积岩岩屑。火成岩岩屑包括流纹岩岩屑、安山岩岩屑和粗面岩岩屑等。流纹岩岩屑具有明显的文象结构（图 8-4b）。

变质岩岩屑包括高级变质岩岩屑和中低级变质岩岩屑。正交偏光下可见变质石英岩岩屑，石英晶体表现为不等粒结构，彼此之间缝合接触，具有波状消光（图 8-4c）。其他高

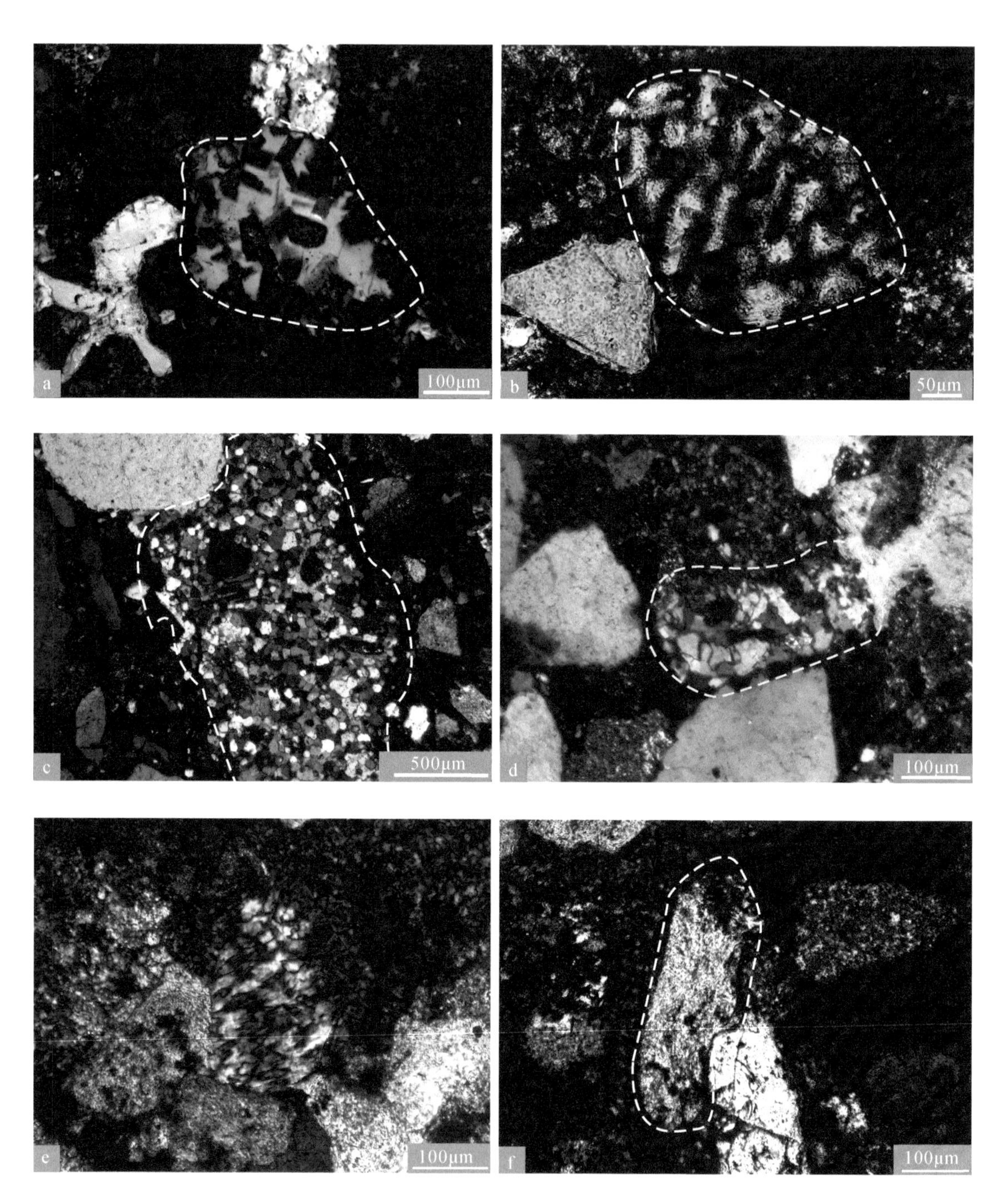

图 8-4　姚家组砂岩碎屑岩屑图版

a. 火成岩碎屑，可见石英斑晶，18KL084，ZK 兴 147-6，718.9m（+）；b. 流纹岩岩屑，具有文象结构，20KL056，ZK 兴 147-10，608.66m（+）；c. 变质岩石英岩屑，18KL015，ZK 兴 87-8，530.00m（+）；d. 高级变质岩岩屑，具有不等粒结构，18KL024，ZK 兴 105-5B，554.19m（+）；e. 高级变质岩岩屑，18KL068，ZK 兴 99-5，558.42m（+）；f. 片岩岩屑，18KL003，ZK 兴 99-5，557.9m

级变质岩岩屑也可在镜下观察到（图 8-4d、e）。中低级变质岩岩屑在镜下也可观察到，如片岩岩屑，片岩岩屑中粒状矿物以石英为主（图 8-4f）。岩屑中普遍发生蚀变作用。砂岩岩屑的多样性表明砂岩的物源具有多源性。

蚀源区不同类型的母岩因其矿物组成具有明显的差异性，这些不同类型的母岩经风化后会产生不同的重矿物和轻矿物组合，因此根据岩屑成分来恢复物源区母岩性质是一种非常有效的办法。结合姚家组砂岩的重矿物特征和岩屑组合特征，我们认为姚家组砂岩的母岩主要为中酸性火山岩，此外还存在中高级变质岩和花岗岩母岩组合（夏飞勇，2019）。

（二）物源区构造属性

碎屑质盆地中的沉积物，绝大部分来源于盆地范围以外的物源区。经典的砂岩碎屑组分统计是分析判断物源属性的有效方法之一，该方法最早由 Dickinson 和 Suczek（1979）提出。20 世纪 70 年代，以 Dickinson 为代表的国外学者对沉积作用于构造环境的关系进行了深入研究，认为陆源碎屑成分是板块构造控制下的物源区与沉积盆地有机结合的产物，不同大地构造背景的物源区提供给沉积盆地的物质成分也不尽一致。因此，可以通过沉积盆地中岩石成分来反溯物源区的构造背景。

Dickinson 和 Suczek（1979）根据碎屑岩的物源区的板块构造划分了三类一级物源区类型：大陆板块物源区、岩浆岛弧物源区和再旋回造山带物源区。在此基础上，又细分为 7 个次级物源区类型。

针对开鲁盆地姚家组地层砂岩采集的六十余件样品，将砂岩样品进行碎屑成分定量分析。先对薄片进行镜下观察，确定矿物碎屑的种类和数量，用线计法对薄片图像中的抽样点进行统计，用显微镜的目镜刻度尺作为计点的抽样工具。用物台微尺标定偏光显微镜目镜刻度尺，从而对显微镜视域内的图像进行测量和分析（杜后发等，2011）。

研究表明，开鲁盆地含矿目的层——姚家组形成时，以浅灰色、灰白色中细粒岩屑长石砂岩或长石岩屑砂岩为主，岩屑含量很高，岩石成分成熟度偏低，表明沉积物近物源的特征，主要源自基底火山岩、灰岩及周边花岗岩。在大地构造判别图上（图 8-5）可以看出，样品大多数落在再造山旋回带上，少数点落在岩浆弧区和混合物源区。落入混合物源区可能是因为样品采集范围过大，研究区内的物源区为多个或者物源区属性变化较大，导致判别图中有少量样品落入混合物源区中（刘立和胡春燕，1991）。

综合分析，研究区目的层姚家组的碎屑砂岩以中粒沉积序列为特征，碎屑颗粒的分选性和磨圆度较差，碎屑颗粒组分复杂，岩屑种类较多，结构和成分成熟度较低。在沉积过程中，古气候干燥，构造活动强，沉积物搬运距离较短，沉积物源主要来自再旋回造山带物源区，其物源类型可能为碰撞造山带，所对应的潜在物源区为兴蒙造山带或华北克拉通北缘。

三、重矿物分析

重矿物是指沉积岩中比重大于 2.86 的矿物，含量相对较少，组合特征却与母岩性质密切相关（陈建文和孙树森，1994）。重矿物对于其他的碎屑矿物具有耐风化，搬运距离和受成岩作用影响较小等特点，且来自同一母岩区的重矿物组合特征相似，因此，重矿物分析

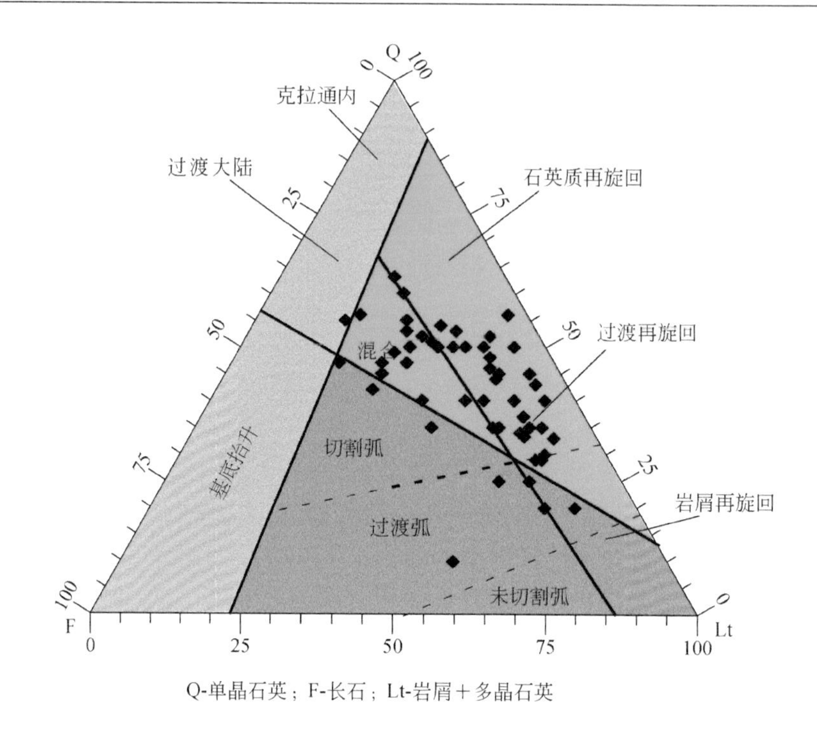

图 8-5　开鲁盆地姚家组含矿层砂岩成分大地构造图解

是物源分析的灵敏有效的研究方法之一。

重矿物包含的种类众多，根据其稳定性强弱，将其划分为两类：稳定重矿物和不稳定重矿物（表 8-2）。

表 8-2　最常见重矿物类型

稳定重矿物	石榴子石、锆石、刚玉、电气石、锡石、金红石、白钛矿、板钛矿、磁铁矿、榍石、十字石、蓝晶石、独居石、磷灰石
不稳定重矿物	重晶石、绿帘石、黝帘石、阳起石、符山石、红柱石、硅线石、黄铁矿、透闪石、普通角闪石、透辉石、普通辉石、斜方辉石、橄榄石、黑云母

本次研究在野外采集重矿物样品共计 26 件，其中有两件样品来自余粮堡地区、3 件样品来自庆和地区、5 件样品来自双宝地区、9 件样品来自大林地区、3 件样品来自海力锦地区、4 件样品来自哲中凹陷–瞻榆地区，样品取样位置分布范围较广，对姚家组整体具有代表性（表 8-3）。分别在以上地区的钻孔中采砂岩样品 1kg，将样品送至河北省廊坊市科大岩石矿物分选技术服务有限公司进行重矿物分选，取沉积物的样品将其进行烘干，然后捣碎、磨细、筛分至 80 目，反复淘洗后获得重矿物部分；通过磁选分离强磁和弱磁部分，分别称重；通过电磁选将弱磁矿物进一步被分为强电磁和无磁部分，并称重；利用酒精或者三溴甲烷对无磁部分进行精淘，分离、并称重；对强磁、弱磁、无磁三种组分的矿物用条带计数法进行镜下鉴定，手工分离出各种重矿物，计算矿物颗粒相对百分含量（曹立成和莺歌海，2014）。重矿物种类较多，依据它的抗风化稳定性的特征将其划分为稳定矿物和不稳定矿物两类，研究区分选鉴定出的重矿物共计 14 种。其中稳定重矿物包括锆石、石榴

子石、电气石、金红石、磁铁矿等；不稳定重矿物包括磷灰石、绿帘石、角闪石、辉石等。

表 8-3　研究区重矿物取样清单

样品编号	地区	钻孔	深度/m	年代	岩性
18KLZ11	余粮堡	ZK 余 5-2	668.30	K_2y	灰白色中粗砂岩
19KL057		ZK 余 4-1	265.00	K_2y	浅紫红色中细砂岩
18KLZ18	庆和	ZK 宝 6-4	585.70	K_2y	亮黄色中砂岩
19KL053		ZK 宝 3-5	528.00	K_2y	浅紫红色中砂岩
19KL054		ZK 宝 6-1	506.00	K_2y	浅紫红色中砂岩
18KLZ04	双宝	ZKS9-5	765.50	K_2y	灰白色中砂岩
18KLZ21		ZKS49-47	698.06	K_2y	灰白色中砂岩
19KL016		ZKS9-16	708.21	K_2y	浅紫红色中砂岩
19KL038		ZKS1-9′	746.08	K_2y	灰白色中砂岩
19KL059		ZKS65-61	696.00	K_2y	浅紫红色中砂岩
18KLZ02	大林	ZK 兴 99-5	503.40	K_2y	紫红色粗砂岩
18KLZ05		ZK 兴 87-8	467.80	K_2y	灰白色粗砂岩
18KLZ08		ZK 兴 123-7	402.20	K_2y	黄色粗砂岩
18KLZ17		ZK 兴 147-6	709.50	K_2y	浅红色中砂岩
19KL036		ZK 兴 101-0B	708.21	K_2y	浅紫红色中砂岩
19KL046		ZK 兴 91-5	491.00	K_2y	紫红色中砂岩
19KL047		ZK 兴 105-2	535.60	K_2y	灰白-紫红色中砂岩
19KL049		ZK 兴 4-82	352.00	K_2y	灰白色中细砂岩
19KL068		ZK 兴 93c-5c	469.84	K_2y	灰白色中粗砂岩
18KLZ07	海力锦	ZKH6-4	602.20	K_2y	褐黄色中砂岩
18KLZ12		ZKH4-4	599.60	K_2y	灰白色氧化中粗砂
19KL043		ZKL40-24	576.12	K_2y	灰白色中砂岩
19KL003	哲中凹陷-瞻榆	ZKBK9-12	811.93	K_2y	灰白色中砂岩
19KL025		ZKZ4-1	655.50	K_2y	浅紫红色中砂岩
19KL030		ZKZ1-1	691.34	K_2y	浅紫红色中砂岩
19KL060		ZK 高 9-1	593.31	K_2y	浅紫红色中砂岩

运用重矿物特征分析和多种统计学方法相结合，如单矿物分析、重矿物组合特征、特征指数分析、聚类分析和重矿物百分含量分布等方法系统地分析开鲁盆地目的层姚家组重矿物之间的关系，圈定母岩的类型和物源区。

（一）重矿物形态

通过重矿物研究物源情况，观察重矿物颗粒的形态特征（图 8-6），可以判断矿物是否经过强烈的风化搬运作用。

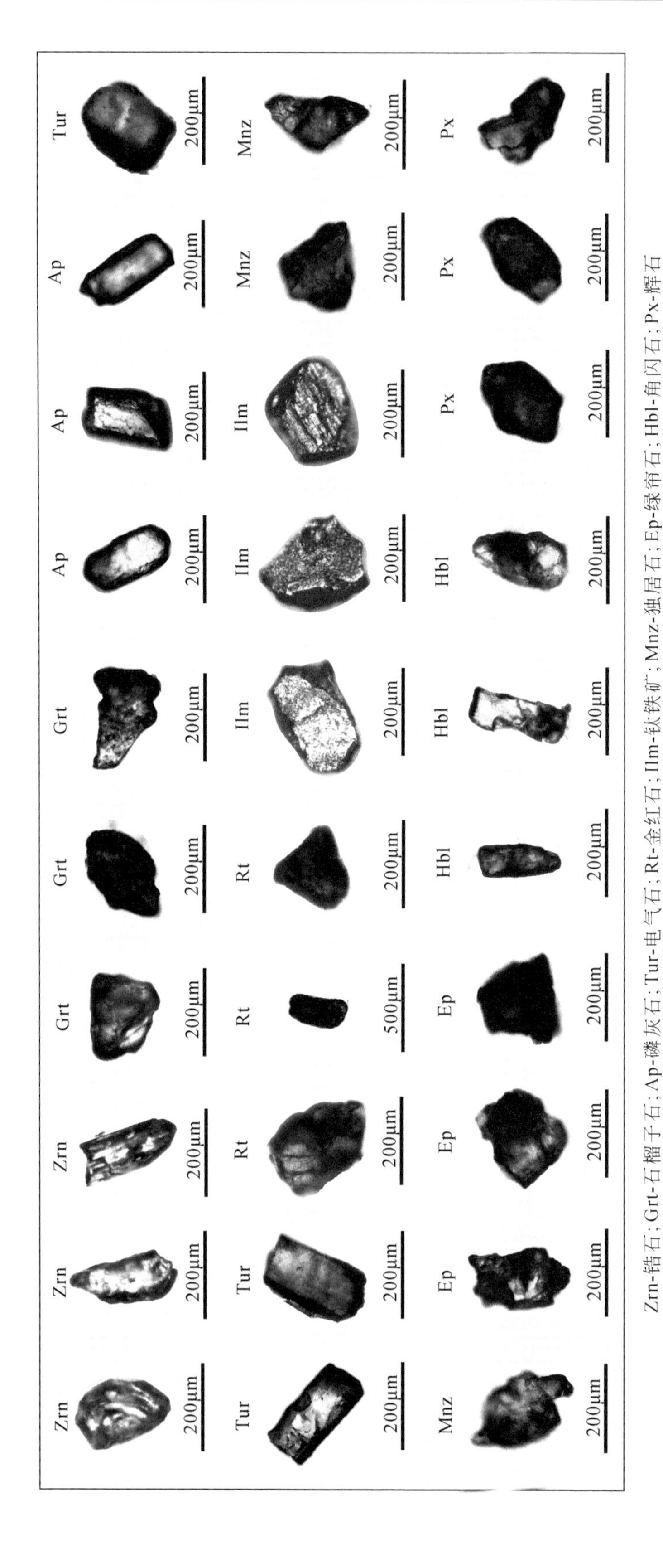

Zrn-锆石; Grt-石榴子石; Ap-磷灰石; Tur-电气石; Rt-金红石; Ilm-钛铁矿; Mnz-独居石; Ep-绿帘石; Hbl-角闪石; Px-辉石

图8-6　开鲁盆地重矿物颗粒形态特征

（1）锆石的化学性质很稳定，广泛存在于酸性岩浆岩中，也产于变质岩和其他沉积岩中。姚家组砂岩中的锆石为无色、棕黄色及棕红色，磨圆度较差，呈次棱角状，并呈双锥柱状、粒状和碎屑状发育，部分锆石为具有典型环带构造的岩浆锆石。

（2）石榴子石为上地幔主要矿物组分之一，研究区石榴子石呈现多种颜色，其中以无色、浅褐色-褐黄色最为常见，表明姚家组下段石榴子石来源的复杂性、多样性。颗粒粒径为0.1～0.4mm，以0.2mm居多，且大部分石榴子石发育贝壳状断口，晶体表面有不规则的裂纹，磨圆度差呈次棱角状。

（3）磷灰石属于不稳定的重矿物。在镜下单矿物颗粒观察发现，磷灰石呈无色透明的颗粒，长柱状，颗粒粒径为0.1～0.2mm，以0.1mm居多，磨圆度较好，呈次圆状；在光学显微镜下观察岩石薄片发现，正交偏光镜下磷灰石呈长柱状，干涉色较低，常被包裹在石英、长石中。

（4）电气石的形成与气成作用密切相关，因而其多产于花岗伟晶岩及气成热液矿床中。开鲁盆地姚家组中的电气石大部分为绿色，少部分为玫瑰色和褐色，形态以拱圆状为主。颗粒粒径为0.2mm左右，磨圆度一般，为次棱角状-次圆状，具有明显的多色性和吸收性。

（5）金红石属于稳定重矿物。镜下单矿物颗粒观察发现，金红石呈褐色、浅绿色颗粒，多呈细小针状包裹在碎屑颗粒中。颗粒粒径在0.22mm左右，磨圆度较差，呈次棱角状。

（6）钛铁矿主要产于基性或超基性岩体中，在研究区样品中钛铁矿主要为黑色，具粒状和次棱状形态。金属至半金属光泽，贝壳状或亚贝壳状断口。

（7）独居石是一种中酸性岩浆岩和变质岩中较常见的副矿物。镜下观察发现独居石多为棕红色、黄色，磨圆度较差，多呈次棱角-棱角状。

（8）绿帘石属于不稳定重矿物，研究区绿帘石多呈黄绿色。粒径集中在0.2mm左右，磨圆度较差，一般呈次棱角状-棱角状。

（9）角闪石属于不稳定重矿物，单晶体常呈长柱状，黑色或绿黑色，在研究区较为少见。

（10）辉石属于不稳定重矿物，主要分布在基性-超基性岩浆岩和变质岩中。研究区辉石多为褐红色或褐色，磨圆一般，呈次圆至次棱角状。

（二）重矿物组合特征

砂岩中的重矿物组合特征及重矿物分布特征也可作为物源区分析依据之一。采集的砂岩样品进行重矿物分选后，对每件矿物进行含量统计并计算出重矿物相对百分含量表（表8-4），由此我们可以发现开鲁盆地目的层姚家组的主要重矿物为锆石、磷灰石、石榴子石、金红石、电气石和钛铁矿，次要矿物为角闪石、绿帘石、独居石和辉石。

开鲁盆地大量重矿物分析结果显示，姚家组整体上重矿物以锆石、磷灰石、金红石、石榴子石为主，含少量的角闪石、绿帘石、电气石、钛铁矿、独居石及辉石。然而在不同地区重矿物组合平面特征展布特征存在一定的差异。

表 8-4 开鲁盆地目的层姚家组重矿物相对百分含量表

样品编号	地区	锆石	磷灰石	金红石	石榴子石	角闪石	绿帘石	电气石	钛铁矿	独居石
18KLZ11	余粮堡	11. 34	26. 31	0. 54	6. 28	0. 83	48. 06	1. 52	3. 09	2. 01
19KL057		12. 94	28. 05	34. 63	22. 65	0. 00	0. 00	1. 73	0. 00	0. 00
18KLZ18	庆和	71. 01	4. 61	1. 66	7. 56	0. 00	7. 13	0. 00	8. 05	0. 00
19KL053		42. 55	12. 73	4. 27	38. 94	0. 00	0. 00	1. 52	0. 00	0. 00
19KL054		18. 74	7. 67	2. 39	36. 97	0. 00	0. 00	0. 00	34. 24	0. 00
18KLZ04	双宝	40. 45	15. 26	1. 12	28. 04	0. 00	0. 50	3. 47	7. 44	3. 72
18KLZ21		20. 99	60. 59	0. 74	5. 89	0. 00	0. 00	0. 00	4. 97	6. 81
19KL016		50. 87	16. 18	1. 59	9. 39	0. 00	0. 00	0. 00	21. 97	0. 00
19KL038		86. 29	0. 00	13. 71	0. 00	0. 00	0. 00	0. 00	0. 00	0. 00
19KL059		5. 94	92. 14	0. 92	0. 75	0. 00	0. 00	0. 25	0. 00	0. 00
18KLZ02	大林	13. 54	13. 04	0. 00	63. 60	0. 00	0. 00	2. 11	5. 34	2. 36
18KLZ05		50. 23	6. 22	0. 00	39. 45	0. 00	0. 61	0. 91	2. 58	0. 00
18KLZ08		48. 07	13. 95	1. 29	21. 03	0. 00	4. 51	1. 07	10. 09	0. 00
18KLZ17		3. 71	88. 15	0. 60	5. 65	0. 00	0. 00	0. 43	1. 46	0. 00
19KL036		60. 81	8. 49	2. 67	28. 02	0. 00	0. 00	0. 00	0. 00	0. 00
19KL046		50. 95	15. 21	3. 52	30. 32	0. 00	0. 00	0. 00	0. 00	0. 00
19KL047		33. 58	33. 16	3. 99	26. 65	0. 00	0. 00	0. 00	2. 62	0. 00
19KL049		12. 81	40. 27	4. 12	36. 16	0. 00	0. 00	6. 64	0. 00	0. 00
19KL068		79. 87	9. 79	0. 74	9. 60	0. 00	0. 00	0. 00	0. 00	0. 00
18KLZ07	海力锦	25. 50	18. 85	2. 88	34. 59	0. 00	0. 67	3. 77	5. 54	8. 20
18KLZ12		8. 49	40. 96	1. 89	41. 98	0. 00	0. 63	1. 65	3. 14	1. 26
19KL043		56. 46	0. 00	10. 53	33. 01	0. 00	0. 00	0. 00	0. 00	0. 00
19KL003	哲中凹陷	36. 77	27. 49	0. 69	29. 32	0. 00	0. 00	1. 26	4. 47	0. 00
19KL025		22. 86	44. 36	11. 28	15. 86	0. 00	0. 00	5. 64	0. 00	0. 00
19KL030		27. 97	1. 58	0. 84	69. 62	0. 00	0. 00	0. 00	0. 00	0. 00
19KL060		63. 30	8. 31	0. 83	25. 53	0. 00	0. 48	0. 00	0. 00	1. 54

余粮堡地区重矿物主要为磷灰石、绿帘石、金红石、石榴子石和锆石，含少量的电气石、钛铁矿、独居石及角闪石；庆和地区重矿物主要为锆石、石榴子石、钛铁矿、磷灰石和金红石，含少量的绿帘石和电气石；双宝地区重矿物主要为锆石、磷灰石、金红石、石榴子石、钛铁矿，含少量的独居石、电气石和绿帘石。大林地区重矿物主要为锆石、石榴子石、磷灰石、钛铁矿和金红石，含少量的电气石、独居石和绿帘石；海力锦地区重矿物主要为石榴子石、锆石、磷灰石和金红石，含少量的钛铁矿、独居石、电气石和绿帘石；哲中凹陷-瞻榆地区重矿物以锆石、石榴子石、磷灰石、金红石为主，含少量的电气石、钛铁矿、绿帘石和独居石。

研究区的这 6 个地区的重矿物从组合特征上来看主要分为两类，锆石-石榴子石-电气石-绿帘石的矿物组合指示姚家组砂岩碎屑母岩为变质岩；锆石-磷灰石-金红石-独居石的矿物组合指示姚家组砂岩碎屑的蚀源区有酸性岩浆岩存在。部分地区含有钛铁矿及少量的辉石和角闪石，说明母岩有少部分来自中基性岩浆岩。

（三）重矿物平面分布特征

重矿物种类较多，根据重矿物抗风化能力的强弱将其分为稳定重矿物和不稳定重矿物（表 8-4）。稳定重矿物的抗风化能力较强，远离母岩区的沉积岩中含量相对较多，分布广；不稳定的重矿物抗风化能力较弱，因此距离母岩区越远含量越少。其中变质岩型重矿物的组合代表为锆石-石榴子石-电气石（黄色、褐色）-绿帘石，岩浆岩型重矿物的组合代表为锆石-磷灰石-金红石-独居石。

依据不稳定重矿物的抗风化能力弱、搬运距离短等特征，来判断物源方向及搬运路径，选取各个钻孔中均有的不稳定矿物磷灰石作为标准，磷灰石的含量整体上从北东方向至南西方向逐渐增多，因此我们判断西南方向是主要的物源供给方向。夏飞勇（2019）参考了松辽盆地南部地区姚家组的残余地层厚度，结合反转前研究区的物源区和沉积相展布规律等地质背景（图 8-7），认为构造反转发生前，松辽盆地南部地区地势整体由西南隆起区向盆地中心地势逐渐降低，南部地区整体地势由西南向东北逐渐降低，将姚家组砂体分布与白垩纪末期地形图重叠，可以判断研究区蚀源物质整体是由西南至东北方向随着砂体向东北方向的推移，其规模逐渐增大，但厚度逐渐减小，这与距离物源区越来越远有关。因此可以推断物源供给方向主要为西南方向，搬运路径为余粮堡-庆和-哲中凹陷-瞻榆和双宝-大林-海力锦-哲中凹陷-瞻榆。

四、地球化学分析

碎屑沉积物地球化学组成特征可以有效地揭示沉积物物源区类型、风化条件和构造背景（Taylor and McLennan，1985）。砂岩和泥岩的质地均匀，微量元素丰度较高，是碎屑沉积岩地球化学研究的首选对象（McLennan et al.，1990；McLennan and Taylor，1991；胡元邦等，2016）。近年来，利用砂岩岩石地球化学在判别岩石形成时的大地构造背景、盆地物源及物源区构造背景等方面取得了许多显著成果（Adeigbe and Jimoh，2013；Ikhane et al.，2014），为认识盆地及源区的性质与演化提供了新的视角。

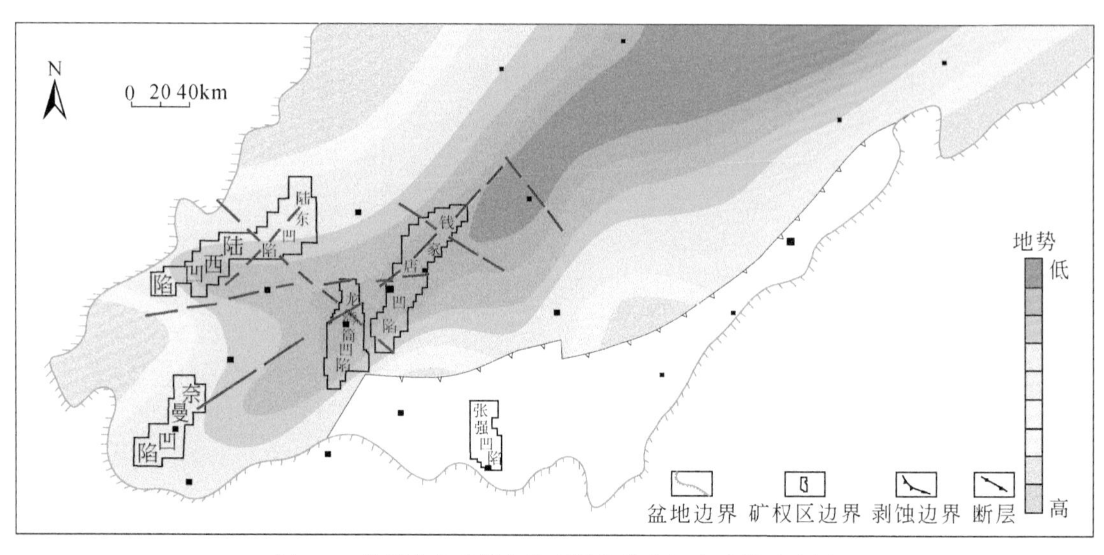

图 8-7　松辽盆地南部构造反转前姚家组古地貌示意图

针对开鲁盆地研究现状和砂岩型铀矿进一步勘察的需要，我们对姚家组赋矿砂岩进行了元素地球化学研究，并深入探讨了姚家组物源区及其构造背景。样品采自于开鲁盆地铀矿床钻孔，样品多挑选颗粒均匀的中、粗砂岩。具体样品岩性及采集深度如表 8-5 所示。

表 8-5　样品岩性及采集深度

样品编号	钻孔	深度/m	岩性
18KL051	ZKH4-4	599.6	灰白色中粗砂岩
18KL052	ZKH4-4	599.4	浅红色中粗砂岩
18KL053	ZKH4-4	599.3	灰白色中粗砂岩，高岭土化强
18KL054	ZKH4-4	599.1	灰白色中粗砂岩，高岭土化强
18KL056	ZKH1-6	593.7	灰白色中砂岩
18KL057	ZKH1-6	593.5	浅红色中砂岩
18KL058	ZKH1-6	593.4	灰白色中砂岩，颜色变化
18KL059	ZKH1-6	592.5	灰白色中砂岩，高岭土化强
18KL060	ZKH1-6	590.3	灰白色中砂岩
18KL061	ZKH1-6	576.6	灰白色细砂岩，含炭屑
18KL062	ZKH1-6	586.9	紫红色中砂岩
18KL063	ZKH1-6	585.6	浅红色中细砂岩
18KL066	ZK 兴 99-5	562.3	浅红色中粗砂岩
18KL067	ZK 兴 99-5	561.9	灰白色中砂，高岭土化
18KL068	ZK 兴 99-5	558.4	灰白色中砂，高岭土化
18KL069	ZK 兴 99-5	546.1	灰白色中细砂，高岭土化
18KL070	ZK 兴 99-5	539.7	灰白色中细砂，高岭土化
18KL071	ZK 兴 99-5	526.0	灰白色中细砂，高岭土化
18KL072	ZK 兴 99-5	514.9	浅红色中砂岩
18KL073	ZK 兴 99-5	473.3	浅红色中细砂

（一）主量元素

姚家组砂岩样品主量元素分析结果可见表 8-6，样品中的 SiO_2 含量为 50.44% ~ 81.49%（平均为 72.95%），说明砂岩中石英或含硅质矿物含量较高；Al_2O_3 含量为 7.14% ~13.09%（平均 11.16%），Al_2O_3的含量是反应砂岩中黏土含量或者黏土蚀变的重要指标，目的层 Al_2O_3含量较高，显示出较强的蚀变，这和显微镜下鉴定的含矿层岩石黏土蚀变较为强烈的现象一致。K_2O+Na_2O 含量为 2.81% ~4.27%，且 K_2O 含量远高于 Na_2O 含量，显示出富钾特征，说明砂岩中长石以钾长石为主，该地区的蚀源区可能已演化为富钾的地质体。CaO 含量高于 MgO 含量，说明样品中方解石含量高于白云石含量。此外，样品中少量的 MnO 和 P_2O_5说明了研究区砂岩中存在磷灰石、绿帘石等重矿物。

（二）微量元素

研究区姚家组砂岩微量元素分析数据见表 8-7，综合其元素分析数据及其在不同蚀变分带中的分布规律可以得到以下几点认识。

（1）还原带砂岩、氧化带砂岩及赋矿砂岩样品的蛛网图分布基本一致（图 8-8）。不同蚀变分带砂岩的微量元素变化不是很大，只有几类地质体微量元素含量存在较大差异。赋矿砂岩具有极高的 U 峰值，纵坐标均在 5000 以上，最高可至 50000，表现出强烈的铀富集；氧化带砂岩则为 100 ~ 300，显示出不富集的特征；部分还原带砂岩中 U 略显富集，为后期铀矿化打下了物质基础。三组样品在元素亏损和富集规律较为一致，Rb、U、Pb、La、Nd、Tb、Mo、Cs、Zr、Hf、Sm 等相对富集，Ba、Nb、Sr、P、Ti 等相对亏损，但是亏损程度普遍较弱。其他元素亏损富集性质不明显。

（2）K、Rb 和 Th 三种元素在三种砂岩中富集特征和含量差别较小。这三种元素与蚀源区钾长花岗岩、蚀变花岗岩存在密切关系，蚀源区诸多花岗岩风化剥蚀的组分对氧化带砂岩、还原带砂岩及赋矿砂岩中组分起关键作用。Co 一般来自岩浆岩或基性岩，氧化条件下易迁出、还原条件下易沉淀，和层间氧化砂岩型铀矿成矿模式相同，当 U 富集时，Co 含量也会随之增高（闫枫，2018）。

（三）稀土元素

样品稀土元素分析结果见表 8-8，稀土元素总量（REE）为 91.647×10^{-6} ~ 207.975×10^{-6}，平均为 134.22×10^{-6}，低于大陆上地壳（UCC）稀土元素总量（148.14×10^{-6}）；δEu 为0.486 ~ 0.837，平均为 0.569，有较明显的负异常；$(La/Yb)_N$值为 6.615 ~9.967，平均值为 7.719；LREE/HREE 为 6.902 ~8.93，平均值为 7.919，显示明显的轻稀土富集。轻稀土的 $(La/Sm)_N$为 3.169 ~4.363，重稀土的 $(Gd/Yb)_N$为 1.054 ~1.582，表明轻稀土分馏程度较高，重稀土元素的分馏程度低。上述稀土元素特征表明，源岩可能来自上地壳，且未经再循环作用。

表 8-6 开鲁盆地砂岩型铀矿目的层砂岩主量元素分析结果表

（单位：%）

样品编号	岩石类型	SiO_2	Al_2O_3	$Fe_2O_3^T$	MgO	CaO	Na_2O	K_2O	MnO	TiO_2	P_2O_5	LOI	总和	$SiO_2+Al_2O_3$	SiO_2/Al_2O_3	K_2O+Na_2O	K_2O/Na_2O	$Fe_2O_3^T+MgO$
18KL051	还原带	77. 02	10. 42	1. 73	0. 667	1. 45	0. 493	3. 31	0. 038	0. 297	0. 075	4. 48	99. 98	87. 44	7. 39	3. 80	6. 71	2. 40
18KL053		79. 09	9. 77	1. 29	0. 554	1. 21	0. 441	3. 16	0. 033	0. 264	0. 075	4. 05	99. 94	88. 86	8. 10	3. 60	7. 17	1. 84
18KL054		80. 16	9. 98	0. 865	0. 427	0. 88	0. 431	3. 23	0. 028	0. 211	0. 07	3. 69	99. 97	90. 14	8. 03	3. 66	7. 49	1. 29
18KL056		50. 44	7. 14	4. 67	5. 45	11. 6	0. 742	2. 44	0. 302	0. 183	0. 072	16. 9	99. 97	57. 58	7. 06	3. 18	3. 29	10. 12
18KL059		74. 72	9. 78	1. 93	1. 22	2. 46	0. 81	3. 1	0. 091	0. 273	0. 103	5. 49	99. 98	84. 50	7. 64	3. 91	3. 83	3. 15
18KL067		78. 67	10. 07	2. 86	0. 363	0. 44	0. 163	2. 77	0. 039	0. 348	0. 015	4. 14	99. 97	88. 74	7. 81	2. 93	16. 99	3. 22
18KL069		75. 47	11. 49	1. 73	0. 796	1. 46	0. 19	3. 09	0. 025	0. 334	0. 113	5. 28	99. 98	86. 96	6. 57	3. 28	16. 26	2. 53
18KL071		71. 97	11. 2	2. 2	1. 23	2. 58	0. 294	3. 35	0. 032	0. 316	0. 09	6. 68	99. 94	83. 17	6. 43	3. 64	11. 39	3. 43
18KL052	氧化带	76. 83	10. 46	1. 65	0. 688	1. 48	0. 531	3. 37	0. 037	0. 249	0. 074	4. 61	99. 98	87. 29	7. 35	3. 90	6. 35	2. 34
18KL057		51. 24	7. 65	3. 49	5. 3	11. 6	0. 711	2. 46	0. 214	0. 208	0. 076	17. 0	99. 99	58. 89	6. 70	3. 17	3. 46	8. 79
18KL058		51. 68	7. 68	3. 3	5. 2	11. 7	0. 7	2. 39	0. 224	0. 229	0. 067	16. 9	99. 97	59. 36	6. 73	3. 09	3. 41	8. 50
18KL062		78. 14	10. 71	1. 55	0. 516	1. 05	0. 568	3. 28	0. 021	0. 293	0. 073	3. 76	99. 96	88. 85	7. 30	3. 85	5. 77	2. 07
18KL063		79. 60	9. 79	1. 4	0. 52	1. 09	0. 529	3. 18	0. 025	0. 284	0. 063	3. 47	99. 95	89. 39	8. 13	3. 71	6. 01	1. 92
18KL066		73. 54	9. 73	3. 35	1. 13	2. 47	0. 165	2. 65	0. 103	0. 342	0. 101	6. 4	99. 98	83. 27	7. 56	2. 82	16. 06	4. 48
18KL072		79. 44	10. 21	0. 74	0. 507	1. 17	0. 549	3. 39	0. 035	0. 244	0. 087	3. 59	99. 96	89. 65	7. 78	3. 94	6. 17	1. 25
18KL073		74. 7	13. 09	2. 59	0. 431	0. 37	1	3. 27	0. 023	0. 561	0. 075	3. 81	99. 92	87. 79	5. 71	4. 27	3. 27	3. 02
18KL060	富矿样品	81. 49	10. 12	0. 784	0. 242	0. 37	0. 536	3. 24	0. 018	0. 383	0. 124	2. 6	99. 91	91. 61	8. 05	3. 78	6. 04	1. 03
18KL061		70. 37	12. 05	4. 86	0. 241	0. 14	0. 385	3. 19	0. 004	0. 576	0. 485	6. 2	98. 50	82. 42	5. 84	3. 58	8. 29	5. 10
18KL068		74. 57	9. 97	2. 29	1. 11	2. 73	0. 142	2. 67	0. 086	0. 331	0. 086	5. 95	99. 94	84. 54	7. 48	2. 81	18. 80	3. 40
18KL070		79. 88	9. 46	1. 51	0. 615	1. 15	0. 128	2. 81	0. 037	0. 27	0. 09	4. 03	99. 98	89. 34	8. 44	2. 94	21. 95	2. 13
平均值		72. 95	10. 04	2. 24	1. 36	2. 87	0. 48	3. 02	0. 071	0. 31	0. 10	6. 45	99. 89	82. 99	7. 31	3. 49	8. 94	3. 6005

表 8-7　开鲁盆地砂岩型铀矿目的层砂岩微量元素分析数据表

（单位：μg/g）

样品编号	岩石类型	Rb	Ba	Th	U	K	Nb	Ta	Pb	Sr	P	Zr	Hf	Ti	Y	Mo	Cs
18KL051	还原带	117	524	8. 92	2. 21	27477. 30	11. 90	0. 92	16. 6	151	327. 35	98. 7	3. 26	1780. 52	23. 7	0. 885	5. 69
18KL053		113	508	9. 13	2. 29	26232. 11	11. 10	0. 86	17. 1	166	327. 35	98. 8	3. 24	1582. 68	22. 4	0. 623	4. 94
18KL054		109	487	8. 38	3. 10	26813. 20	9. 30	0. 74	17. 4	157	305. 52	92. 8	3	1264. 95	20. 4	0. 487	4. 29
18KL056		81. 2	532	5. 51	13. 60	20255. 17	6. 87	0. 55	15. 6	611	314. 25	71. 6	2. 24	1097. 09	18. 1	1. 56	3. 68
18KL059		94. 9	568	7. 84	2. 94	25734. 03	8. 97	0. 68	14. 8	173	449. 55	103	3. 2	1636. 64	21. 8	0. 558	4. 8
18KL067		86. 6	409	8. 13	6. 16	22994. 60	10. 8	0. 806	16. 8	124	458. 28	109	3. 31	2086. 26	23. 3	0. 541	4. 4
18KL069		95. 9	729	6. 95	22	25651. 02	10. 3	0. 785	15. 3	341	493. 20	97. 4	3. 04	2002. 33	20. 1	1. 23	4. 09
18KL071		110	626	8. 19	6. 7	27809. 36	10. 2	0. 799	13. 6	168	392. 814	110	3. 46	1894. 42	22. 5	0. 622	4. 57
18KL052	氧化带	117	513	8. 72	2. 30	27975. 38	10. 50	0. 82	15. 7	150	322. 98	97. 4	3. 22	1492. 76	23. 3	0. 743	5. 71
18KL057		82. 3	490	5. 88	3. 92	20421. 20	7. 51	0. 58	16. 7	393	331. 71	73. 7	2. 38	1246. 96	18. 4	0. 494	3. 9
18KL058		81. 10	540	6. 30	3. 77	19840. 11	8. 50	0. 64	17. 1	340	292. 43	75. 2	2. 42	1372. 86	20. 3	0. 495	3. 96
18KL062		114	512	9. 68	3. 49	27228. 26	11. 70	0. 915	20. 3	161	318. 62	102	3. 46	1756. 54	24. 3	0. 916	5. 77
18KL063		112	501	9. 63	3. 08	26398. 13	12	0. 96	19. 2	133	274. 97	99. 9	3. 27	1702. 58	25	0. 699	4. 96
18KL066		85. 1	384	7. 9	7. 16	21998. 45	10. 9	0. 789	14. 2	147	440. 825	110	3. 25	2050. 29	27. 1	0. 819	4. 54
18KL072		119	588	8. 15	6. 36	28141. 41	10. 9	0. 834	16. 1	162	379. 72	104	3. 5	1462. 78	21. 3	0. 552	5. 32
18KL073		127	438	10. 7	6. 4	27145. 25	17. 4	1. 29	15. 8	85	327. 345	151	4. 81	3363. 20	24. 2	0. 979	10
18KL060	富矿样品	111	627	10. 7	440	26896. 21	13. 70	1. 03	24. 9	302	541. 21	92. 4	2. 79	2296. 09	21. 4	0. 63	4. 41
18KL061		108	3890	27. 50	78. 90	26481. 15	17. 10	1. 22	100	392	2116. 83	114	3. 29	3453. 12	46. 9	21. 2	6. 45
18KL068		80. 6	506	8. 46	898	22164. 47	10. 2	0. 792	16. 1	136	375. 356	109	2. 66	1984. 35	22	54. 9	3. 79
18KL070		84. 8	496	7. 06	157	23326. 65	9. 14	0. 724	13. 1	187	392. 814	97. 9	2. 72	1681. 65	20. 6	0. 636	3. 36
平均值		101. 5	693. 4	9. 19	83. 47	25049. 17	10. 95	0. 834	20. 8	224	459. 156	100. 39	3. 126	1860. 40	23. 4	4. 479	4. 93

续表

样品编号	岩石类型	Li	Be	Sc	V	Cr	Co	Ni	Cu	Zn	Ga	Cd	In	Sb	W	Re	Tl	Bi
18KL051	还原带	45.9	1.9	3.7	32.2	13.6	3.92	7.17	3.85	36.8	13.2	0.125	0.033	1.4	1.68	<0.002	0.728	0.136
18KL053		46.7	1.71	3.36	24.5	12.1	3.38	5.75	4.23	31.6	12.7	0.096	0.029	1.21	1.43	<0.002	0.687	0.083
18KL054		44.9	1.52	2.92	18.9	10.5	2.79	4.61	4.9	24	12.2	0.1	0.027	1.12	1.26	<0.002	0.664	0.066
18KL056		19.4	3.01	5.02	46.2	9.86	10.6	16.5	3.64	68.7	9.5	0.363	0.021	1.77	1.24	<0.002	0.478	0.071
18KL059		21.3	1.34	5.01	43.3	12.7	5.63	8.23	5.44	49.1	11.1	0.144	0.027	1.26	1.32	<0.002	0.584	0.102
18KL067		28.4	1.54	3.63	65.7	14.9	7.81	7.74	9.92	41.2	11.2	0.098	0.033	1.11	1.42	0.002	0.515	0.11
18KL069		24.1	1.31	5	37.1	16.9	4.55	7.35	5.37	37.6	12.8	0.114	0.026	0.963	1.4	0.049	0.619	0.079
18KL071		24.7	1.37	4.54	37.5	16	4.79	9.2	4.09	46.5	13.4	0.095	0.034	1.02	1.46	0.019	0.629	0.119
18KL052	氧化带	46.2	1.88	3.6	30	11.8	4	6.85	3.44	34	12.7	0.12	0.028	1.28	1.48	<0.002	0.74	0.093
18KL057		18.8	2.03	3.45	36.6	11.5	14.4	20.4	3.62	85.2	9.35	0.372	0.023	1.27	1.06	<0.002	0.479	0.054
18KL058		18.4	1.9	5.05	38.1	12.4	16	22.9	3.71	92.5	9.47	0.417	0.019	1.06	1.22	<0.002	0.507	0.056
18KL062		33.9	1.6	5.08	35	14.6	3.24	5.37	4.35	34.8	12.9	0.168	0.032	1.36	1.69	0.009	0.722	0.107
18KL063		35.2	1.4	5.34	38.3	13.5	5.52	6.12	5.05	35.7	12.2	0.227	0.034	1.78	1.6	<0.002	0.709	0.112
18KL066		28.6	1.43	6.73	196	16.3	7.4	10.1	5.58	64.1	11.2	0.366	0.035	1.32	1.9	0.002	0.522	0.108
18KL072		29.2	1.4	3.09	24.2	10.8	2.25	4.41	5.3	25	12.8	0.159	0.031	1.18	1.36	<0.002	0.742	0.149
18KL073		35.8	2.45	6.46	70	27.5	2.69	5.77	17.4	38.3	18.1	0.064	0.066	1.76	3.11	<0.002	0.788	0.315
18KL060	富矿样品	25.3	1.86	3.01	35.4	16.2	1.67	4.1	6.55	47.1	12.4	0.107	0.042	1.35	1.95	<0.002	0.72	0.171
18KL061		31.5	3.17	3.23	123	23.4	37.2	42.8	12.4	41	19.2	0.696	0.028	3.51	2.58	9.61	4.17	0.236
18KL068		17.8	1.9	4.1	45.4	15.1	5.19	10.4	7.38	51.3	11.5	0.349	0.034	2.21	1.66	0.095	0.631	0.155
18KL070		14.6	1.41	3.44	26.2	11.9	3.01	5.52	4.09	31.5	10.5	0.117	0.024	1.12	1.13	0.003	0.527	0.078
平均值		29.5	1.81	4.29	50.2	14.6	7.30	10.6	6.02	45.8	12.4	0.215	0.031	1.45	1.60	1.2236	0.808	0.12

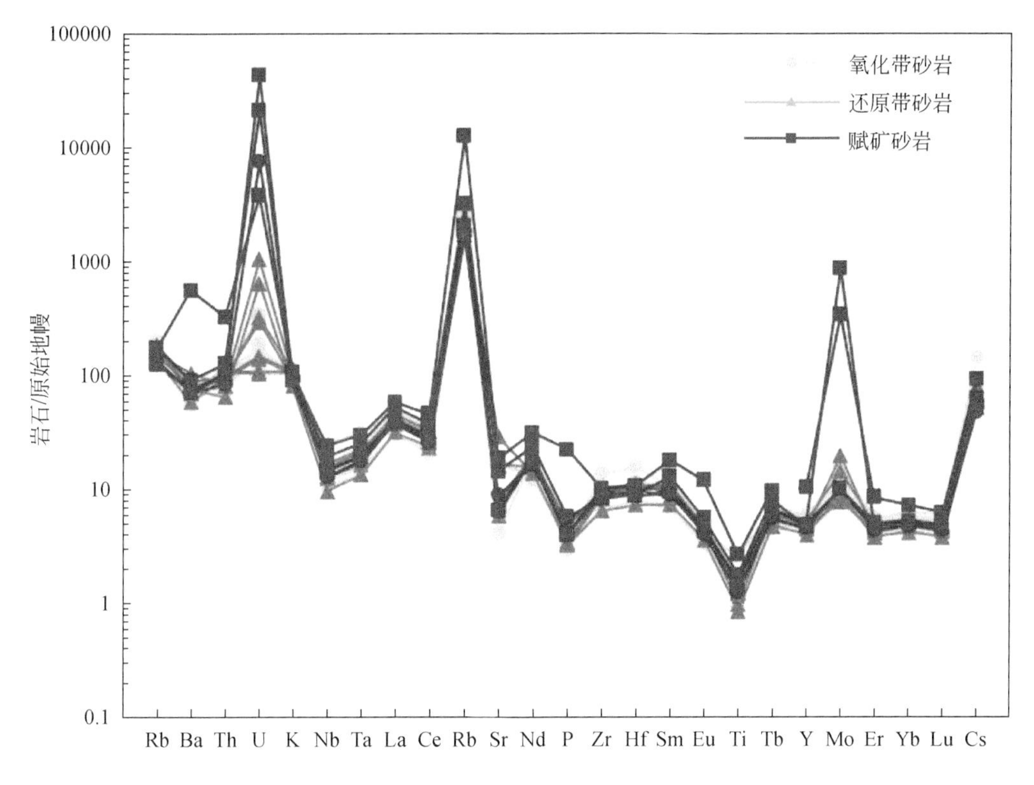

图 8-8　微量元素蛛网图

（四）物源区的成分特征

1. 主量元素与物源构成

Roser 和 Korsch（1988）根据 Ti、Al、Fe、Mg、Ca、Na 和 K 的氧化物设立了两组判别函数所做的投影图，能有效区分 4 种不同类型的物源区：镁铁质火成物源区、中性岩火成物源区、长英质火成物源区和石英岩沉积物源区。对研究区砂岩样品进行投图，少量样品落入石英岩沉积物源区域，大部分样品则落入长英质火成物源区。表明姚家组砂岩可能来自混合的物源区，主要为长英质火成物源，也有部分源自石英岩沉积物源区，该物源区可能为古老的地质体、克拉通或再旋回造山带（图 8-9）。

2. 微量、稀土元素与物源构成

碎屑岩中的稀土元素、微量元素（如 Th、U、Sc 和高场强元素）在沉积过程中具有弱的活动性且难溶于水，在搬运、迁移和成岩过程中几乎没有变化（Floyd and Leveridge，1987），其地球化学特征可以较好地反映物源区性质（Taylor and McLennan，1985；Bhatia and Crook，1986）。

稀土的分配模式可以反映沉积物物源性质（McLennan，2001）。从开鲁盆地姚家组砂岩稀土元素配分模式图可以看出（图 8-10），样品的变化曲线几乎一致，说明姚家组沉积物具有相同的物源。姚家组沉积物的 Eu/Eu^*（0.486～0.837）、La/Sc（4.139～12.291）

表 8-8　开鲁盆地砂岩型铀矿目的层砂岩稀土元素数据表

（单位：μg/g）

样品编号	岩石类型	La	Ce	Pr	Nd	Sm	Eu	Gd	Tb	Dy	Ho	Er	Tm	Yb	Lu
18KL051	还原带	29.3	52.1	6.52	24.3	4.29	0.708	3.75	0.685	3.77	0.813	2.40	0.435	2.61	0.357
18KL053		31.7	58.4	7.03	27.3	4.76	0.772	4.18	0.719	3.89	0.795	2.24	0.376	2.55	0.361
18KL054		31.1	57	6.68	26.4	4.7	0.78	4.04	0.69	3.64	0.718	2.07	0.365	2.33	0.33
18KL056		30.8	53.4	6.58	25.2	4.48	0.74	3.84	0.688	3.99	0.838	2.43	0.411	2.67	0.385
18KL059		27	47	6.02	23.4	4.23	0.785	3.57	0.642	3.64	0.755	2.2	0.374	2.49	0.348
18KL067		28.9	53.1	6.4	25.4	4.61	0.737	4	0.722	4.01	0.775	2.37	0.392	2.62	0.361
18KL069		26	45.5	5.38	21.4	3.76	0.773	3.32	0.585	3.28	0.708	1.98	0.349	2.36	0.315
18KL071		28.8	50.5	6.25	23.9	4.31	0.827	3.64	0.667	3.68	0.786	2.28	0.379	2.43	0.358
18KL052	氧化带	21.9	41.3	4.76	18.6	3.24	0.607	2.86	0.512	2.95	0.601	1.82	0.309	2.05	0.279
18KL057		20.5	35.6	4.32	16.3	2.99	0.556	2.7	0.497	3.04	0.647	1.88	0.333	2	0.284
18KL058		20.9	36.8	4.43	17.6	3.19	0.598	2.89	0.522	3.14	0.693	2.09	0.343	2.13	0.292
18KL062		32.3	59.3	7.2	27	4.91	0.821	4.42	0.787	4.2	0.894	2.51	0.431	2.71	0.392
18KL063		31	56.7	6.82	25.8	5	0.832	4.24	0.752	4.35	0.889	2.54	0.456	2.69	0.378
18KL066		28.6	50.8	6.44	24.3	4.55	0.77	4.18	0.768	4.28	0.93	2.66	0.477	2.89	0.396
18KL072		33.5	60.9	7.05	26.5	4.94	0.835	4.62	0.723	3.84	0.77	2.16	0.41	2.53	0.363
18KL073		31.7	58.6	6.77	26.4	4.57	0.695	4.01	0.718	4.17	0.891	2.67	0.458	3.07	0.434
18KL060	富矿样品	35.9	67.3	8.22	31.5	5.67	0.934	4.96	0.861	4.53	0.864	2.42	0.399	2.53	0.343
18KL061		39.7	81.8	10.6	42.7	7.88	1.99	6.29	1.04	5.94	1.38	4.02	0.625	3.55	0.46
18KL068		27.9	51.4	6.39	24.9	4.28	0.77	3.91	0.717	3.95	0.826	2.34	0.398	2.57	0.351
18KL070		26.3	45.7	5.71	22.1	3.96	0.685	3.37	0.601	3.5	0.747	2.12	0.38	2.34	0.324
平均值		29.19	53.16	6.4785	25.05	4.516	0.811	3.9395	0.6948	3.8895	0.816	2.36	0.405	2.556	0.3555

续表

样品编号	岩石类型	REE	LREE	HREE	L/H	LaN/YbN	LaN/SmN	GdN/YbN	δEu	δCe
18KL051	还原带	132.038	117.218	14.82	7.909	7.569	4.296	1.159	0.528	0.872
18KL053		145.073	129.962	15.111	8.600	8.381	4.189	1.323	0.518	0.904
18KL054		140.843	126.660	14.183	8.930	8.999	4.162	1.399	0.535	0.910
18KL056		136.452	121.200	15.252	7.946	7.777	4.325	1.161	0.533	0.862
18KL059		122.454	108.435	14.019	7.735	7.311	4.015	1.157	0.602	0.853
18KL067		134.397	119.147	15.250	7.813	7.437	3.943	1.232	0.513	0.902
18KL069		115.710	102.813	12.897	7.972	7.428	4.350	1.135	0.655	0.880
18KL071		128.807	114.587	14.220	8.058	7.990	4.203	1.209	0.622	0.867
18KL052	氧化带	101.788	90.407	11.381	7.944	7.202	4.252	1.126	0.597	0.932
18KL057		91.647	80.266	11.381	7.053	6.910	4.313	1.089	0.587	0.868
18KL058		95.618	83.518	12.100	6.902	6.615	4.121	1.095	0.591	0.878
18KL062		147.875	131.531	16.344	8.048	8.036	4.138	1.316	0.529	0.899
18KL063		142.447	126.152	16.295	7.742	7.770	3.900	1.272	0.539	0.900
18KL066		132.041	115.460	16.581	6.963	6.672	3.954	1.167	0.531	0.867
18KL072		149.141	133.725	15.416	8.674	8.927	4.266	1.474	0.526	0.909
18KL073		145.156	128.735	16.421	7.840	6.962	4.363	1.054	0.486	0.919
18KL060	富矿样品	166.431	149.524	16.907	8.844	9.967	3.983	1.582	0.527	0.909
18KL061		207.975	184.670	23.305	7.924	7.540	3.169	1.430	0.837	0.942
18KL068		130.702	115.640	15.062	7.678	7.319	4.100	1.228	0.566	0.894
18KL070		117.837	104.455	13.382	7.806	7.577	4.178	1.162	0.559	0.859
平均值		134.2216	119.20525	15.01635	7.91905	7.71945	4.111	1.2385	0.56905	0.8913

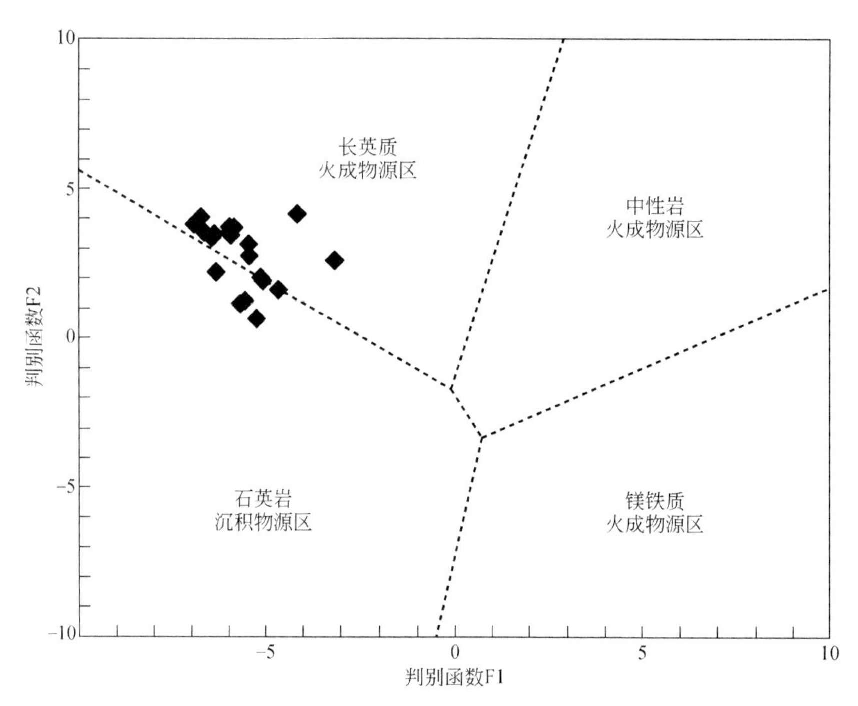

图 8-9　姚家组砂岩主量元素判别函数限定物源图解

和 Th/Sc（1.098～8.514）与长英质源岩相似（Eu/Eu*=0.4～0.9、La/Sc=2.5～16.3、Th/Sc=0.8～20.5）。有明显的 Eu 异常（δEu 平均为 0.569）和分布平坦重稀土元素，说明其来源于长英质岩石。

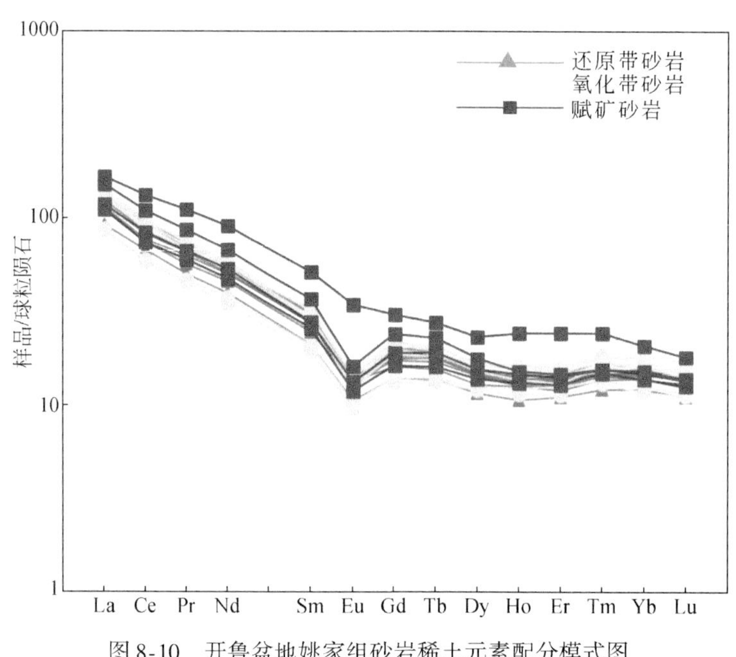

图 8-10　开鲁盆地姚家组砂岩稀土元素配分模式图

通常，Sc、Ni、Cr 和 Co 倾向于在基性岩中富集，Th、Hf、Zr 和 REE 倾向于在酸性岩中富集（Cullers and Podkovyrov，2000）。在 La/Sc-Co/Th 图解中（图 8-11a），姚家组砂岩的 La/Sc 分布范围较大，Co/Th 较低（0.156～2.54，平均为 0.88），明显低于上地壳的 Co/Th 值，绝大多数样品落于长英质火山岩–花岗岩区，表明姚家组砂岩源区以花岗岩、长英质火山岩为主，显示其物源是分异良好的上地壳物质，同时可能有少量安山岩的混入。在 La/Th-Hf 图解中（图 8-11b），研究区多数样品落在长英质和长英质+基性岩混合区，少数样品落在安山岩岛弧物源区，反映其来源于以中基性火山弧物质和大陆上地壳长英质物质为主的物源区。

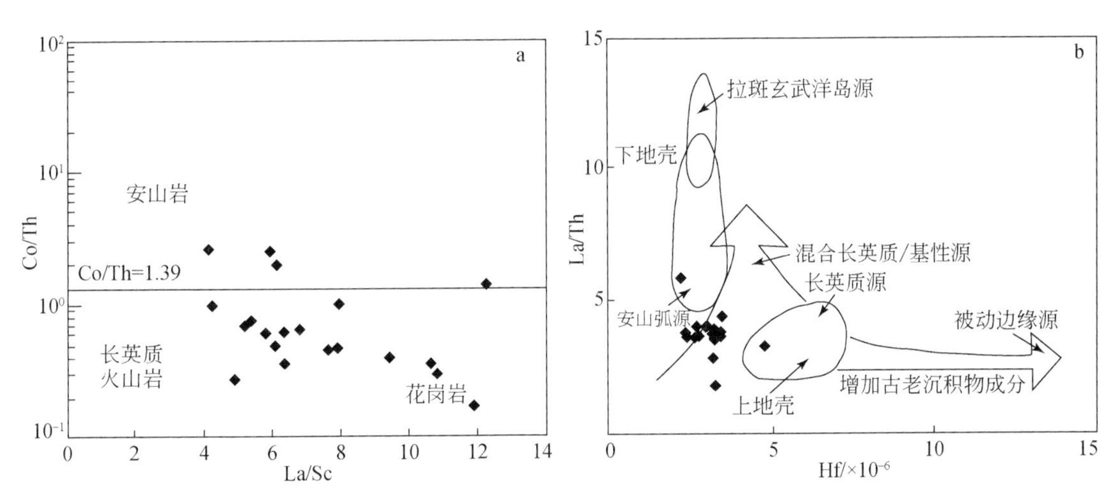

图 8-11　开鲁盆地姚家组砂岩 Co/Th-La/Sc 图解（a）和 La/Th-Hf 图解（b）

a. 底图据 McLennan et al.，1993；b. 底图据 Floyd and Leveridge，1987

（五）物源区的成分特征

碎屑沉积岩的物质组成对其地球化学特征起着决定性作用，而其物质组成主要受控于物源母岩性质及其发育和大地构造背景，不同大地构造背景的碎屑沉积岩在元素的构成上存在非常明显的差异，因此可以利用沉积岩的化学成分判别其板块构造环境（Maynard et al.，1982；Bhatia，1983；Bhatia and Crook，1986；Roser and Korsch，1986；McLennan et al.，1993）。

1. 主量元素与构造背景

Bhatia（1983，1985）根据地壳性质将盆地构造类型划分为 4 种，分别为大洋岛弧、大陆岛弧、活动大陆边缘和被动大陆边缘。主量元素中，Al_2O_3、SiO_2、TiO_2、TFe_2O_3 和 MgO 具有相对较高的稳定性，因此其含量与相关比值常作为判别标准进行源区及构造环境的分析。在 TiO_2-（TFe_2O_3+MgO）图解中（图 8-12a），姚家组砂岩主要落入活动大陆边缘和被动大陆边缘区域。在 Al_2O_3/SiO_2-（TFe_2O_3+MgO）（图 8-12b）图解中，样品全部落入活动大陆边缘及其与被动大陆边缘的交界区。

国内学者也对开鲁盆地姚家组砂岩进行过这方面的工作，提出了一些判别图解。夏飞勇（2019）在 K_2O/Na_2O-SiO_2（图 8-13a）图解和 SiO_2/Al_2O_3-K_2O/Na_2O（图 8-13b）图解中，

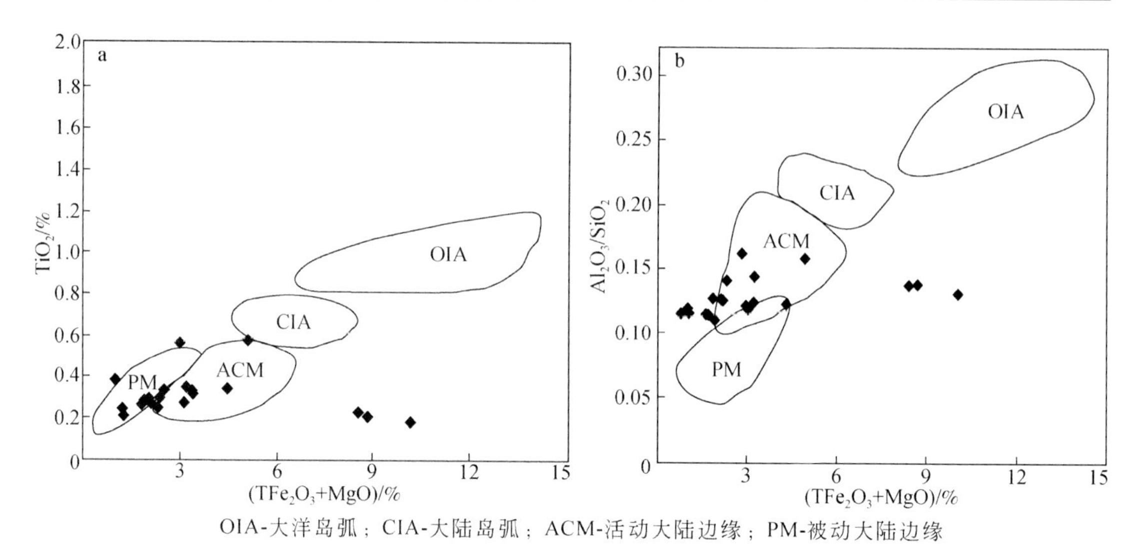

OIA-大洋岛弧；CIA-大陆岛弧；ACM-活动大陆边缘；PM-被动大陆边缘

图 8-12　开鲁盆地姚家组砂岩主量元素构造环境判别图解 1（据 Roser and Korsch，1986）

a. TiO_2-（TFe_2O_3+MgO）图解；b. Al_2O_3/SiO_2-（TFe_2O_3+MgO）图解

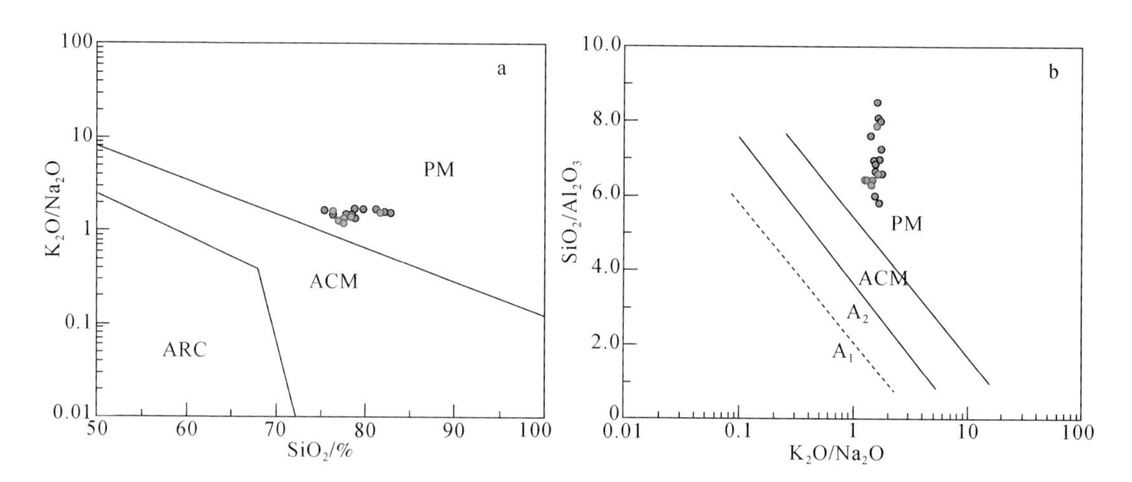

ARC-岛弧；A_1-岛弧；A_2-演化弧；ACM-主动大陆边缘；PM-被动大陆边缘

图 8-13　开鲁盆地姚家组砂岩主量元素构造环境判别图解 2（据夏飞勇，2019）

a. K_2O/Na_2O-SiO_2图解（据 Roser and Korsch，1986）；b. SiO_2/Al_2O_3-K_2O/Na_2O 图解（据 Maynard et al.，1982）

对不同板块构造环境背景下形成的砂岩进行判别，姚家组 18 件砂岩样品显示出高度的一致性，均落入被动大陆边缘区域。方国庆（1993）绘制了 SiO_2/Al_2O_3-K_2O/（Na_2O+CaO）双变量判别图解，在该图解中，仅有 3 件砂岩样品落入主动大陆边缘区域，其余 15 件砂岩样品均落入被动大陆边缘区域（图 8-14a）。杨江海等（2007）在前人的基础上，建立了（MgO+CaO）-（Al_2O_3+TFe_2O_3）/（Na_2O+K_2O）-［SiO_2/（MnO+TiO_2）］三角图解（图 8-14b），在该图解中，克拉通内部物源、陆缘弧物源、碰撞造山带物源、大陆岛弧物源和大洋岛弧物源等 5 种类型的碎屑物源得到了很好的区分，其中克拉通内部和其他 4 种源区可以很好地区分开。在该图解中，姚家组砂岩 15 件投影落入克拉通内部区域，其余 3 件砂岩投影落入碰撞造山带区域。表明姚家组砂岩主要来自克拉通内部，它代表了构造相对不活跃的被动型构造环境。克拉通内部物源主要是再旋回沉积物，砂岩碎屑一般沉积在裂谷早期、陆内克拉通盆地和被动大陆边缘等环境。

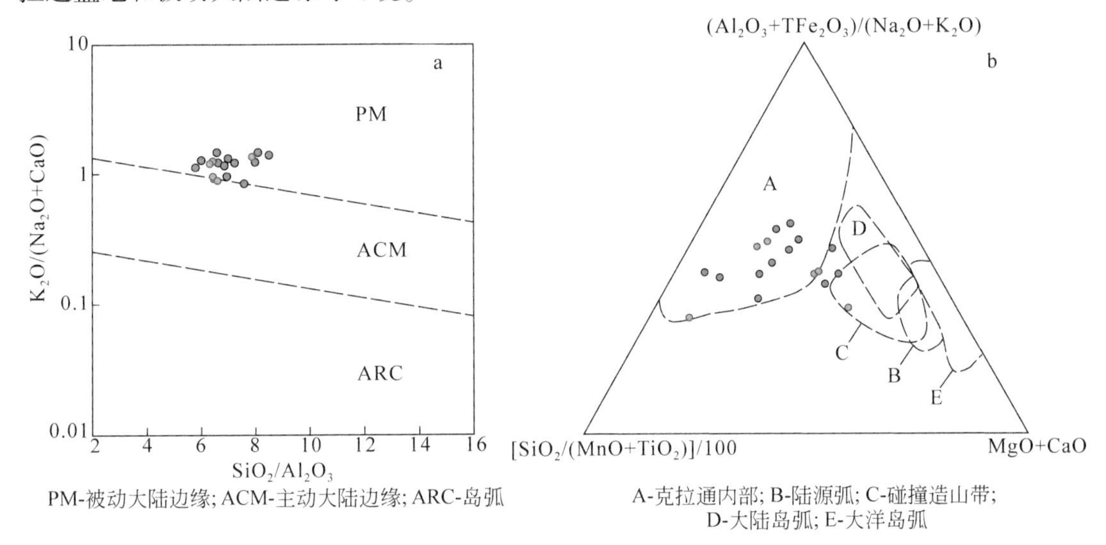

图 8-14　开鲁盆地姚家组砂岩主量元素构造环境判别图解 3

a. SiO_2/Al_2O_3-K_2O/（Na_2O+CaO）判别图解（据方国庆，1993）；b.（MgO+CaO）-（Al_2O_3+TFe_2O_3）/（Na_2O+K_2O）-［SiO_2/（MnO+TiO_2）］三角图解（据杨江海等，2007）

2. 微量、稀土元素与构造背景

微量元素及稀土元素活动性较弱，因此在其搬运和沉积过程中的分馏作用不强，稀土元素（La、Y）和其他一些性质不活泼的微量元素（如 Zr、Th、Sc、Co、Ti 等）从蚀源区母岩遭受风化剥蚀搬运沉积及成岩过程中，其含量几乎不发生改变，因此它们能很好地反映物源区的地球化学性质（廖婉琳等，2015）。在 La/Y-Sc/Cr 图解中（图 8-15a），大部分砂岩样品落于被动大陆边缘区域，少量砂岩样品投影落于主动大陆边缘及大陆岛弧及其邻近区域，其余的 4 件砂岩则落于定义的构造背景区域之外；在 Th-Co-Zr/10 图解中（图 8-15b），大部分砂岩样品投影落入被动大陆边缘区域，仅少部分落于大陆岛弧区域；在 Th-Sc-Zr/10 图解中（图 8-15c），绝大多数砂岩样品投影落于被动大陆边缘区域及其邻近区域，仅有 3 件投影落于大陆岛弧区域。

柏道远等（2007）指出，形成于被动大陆边缘构造环境的砂岩可以包含较多大陆岛弧的地区化学信息，因此，该特征反映了晚白垩世姚家组沉积时期源区的构造背景为大陆边缘。赵振华（1996）研究指出，主动大陆边缘沉积物的源区主要是分异度低的火山岩，这类火山岩的稀土元素表现为轻稀土元素相对亏损，重稀土元素相对富集，且没有 Eu 异常，而被动大陆边缘沉积物是由再旋回的沉积碎屑、古老侵入岩和变质岩组成，这类岩石的稀土元素表现为轻稀土元素相对富集，重稀土元素相对亏损，且具有明显的 Eu 负异常。综合分析认为，姚家组砂岩物源区的构造背景为被动大陆边缘，这与主量和微量元素的判别结果非常一致。

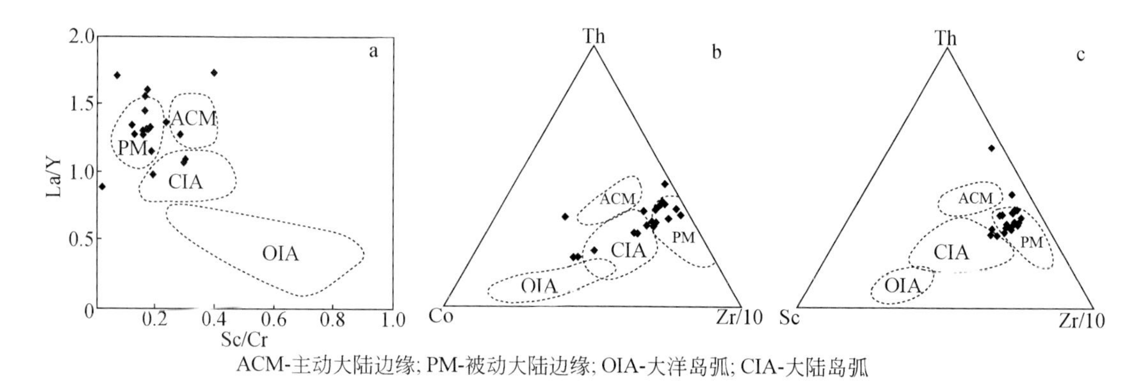

ACM-主动大陆边缘; PM-被动大陆边缘; OIA-大洋岛弧; CIA-大陆岛弧

图 8-15　开鲁盆地姚家组砂岩微量元素构造环境判别图解

a. Sc/Cr-La/Y 图解; b. Th-Co-Zr/10 图解; c. Th-Sc-Zr/10 图解

五、姚家组砂岩物源综合判断

为了更加细致地阐明开鲁盆地姚家组砂体的来源，我们需要从多方面对物源展开研究讨论。

参考开鲁盆地参与地层厚度，结合研究区沉积相展布规律等地质背景，结合重矿物分析，综合判断蚀源物质来自盆地的南部。重矿物和岩屑类型组合表明姚家组母岩类型主要是中酸性火成岩，此外还有高级变质岩和少量沉积岩。

大量文献和区域地质资料显示，松辽盆地南部中生代火山岩分布广泛，主要为早白垩世的火山岩，呈北东东向展布。宋立忠等（2010）对松辽盆地白垩世火山岩进行深入研究，认为盆地内的火山岩主要为玄武岩、玄武安山岩、粗安岩、粗面岩、英安岩和流纹岩，火山碎屑岩发育也较为普遍。

裴福萍等（2008）对松辽盆地南部火山岩 SHRIMP 锆石年龄做了测定，获得火石岭组锆石年龄为 133 ~ 129Ma，营城组火山岩锆石年龄为 119 ~ 111Ma。宋立忠等（2010）指出从发表的最新的锆石年龄数据来看，松辽盆地南部中生代火山作用主要集中在早白垩世。

宋立忠等（2010）对采自松辽盆地周缘早白垩世的火山岩样品按基性-中性-酸性分类，分别进行了地球化学分析，所有样品都表现为轻稀土元素相对富集，重稀土元素相对亏损的特征。酸性岩类呈现出明显的 Eu 负异常特征，基性和中性岩类则无明显的 Eu 异常。研究区姚家组砂岩也表现为轻稀土元素相对富集，重稀土元素相对亏损的特征，且具有明显的 Eu 负异常，基于此，认为松辽盆地南部早白垩世的酸性火山岩类为姚家组砂岩主要的母岩类型。

宋立忠等（2010）对松辽盆地进行深入研究，认为在晚侏罗世—早白垩世，由于蒙古-鄂霍次克洋的关闭，在中国东北地区发生了强烈的挤压造山作用，后发生的岩石圈拆沉作用致使来自亏损地幔的岩浆熔融上涌，导致岩石圈主动伸展拉张，地表则表现出大规模的裂谷裂陷作用和大范围的火山活动。

前面通过对研究区姚家组砂岩的地球化学分析，表明姚家组的源区构造背景为被动大陆边缘，根据 Bhatia 和 Crook（1986）定义的被动大陆边缘的构造环境，其中包括了断陷的大陆边缘性质的沉积盆地，研究区姚家组沉积期，松辽盆地即为拉张作用为主的裂陷盆地，其物源区为克拉通内部构造高地，母岩性质主要为早白垩世的中酸性火成岩。

镜下鉴定和地球化学分析表明钱家店地区姚家组砂岩的矿物成分成熟度较低，源区岩石主要受长英质物质的影响。姚家组砂岩物源区构造背景为被动大陆边缘构造环境。结合区域构造演化，认为姚家组砂岩物源区为盆地南部燕山陆内造山带的克拉通古隆起。燕山陆内造山带广泛发育的酸性火山岩为松辽盆地南部钱家店铀矿提供了长期稳定的理想铀源，为钱家店铀矿床的形成提供了良好的物质基础。

第四节　铀　　源

铀是一种变价元素，在自然界以+4 与+6 两种价态存在，在不同条件下其稳定性差异很大。在氧化条件下呈+6 价，在还原条件下呈+4 价。+6 价的铀易于迁移，+4 价的铀易于聚集，铀的迁移大多是以+6 价的形式进行的，并在+4 价时发生还原聚集。要发生铀成矿作用，首先必须要有铀的大规模迁移作用，而要发生铀的大规模迁移，必须要有相对应的地质作用发生，能促使铀发生迁移的地质作用过程通常有氧化作用、蒸发作用、沉积成岩作用、变质作用、岩浆作用、构造作用等（吴仁贵等，2018）。

在砂岩型铀矿的成矿理论所强调的成矿作用就是氧化-还原作用成矿，在氧化条件下铀被氧化发生迁移，在还原条件下铀被还原发生沉淀富集成矿。要发生铀的氧化作用，首先要求其地质背景处在挤压隆升环境中，在挤压环境下岩石遭受隆升风化剥蚀，铀被氧化淋出，在隆起蚀源区被氧化，且被含氧水带至一定的部位，如潜水面附近，或在层间氧化带的氧化前锋线附近，并在足够的还原介质的条件下还原并富集沉淀。这一地质背景的作用必须是长期的、区域性的，对于短期的或局部性的氧化作用不足以形成大规模的砂岩型铀矿床。

开鲁盆地铀源以多源性为特点，铀的来源及影响因素主要与以下 4 种铀源有关：①蚀源区铀源；②盖层铀源；③深部铀源；④二次铀源。

一、蚀源区铀源

开鲁盆地在成盆早期就形成了以加里东期、海西期的变质沉积岩系和岩浆岩及燕山期的花岗岩和中酸性火山岩等为主的富铀基底（图 8-16），这些岩体在后期经过不断的隆升剥蚀之后出露地表，遭受风化剥蚀成为铀矿成矿主要的蚀源区。

闫枫（2018）利用 ICP-MS 对松辽盆地南缘及西南缘造山带的中粗粒花岗岩、斑状硅化钾长花岗岩、钾长花岗斑岩、中粗粒闪长岩、轻度蚀变花岗岩等样品进行铀含量分析。结果显示，样品的铀含量为 $0.033\times10^{-6}\sim49.9\times10^{-6}$，平均铀含量为 9.05×10^{-6}，与上地壳铀的平均值（2.8×10^{-6}）（Taylor and McLennan，1985）相比，蚀源区较为发育的岩体高出上陆壳铀平均值近三倍，创造了良好的铀源条件，为后期成矿打下基础。

Q-石英；Pl-斜长石；Bt-黑云母

图 8-16　盆地边缘蚀源区火山岩、花岗岩及镜下特征

a. 浅红，灰黄色熔接凝灰岩，假流动构造；b. 盆地边缘凝灰岩破碎带，裂隙中充填有方解石和铁质物；c. 浅灰色晶屑凝灰岩；d. 林东粗粒花岗岩；e. 盆地西部边缘浅红粗粒花岗岩；f. 黑云母花岗岩镜下特征

张振强（2006）也对松辽盆地南部蚀源区岩体进行铀丰度及浸出率的统计。结果显示，西部物源区火山岩及侵入岩含铀丰度较高，花岗岩、花岗闪长岩铀为 $5.2\times10^{-6}\sim9.1\times10^{-6}$，平均为 6.96×10^{-6}，铀的浸出率为 6.55%～37.50%，平均为 21.85%，反映有铀迁移现象。安山岩、凝灰岩铀含量为 $5.5\times10^{-6}\sim7.7\times10^{-6}$，平均为 5.98×10^{-6}。千枚岩、板岩、片岩、石英

砂岩等浅变质岩、砂岩铀含量也较高，为 $3.3\times10^{-6}\sim7.1\times10^{-6}$，平均为 4.59×10^{-6}。南部物源区侵入岩、火山岩含铀丰度高，为 $1.7\times10^{-6}\sim6.47\times10^{-6}$。平均为 4.4×10^{-6}，存在较多的地面铀异常点、带，并有铀迁移现象。

二、盖层铀源

盆地原始铀预富集情况对沉积盖层的铀含量具有重要影响，而区域铀成矿在一定程度上受铀的预富集影响（刘华健等，2017）。高质量和高迁移率是评价铀源条件优差的关键因素之一。

开鲁盆地晚白垩世沉积物的成分及性质受盆地蚀源区及盆内故穹隆控制，因此沉积了一套晚白垩世富铀碎屑沉积建造。据于文斌（2009）统计，泉头组灰色砂岩平均铀含量为 3.10×10^{-6}；青山口组平均铀含量为 2.82×10^{-6}；姚家组平均铀含量为 3.93×10^{-6}；嫩江组平均铀含量为 3.62×10^{-6}；四方台组平均铀含量为 3.77×10^{-6}。同时，晚白垩世沉积地层在局部地区有富集特征，如姚家组在白兴吐地区平均铀含量高达 6.34×10^{-6}。张振强（2006）对开鲁盆地盖层进行初始铀含量的数据测量，测量结果显示，姚家组家组地表灰绿色泥岩铀含量为 3.37×10^{-6}。钻孔中灰色泥岩含量为 $4.75\times10^{-6}\sim5.00\times10^{-6}$；嫩江组地表灰绿色、灰色泥岩铀含量为 $3.56\times10^{-6}\sim3.79\times10^{-6}$。钻孔中灰色泥岩含量为 3.96×10^{-6}。同时存在从灰色岩石到红色岩石铀含量降低的现象，如姚家组灰色泥岩铀含量为 $4.75\times10^{-6}\sim5.00\times10^{-6}$，紫色泥岩含量为 $2.67\times10^{-6}\sim4.12\times10^{-6}$；嫩江组灰色泥岩铀含量为 3.96×10^{-6}，Th 含量为 14.2×10^{-6}，Th/U 值为 3.59，紫色泥岩铀含量为 0.8×10^{-6}，Th 含量为 11.77×10^{-6}，Th/U 值为 14.71；灰白色砾岩铀含量为 0.4×10^{-6}，Th 含量为 11.0×10^{-6}，Th/U 值为 27.5，这一现象表明红色岩石中铀被迁移。

三、深部铀源

早白垩世，开鲁盆地处于伸展断陷成盆阶段，盆地内形成了众多彼此分割的断陷盆地群。该时期古气候条件较为温暖潮湿，所以断陷盆地中沉积的碎屑岩建造富含煤、石油和天然气，组成了断续层序烃源岩岩系。这套岩系随着地质演化的缓慢进行，埋藏越来越深，其中富含的有机质达到了生油门限，形成了大量的石油、油气和油田水。这些水与地壳深部的流体混合在一起形成了强还原性流体，这些流体为后期成矿砂体褪色蚀变创造了良好的还原环境。由于深部油田水的上升还原作用，矿区地下水中铀含量增加了，钱家店矿床铀富集带地下水中的铀含量甚至可达 $n\times100\mu g/L$（夏毓亮等，2003）。矿区内含矿层砂体由原生的紫红色、砖红色被还原成灰白色、灰色，并产生广泛的高岭土化，砂岩中铀含量普遍达 $n\times10^{-6}\sim n\times10^{-5}$，高出克拉克值几倍甚至几十倍。由此可见，后期深部油田水的上升酸性蚀变作用为矿床提供了部分铀源。上升的油田水中的铀主要来自油田水对深部地层及上升过程中对各种围岩的萃取作用。

从铀源条件看，蚀源区岩石铀含量高，且浸出率高，为铀成矿提供丰富外部铀源。地层岩石本身和深部上升油田水也可为铀成矿提供一定内部铀源。

四、二次铀源

古近纪时期反转构造进一步发育，开鲁盆地持续隆升剥蚀，构造天窗进一步发育，含铀含氧水在姚家组成矿砂体中进一步向深部渗去。同时该阶段的差异升降活动伴随着断裂构造，辉绿岩脉沿断裂上涌，改变了成矿区域的热场，并为后期热流体形成提供了物质条件（蔡建芳等，2013；聂逢君等，2017）。辉绿岩的热作用使围岩烘烤变色、变硬，同时辉绿岩岩浆作用带来的热流体，使得后期改造作用更为强烈，砂岩、泥岩产生大量的新生胶结物。热流体的作用导致姚家组砂岩中出现了大量的碳酸盐，碎屑颗粒被溶解交代，同时也使得先前形成的铀矿体中的铀再次活化、迁移并富集，局部地区形成低温热液特点的沥青铀矿与黄铁矿共沉淀的“沥青铀矿脉”，叠加改造的铀矿体也有增厚、变大的趋势，该阶段也是研究区第二次主成矿期。第一次成矿形成的铀矿体和矿化异常点就成了后期成矿改造作用的二次铀源，前期的铀含量如果很高，对后期铀矿的改造叠加成矿具有有利影响。

第九章　成矿还原剂

第一节　概　　述

砂岩型铀矿自20世纪80年代开始陆续进入国际视野，因其储量大、开采成本低和节能环保等优势目前已成为国内外铀矿找矿领域的主攻方向之一，随着研究方法与技术的不断革新，砂岩型铀矿形成了较为特色的区域控矿理论或成矿理论体系（黄广楠等，2021）。研究认为，砂岩型铀矿的形成是水–岩相互作用的结果，即含铀成矿流体在一定的物理–化学条件下与岩石进行反应后，铀通过氧化还原和吸附作用在岩石中聚集成矿。

铀在流体中运移时，主要是以六价态（U^{6+}）铀酰络合物的形式存在。在还原条件下，流体中迁移态的U^{6+}会被还原成U^{4+}，从而沉淀形成沥青铀矿等（吴德海等，2018）。因此，还原剂对于砂岩型铀矿的形成发育至关重要，有学者认为砂岩型铀矿的找矿预测实际上是在评价还原介质的分布规律（黄世杰，1994；黄净白和李胜祥，2007）。还原剂对铀成矿的控制机理，在于其制约层间氧化带的形成发育，层间氧化带中的氧化–还原地球化学障是铀变价成矿的重要场所（赵凤民和沈才卿，1986；焦养泉，2006）。通常情况下，当砂体中的还原剂丰度较低时，氧化作用就更为发育，氧化带就可能穿层而过，铀就不能富集；而当砂体中还原剂丰度较高时，其氧化–还原环境处于平衡状态，层间氧化带的推进就会稳定且缓慢，才能持续形成铀矿化。氧化带在何处尖灭并形成氧化还原前锋线，在一定程度上取决于岩石中还原容量，还原容量越高就越有利于含铀含氧流体通过氧化带将其携带的铀元素卸载并富集成矿。

还原剂就是在氧化还原反应里失去电子的物质。一般来说，所含的某种物质的化合价升高的反应物是还原剂。砂岩型铀矿中控制含铀含氧流体成矿的重要条件就是还原剂的含量和类型。还原剂对于砂岩型铀矿的形成发育至关重要，是铀沉淀富集的必要因素之一。砂岩中最主要、最宏观的还原剂被认为是碳质碎屑和黄铁矿（黄世杰，1994），除此之外，H_2S、油气、动物化石、煤层等也是很好的还原剂（刘正邦等，2013）。开鲁盆地上白垩统姚家组是盆地中最主要的铀矿赋存层位，其砂体中还原剂较为丰富，包括了有机质、油气、黄铁矿等。早白垩世，开鲁盆地处于伸展断陷成盆阶段，盆地内形成了众多彼此分割的断陷盆地群。该时期古气候条件较为温暖潮湿，所以断陷盆地中沉积的碎屑岩建造富含煤、石油和天然气，组成了断续层序烃源岩岩系。这套岩系随着地质演化的缓慢进行，埋藏越来越深，其中富含的有机质达到了生油门限，形成了大量的石油、油气和油田水（陈晓林等，2008）。这些水与地壳深部的流体混合在一起形成了强还原性流体，这些流体为后期成矿砂体褪色蚀变创造了良好的还原环境。下白垩统九佛堂组、沙海组为开鲁盆地的主要烃源岩层和储层，是油气的主要富集单位。晚白垩世，开鲁盆地进入弱沉降拗陷阶段，该时期沉积了本区最重要的含矿目的层位——姚家组。姚家组砂体为河流相沉积，其沉积的心滩砂体厚度大、渗透性好、侧向连续性好，富含较丰富的植物炭屑，是最为有利的成矿砂体（向伟东等，2006；王世亮等，2014），且在盆地内分布具有一定规模。姚家组砂体在沉积-成岩期就形成了有机质含量较高的砂体，吸附了可溶性铀，形成了铀的初始预富集；与此同时，在野外观察中还发现姚家组砂体中发育大量的黄铁矿，这些强还原物质在砂体中形成了良好的还原环境，为后期铀矿的沉淀富集提供了还原剂。

第二节 炭 屑

炭屑是指组织结构经炭化后保留碳质结构的化石植物，属于有机质的一种。针对炭屑与成矿作用关系的研究由来已久，从沉积型金属矿床到热液型金属矿床，炭屑在成矿过程中总是扮演着重要的角色。早在 19 世纪 80 年代，Koenig 和 Stockder（1881）就报道了自然银与碳氢化合物共存的现象。大量资料显示，大型-超大型斑岩铜矿的顶板及周边围岩中普遍存在暗色-黑色还原性含碳质地层，而且同一地区不同时代斑岩铜矿往往临近同一含碳质地层，显示一定的层控性。李延河等（2020）等通过总结前人研究结果，结合美国宾厄姆斑岩铜矿、西藏甲玛斑岩铜矿、云南普朗斑岩铜矿及江西德兴斑岩铜矿等矿床的实地情况，认为含碳质围岩中有机组分的加入可能是引发斑岩成矿系统氧化-还原转换和矿质沉淀的关键。通过对比发现在岩浆阶段，有机组分的加入会造成岩浆还原，形成“还原型斑岩”，易导致成矿物质分散-迁移；在热液阶段加入，有机质的还原性则对金属沉淀析出十分有利。综合来看，有机质的还原性是促进金属沉淀的关键因素。

炭屑作为砂岩型铀矿最主要的还原剂之一，与铀富集成矿具有密切的关联性。例如，在对位于美国科罗拉多高原的格兰茨铀矿床的研究中发现有大量的碳质和腐殖质与矿石相伴生，同时我国 512 铀矿床和努和廷等铀矿床也均发现有大量的有机质碎屑存在（赵瑞全等，1998），鄂尔多斯盆地大营铀矿床、纳岭沟铀矿床等含矿地层或矿石中普遍含有较多的炭屑。还原剂与铀矿的共生关系不仅在空间上有较明显的反应，而且有机质也参与铀富集成矿过程。McHugh 等（1976）通过大量研究表明在铀富集成矿过程中有机质首先通过改变附近的成矿环境（如释放有机酸或气体改变环境的 Ph 或 Eh），作为氧化或还原介质对铀富集起到催化作用。伍三民和王海良（1993）分析了有机质与铀成矿的关系，认为铀富集始于腐殖酸，但随着各种地质作用有机质发生改变，铀与有机质化学结构的分离。向伟东等（2000）研究了十红滩矿床有机质与铀成矿的关系，认为在矿化的地球化学分带中，氧化带中的炭屑被氧化，形成可溶性铀腐殖酸络合物淋滤进入地下水迁移，在过渡带（矿化带）以腐殖酸岩的形式沉淀下来，并造成矿石中有机碳含量的增高。赵瑞全等（1998）、王国荣（2002）及李满根和周文斌（2003）探讨了伊犁盆地南缘砂岩型铀矿与有机质的关系，认为该区有机质母体主要是高等陆生植物，有机质在含氧渗流水作用下发生氧化迁移，同时使岩石中矿物发生次生蚀变，在地球化学障上产生铀及伴生元素的富集，并阐述有机质氧化迁移及使矿物蚀变的机理。

一、炭屑野外及镜下特征

根据砂岩型铀矿的成矿理论，上下顶底板具有泥岩隔水层，中间是侧向连续性好、渗透率较好的辫状河砂体，这样的地层结构能最大限度确保铀氧化水在一定规模的砂体内径流，实现铀最大效率地迁移、富集。研究区目的层姚家组形成于河流相中，姚家组下段主要发育辫状河砂体。其砂体厚度大，胶结疏松，具有较好的渗透性（王世亮等，2014），有利于成矿流体的运移。并且姚家组上覆地层为嫩江组泥岩，下伏地层为青山口组泥岩，这两层泥岩给姚家组提供了稳定的顶部和底部隔挡层，使姚家组具备了良好的泥-砂-泥结构（苏洪迎和李杨，2016），是有利的成矿层位。另外，矿层内的泥岩等不透水的岩性互层为局部隔挡层，对矿层起到了局部改造作用（图 9-1）。与此同时目的层砂体中富含炭

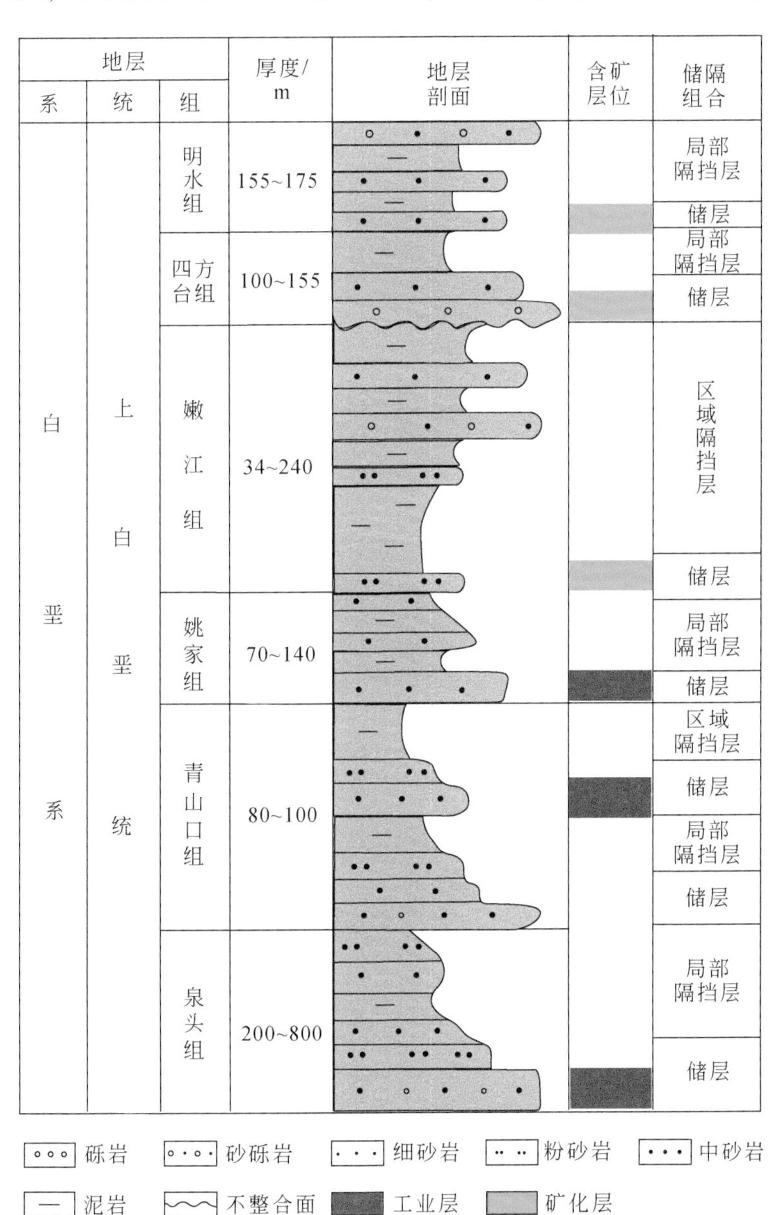

图 9-1　开鲁盆地岩性柱状图

屑，在野外观察中常见砂体中含大块炭屑（图 9-2），部分可见植物茎干及炭屑纹层（图9-3），在镜下观察常见植物细胞腔结构（图9-4a）。这种植物碎屑在微生物的参与下，如厌氧细菌通过一系列分解反应产生 H_2S、CH_4等烃类气体，导致有机质周围的 Eh 急剧下降，并能使介质由碱性向中性转变，最终使水溶液中的 U^{6+}、Se^{6+}、Re^{7+}等还原沉淀。被有机质还原的铀元素首先附着在有机质体内，当有机质含量较高时，产生的还原气体浓度高，易扩散到周围并被黏土矿物所吸附，导致部分铀等元素矿物充填于植物细胞腔（图 9-4b），或分布在泥质填隙物中。另外，有机质由氧化带向过渡带迁移，造成过渡带有机碳含量明显增高，导致产生高反差的地球化学障，也有利于铀的富集沉淀。铀与有机质呈正相关关系，表明铀成矿与有机质的还原作用关系密切。研究区炭屑含量高，也是其铀富集成矿的主要原因之一。

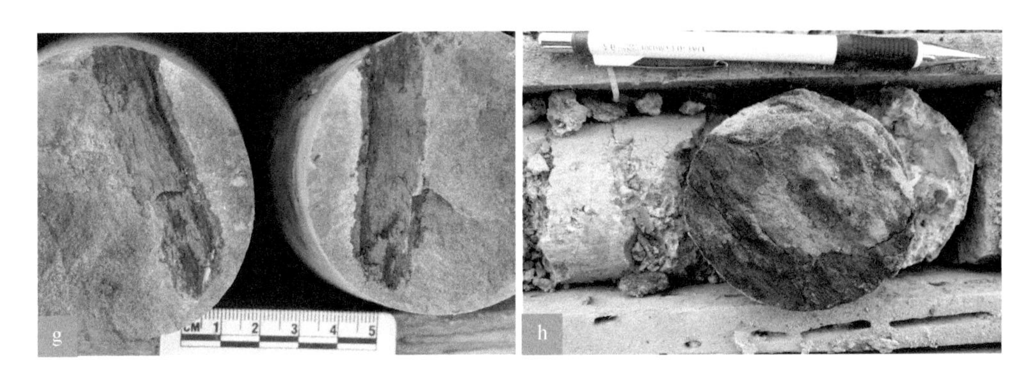

图 9-2　野外炭屑照片

a. 深灰色泥岩中的炭化植物碎屑（ZK25-4，326.7m）；b. 河道砂砾岩中炭化植物树干，曲流河滞留沉积（ZK59-31，196.62m）；c. 矿层中大块的植物炭屑，长石高岭土化（ZK101-4，573.52m）；d. 矿层中大块的植物炭屑，见木质结构（ZK101-4，579.1m）；e. 灰白色粗粒砂岩中的炭屑与深灰色泥砾，强高岭土化（ZK 兴 91B-9，458.3m）；f. 灰白色中粗砂岩，大块炭屑，海力锦（ZKH4-4，579.1m）；g. 紫红色细砂岩中残留炭屑（ZK 兴 91B-9，507.5m）；h. 含砾粗砂岩，炭化植物树干遭后期氧化（ZK25-4，343.5m）

图 9-3　炭屑纹层照片

a. 灰色细砂岩，可见炭屑纹层（ZKBK9-12，839.28m）；b. 灰色中砂岩，含炭屑及炭质纹层（ZKH1-6，591.20m）；c. 灰白色中砂岩，砂体中见树叶、炭化植物碎屑及炭质纹层（ZK 兴 103-0B，505.35m）；d. 灰色细砂岩中见纹层状炭化植物碎屑（ZKS15-7，736.65m）

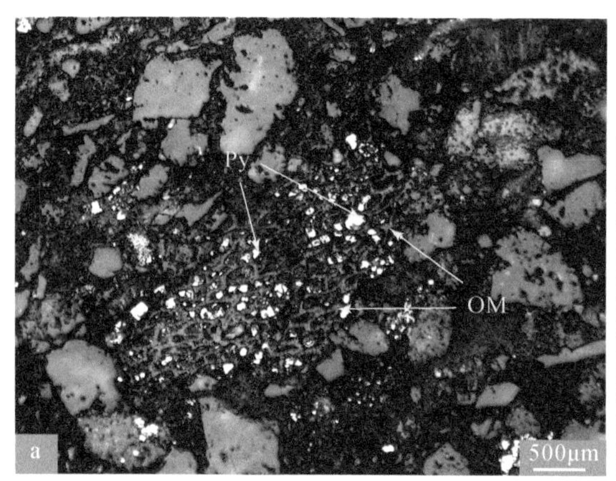

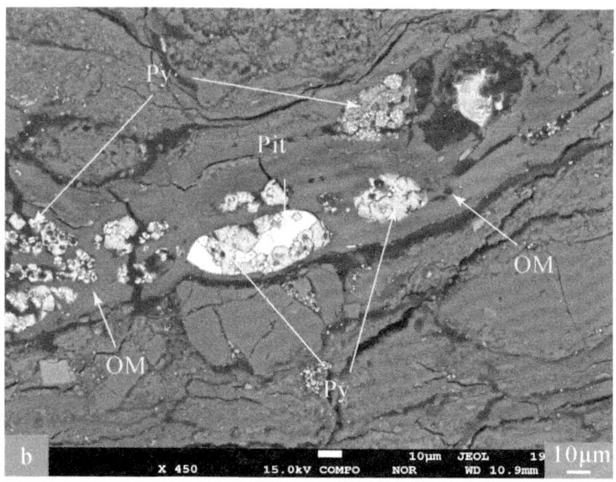

图 9-4 开鲁盆地铀矿物与 OM 背散射图像

a. 炭屑凝胶化（OM），见细胞腔结构，黄铁矿充填（Py）；b. 沥青铀矿（Pit）和黄铁矿（Py）赋存在植物细胞腔内

二、炭屑与铀富集之间的关系

研究表明，生物在生长期间，生物有机体通过器官吸收、表面吸附及形成有机络合物等形式富集大量金属元素，据 Bowen 1996 年的统计，藻类可以使金属浓集几十至几十万倍。美国学者 D. H Davis 1977 年在研究密苏里东南部铅矿床成因后指出，蓝绿藻对铅锌具富集作用，它能在低浓度溶液中对铅富集高达 5000 倍。当生物死亡后，有机体因氧化而分解的过程中常会将吸收在有机体内的金属元素释放出来，但是这些植物在分解过程中可产生大量氨基酸、富里酸和腐殖酸等各种有机酸，首先这些有机酸对金属元素具有很强的络合作用或螯合作用，再次将各种金属元素富集起来，形成具活动性状的金属有机络合物或螯合物。如 M. A 拉希德曾实验，平均每克腐殖酸捕获二价金属离子的能力为 97 ~ 150mg，在碳酸盐中，每克腐殖酸能溶解 54 ~ 250mg 金属；其工作原理是有机酸中含有大量羧基（-COOH）和羟基（-OH）等游离基，这些游离基的氢原子能被金属离子取代，使沉积物和水介质中的金属离子能很快去羧酸反应，形成易溶解的羧酸盐而使金属元素富集（郑庆年，1996）。另外，有机酸具有很强的还原能力，当沉积物或岩层中富含有机质时，有机质使沉积物、岩层保持处于还原环境，各种成矿金属元素就会保存在岩层中，并经成岩作用形成富含各种金属成矿元素的初始矿源层。由此可见，炭屑对于砂岩型铀矿的形成发育至关重要，炭屑的大量出现也许就代表了富铀矿形成的必备地质环境。

从开鲁盆地有机碳的含量来看（表 9-1，图 9-5），矿石中有机碳的平均值为 0.3%，矿化样品中为 0.18%。在矿石样品中铀含量与有机碳呈负相关关系，随着碳含量的增加，越利于铀含量逐渐减低，以 Q-09-5 样品最典型，有机碳含量为 0.08%，U 为 762μg/g，从钻孔剖面上分析，该样品位于矿体的中部，可能位于矿带偏氧化侧。但也有个别超高品位样品或超高有机碳含量样品，或与局部有机质团块的富集有关。矿化样品中，铀含量随着有机碳含量的增高而升高，说明了铀矿化以有机质吸附为主的特点。Q-09-27 有机碳含量不高，但在野外取样时，是从矿带取样，室内分布铀含量在 58.9μg/g，可能与样品分析位置铀关系，说明了铀富集的不均一型。无矿化原生灰色砂岩样，有机碳含量为 0.21%，U 含量为 45μg/g，由 Q-09-3 号样品代表，说明地层中本省铀的预富集含量就较高。

表 9-1 通辽地区不同矿带中有机碳含量分析数据表

样品编号	钻孔号	取样深度/m	岩性描述	有机碳含量/%	U/(μg/g)
Q-09-1	ZK 兴 29-0	288.90	灰色含砾砂岩，矿化段下部	0.72	110
Q-09-2	ZK 兴 29-0	287.00	灰色含砾砂岩，矿化段中部	0.40	208
Q-09-3	ZK 兴 29-0	284.40	灰色细砂岩，疏松，矿化段上部	0.21	45
Q-09-4	ZK 兴 29-1	273.00	灰色细砂岩，矿化中部，$\gamma=14$	0.18	470
Q-09-5	ZK 兴 29-1	278.20	灰色中砂岩，矿化底部，$\gamma=24$	0.08	762
Q-09-6	ZK 兴 29-1	270.30	灰色含砾中粗砂岩，矿化上部	0.11	74.9
Q-09-19	ZK 兴 61-27	388.86	绿色砾岩，11cps	0.07	63.1
Q-09-20	ZK 兴 61-27	380.84	灰绿色砾岩，14cps	0.17	76.1
Q-09-21	ZK 兴 61-27	375.77	灰色砾岩，见炭屑和黄铁矿，18cps	0.18	95.2
Q-09-25	ZK 兴 59-31	348.00	灰白色含泥砾砂岩，矿石	0.16	149
Q-09-26	ZK 兴 59-31	243.80	灰色含赤铁矿细砂岩，矿石	0.13	753
Q-09-27	ZK 兴 59-31	242.50	灰色细砂岩，矿石	0.37	58.9
Q-09-28	ZK 兴 59-31	243.00	灰色含赤铁矿细砂岩，矿石	0.43	2709

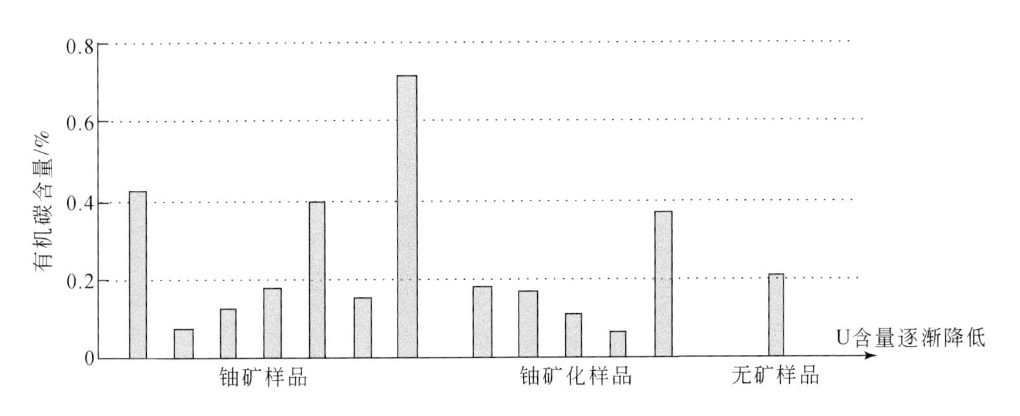

图 9-5 开鲁盆地 U 含量与有机碳含量关系图

整体来看，说明原生地层具有较强的还原能力，可以为成矿提供充足的还原剂。有机碳为铀矿化的主要还原剂，铀在砂岩中的富集具有不均匀性，成矿以有机质的氧化还原为主要成矿作用类型。

第三节　油　　气

随着对石油、天然气、金属矿床等研究的不断深入，人们逐渐认识到石油、天然气、金属矿、非金属矿等矿产之间存在着紧密联系。石油、天然气和许多金属、非金属矿产都赋存在沉积盆地中，他们在生成、来源、运移和储存（沉淀聚集）等方面存在着某些相似性，甚至是彼此相关的。20 世纪 10 年代以来，油气与矿物资源勘察揭示出的一个重要事实——沉积盆地中金属、非金属矿产的形成常与油气的生成、演化和成藏表现出密切的内在联系。

在国外，许多研究已经证明了金属成矿与油气之间存在的密切关系（Disnar and Sureau，1990；Du，2007）。如石油和天然气中某些金属元素（Hg、Au、V 等）的异常高含量，其中最早也是最为引人注目的当属产于碳酸盐岩建造中的密西西比河谷型（MVT）铅锌矿床。美国中东部是世界上 MVT 铅锌矿床的最主要产区，同时也是油气资源的重要富集区（顾雪祥等，2010）；中哈萨克斯坦楚-萨雷苏含油气盆地中，晚古生代地层中的层状铅锌矿床和砂岩型铜矿床与油气藏相伴生；德国北部油气田中 Hg 含量可达4000 ~ 5000t，相当于四五个大型 Hg 矿床；俄罗斯油田中的 Au 含量可达 $1\times10^{-6}\sim100\times10^{-6}$（正常的 Au 含量为 $2\times10^{-9}\sim3\times10^{-9}$）（Tu，1994）；俄罗斯的勒拿-通古斯卡含油气盆地与贝加尔湖沿岸的 Pb-Zn 矿床；美国的一些大型砂岩型铀矿下常常有油气等，众多实例都彰显出油气与金属矿藏有着密不可分的联系（陈广坡等，2008）。

在国内，也出现了大量与油气共生的大型金属矿床。如我国云南兰坪中、新生代沉积盆地蕴含丰富的 Pb、Zn、Cu、Ag 多金属矿产资源，并因产有金顶超大型铅锌矿床而著名。同时，盆地内发育多套油气生储盖组合，上三叠统海陆交互相泥质岩和中侏罗统陆相泥质岩为主力生油岩（陈跃昆等，2005）；位于滇黔桂三省边界地区的右江盆地，广泛发育 Au、Sb、Hg、As 等低温热液矿床，尤其以发育大量微细浸染型金矿床为特色，是著名的西南低温成矿域的主体部位。同时，该区又以分布众多的古油藏和残余油气藏而备受关注，盆地内从泥盆纪至中三叠世发育了多套海相生储盖组合，原始成油条件优越，是我国南方海相油气勘探的重要战略区块（周明辉，1999）。

近年来国内多位专家就油气与金属成矿方面也进行了讨论和研究，并得到了很大的进展。刘建明（2000）从盆地动力学和盆地流体成矿成烃作用的耦合关系方面进行了研究；向才富等（2000）以右江盆地的微细浸染型金矿为例，从成矿流体运移的角度阐述了金矿床与古油藏的关系，曹辉兰等（2002）从模拟实验出发论证了不同类型的油田卤水对不同金属元素的溶解、迁移的可能性；庄汉平等（1998）从岩石学和地球化学的角度论述了原油作为金运移载体的可能性；涂光炽（1994）和施继锡等（1995）等对油气藏与金属矿藏的共生共存等方面进行了阐述；陈刚等（2005）则对鄂尔多斯现存的时空相互关联共同富集等方面进行了论述等。这些研究从不同的角度对油气藏和金属矿藏在共生共存及形成机理等方面进行了较为详细的论述，突出了油气对金属成矿的重要性。

根据刘建明（2000）的研究，天然水体中粒径为 n μm ~ n nm 的有机质活性很高，具有很强的表面吸附和螯合能力，对天然水体（尤其是海水和其他地表水）中金属的搬运和聚集起重要的作用。当这些弥散在海水中的有机颗粒穿过海水柱缓慢沉降时，发生在它们表面的吸附和螯合作用可能是使海水中远未达到饱和的许多成矿金属元素被带入沉积柱的最有效机制之一。这就说明，沉积盆地中丰富有机质的沉淀对金属元素的富集起到了非常重要的积极作用。当沉积有机质埋深达到一定的深度，达到石油生成的有效温度范围时（60°~150°），这些有机质就向烃类转化，并产生大量的有机酸。当有机酸的浓度很高时，有机酸的作用远大于 HCO_3^-。水与油气发生广泛的地球化学作用，使孔隙中有机酸 CO_2、CH_4、H_2、H_2S 及 NH_3等浓度增高，SO_4^{2-}的浓度则大大降低，水的还原性增强，有机酸主要通过提供 H^+和络合金属元素，促进矿物溶解，加快流岩反应速度，矿物中的成矿金属元素进入流体并稳定迁移，这样金属元素就能溶解并稳定地存在于地质水体中。

近年来，铀与油气的关系一直是砂岩型铀矿成矿理论的重要研究内容。含油气沉积盆地是寻找砂岩型铀矿床的良好场所，在合适的地质条件下，盆地中的铀矿床与油气田紧密共生。既是产油盆地又是产铀盆地的例子有许多，如美国得克萨斯州海岸平原地区、我国鄂尔多斯盆地、松辽盆地等。

一、油气的野外及镜下特征

开鲁盆地砂岩型铀矿床位于松辽盆地区域深大断裂的边缘。深大断裂的存在，使得开鲁盆地从一个相对封闭的环境转变为开放的环境，对成矿产生了明显的控制作用，而断裂所引起的油气还原条件成为最直接也是最重要的控矿因素之一。油气的侵入不但能提高砂岩的吸附容量，而且有利于铀的沉淀、富集。整体表现为深部油气侵入含矿层后，油气中的 H_2S 和一部分 CH_4直接参与反应还原沉淀六价铀离子，一部分 CH_4等烃类气体与地下水中的 SO_4^{2-}、NO^{3-}和 Fe_2O_3等发生氧化-还原反应，生产沥青油、H_2S、H_2和黄铁矿等还原物质，极大增强了地层的还原性，促进了铀的还原、沉淀。同时如果油气的侵入还原作用晚于成矿作用时，能够对砂岩及其围岩在此进行还原改造，形成强还原环境，但不破坏早期已经形成的铀矿化层，对早期形成的铀矿体起到了保护作用（郑欣和汪永宏，2019）。

研究区断陷盆地的底部为阜新组、沙海组及九佛堂组的煤层和油气层，沙海组和九佛堂组是两套主力烃源岩，具有丰富的油气资源。在晚白垩世末期到古近纪时期，地层隆升反转使得底部贯通型断裂加剧，深部的还原性物质伴随高矿化度的卤水（简称“油田水”）沿着断裂不断上涌、运移和扩散，油田水中富含的 H_2S 与 CH_4等上升进入含矿层，产生广泛的酸性蚀变（高岭石化），造成开鲁盆地上白垩统油气褪色现象非常普遍（图 9-6a和图 9-6b）。褪色蚀变（漂白）是渗逸到该层位中的酸解烃类气体使岩石发生诱发蚀变的结果。研究区铀矿富集层位具有稳定的“泥-砂-泥”结构，其间的泥质岩层既可作为后期潜水层间氧化带的隔挡层，又是后期防止油气渗入砂岩的隔挡层，也正是这些稳定发育的泥质岩层对渗逸油气的隔挡和阻滞作用，构成了姚家组底部岩性岩相组合与油气还原褪色带的空间配置。同时，在砂岩储层中大量聚集的酸解烃，可成为铀二次沉淀的还原剂和聚矿剂。

钻孔岩心砂岩中可发现明显的油渍、油斑、油浸显示（图 9-6c 和图 9-6d），镜下观察可见明显的红棕色油浸斑（图 9-7）。对这些岩心进行空间归位后，发现其位置或是处于隆

图 9-6　局部漂白及油浸现象

a. 油气将原生红色泥岩局部漂白为灰色（ZKS13-49，494. 39m）；b. 油气将紫红色泥岩漂白成灰色，漂白呈不规则状（ZK 兴 95B-7，11. 31m）；c. 砂体中见油浸现象（ZK 平 2-3，338. 00m）；d. 油气将紫红色泥岩漂白成灰色，并可见黄褐色油浸斑（ZKS13-49，648. 23m）

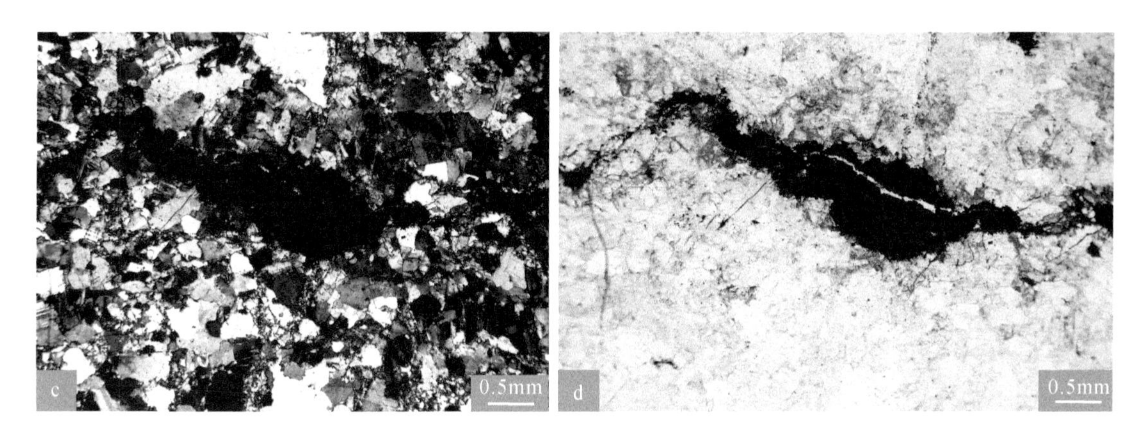

图 9-7 红棕色油浸斑镜下特征

a. 不规则状红棕色油浸斑分布在碎屑颗粒之间（+）；b. 不规则状红棕色油浸斑分布在碎屑颗粒之间（-）；c. 红棕色油浸斑大面积分布（+）；d. 红棕色油浸斑大面积分布（-）

起边缘，或是处于断裂构造附近，表明断裂处油气逸散明显。断裂周围可作为还原介质富集或酿造还原性物质的重要场所，也是含铀氧化水被氧化还原、富集成矿的重要场所。

图 9-8 为开鲁盆地白兴吐矿床区域钻孔岩心的观察照片。从图 9-8a 中可知，钻孔 ZK29-1 姚家组下段 192.3m 附近，从上往下分布的岩石为灰白色还原砂岩、完全还原的灰色泥岩、部分还原的紫红色夹灰绿色泥岩和未还原的紫红色泥岩。砂岩的渗透性好，油气容易通过，因此靠近砂岩的泥岩遭受强还原作用，而远离砂岩还原强度逐渐减弱。图9-8b为姚家组下段被部分还原的泥岩，照片中可见砂岩完全还原，而泥岩部分为紫红色，部分为灰绿色。图 9-8c 中泥岩呈龟裂状，沿裂隙分布的是灰绿色泥岩，远离裂隙的为紫红泥岩，油气沿裂隙流动造成泥岩的还原所致。一些砂岩中叶可见部分还原和部分氧化的团块和斑块，灰绿色的砂岩“穿插”在红色的砂岩中，反映了油气的部分还原作用（图 9-8d）。ZK 兴 33-6 工业孔的姚家组上段 279.4m 深处的泥岩主要为紫红色，局部穿插灰色、灰色，沿着部分裂隙，由于还原作用，形成大量的黄铁矿，而黄铁矿在后期的改造过程中又氧化为褐铁矿（图 9-8e）。

图 9-8 白兴吐矿床姚家组岩心的观察照片

a. 还原分带性明显，靠近砂岩的泥岩还原（ZK29-1，192.3m）；b. 靠近砂岩、粉砂岩的泥岩被还原（ZK29-1，192.7m）；c. 红色泥岩沿裂隙被还原，黄铁矿后又被氧化成褐铁矿等（ZK25-4，332.9m）；d. 砖红色砂岩被油气还原为灰白色，残留红色斑块（ZK59-31，348.3m）；e. 紫红色泥岩被油气还原为灰白色，残留部分红色，沿裂隙形成的黄铁矿后又被氧化为褐铁矿（ZK 兴 33-6 工业孔，279.4m）

二、油气的还原作用

为了进一步查证油气的还原作用，本研究的部分薄片在荧光显微镜下进行了观察。图 9-9a 为 ZK 兴 26-9 钻孔姚家组上段 355.44m 深处的岩心样品，铀矿石或附近的砂岩中见褐色斑块状油渍。普通单片光镜下，颗粒空隙间充填着黑褐色的填隙物（图 9-9b），而在蓝色荧光显微镜下，颗粒边缘见亮黄色物质，初步确定为油气残留（图 9-9c）。图 9-9d 与图 9-9b相似，在普通单偏光镜下，颗粒间填隙物呈褐黄色，疑似油气物质残留，而在荧光显微镜下，颗粒间的物质呈淡黄褐色，被确证为油气的残留（图 9-9e）。因此，研究区成矿区段见有明显的油气残留，根据该盆地的油气运移期次和时间，嫩江运动之后的油气排除与含铀含氧流体的层间氧化-还原成矿可能在一定的时间内发生耦合，导致了部分铀成矿作用的发生。

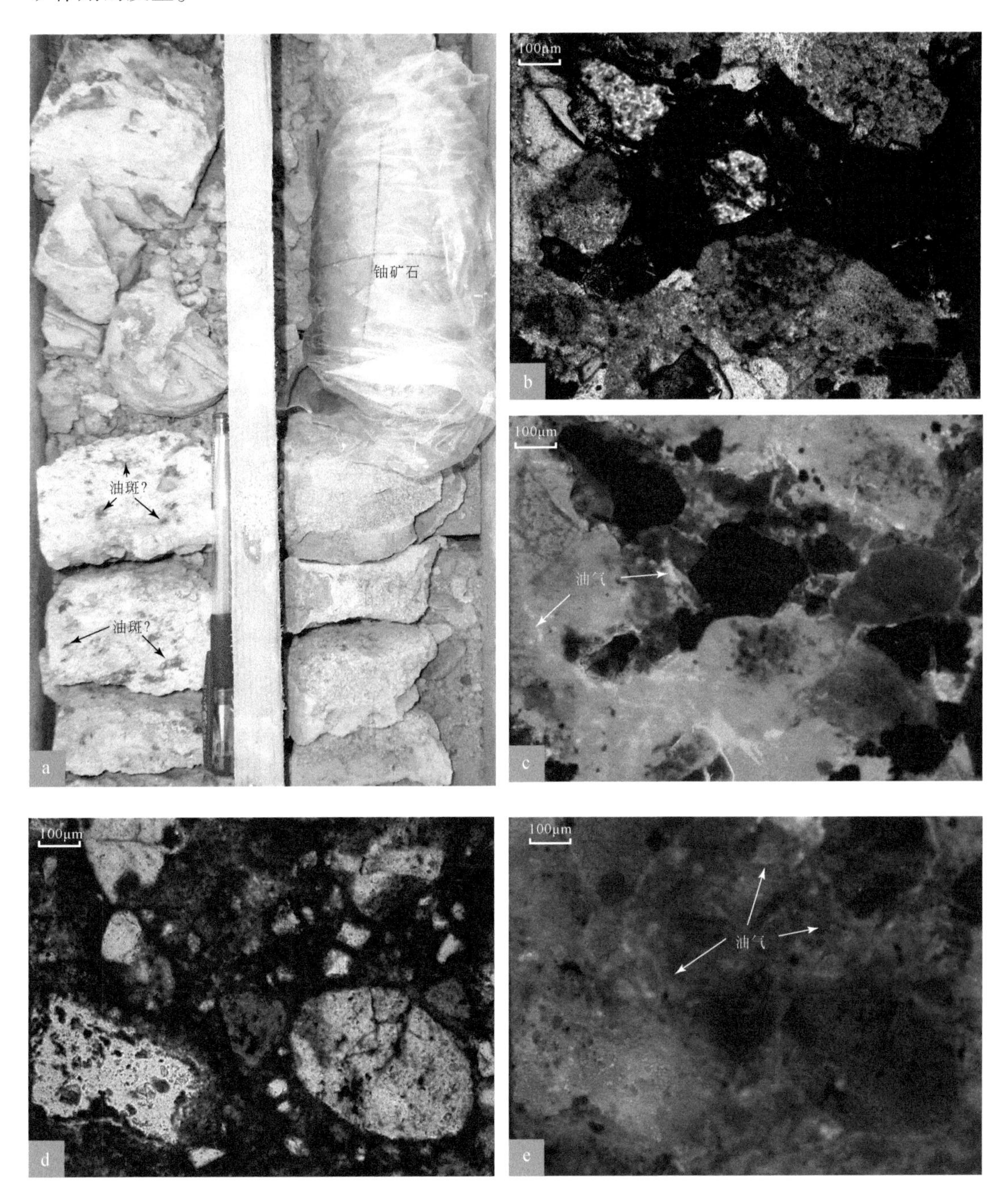

图 9-9　开鲁盆地白兴吐地区含矿砂岩荧光显微照片

a. 铀矿化附近油斑（ZK 兴 26-9，355.44m）；b. 普通显微镜下，砂岩照片（ZK 兴 26-9，355.44m）；c. 蓝色荧光显微镜下照片，亮黄白色的区域可能为油气；d. 显微镜下照片，岩石中分选磨圆较差，空隙中淡黄棕色为有机质，充填在颗粒组成的空隙中（ZK 兴 26-9，338.70m）；e. 蓝色荧光下颗粒的空隙间充着油气（淡黄褐色）

万军等（2020）对研究区含铀矿段砂岩进行研究，发现方解石、石英和长石内部均可见较多包裹体。并对含铀矿段岩心进行包裹体测试，方解石胶结物中包裹体呈星散状、无规律分布，显然是被捕获的晚期残余流体；石英中包裹体沿裂隙呈脉状分布，或是在次生加大边中分布，显然是后生或次生的，同时在石英加大边中发生泄漏的油包裹体，呈黄绿色荧光；在长石溶蚀孔中油包裹体，同样也呈黄绿色荧光，进一步证实含铀矿段也含有油气，包裹体以液相为主（图 9-10）。

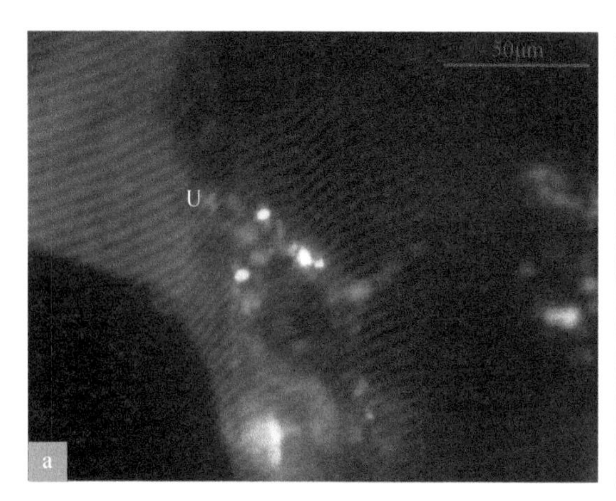

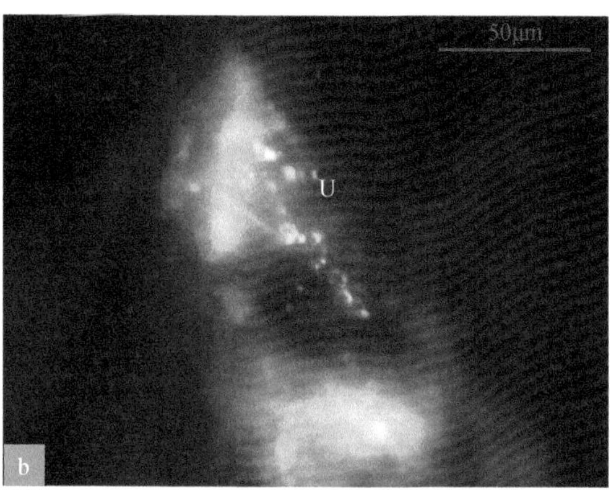

图 9-10　油气参与铀矿成矿痕迹（据万军等，2020）
a. 石英加大边中发生泄漏的油包裹体，呈黄绿色荧光（QC95，447.60m）；b. 长石溶蚀孔中油包裹体，呈黄绿色荧光（钱 IV120-57，483.3m）

开鲁盆地铀矿化砂岩中存在大量油气包裹体，主要是由于油气本身具有很强的吸附性，后期侵入的油气存储在姚家组砂岩的孔隙中，提高了其吸附容量（张建军等，2013），油气可以吸附含铀氧化水中的铀离子，并使其固着沉淀，促使铀在砂岩中富集。在薄片镜下观察时可见铀矿物赋存在沥青脉内（图 9-11），由此说明油气对铀具有很强吸附特性，这也是开鲁盆地铀矿床的重要成矿因素之一。

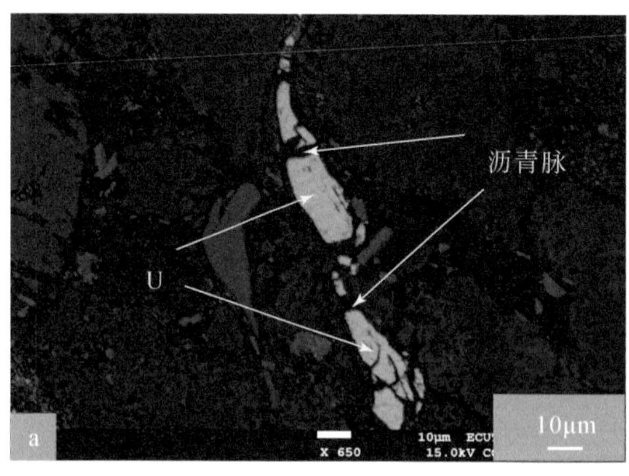

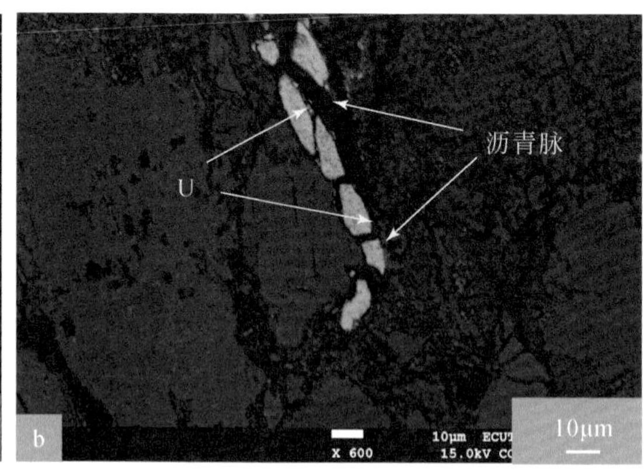

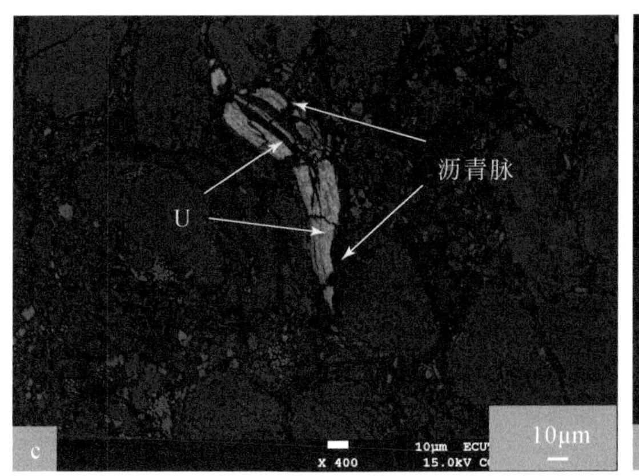

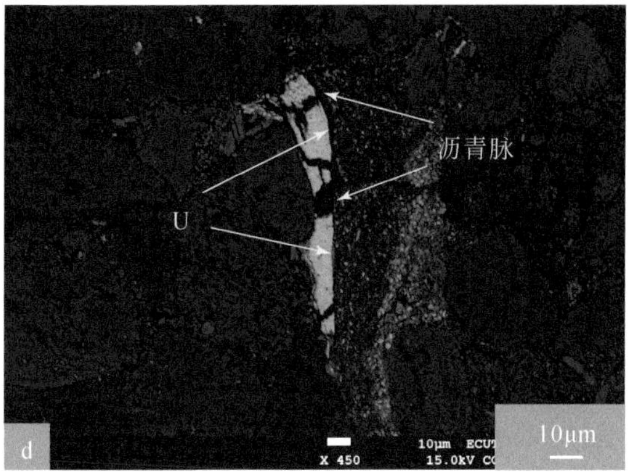

图 9-11　开鲁盆地铀矿物与沥青脉背散射图像

a. 钛铀矿（Bt）在有机质沥青脉中产出，呈短柱状、竹节状，具收缩裂纹；b. 沥青铀矿（Pit）赋存在沥青脉（bitumen）中呈短柱状；c. 沥青铀矿赋存在沥青脉中呈脉状；d. 沥青铀矿赋存在沥青脉中呈柱状

除此之外，油气入侵不但提高了砂岩的吸附容量，同时也增加了砂岩的还原容量，有利于铀的沉淀富集。其实无论各矿床油气性质来源有何不同，它们都有一个共同点，即皆形成一个还原性的环境，造成氧化-还原电位 Eh 的降低，从而有利于铀的沉淀富集。石油对铀成矿作用的影响，是通过油型气这个“桥梁”来实现的。油型气来源于石油，而油型气（主要是其中的 CH_4）与含铀流体的化学作用，导致铀的沉淀，反应如下所示。

$$SO_4^{2-}+CH_4(g)\longrightarrow CO_2+2H_2O(\text{在细菌作用下})$$

$$CH_4+2O_2\longrightarrow H_2CO_3$$

$$CO_3^{2-}+Ca^{2+}\longrightarrow CaCO_3$$

$$[UO_2(CO_3)_3]^{4-}+CO_3^{2-}+2H_2O+2e\longrightarrow[U(CO_3)_4]^{4-}+4OH^-$$

$$[U(CO_3)_4]^{4-}+4OH^-\longrightarrow U(OH)_4+CO_3^{2-}(\text{水解})$$

也可以直接与 CH_4 作用导致 U 的还原：

$$4UO_2^{2+}+CH_4+3H_2O\longrightarrow 4UO_2+HCO_3+9H^+$$

由 CH_4 产生的间接产物 H_2S，HS^- 导致 U 的沉淀：

$$Na[UO_2(CO_3)_3]+H_2S\longrightarrow UO_2+S+2NA_2CO_3+H_2O+CO_2$$

$$4[UO_2(CO_3)_3]^{4-}+HS^-+15H^+\longrightarrow 4UO_2+SO_4^{2-}+12CO_2+8H_2O$$

因此，石油对铀成矿作用的影响实际上是通过天然气这个纽带来实现的。不同性质和来源的油气对铀成矿作用的影响程度，很大程度上取决于 CH_4 成分的含量（吴柏林，2005）。

沉积盆地是各种沉积物汇聚的场所，是能源和多种金属、非金属矿产的重要富集单元。据统计，能源燃料及半数以上金属资源均来自沉积盆地，在盆地中常为共生/伴生关系。在一定温度、压力和酸碱度等条件下，流体与流体、流体与沉积物之间相互发生的各种物理、化学甚至生物作用，势必会为多种矿产的生成、聚集提供适宜的成矿条件，使沉积盆地成为各种矿产富集的中心。油气和铀矿床就是开鲁盆地的重要产物。就成矿而言，在铀的活化、迁移、富集成矿及油气的生成、运移和聚集成藏的全过程中，盆地流体均扮演了不可或缺的重要角色，成矿与成藏均受控于盆地流体参与的物质与能量交换和转移的动力学过程；换言之，盆地流体是连接铀成矿与油气成藏的纽带和桥梁。事实上，油气是一种被封存起来的以碳氢化合物为主的盆地有机流体，而铀矿石则大多是以水溶液相为主的盆地流体在适当部位将所溶解携带的铀组分沉淀卸载的结果。开鲁盆地不仅探明了油气储量，而且还发现了铀、铼、钪等稀有矿产，说明盆地确实具备汇聚多种矿产的条件。

根据铀矿与油气的共生/伴生规律，可以在某些铀矿附近寻找油气藏，反之也可在油气藏附近寻找相关的铀矿。目前利用铀-油的关系在油气周围寻找砂岩型铀矿的事件在二连盆地、吐哈盆地、鄂尔多斯等盆地中已见到明显的成效（李亮等，2001；刘建军等，2005）。张景廉和卫平（2006）也指出利用石油与铀矿来源、形成机理的相互关系，来寻找大型油气田的思路。这些都无疑为油气与金属矿的综合勘探提供了有益的思路和方向。

第四节　黄　铁　矿

黄铁矿（FeS_2）是铁的二硫化物，表面常具黄褐色和锖色，条痕为绿黑色或褐黑色，有强金属光泽，不透明，解理极不完全，硬度为6～6.5，相对密度为4.9～5.2。黄铁矿成分中通常含钴、镍和硒，具有NaCl型晶体结构。成分中还常存在微量的钴、镍、铜、金、硒等元素。含量较高时可在提取硫的过程中综合回收和利用。黄铁矿在氧化环境中不稳定，易分解形成氢氧化铁，如针铁矿等，经脱水作用，可形成稳定的褐铁矿，且往往呈黄铁矿假象。这种作用常在金属矿床氧化带的地表露头部分形成褐铁矿、针铁矿或纤铁矿等覆盖于矿体之上，故称铁帽。在氧化带酸度较强的条件下，可形成黄钾铁矾，其分布量仅次于褐铁矿。

黄铁矿是地壳内常见的金属硫化物之一，常伴生于各类岩石及矿藏中，是多种矿产的重要载体矿物，常见的有载铀矿物、载金矿物等（魏丽琼等，2018）。在岩浆岩中，黄铁矿呈细小浸染状，为岩浆期后热液作用的产物。接触交代矿床中，黄铁矿常与其他硫化物共生，形成于热液作用后期阶段。在热液矿床中，黄铁矿与其他硫化物、氧化物、石英等共生；有时形成黄铁矿的巨大堆积。在沉积岩、煤系及沉积矿床中，黄铁矿呈团块、结核或透镜体产出。在变质岩中，黄铁矿往往是变质作用的新生产物。

黄铁矿中的铁和硫均具有还原性，易与一些金属元素，如As、Cu、Te、Cd、U等的高价离子发生氧化还原反应。在砂岩型铀矿床中，黄铁矿常作为铀成矿过程中还原剂或还原环境的指示矿物，其形成过程贯穿于整个铀矿化阶段。黄铁矿周围常伴生有大量的铀，黄铁矿与铀会互相作用，铀酰离子会被黄铁矿还原并沉淀下来。黄铁矿的地球化学组成记录了含铀流体演化过程的重要信息，是成矿溶液性质、成矿环境、成矿机制及成矿流体演化等方面的重要指示剂（吴德海等，2019）。

砂岩型铀矿中的铀在氧化还原过渡带富集，通常被认为是地下水中 U^{6+} 被还原成 U^{4+}，形成铀矿物而沉淀的结果，所需要的还原剂主要为砂岩中残留的炭化植物残屑和硫化物，特别是黄铁矿（陈祖伊和郭庆银，2007）。砂岩型铀矿中常见的铀矿物产于黄铁矿的周围与裂隙中，或交代黄铁矿产出。大量的学者从实验与理论的角度研究认为上述现象反映的是结晶顺序，而实际上是 Eh 降低时或酸化时黄铁矿早于铀矿物发生沉淀的结果，当然在无氧介质中，黄铁矿可与水反应产生 H_2S，造成介质 Eh 急剧下降，从而使溶液中的 U^{6+} 被还原沉淀（赵凤民和沈才卿，1986；陈祖伊和郭庆银，2007）。

黄铁矿是开鲁盆地含矿砂体中最主要的硫化物。研究区砂岩型铀矿床含矿层砂岩中发育有大量黄铁矿集合体，野外观察发现研究区黄铁矿较为发育，主要分布于姚家组下段灰色过渡带及还原带砂岩中，根据黄铁矿的宏观产状可分为块状黄铁矿、结核状黄铁矿及浸染状黄铁矿，且常与炭屑等有机质伴生（图 9-12）。块状黄铁矿及结核状黄铁矿主要分布在灰色砂岩、细砂岩及粉砂岩中；浸染状黄铁矿主要赋存在中粗砂岩中，分布于颗粒之间，少见晶形较好的黄铁矿，主要起胶结物的作用，与有机质也密切相关。

图 9-12 黄铁矿野外产状

a. 粉砂岩中见结核状黄铁矿（ZKQH6-1，403.59m）；b. 中粗砂岩中见浸染状黄铁矿（ZKS1-9，698.03m）；c. 中砂岩中见浸染状及细小粒状黄铁矿（ZK 兴 93C-5C，523.60m）；d. 灰色砂质砾岩中见黄铁矿团块（ZKD96-8，453.26m）

一、黄铁矿的分类

镜下观察发现，研究区黄铁矿的产状可以分为以下几类：草莓状黄铁矿、胶状黄铁矿及粒状黄铁矿，且多与叶片状或不规则状沥青铀矿共生。草莓状黄铁矿虽单体为草莓状但是多呈现出团块状聚集的特征（图 9-13a），多分布在碎屑颗粒之间，通常与铀矿物密切共生（吴仁贵等，2012）。胶状黄铁矿晶形粗大，分布在碎屑颗粒之间的孔隙中（图 9-13b），起到胶结碎屑颗粒的作用（陈超等，2016），有时可见胶状黄铁矿围绕草莓状黄铁矿周围产出（图 9-13c）。粒状黄铁矿大小不一，部分粒状黄铁矿为半自形-自形结构，晶形较好且晶体较大；部分粒状黄铁矿粒径很小，多产出于碎屑颗粒的边缘或凹坑内（图 9-13d），常与铀矿化密切相关。同时研究区还可见细粒黄铁矿充填于炭屑细胞腔内，具有交代炭屑的特征（图 9-4a）。

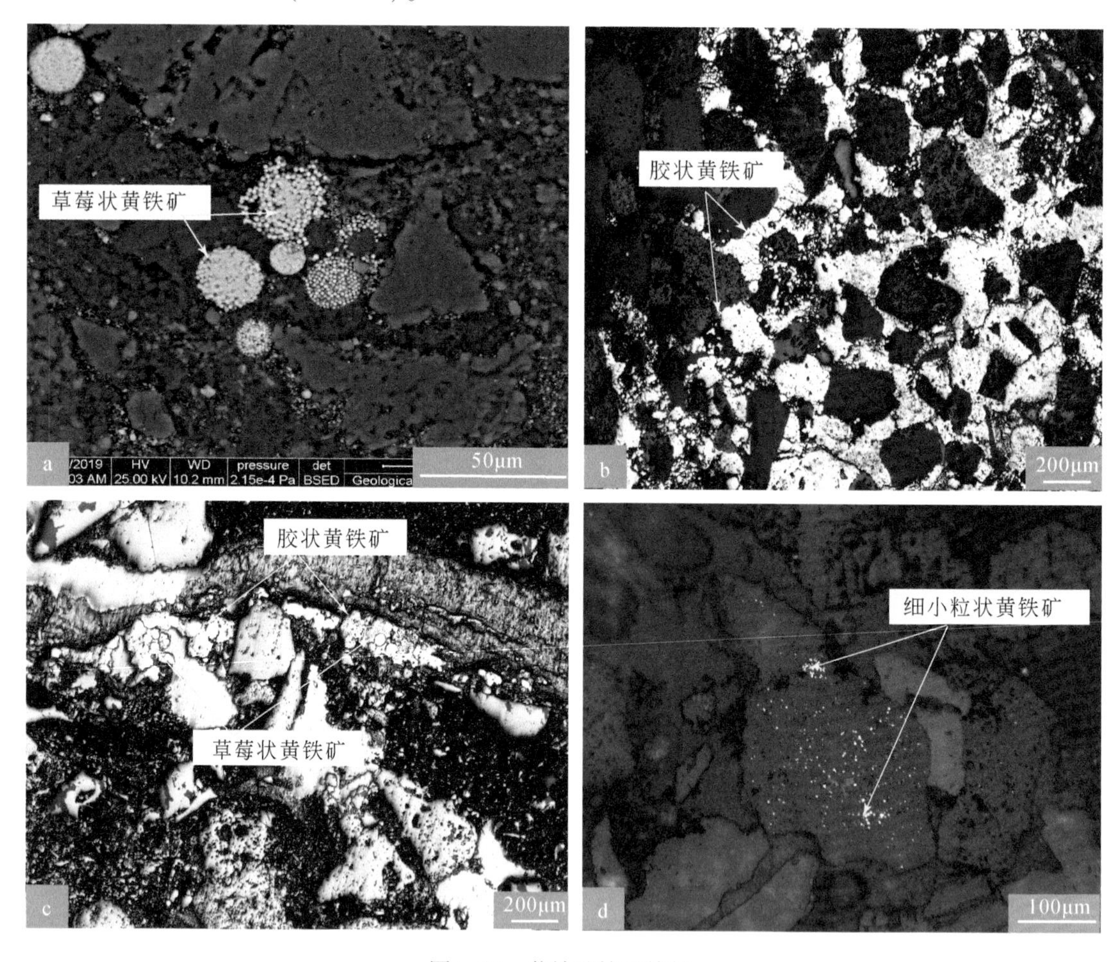

图 9-13　黄铁矿镜下特征

a. 草莓状黄铁矿与沥青铀矿密切共生（18KL074，ZK9-5，760.3m，背散射图像）；b. 胶状黄铁矿胶结在碎屑颗粒之间（19KL039，ZK1-9，698.03m，反射光）；c. 胶状黄铁矿围绕草莓状黄铁矿生长（19KL066，ZK93-5，523.6m，反射光）；d. 细小粒状黄铁矿分布在碎屑颗粒表面凹坑内（18KL100，KT06-21，409.77m）反射光综合镜下观察和前人研究，大致可以将开鲁盆地不同产状的黄铁矿的形成期次分为两期，分别为成岩期和成矿期。

成岩期的黄铁矿包括部分草莓状黄铁矿和晶形较好的粒状黄铁矿。成岩期的草莓状黄铁矿是早期成岩阶段的产物，是碎屑颗粒中的铁重结晶后形成的，多在碎屑颗粒之间分布（图 9-14a）；成岩期的粒状黄铁矿多为半自形-自形结构，晶形较好，属于中、晚成岩阶段形成的产物（图 9-14b）。

成矿期的黄铁矿包括粒状黄铁矿、胶状黄铁矿和部分草莓状黄铁矿。成矿期的草莓状黄铁矿虽单体为草莓状，但是多呈现出团块状聚集体的特征，且与铀矿化密切共生（吴仁贵等，2011；徐喆等，2011），在部分碎屑颗粒的孔洞中也可见到草莓状黄铁矿（图 9-14c）；胶状黄铁矿以胶结物的形式存在于碎屑颗粒之间（图 9-14d）；成矿期的粒状黄铁矿多为微小粒状，多产出于碎屑颗粒的边缘或表面凹坑内，粒径很小，常与铀矿化密切相关（图 9-14e、f）。

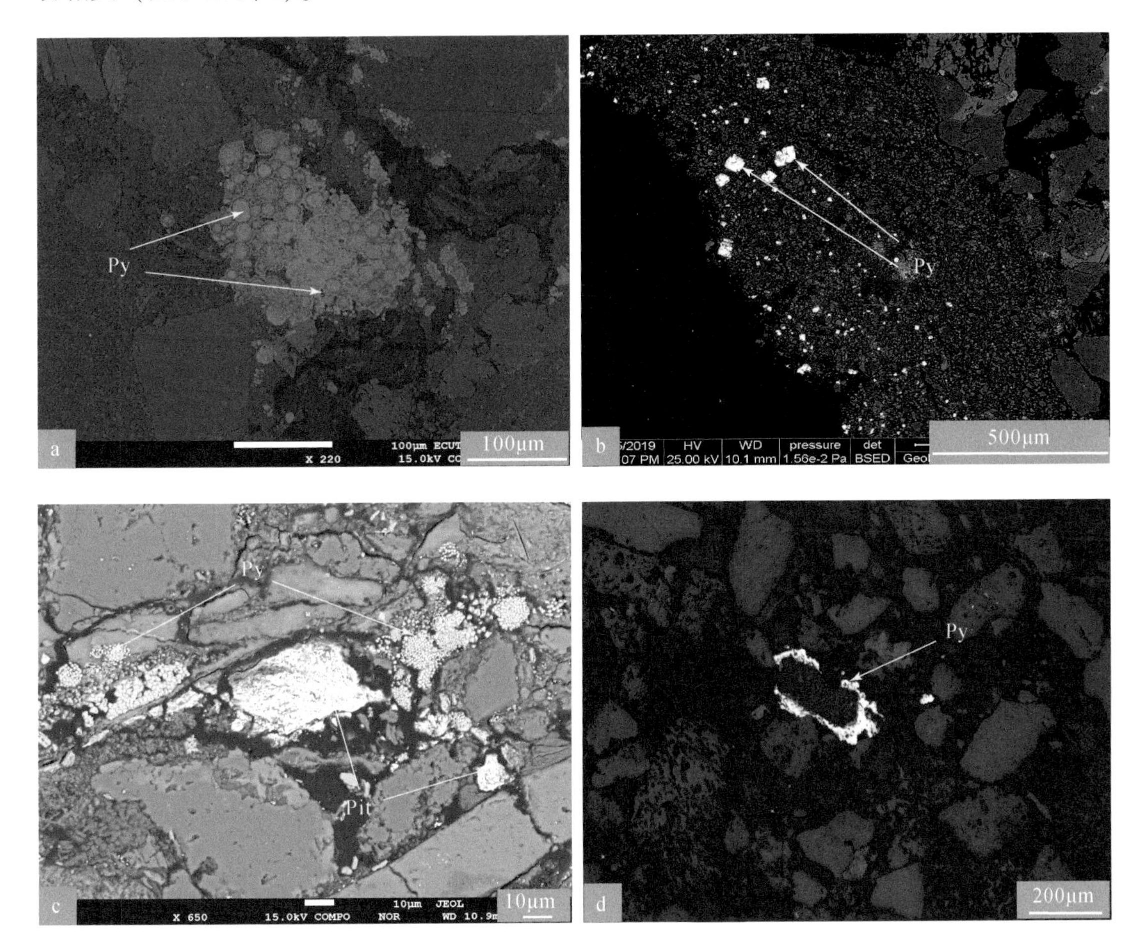

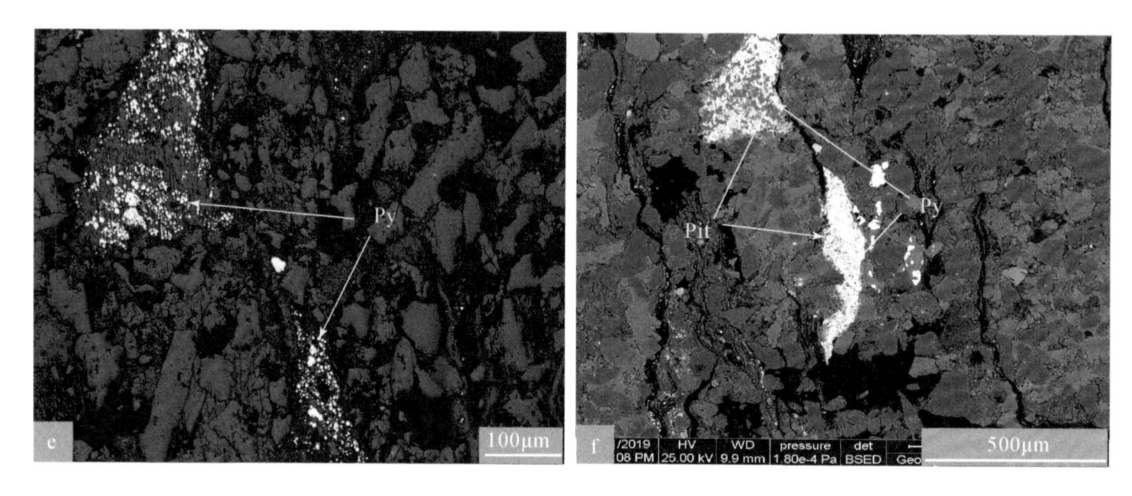

图 9-14　黄铁矿镜下特征图

a. 草莓状黄铁矿（Py），分散在碎屑颗粒中间（18KL006，ZK 兴 99-5，497.0m，背散射图像）；b. 半自形－自形黄铁矿颗粒（18KL087，ZKH0-2，585.7m，背散射图像）；c. 草莓状黄铁矿以团块状聚集，与铀密切共生（18KL006，ZK 兴 99-5，497.0m，背散射图像）；d. 胶状黄铁矿围绕颗粒（18KL101，KT06-21，387.30m，反射光）；e、f. 微小粒状黄铁矿产出于碎屑颗粒的边缘，与沥青铀矿（Pit）密切共生（19KL024，ZKZ2-1，636.9m，反射光及背散射图像）

由于黄铁矿为强还原物质，其成分中的硫和铁均具有还原性，为含铀含氧流体提供了良好的还原环境，可以将砂岩中运移的含铀含氧流体中的 U^{6+} 还原为稳定的 U^{4+} 并富集沉淀，造成铀矿物与黄铁矿密切共生的现象。因此，研究区背散射图像显示大量铀矿物与黄铁矿共生的现象，主要表现为沥青铀矿或铀石围绕草莓状或胶状黄铁矿周边生长（图 9-15，图 9-16），还可见黄铁矿与沥青铀矿产出于有机质胞腔内（图 9-17a）及沥青脉周围（图 9-17b），局部还可见铀矿物呈脉状充填在黄铁矿裂隙中（吴仁贵等，2012）。

二、黄铁矿的地球化学特征及成因

黄铁矿的微观形貌及其 S 同位素记录着不同作用过程（包括生物或非生物过程）的信息，是响应环境变化的结果，故可以通过黄铁矿微观形貌及其 S 同位素组成研究来探讨黄

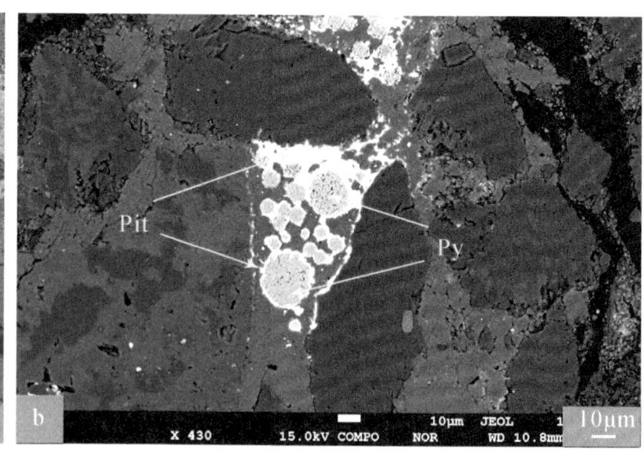

图 9-15　沥青铀矿与黄铁矿背散射图像特征

a. 沥青铀矿（Pit）呈细脉状在草莓状黄铁矿（Py）周围产出；b. 沥青铀矿围绕黄铁矿周边及碎屑颗粒边缘生长；c. 沥青铀矿围绕黄铁矿周围生长，黄铁矿多为半自形状，晶形较大；d. 沥青铀矿围绕黄铁矿周围生长，黄铁矿多为胶状或不规则状

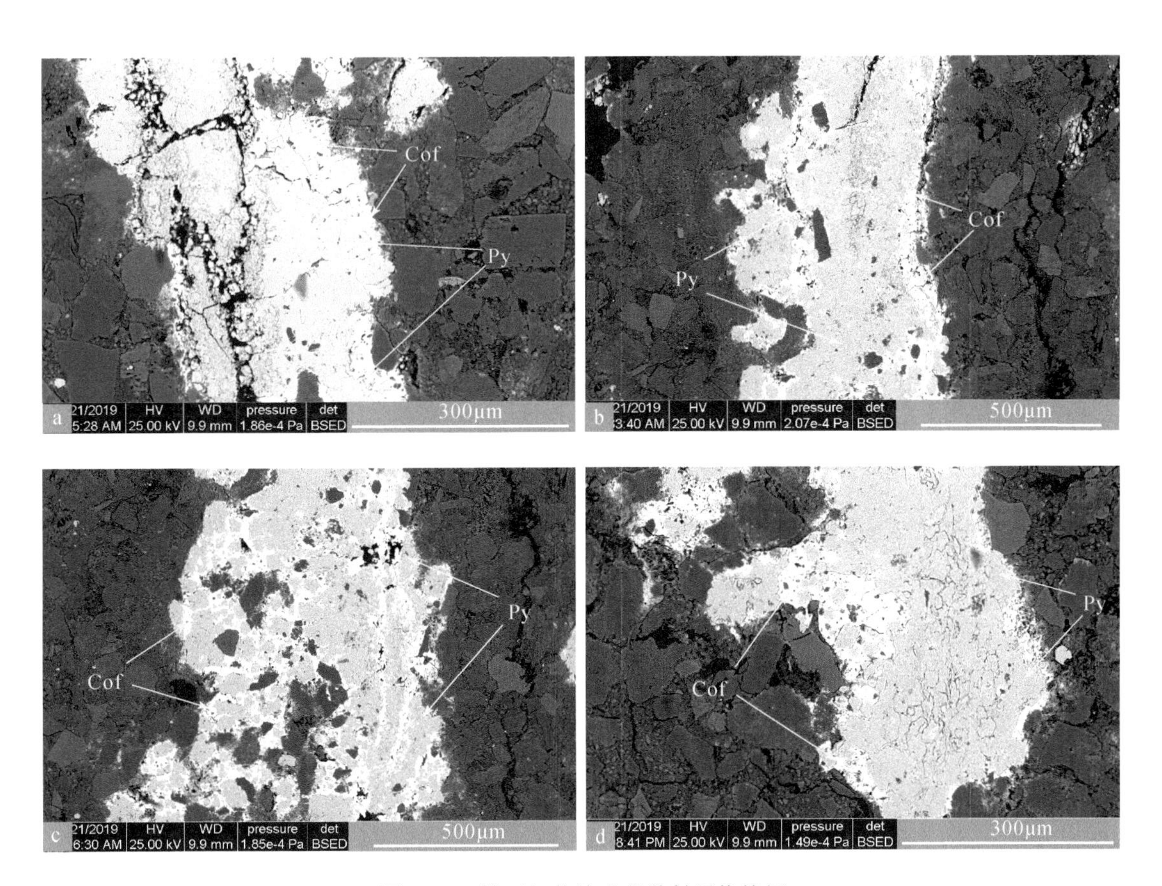

图 9-16　铀石与黄铁矿背散射图像特征

a. 铀石围绕黄铁矿（Py）周边生长，黄铁矿呈胶状及半自形状；b. 铀石（Cof）围绕黄铁矿边缘生长，黄铁矿呈胶状；c. 铀石围绕胶状黄铁矿周边生长；d. 铀石围绕半自形及胶状黄铁矿周围生长

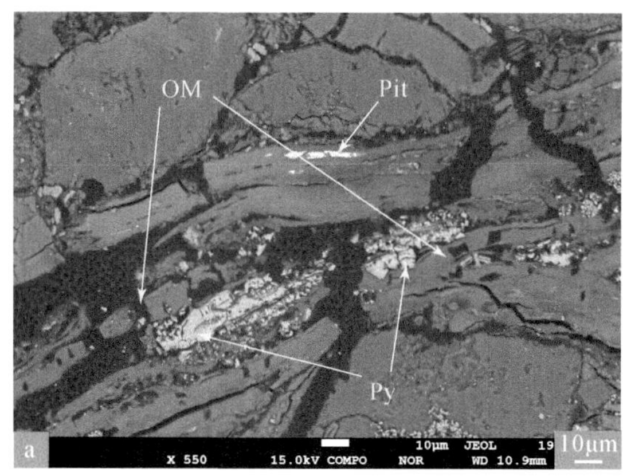

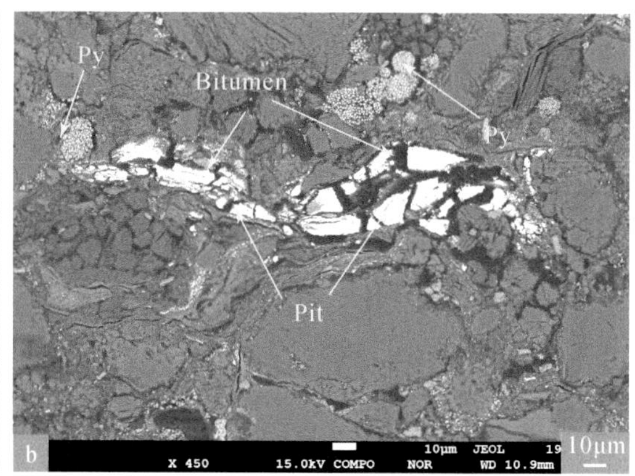

图 9-17　黄铁矿与有机质背散射图像特征

a. 黄铁矿（Py）与沥青铀矿（Pit）共同赋存在有机质胞腔内；b. 沥青铀矿赋存在沥青脉（Bitumen）中呈竹节状，周围草莓状黄铁矿富集

铁矿成因。前人研究发现黄铁矿中硫主要来源于细菌硫酸盐还原作用（BSR）、有机物热解（TDS）、热化学硫酸盐还原作用（TSR）和无机还原作用（玄武岩与海水）（丁波等，2019）。

开鲁盆地黄铁矿和 S 同位素数据显示两种不同的特征：①草莓状黄铁矿及生物细胞腔内的黄铁矿在硫同位素上表现为亏损 $\delta^{34}S$，其范围为-72‰～-14.4‰（平均为-38.9‰）及-43.2‰～-6.2‰（平均为-24.2‰）；②自形-半自形黄铁矿及胶状黄铁矿在硫同位素上显示较为富集 $\delta^{34}S$，其范围为-5.7‰～24.8‰，平均值为 12.4‰。因此这两种不同特征的硫可能表明两个不同的参与铀矿化的黄铁矿的结晶过程，分别为生物成因和非生物成因。

无机还原作用形成的硫 $\delta^{34}S$ 通常为 20‰，而研究区的 $\delta^{34}S$ 值并没有达到 20‰，因此基本可以排除无机还原作用。有机物热解作用是在温度 50℃以上时，含硫有机物受热发生分解，在热解过程中含 $\delta^{32}S$ 的键比不含 $\delta^{34}S$ 的键容易破裂，造成 $\delta^{34}S$ 比原始物质低，$\delta^{34}S$ 通常在-17‰～10‰（丁波等，2019）。从硫同位素组成上看，开鲁盆地黄铁矿有可能为有机物热解成因，但是一般有机成因不大可能形成开鲁盆地大量的 H_2S 和黄铁矿，因此推测黄铁矿中硫来源于细菌硫酸盐还原作用和热化学硫酸盐还原作用。

细菌硫酸盐还原作用在≤50℃条件下，厌氧细菌使硫酸盐 SO_4^{2-} 还原成 H_2S，后者与金属离子结合形成硫化物，这种循环过程造成自然界中最大的 S 同位素分馏，S 同位素分馏一般在 4‰～60‰，平均为 21‰，最高可达 65‰。此外，体系开放与封闭的条件差异，可造成不同的 H_2S 的 S 同位素分馏效果，在对硫酸盐开放的体系中，硫酸盐得到源源不断的补充，即还原速率远小于供给速率，还原作用过程中 SO_4^{2-} 与 H_2S 质量浓度可基本保持不变，此时只要环境条件不发生较大变化，动力同位素分馏可保持在一定范围内，硫酸盐的 $\delta^{34}S$ 为常数，在这种条件下由硫还原细菌还原生成的 H_2S 的 S 同位素很轻（富 $\delta^{32}S$）。例如，黑海的海底淤泥中硫酸盐被缓慢还原时，新鲜硫酸盐不断从上覆水层通过扩散补给进来，这种环境下由现代海洋硫酸盐还原形成的硫化物的 $\delta^{34}S$ 为-20‰～-40‰。

地下水中硫酸盐在微生物作用下发生还原时，$^{32}SO_3^{2-}$ 优先被还原成 $H_2^{32}S$，因此富含 ^{32}S 的“轻” $H_2^{32}S$ 生成。因处于还原环境，Fe 主要以 Fe^{2+} 的形式存在于地下水中，溶解在地下水中的 Fe^{2+} 与 H_2S 发生反应生成黄铁矿，从而使含矿层中硫同位素发生分馏作用，造成 $\delta^{34}S$ 出现较大负值。该成因形成的黄铁矿多为草莓状，草莓状黄铁矿是在细菌或生物的作用下，通过有机质球粒的交代或充填作用而形成的（陈超等，2016）。研究区亏损 $\delta^{34}S$ 的草莓状黄铁矿及生物细胞腔内的黄铁矿为细菌硫酸盐还原作用形成。

热化学硫酸盐还原作用是在温度相对较高的情况下，地层中的硫酸盐类矿物中的硫在有机质的作用下发生还原，生成大量还原硫。研究表明，TSR 发生的最低温度为 140℃（Machel et al.，1995），据聂逢君等（2017）对开鲁盆地钱家店铀矿床的含矿砂岩中流体包裹体测温结果显示，包裹体温度为 67.4～178.8℃。次生包裹体温度有 3 个主要峰值，即 80～90℃、110～120℃和 140～150℃，140～150℃的峰值也达到了 TSR 作用发生所要求的最低温度。TSR 反应的另一个条件是充足的烃类有机质（气态烃或液态烃），目的层砂岩中烃含量丰富，整体显示 CH_4、H_2S 等还原性物质含量较高（闫枫，2018），充足的烃类有机质为 TSR 创造了良好的反应条件，同时研究区断裂贯通，为物质的运移提供了通道，使得反应能够顺利进行。

三、黄铁矿与铀矿化的关系

早白垩世，随着开鲁盆地的不断伸展断陷，矿床蚀源区中酸性火山岩及花岗岩等碎屑陆续搬运至盆地沉积区，形成一套富铀的含煤碎屑岩系，砂体中富含有机质炭屑、煤线及黄铁矿等还原物质，为后期铀的富集提供了有利条件，且碎屑埋深的不断加大，含矿层位进入封闭体系，砂体内有机质在厌氧菌（古细菌、芽孢、古真菌等）作用下发育脱羟基作用，形成有利于铀富集的有机酸及 CH_4 等气体（张晓，2012），CH_4 等还原性气体可在硫酸盐还原菌的作用下与含水层中的 SO_4^{2-} 反应，生成大量的 H_2S 气体，造成强还原环境，亦可形成黄铁矿，大大地提高了砂体的还原容量，促使铀不断富集、沉淀，形成铀矿床（黄广文等，2021），并造成黄铁矿与铀矿物共生（伴生）的现象（图9-14，图9-15）。研究区出现黄铁矿与沥青铀矿产出于有机质胞腔内也说明了铀成矿过程中经历了生物作用（图9-16a）。

始新世开鲁盆地持续隆升剥蚀，差异升降活动伴随着大量辉绿岩的侵入。辉绿岩的侵入不仅改变了成矿区域的热场，也为热流体的形成创造了物质条件。辉绿岩侵入后，带来了岩浆热流体的出现，因为辉绿岩遭受蚀变后，其暗色的 Fe、Mg 矿物（如辉石、角闪石、黑云母等）能释放出大量的 Fe^{2+}、Mg^{2+}、Ca^{2+}、Ti^{4+}，这些离子与其他阴离子结合，形成了新生的黄铁矿、铁绿泥石、铁白云石、菱铁矿等。研究区中辉绿岩蚀变发育，如辉石、橄榄石等暗色矿物发生蛇纹石化、滑石化和皂石化，这个过程中暗色矿物释放出来的 Fe^{2+}、Mg^{2+} 等进入砂岩形成成矿热流体。过量的 Fe^{2+} 创造了良好的还原环境，并与砂体中的还原产物 H_2S 结合形成新生的黄铁矿（刘斌等，2019）。在热流体作用下，先前形成的沥青铀矿稳定性遭到破坏，变得不稳定，重新迁移并在合适的地方富集沉淀。与此同时 U^{4+} 与长石在热流体作用下分解出来的 SiO_2 结合形成铀石，充填在长石溶解后的空隙、裂隙中。

第五节　细　　菌

近年来细菌成矿作用越来越受到重视，它是现代成矿作用的一种重要类型。世界各国的一些矿床，如中国的东川铜矿和滇黔桂微细浸染金矿的形成就与细菌活动关系十分密切。20 世纪 80 年代以来，随着生物学、环境科学、古生物学和一些矿床的深入研究，越来越多的新资料表明，尽管沉积矿床的最终形成是多因素、多阶段作用的结果，但早期的生物作用却是最重要的因素和作用阶段。细菌成矿作用的研究现已开始受到广泛重视，正在成为当前地质科学研究的一个新的前沿和生长点。

一、细菌成矿作用

细菌成矿作用研究得较多的矿种主要有 Fe、Mn、Au、Cu、S、P 等（殷鸿福等，1994）。

对铁矿来说，细菌成矿作用是十分常见的，沼铁矿、湖铁矿和海相铁矿都曾被看作是细菌成因。在前寒武纪条带状含铁建造中已发现了越来越多的微化石，如中国、澳大利亚和加拿大等国家均有这类与细菌作用有关的铁矿床。但构成生物成矿的直接证据不多，尚有赖于沉积环境中存在的“生物成因构造”。近年来发现一类能在其细胞内合成磁铁矿的趋磁细菌（magnetotactic bacteria），为细菌参与成矿作用提供了直接证据，这是铁的生物成矿研究中进展较大的一点。日本和中国学者分别报道了现代生物成因的条带状铁矿和古代微生物成因的铁矿（宣龙式）两者的结构有不少相似之处。

对锰矿的细菌成矿作用研究也较多，如乌克兰的 Nikopol 矿床、奥地利的 Tannengebirge 矿床、格鲁吉亚的 Chiatura 矿床、澳大利亚的 Groote Eylandt 矿床及中国的湘潭式锰矿，但多数是根据生物成因构造推断其为生物成矿的。中国南方震旦纪碳酸锰矿床中已经发现了比较明确的沉积和同位素地球化学证据，表明有机质积极参与成矿过程。近年来，从大洋底锰结核中分离出了一系列氧化锰细菌，并进一步发现了许多锰结核是锰质超微叠层石，这一发现开辟了锰的生物成矿作用研究的新方向——超微叠层石与锰矿的关系。近年在太平洋东部克拉利昂-克里帕顿盆地发现多金属结核中的锰矿物是生物成因的，结核的壳层是生物叠层石，并首次鉴定出太平洋螺球孢菌和中华微放线菌仅存在于叠层石的柱状体和文层等生物结构范围内，说明其为生物成因结核，并认为结核中的 Fe、Mn 等成矿元素是洋底纳米级微生物从海水溶液中吸取到体内，在死亡后继续保留下来的产物。

对铜、铅、锌等硫化物矿床来说，首先，生物及其有机质能够还原或代谢有机硫化物提供 S^{2-}；其次，许多微生物如真菌的孢子和菌丝能够吸收数量可观的铜、铅、锌。生物成矿作用研究主要集中在元古代与叠层石有空间联系的层控铜矿床、含铜页岩中的铜矿床、密西西比河谷型铅锌矿床和同生喷气成因铅锌矿床。在现代洋中脊的热泉喷口附近可见这种微生物成矿作用，这里生活着摄取从喷口喷出的 Cu、Pb、Zn 的细菌等微生物。

二、细菌与砂岩型铀矿

对于砂岩型铀矿来说，因砂岩型铀矿的含矿层中普遍富含炭质碎屑，且铀矿物常与黄铁矿相伴出现（Min et al.，2003），因此长期以来人们认为砂岩型铀矿中含铀流体是被渗透性砂岩层中的陆生生物碎屑及其在成岩过程中释放出的腐殖酸所还原的（Hansley and Spirakis，1992），或者是被低温条件下生物成因的硫化物（如黄铁矿）所还原，在此过程中，即便存在微生物活动，对铀成矿也只是起间接作用，如产生细菌成因的硫化物。

然而，实验证明 H_2S 和黄铁矿对 U^{6+} 的还原作用是极为缓慢的，只有当 U^{6+} 的浓度远高于自然界中 U^{6+} 的浓度时，H_2S 才能还原 U^{6+}，即 H_2S 还原 U^{6+} 需要 U^{6+} 预富集到一定浓度。同样，只有在相对高温的条件（>120℃）下，有机质才能直接还原 U^{6+}，而在低于120℃条件下，有机质只能吸附或者络合固定铀酰离子，对 U^{6+} 的还原效率极低（Lovley and Phillios，1992；Abdelouas et al.，1998）。

早在20世纪60年代，就有学者通过实验发现了微球菌在氧化 H_2 的同时还能还原很多的高价态金属化合物，如砷、铋、硒、碲、铅、铊、钒、锰、铁、铜、钼、钨、锇、金、银和铀，其中高价的 U^{6+} 在微生物的作用下被还原为 U^{4+}（Woolfolk et al.，1962）。后来 Lovley 等（1991）通过实验首次揭示某些细菌能将 U^{6+} 还原为 U^{4+} 的过程中获得生长能量，从而拉开了研究细菌铀成矿作用的帷幕。Cai 等（2007）从矿物形态学、铀矿物纳米晶体组成、生物元素、矿化期黄铁矿的硫同位素和石油烃生物标志化合物等方面对鄂尔多斯盆地沙沙圪台铀矿床的成因进行研究，首次为实际砂岩型铀矿的微生物成矿提供了综合的、强有力的矿物学和地球化学证据（Cuney，2010）。Newsome 等（2014）及 Zhang 等（2018）指出，微生物对铀的富集作用包括4种，分别为微生物还原作用、微生物表面吸附作用、微生物表面络合沉淀作用和细胞内积聚作用（图9-18）。其中第一种是微生物对铀的还原性富集，是4种富集机理中研究最为深入的一种；后3种是微生物对 U^{6+} 的非还原性富集。基于这种研究思想，最近在开鲁盆地钱家店铀矿床中也证实了微生物铀成矿作用的存在（Zhao et al.，2018）。

三、细菌参与铀成矿的证据

微生物参与砂岩型铀矿成矿的直接证据是由铀矿床中的铀矿物本身所反映出来的指示其微生物成因的依据，包括铀矿物的形态学特征、P元素含量和矿物纳米晶体尺寸。

矿床内的生物矿化现象是生物参与成矿过程的直接标志（Tang，1992）。国外早有学者在美国犹他州的 Mi Vida 铀矿中发现沥青铀矿和铀石交代炭质碎屑和呈现蜂窝状的木质细胞化石（Gross，1956），伊犁盆地南缘的511铀矿中也发现了这种现象（Min et al.，2001），这表明地层中碳质碎屑对铀的富集和还原起了重要作用。同样，砂岩型铀矿中也发现了许多微生物化石。微生物能通过还原或非还原的方式富集铀元素（Newsome et al.，

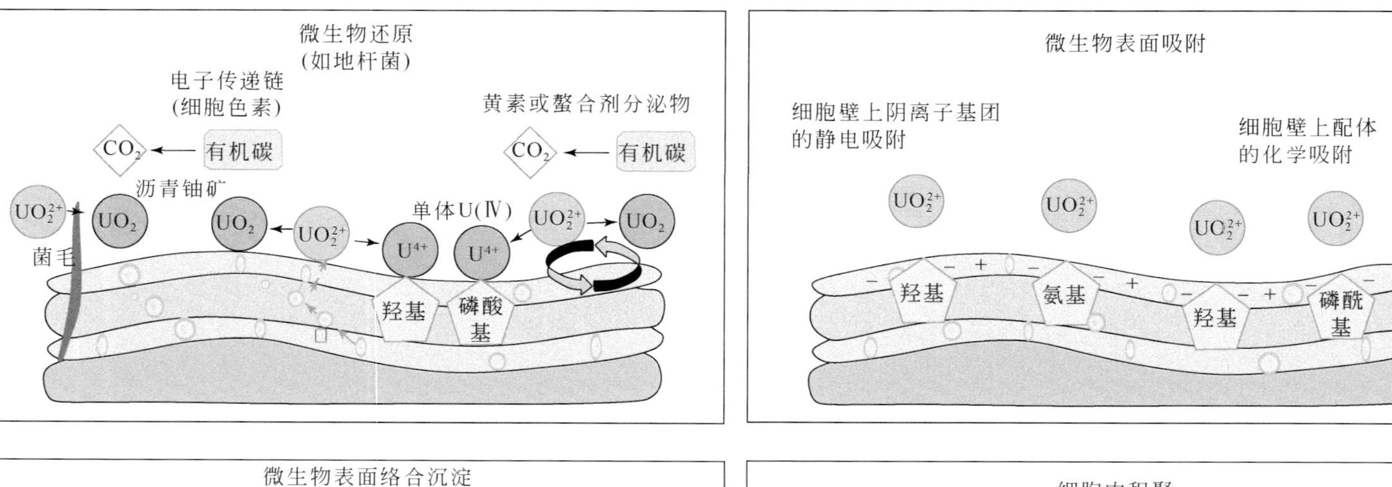

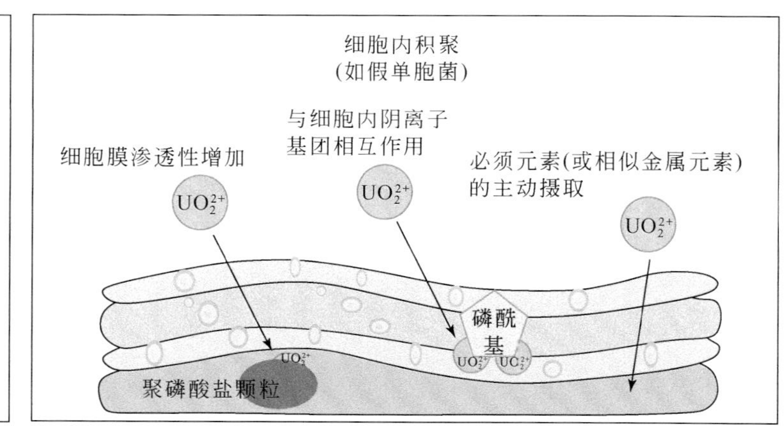

图9-18　微生物对铀的富集机理示意图

据Beveridge and Murray, 1980; Lovley et al., 1991; Macaskie et al., 1992, 2000; Gadd, 2009; Bernier et al., 2010; Beazley et al., 2011

2014），微生物被铀交代后以具有特殊形态学特征的铀矿物被保存下来。Zhao 等（2018）在开鲁盆地钱家店铀矿床中也发现了亚微米级的微球粒状铀石集合体（图 9-19），为开鲁盆地的细菌成矿作用提供依据。

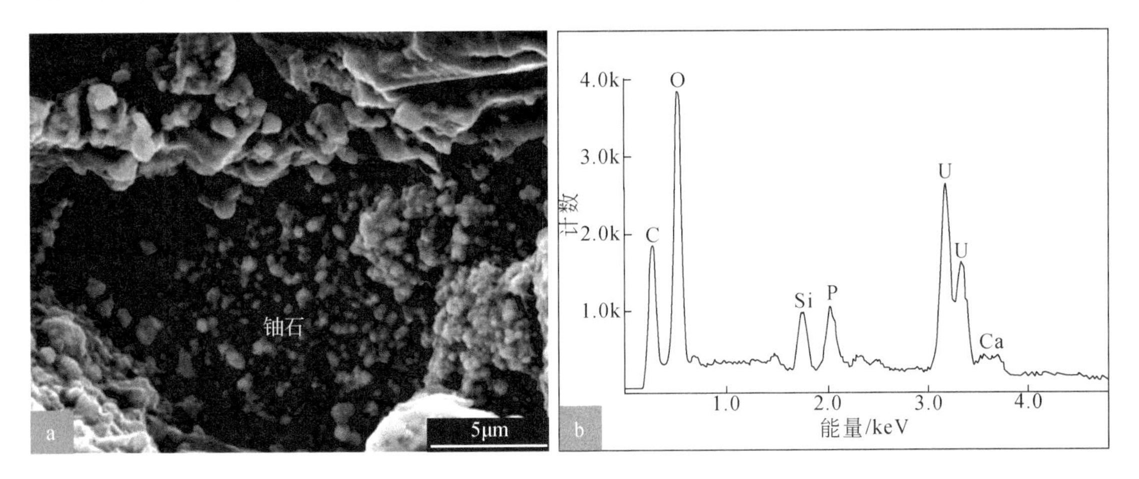

图 9-19　开鲁盆地钱家店铀矿床中微球粒状铀石集合体二次电子图像（a）及其能谱图（b）（据 Zhao et al.，2018）

自然界中有不少铀矿物本身富含 P 元素，然而，砂岩型铀矿中的铀矿物主要是铀石和沥青铀矿，其 P 元素以极微量的杂质形式存在，较高的 P 元素含量则表明有微生物作用（Zhao et al.，2018）：①细菌在降解有机质的时候能使有机磷酸酯中的键断裂，释放出其中的 P 元素（Newsome et al.，2014）；②在细菌硫酸盐还原作用过程中，细菌活动能产生有机酸等物质，降低环境 pH，导致磷灰石等富 P 矿物的溶解（Welch et al.，2002）；③某些细菌的新陈代谢过程会直接利用 P 元素（Hutchens et al.，2006）。Zhao 等（2018）在研究开鲁盆地钱家店铀矿时，测得微球粒状铀石中含有丰富的 P 元素（图 9-19b），P_2O_5 含量高达 7.38%～8.95%，也是支撑该地区微生物铀矿化的重要论据之一。

微生物参与砂岩型铀矿成矿的间接证据是与铀矿物具有成因联系的其他矿物或有机质所反映出来的能指示其微生物成因的依据，包括与铀矿物具有共生关系的黄铁矿的 $\delta^{34}S$ 和方解石的 $\delta^{13}C$，以及与铀矿物具有成因联系的烃类包裹体特征。硫酸盐还原菌是砂岩型铀矿床含矿地层中的优势菌群（Feng et al.，2007），并且矿床中铀矿物与黄铁矿常交互共生，黄铁矿表现为 $\delta^{34}S$ 值变化范围大且最小值极负的情况，开鲁盆地铀矿床成矿期黄铁矿的 $\delta^{34}S$ 值为 -72‰～-6.2‰（Bonnetti et al.，2014），表明黄铁矿的形成主要有硫酸盐还原菌提供 S 源，进而间接表明与黄铁矿共生的铀矿物也形成于硫酸盐还原菌的作用。

方解石胶结物中碳主要有以下来源（Dai et al.，1996）：①内生碳源，如来自岩浆作用，$\delta^{13}C$ 为 -6‰（Seal，2006）；②大气 CO_2，$\delta^{13}C$ 为 -7‰～-6‰（Craig，1953）；③碳酸盐和重碳酸盐矿物的溶解，$\delta^{13}C$ 平均为 -1‰～0‰（Craig，1953）；④有机质的氧化，$\delta^{13}C$ 通常 <-10‰（Sharp，2017）。开鲁盆地铀矿物与方解石胶结物交互共生的现象普遍，成矿期方解石胶结物具有变化范围大且最小值极负的情况，$\delta^{13}C$ 范围为 -11.2‰～-3.0‰

(Zhao et al., 2018)。这说明含矿层中的微生物氧化有机质为方解石提供了碳源，同时将电子传递给 U^{6+} 使其还原。

油气的生物降解在油气储层中是常见的（Rueter et al., 1994）。发生微生物降解的烃类有特殊组分，其中最具有标志性的是未分离复杂混合物（UCM）显著增加和出现一系列25降藿烷（Wenger et al., 2002）。Zhao 等（2018）对开鲁盆地钱家店铀矿成矿期嵌晶方解石胶结物的烃类包裹体中发现了该现象（图 9-20），表明研究区微生物和油气都参与了铀的还原成矿。

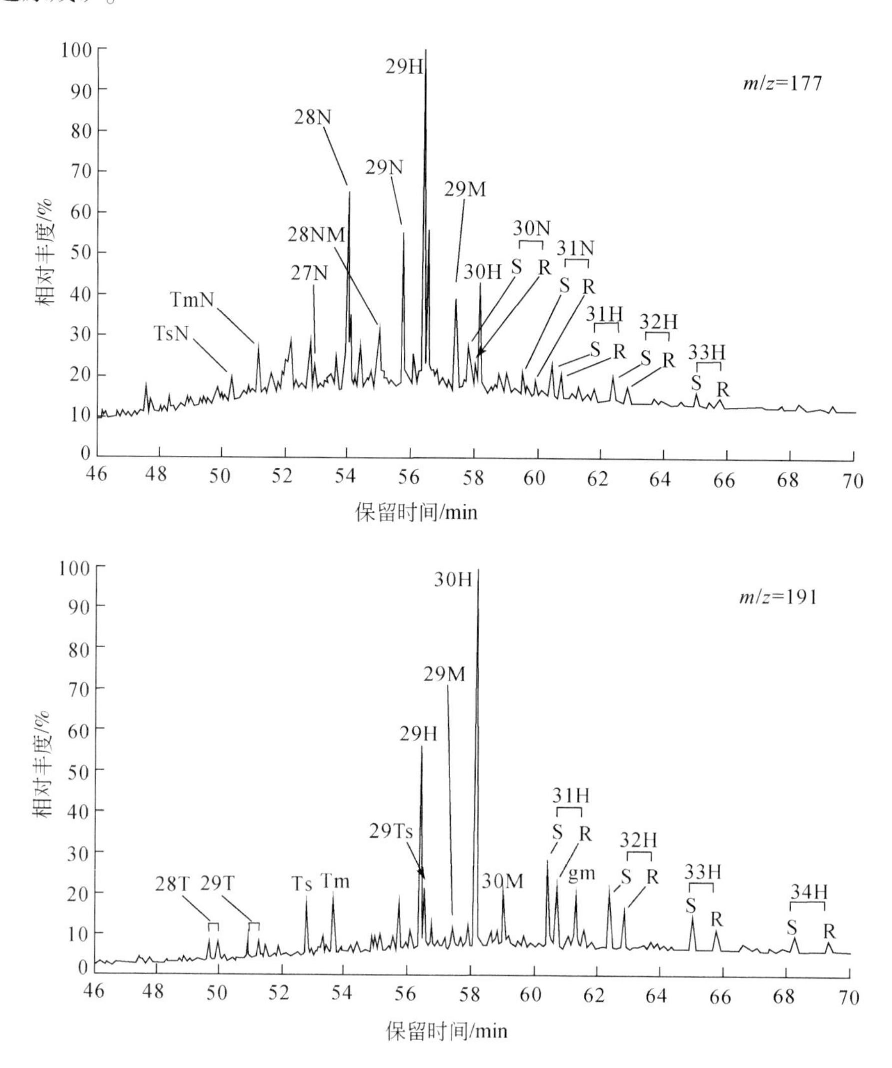

图 9-20　开鲁盆地钱家店铀矿床中嵌晶状方解石胶结物烃类包裹体质量色谱图（m/z = 191 和 177）（据 Zhao et al., 2018）

第十章　铀成矿控制因素耦合

第一节　概　　述

翟裕生（2003a，2003b）和翟裕生等（1999，2002，2010）在研究成矿系统时指出，成矿系统的基本要素是成矿物质、成矿流体、成矿能量、输运通道、矿石堆积场地。

成矿物质是成矿的主要物质基础，包括金属元素、非金属元素、有机质和它们的化合物。地幔、地壳和水圈是成矿物质的总仓库，能源源不断地供应成矿物质。成矿物质既可直接来源于一般岩石，也可来源于已初步富集某些矿质的矿源层（岩）。成矿流体指各类地质流体经过一定的地质演化而成为包含和搬运成矿物质的那一部分流体，包括大气降水、地层水、岩浆水、幔源流体等，一些矿化剂，如 F、Cl、S、P 等也以多种形式被溶于水中参与对矿质的搬运和沉淀作用。成矿流体的功能是萃取、溶解、搬运和沉淀、聚集成矿物质，是沟通矿源场、运移场和储矿场的纽带和媒介，是成矿系统中最为活跃的要素。成矿能量成矿作用动力学的核心是成矿作用的发生，即矿化向成矿的转变，这就需要自然力的驱动，促使成矿的动力由热梯度、压力梯度、浓度梯度、速度梯度和化学反应亲和力等。流体的萃取、运移、流体输运过程中的水-岩反应及流体中有用物质的沉淀堆积等。成矿流体通道指成矿流体在地质体中输运并趋向富集的渠道和路径，它是联系矿源场和储矿场的构造-岩石网络，包括具有连通性、方向性和局域性的岩石的孔隙、裂隙、断层、空洞等。运移的主干通道一般是由构造作用形成，如断裂带和具有一定规模的可渗透介质层（如砂砾岩层）等。矿石堆积场地，即岩石-构造因素耦合作用，它既包括了成矿物质堆积的实体空间，又包括了有利于元素沉淀的物理化学条件——地球化学障、地球物理障或构造物理化学障等。

砂岩型铀矿床是一种具有重要工业价值的铀矿类型（Granger and Warren，1974），受到世界各国地质勘探部门的高度关注。国外学者针对砂岩型铀矿的控矿因素等方面开展了广泛的研究（Meunier，1990；Chen et al.，2000）。铀成矿过程实际上就是铀的“活化-迁移-沉淀”的过程，变价元素铀从 U^{4+} 氧化为 U^{6+}，又被还原成 U^{4+}，这是当前认识铀成矿作用的基本原理。铀的价态的转变反映了铀本身地球化学行为的变化，因此，铀成矿作用与常规的成矿基本要素稍有不同。构造活化可以使铀被淋滤迁移出来，并改变沉积环境，沉积砂体为铀成矿提供了空间，氧化还原作用控制了铀沉淀，而流体作用是铀运移的重要载体。

根据砂岩型铀矿成矿理论，无论是层间氧化带型、潜水氧化带型，还是古河道型砂岩型铀矿，控矿因素中起着关键性作用的控制因素是构造。因此，构造是砂岩型铀矿形成的关键，如图 10-1 所示。首先，构造对砂岩型目的层形成的控制作用，也就是冲积扇、扇三角洲、辫状三角洲、辫状河、曲流河、湖相的沉积作用和沉积相的分布规律，砂体的空间展布特征受构造的控制。其次，构造对含铀含氧流体的形成、迁移、富集成矿也是起着重要的控制作用。主要表现在构造抬升，使隆起区含铀岩石（铀源）出露、剥蚀，接受大气降水淋滤，形成含铀含氧流体，该流体沿着水利斜坡向盆地中心迁移就形成氧化带，在氧化-还原过渡带，铀被还原、吸附、聚集，最终成矿。

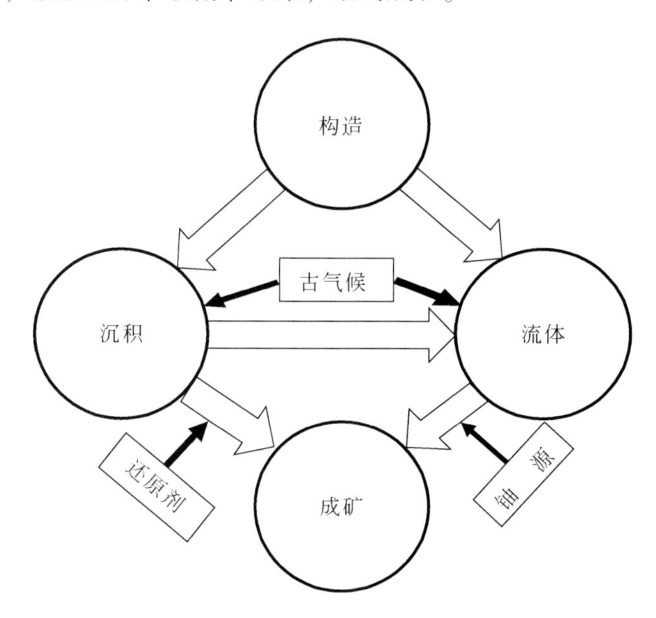

图 10-1 构造-沉积-流体耦合下铀成矿作用图解

古气候对铀成矿作用的影响表现在对沉积作用的控制，如干旱气候条件下，湖泊盆地水域面积小，湖水较浅，盆地中主要发育河流相、沙漠相等干旱气候沉积物，砂体中有机质含量很少；潮湿气候条件下，湖泊盆地面积大，湖水较深，湖相沉积较发育，沉积物中有机质含量高，河流相砂体中，植物碎屑发育。古气候影响成矿表现在，干旱气候条件下对成矿有利，因为这种条件下，地表植被和微生物不发育，含氧的大气降水可以淋滤隆起区的含铀岩石形成含铀含氧流体，流体继续往目的层砂体中渗入，在适量的氧化-还原条件下成矿。成矿时潮湿气候条件对成矿不利，因为潮湿气候下，地表植被和微生物相对发育，大气降水中的氧在未进入目的层之前就已经被地表植被和微生物消耗，很难形成渗入目的层岩石中的含铀含氧流体，对成矿不利。

砂岩型铀矿成矿过程中，还原剂的作用就是把容易迁移的 U^{6+} 还原成不容易迁移的 U^{4+}，最后铀在氧化还原过渡带聚集成矿。研究表明，还原剂总体上有两大类，一类是原地的，即目的层在沉积、成岩过程中形成的，如砂体中的植物炭屑、黄铁矿、白铁矿等；另一类是异地的，即还原剂是目的层之外输入进来的，如油气、H_2S 等还原性流体。

铀源是铀成矿过程中必不可少的物质基础，加入成矿流体中的铀源分成以下几类：①大气降水淋滤盆缘隆起区含铀岩石，如花岗岩、火山岩等，这些岩石时代越老，风化强度越大，铀被淋滤出来的可能性就越大，对成矿越有利，反之对成矿不利；②目的层砂岩本身的铀，蚀源区岩石经风化、剥蚀、搬运、沉积、成岩之后，一部分源岩中的铀被保留在目的层砂岩中，当含氧流体流过时，目的层砂岩被氧化，一部分铀也能被迁出带向成矿区域；③盆地深部的铀来源，一方面，深部岩石中铀被深部流体带至成矿的浅部，另一方面，地幔深处的铀通过岩浆作用，或深大断裂的流体作用迁移至地表浅部成矿，这些都存在较大的争议，问题的解决期待更多的深部证据加以证实。

第二节　构造对铀成矿的控制

砂岩型铀矿是由盆缘构造隆升导致目标层掀斜抬升接受含氧含铀水后生氧化改造形成的（Harshman，1970；吴柏林等，2016）；砂岩型铀矿的形成、埋深保存和剥蚀与构造活动密切相关（陈正乐等，2010）。成矿前，蚀源区的隆升剥蚀可为盆地提供丰富的物源和铀源。沉积期，盆地演化期持续沉降可为含矿建造地沉积提供充足的空间，决定了地层的岩性-岩相特征（Bonnetti et al.，2014）。成矿期，盆缘长期稳定的构造抬升或反转断层的二次活化，有利于形成构造斜坡带，使得地下水补-径-排体系和层间氧化带的持续发育（韩效忠等，2004），进而控制了矿体的形成和发育规模；而成矿后的构造活动强度直接决定了铀矿体的空间展布及最终定位（郭庆银，2010），或导致矿体被剥蚀殆尽，构造反转则会导致矿体逆掩、深埋（刘武生等，2018）。由此可见，研究盆地构造的变化，尤其是构造性质的演变，如构造反转作用对盆地砂岩型铀矿的形成有非常重要的制约作用。

一、盆地构造反转

沉降-沉积区向隆起-侵蚀区转化的现象很早就被人们注意，因此提出了“Inversion 反转作用”的概念（Lamplugh，1920；Stille，1924）。从 19 世纪 20 年代至 19 世纪 80 年代，反转构造（inversion structure）随着大地构造研究和油气勘探的推进而获得广泛关注（姚超等，2004）。然而，真正获得重视的是 Glennie 和 Boegner（1981）首次将构造反转用于盆地分析中，并开展了大量的反转构造研究之后（汤良杰等，1999）。19 世纪 90 年代中期开始，由于高分辨地震、模拟、测试等技术的发展，促进了反转构造在盆地分析中的应用，如反转构造的识别（Cooper et al.，1989；褚庆忠，2004；Collier et al.，2006）、反转构造的定量（Hayward and Graham，1989；Mitra，1993；胡望水等，2000；Korsch et al.，2009；陈哲龙等，2015）、反转构造的定年（Borba et al.，2008；Jutras et al.，2005；Law et al.，2001；Beaudoin et al.，2018）。

反转构造是构造变形作用发生反向变化所产生的与前期构造性质相反的一种叠加构造。根据反转前后力学性质可分为正反转和负反转，即先存伸展构造叠加挤压构造为正反转，先存挤压构造叠加伸展构造为负反转（Williams et al.，1989）。正反转构造受到地质学界广泛重视，研究成果众多（Feng et al.，2010；Uzkeda et al.，2016；Sarhan and Cdlier，2018；Malz et al.，2020；Zhu et al.，2020）。而负反转在盆地中识别较难，故常被忽视（Powell and Williams，1989；汤良杰等，1999）。根据变形特征反转构造可分为反转断层和反转褶皱（索艳慧等，2017）。张功成等（1996）认为裂谷作用的反转中常形成与断层相伴的4类褶皱为断弯型、断展型、取直型和冲断型。

Williams等（1989）利用裂陷期地层抬升出现的高差来计算断层反转率。Korsch等（2009）在研究澳大利亚东部裂谷盆地反转时发现，裂陷沉积顶部地层抬升400m，而基底仅抬升200m，上部地层变形更大，顶部地层的剥蚀量恰好记录了反转程度，故可用顶部地层的剥蚀量来定量计算反转率。陈哲龙等（2015）研究二连盆地反转时用剥蚀比率法来计算反转程度，即 $RE=E/L$，RE为剥蚀比率，E 为沉积地层反转上凸最高点的剥蚀量，L 为剥蚀前地层总厚度，计算得出上白垩统地层反转后的剥蚀率为0.22～0.46。

构造定年一直是构造研究中的难题，尤其是绝对年龄。通常用新生矿物白云母、黑云母、角闪石同位素技术（郑勇等；2019），或断层泥中自生伊利石Ar/Ar和Rb/Sr技术（van der Pluijm et al.，2001），或地层、岩体、不整合关系相对年龄技术（朱光等，2016）来获得构造活动年龄，但都各有优缺点，应用有局限性（赵子贤和施炜，2019）。现今人们利用La-MC-ICPMS或La-HR-ICPMS技术原位测定与构造活动相关的方解石U/Pb年龄，来获得构造活动时间，恢复构造演化历史（Goodfellow et al.，2017；Beaudoin et al.，2018；Nuriel et al.，2019）。

构造反转是区域应力场调整的反映，而区域应力场变化又与周边板块相对运动有关，中国东部大陆或东北地区的这种变化备受人们关注。在变化时间上，张国华和张建培（2015）认为中国东部大陆边缘受太平洋板块和印度板块双重俯冲的影响，晚白垩世—早古新世发生强烈伸展，晚古新世以后发生不同程度的反转。胡望水等（2004）、李娟和舒良树（2002）、曹成润和董晓伟（2008）与杨承志（2014）认为东北盆地群构造反转主要发生在晚白垩世。张岳桥等（2004）认为受郯庐断裂影响，中国东部所有早白垩世裂陷盆地在早白垩世晚期发生不同程度的反转。Song等（2015）基于磷灰石裂变径迹认为中国东北地区的主要反转时期为晚白垩世。在动力学上，任建业等（1998）认为，晚侏罗世—早白垩世松辽、二连盆地的伸展是太平洋板块俯冲滞留体下沉打破了上地幔平衡，产生上升热幔软流形成向西偏的不对称蘑菇云造成的。许文良等（2013）和孟凡超等（2014）则认为，中国东北地区中生代以来的演化是蒙古-鄂霍次克体系和古太平洋体系联合作用之后，又逐渐转变为太平洋体系为主的构造演化过程，松辽盆地就是在这种区域应力场转变下发生的构造反转及成矿成藏。

二、构造反转与油气成藏

沉积盆地是天然资源、地下水、烃类、地热能等地球上最具勘探潜力的区域（Bachu，2003；Schwarzer and Littke，2007；Gray et al.，2012；Moeck，2014；Limberger et al.，2018）。板内盆地演化可以持续很长时间，它的复杂、多阶段演化很好地记录了地球动力学过程（Bayer et al.，2008），裂谷盆地由伸展作用引起的长时间下沉后，接下来就是缩短、隆升、反转作用。研究表明，反转构造是区域构造应力场转变的体现，与油气的形成关系十分密切，许多含油气圈闭形成都与反转构造有联系（张功成等，1996；龙胜祥和陈发景，1997；刘宝柱等，1998；云金表等，2002；张青林等，2005）。盆地多期反转表现为同向构造应力场下的构造叠加，使正向构造圈闭多期次形成、油气多期次运聚，为形成大型油气田提供了极其有利的地质条件（陈昭年和陈发景，1995；解习农等，2003；张青林等，2005）。

陈昭年和陈发景（1996）在研究松辽盆地油气成藏时认为，对油气的生成、运移、聚集和圈闭的形成起到关键作用的是白垩纪末反转构造作用。张功成等（1996）认为，晚白垩世嫩江期末，盆地受NW-SE向挤压影响，发生正反转，形成反转构造带。松辽盆地不同方向的构造带是经历了晚白垩世嫩江期以后的多期构造反转而成，盆地反转强度自SE向至NW向衰减，具有东强西弱、南强北弱的特点（侯贵廷等，2004；陈骁等，2010）。

三、构造反转与铀成矿

李田港（2001）、陈祖伊等（2004）、马亮等（2017）认为，哈萨克斯坦的楚萨雷苏、锡尔达林盆地砂岩型铀矿含矿目的层为白垩纪—始新世伸展背景下沉积的砂砾岩，从渐新世—第四纪，盆地逐渐转变为强挤压，形成卡拉套隆起，含铀氧化流体从挤压隆起剥露区向盆地目的层渗入，形成层间氧化带矿床。由此可见，成矿前后的构造反转是导致成矿发生的关键。美国砂岩型铀矿产于大陆与造山带之间（Kay，1951；Lees，1952），铀成矿与拉拉米造山运动（K_2/E）有关。Lipman等（1972）和Tweto（1975）认为怀俄明盆地群拉拉米造山运动的挤压作用打破了之前的水排泄系统格局，使盆地中的目的层在盆地边缘出露，大气降水淋滤隆起区上的含铀岩石形成氧化流体从南边隆起区向北迁移至盆地中成矿（Hobday and Galloway，1999）。美国南德克萨斯铀矿化也是由于拉拉米运动的强烈挤压形成了区域水动力条件的缘故（胡绍康，2005；Hall et al.，2017）。澳大利亚弗罗姆盆地的铀矿床均围绕盆地边缘分布（Wilson and Fairclongh，2009），拗陷期的含矿层沉积受伸展正断层控制，挤压反转抬升之后，来自隆起区的含铀氧化流体向东迁移进入含矿层形成铀矿化（Harshman，1970；Penney，2012；Jaireth et al.，2015）。

中国北方盆地砂岩型铀矿成矿中的构造反转作用受到了一定程度的关注。张成勇等（2015）和Zhang等（2019）认为，巴音戈壁盆地晚中生代以来出现过两期构造反转，即中侏罗末由弱伸展到挤压，造成上侏罗统地层普遍缺失；早白垩世末由强烈伸展变为挤压，塔木素铀矿床地区出现构造反转，目的层巴音戈壁组抬升至地表接受来自北部宗乃山-沙拉扎山的含铀氧化流体渗入并成矿。二连盆地的构造反转作用出现在早白垩世晚期（马新华和肖安成，2000；焦贵浩等，2003；刘武生等，2018；聂逢君等，2018a），盆地由早白垩世早期的强烈伸展转变为早白垩世晚期的挤压抬升，边缘正断层转变为逆断层，同时出现断弯褶皱，赛汉组和腾格尔组抬升至地表，接受含铀氧化流体渗入形成铀矿化（刘武生等，2018；聂逢君等，2019）。

张振强等（2006）认为，松辽盆地东南隆起区在嫩江末期形成了大量的正反转构造，其中包括利于含铀氧化流体渗入的反转构造天窗（图10-2）。钟延秋和马文娟（2011）认为嫩江期末松辽盆地构造应力场发生了变化，长垣西侧形成了反转构造，明水组以上地层遭受抬升剥蚀，出现构造天窗（图 10-2）。

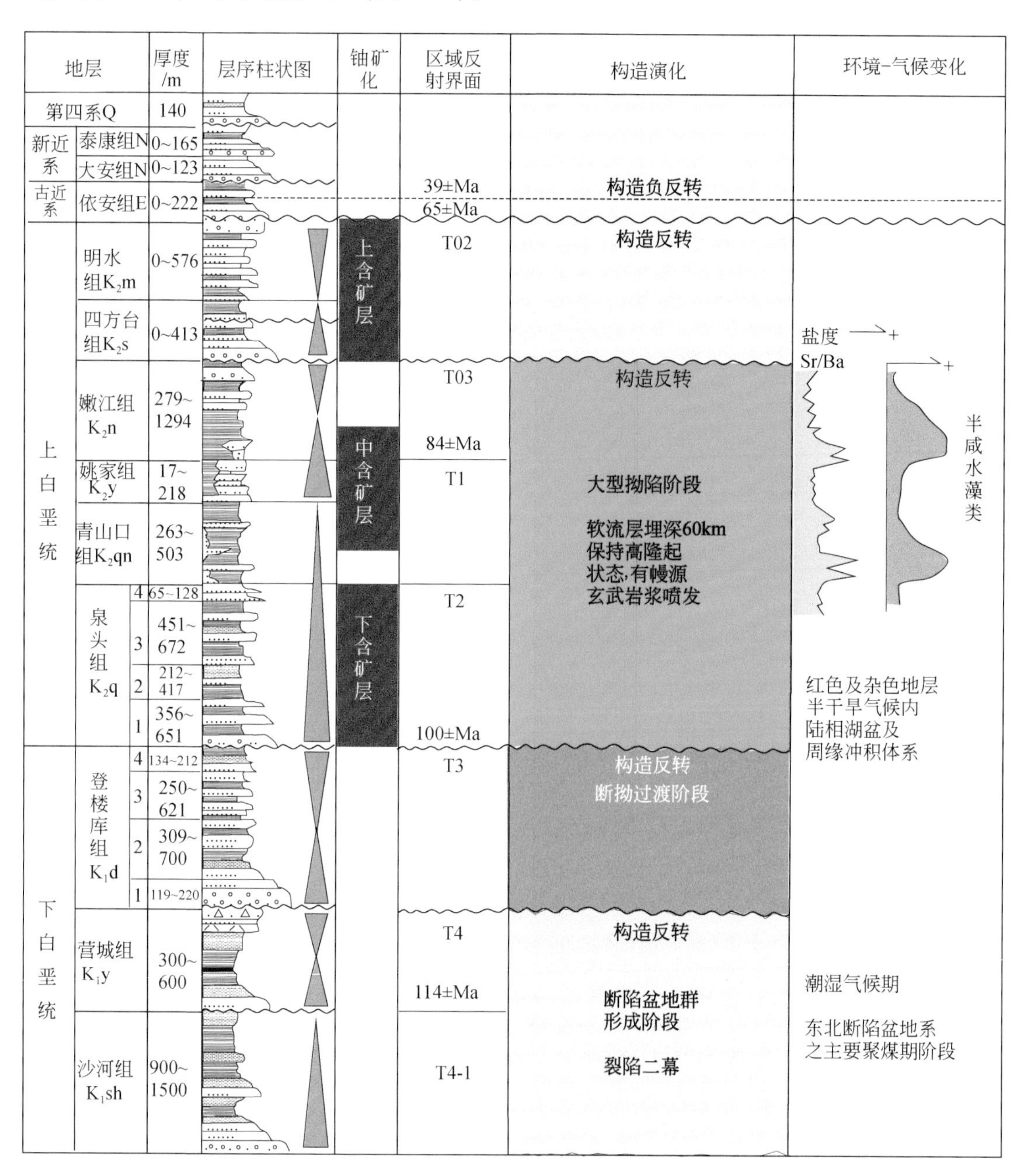

图 10-2　松辽盆地白垩系地层、构造反转阶段与铀矿化关系

松辽盆地的砂岩型铀矿勘查与研究发现，在盆地充填序列中，砂岩型铀矿多数赋存在上白垩统地层中，根据铀矿化与层位上下关系，可以把目前发现的铀矿化归为上、中、下三个含矿层（图 10-2）。上含矿层主要包括四方台组和明水组，虽然发现了一些铀矿化，但还没有找矿有重要工业价值的矿床。中含矿层是整个盆地中主要的工业铀矿化的含矿层，主要由姚家组组成，而青山口组的上部和嫩江组的下部砂体也有一定的成矿潜力，因为在开鲁盆地中，尤其是在钱家店矿床中，青山口组的岩性与沉积相特征与姚家组非常相似，钻孔中难以区分。但据辽河油田的地震资料，在局部地区可以区分开来。沉积相研究显示，嫩江组底部有一层较好的砂体，区域上分布面积大，且比较连续，尤其是盆地的北部一带，也有成矿的潜力。下含矿层主要是泉头组，由一套河流相组成的沉积序列，红色泥岩占比较高，泥岩：砂岩>1：1，以曲流河沉积为主。目前在金宝屯地区发现了工业矿化。

由图 10-2 还可知中、下含矿层的形成与盆地的拗陷阶段，经过断陷阶段和断-拗转换，即构造反转之后，松辽盆地进入大型拗陷阶段，主要由泉头组的河流相转向青山口组的湖相，再转变为姚家组的河流相，再次转变为嫩江组的湖相。嫩江末期，盆地又出现了一期明显的构造正反转，嫩江组及其以前的地层出现褶皱隆升剥蚀，有些地方出现天窗，接受含铀含氧流体的渗入，形成砂岩型铀矿。

从图 10-3 中可知，钱家店凹陷白兴吐天窗南延部分经过 QC19 井剖面处表现为明显的背斜特征，姚家组下段、姚家组上段、嫩江组在 QC19 井处明显隆升，而且背斜核部发育着断层。该背斜构造反映了嫩江末期的构造反转作用，它在钱家店、宝龙山矿床地区表现得十分明显。该天窗在铀成矿作用的认识发生了较大变化，夏毓亮等（2010）认为是成矿流体的“补给区”，而本研究认为它是成矿流体的“排泄区”。另外，从波阻抗的值中可以看出，姚家组下段比姚家组上段的含砂率相对高，在 QC19 井的右侧砂岩的侧向连续性要比左侧相对要差些，且右侧断层较发育，砂泥互层明显。姚家组下段沉积厚度比姚上段大，并且姚家组下段总体的含砂率比姚家组上段高，姚家组上段有大套的泥岩，且横向较连续，夹有的薄砂层连续性相对较差。

松辽盆地南部的开鲁盆地在始新世晚期，即大约 39Ma（见第七章），出现了大量的玄武岩浆活动，它们主要沿着西拉木伦河呈东西向展布。图 10-4 为开鲁盆地西拉木伦河断裂与凹陷及铀矿（化）的空间分布关系图，从图 10-4 中也可以看出，西拉木伦河断裂大致呈 EW 向分布，它被 NE 向的控盆、控拗（凹）断裂所切割。西拉木伦河断裂形成最早，为盆地基底地壳叠接部位（孙德有等，2004；Wu et al.，2007；马艾阳，2009），控制着铀矿化的钱家店凹陷被断裂直接横穿而过。钱家店-宝龙山矿床以及大林-双宝矿床就分布在断裂的附近。

在开鲁盆地铀矿勘查表明，矿床中 70% ~80% 的钻孔中见辉绿岩，有些在含矿目的层姚家组的上部，有些呈岩枝状穿插在姚家组的地层中。从图 10-5 中可以看出，辉绿岩夹持在断裂之间，明显受断裂的控制。图 10-5 中三个钻孔岩心中见到辉绿岩。钻孔 ZK 兴 33-2、ZK 兴 33-4 和 ZK 兴 33-6 于埋深 120 ~ 150m 处见辉绿岩穿过姚下段（K_2y^2）地层。ZK 兴 33-4 和 ZK 兴 33-6 钻孔中辉绿岩厚度接近 50m，ZK 兴 33-2 钻孔中虽然稍薄，但也

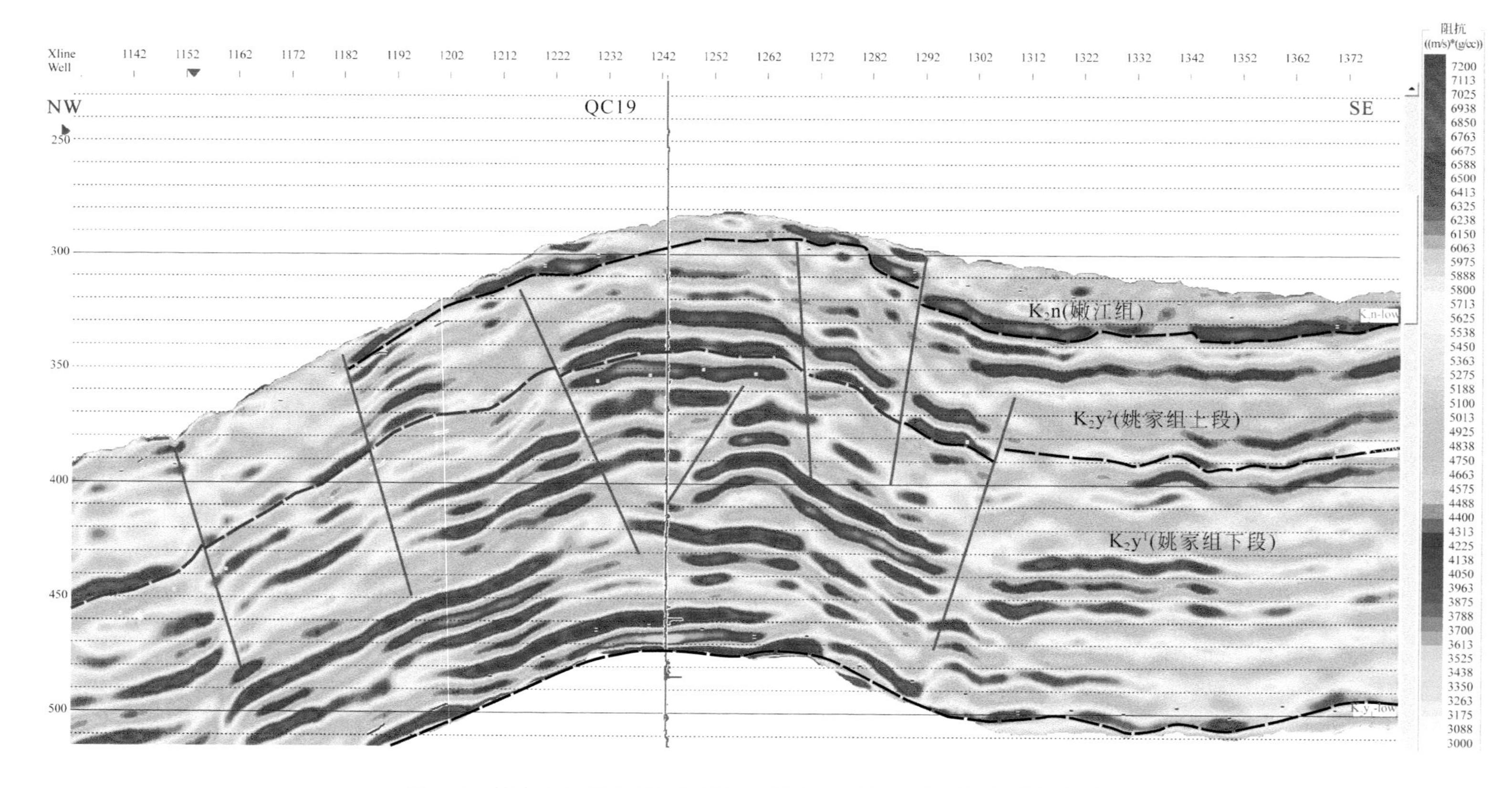

图10-3　钱家店凹陷白兴吐天窗南延部分过QC19地震剖面波阻抗反演图

超过30m。这三个发育辉绿岩钻孔中未见到姚家组之上的嫩江组地层，可能是在辉绿岩侵入过程中，嫩江组被抬高遭受后期的剥蚀所致。

开鲁盆地铀矿床多定位于区内F1断层与F2断层及F2断层与F3断层夹持部位，与钱家店构造剥蚀天窗关系较为密切。通辽的矿化区的北部就是呈EW向分布的西拉木伦河断裂，该断裂被认为是地壳的缝合带，即两个“地块”的结合部位。它被后期的NE向和NW向断裂错断。区域资料显示沿该断裂出露有大量的基性岩浆岩，反映该断裂与深部沟通，深部的物质通过该断裂带至地壳浅部。

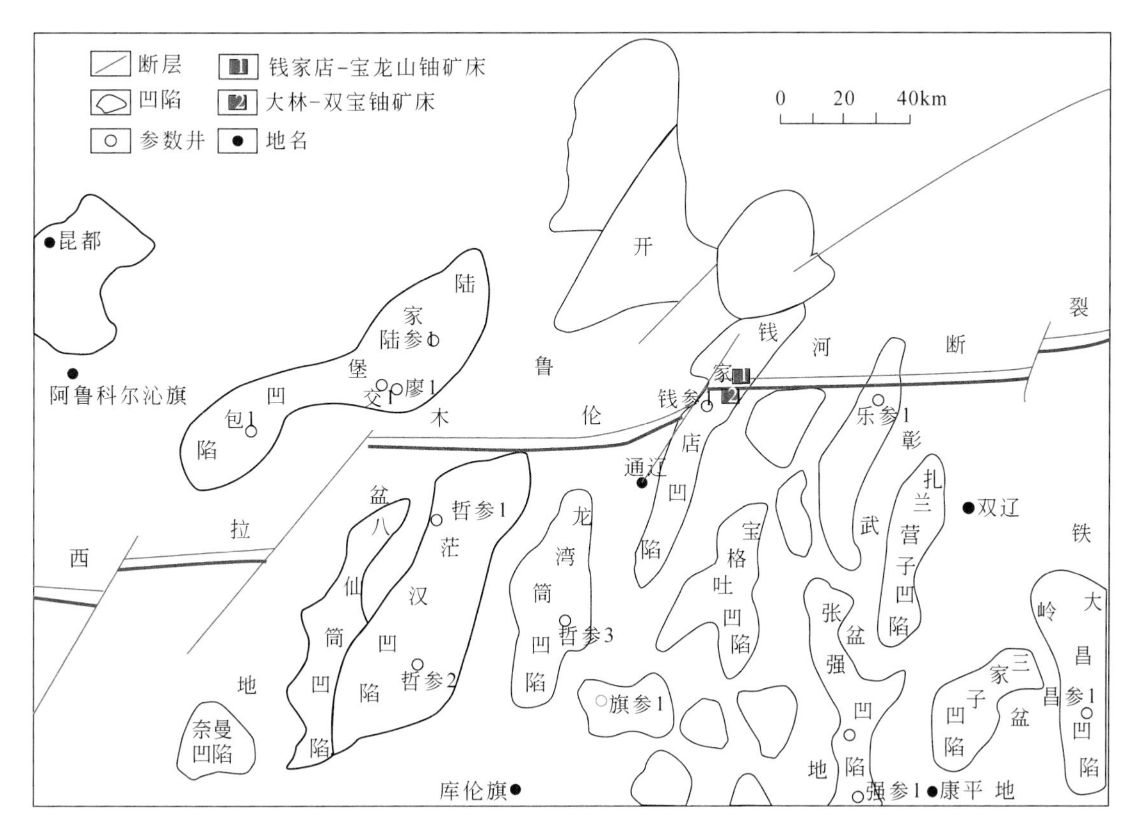

图10-4　开鲁盆地西拉木伦河断裂与凹陷及铀矿（化）的空间分布关系图

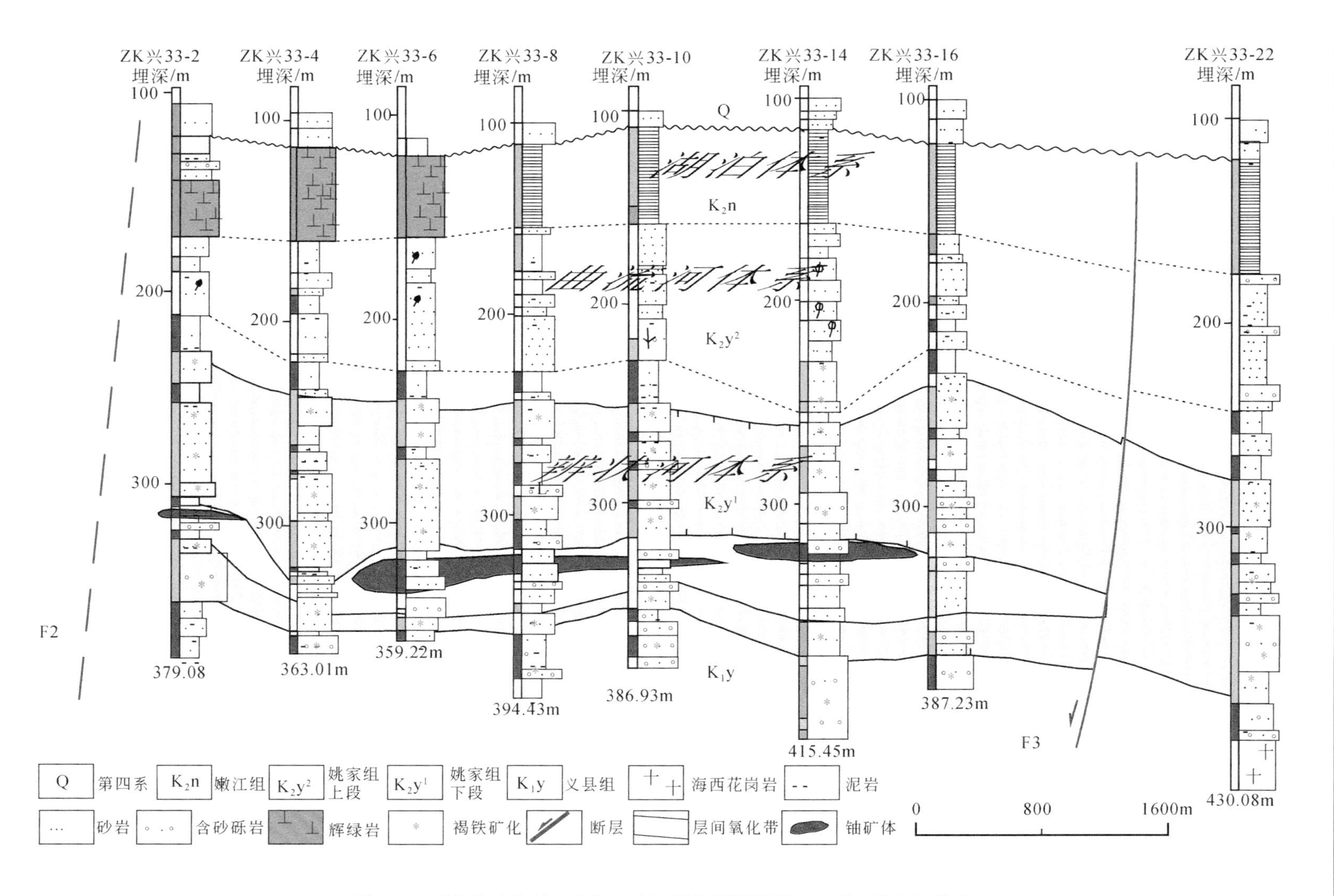

图10-5　开鲁盆地白兴吐矿床ZK兴33线剖面辉绿岩、断层、铀矿化关系

第三节　沉积对铀成矿的控制

沉积作用对砂岩型铀矿的控制主要表现在对沉积相和微相环境下砂体形成的影响，砂体可以形成于多种多样的沉积环境，几乎每一沉积环境下均能形成砂体。但是，不同的沉积环境下形成的砂体的规模、侧向连通性是很不同的。依据砂体的规模、非均质性、成岩强度、还原能力等要素认为，如果砂体在弱伸展构造背景下和在温湿古气候匹配下沉积的中生代地层中的三角洲相或河流相砂体，成熟度较低，厚度达15～80m，具有较好的连通性、渗透性、成层性和非均质性，对成矿有利（张金带，2016；焦养泉等，2015；韩效忠等，2007；秦明宽，1998；黄世杰，1994）。同时，砂体除了能够作为矿化赋存空间，砂体本身也可作为铀矿化的铀源之一。砂体特征是控制铀矿体规模和空间分布的最主要因素之一，而砂体的形成又受沉积相的控制，因此，针对研究区找矿目的层的沉积相开展研究，对指导找矿具有重要意义（张字龙等，2010）。

前人研究开鲁盆地钱家店凹陷砂岩型铀矿时发现，辫状河体系砂体是该地区最有利的含矿目的层，矿床中主要的见矿孔矿化部位都位于该体系砂体。其次，少量的控矿砂体形成于曲流河体系。盆地中主要目的层——姚家组形成于盆地拗陷阶段的稳定沉降时期，辫状河体系发育，沉积相带发育较完整，形成的渗透性砂岩、砂砾岩与隔水性泥岩稳定的互层结构，产状平缓，倾向盆内，有利于层间氧化型砂岩铀矿的形成（殷敬红等，2000；陈方鸿等，2005；蔡煜琦和李胜祥，2008；马汉峰等，2010）。

一、沉积体系对铀矿化的控制作用

松辽盆地目的层姚家组沉积时期是盆地拗陷发展阶段晚期，盆地内发育两条水系，包括长轴物缘NE向的保康水系和短轴物缘EW向的通榆水系（王东坡等，1994）。于文斌（2009）研究发现，经过宝龙山地区的保康水系由两条次级水系组成，分别为通辽水系和双辽水系，并在保康汇合入湖，形成了余粮堡-通辽-钱家店辫状河体系（图5-14）。姚家组沉积时期，从盆地边缘到沉积中心，即由西南到东北总体表现为冲积扇相-辫状河相-三角洲相-滨浅湖相的渐变特征。研究区主要发育辫状河沉积体系，仅在局部古隆起边缘发育冲积扇沉积体系（蔡煜琦和李胜祥，2008）。通过对单井沉积相及微相的划分，并结合大地构造背景和沉积构造演化等区域研究资料，在前人划分的基础上可知，开鲁盆地姚家组主要发育河流沉积体系，分别为辫状河沉积和曲流河沉积。其中姚家组下段的主要沉积体系为辫状河体系，组成该体系的沉积相有辫状河道充填亚相，其微相由底部滞留、河道中的心滩，心滩顶部的落淤层沉积等组成，越岸亚相（包括决口扇、天然堤等微相）和洪泛平原亚相。目的层姚家组上段的主要沉积体系为曲流河，沉积相有河道充填亚相（包括滞留、边滩微相）、堤岸亚相（包括决口扇、天然堤和决口水道微相）及洪泛平原亚相（包括洪泛湖和沼泽微相）。与辫状河体系相比，曲流河的堤岸亚相和洪泛平原发育，细粒沉积物堆积较厚，泥岩含量高。

通过对辫状河体系与曲流河体系的各个微相的研究对比，两个沉积体系的砂体特征和其他一些沉积相关要素如表 10-1 所示。

表 10-1　辫状河、曲流河体系的砂体特征与沉积控矿要素

特征	辫状河体系	曲流河体系
主要微相	心滩	边滩（点坝）
岩性	砾岩、含砾粗砂、中粗砂岩，岩屑砂岩、长石岩屑砂岩	中粗、中细砂岩，岩屑砂岩、长石岩屑砂岩，石英岩屑砂岩
结构	砂砾级、粗砂级为主，沉积物粒度相对较粗	粗砂级、中粗、中细砂级，沉积粒度相对较细
沉积构造	大型槽状、板状、楔状交错层理、平行层理	槽状、板状、楔状交错层理
剖面结构	河道底部冲刷频繁，冲刷面上少量的滞留泥砾，心滩砂体厚大，侧向连续；洪泛平原泥、决口扇、天然堤粉砂、细砂不发育，但发育披覆薄层泥岩	河道底部冲刷较频繁，冲刷面上常见滞留泥砾，之上为边滩砂体，侧向连续较差；洪泛平原泥发育、决口扇、天然堤粉砂、细砂发育
电性特征	箱形、钟形	钟形为主

为了详细研究沉积体系发育与社砂岩型铀矿矿化之间的关系，本研究在开鲁盆地中选择大林、宝龙山、海力锦三个地区的三个代表性钻孔，从沉积相与微相角度，重点解剖沉积作用对沉积微相、砂体的控制，砂体与铀矿化的关系。

二、大林地区沉积微相控矿

开鲁盆地大林地区是近年勘探成果比较显著的区域，域内发现多个工业铀矿化孔。矿化的埋深为 500～600m，矿化潜力好。钻孔 ZK 兴 99-5 是代表性钻孔（图 10-6）。以下是该钻孔岩心观察与分析结果。

608. 27～612. 99m：揭露盆地基底，为土黄色花岗岩风化壳，岩石中暗色矿物分界，有黏土矿物生成。

583. 26～608. 27m：紫红色卵石底砾岩，砾石成分复杂，以花岗岩、熔结凝灰岩、火山岩等为主，顶部为紫红色粉砂岩及薄层紫红色泥岩，沉积于冲积扇扇中环境。

577. 52～583. 26m：向上变细序列，即紫红色含泥砾细砾岩→紫红色粗砂岩→紫红色中粗砂岩→紫红色薄层泥岩，扇中河道沉积。

569. 04～577. 52m：向上变细序列，即浅紫红色含泥砾粗砂岩→浅紫红色中粗砂岩→薄层细砂岩→紫红薄层泥岩，扇中河道及洪泛沉积。

566. 33～569. 04m：向上变细序列，即浅紫红粗砂岩→中细砂岩→紫红色块状泥岩，冲积扇。

562. 88～566. 33m：向上变细序列，即浅紫红色含砾（泥砾）粗砂岩→紫红块状泥岩，冲积扇。

557. 22～562. 88m：向上变细序列，浅紫红粗砂岩（厚约0. 9m）→灰色、灰白色粗砂岩，含泥砾（灰色泥砾）粗砂岩→灰色中粒砂岩，岩石中含大块植物炭屑，铀矿化发育于

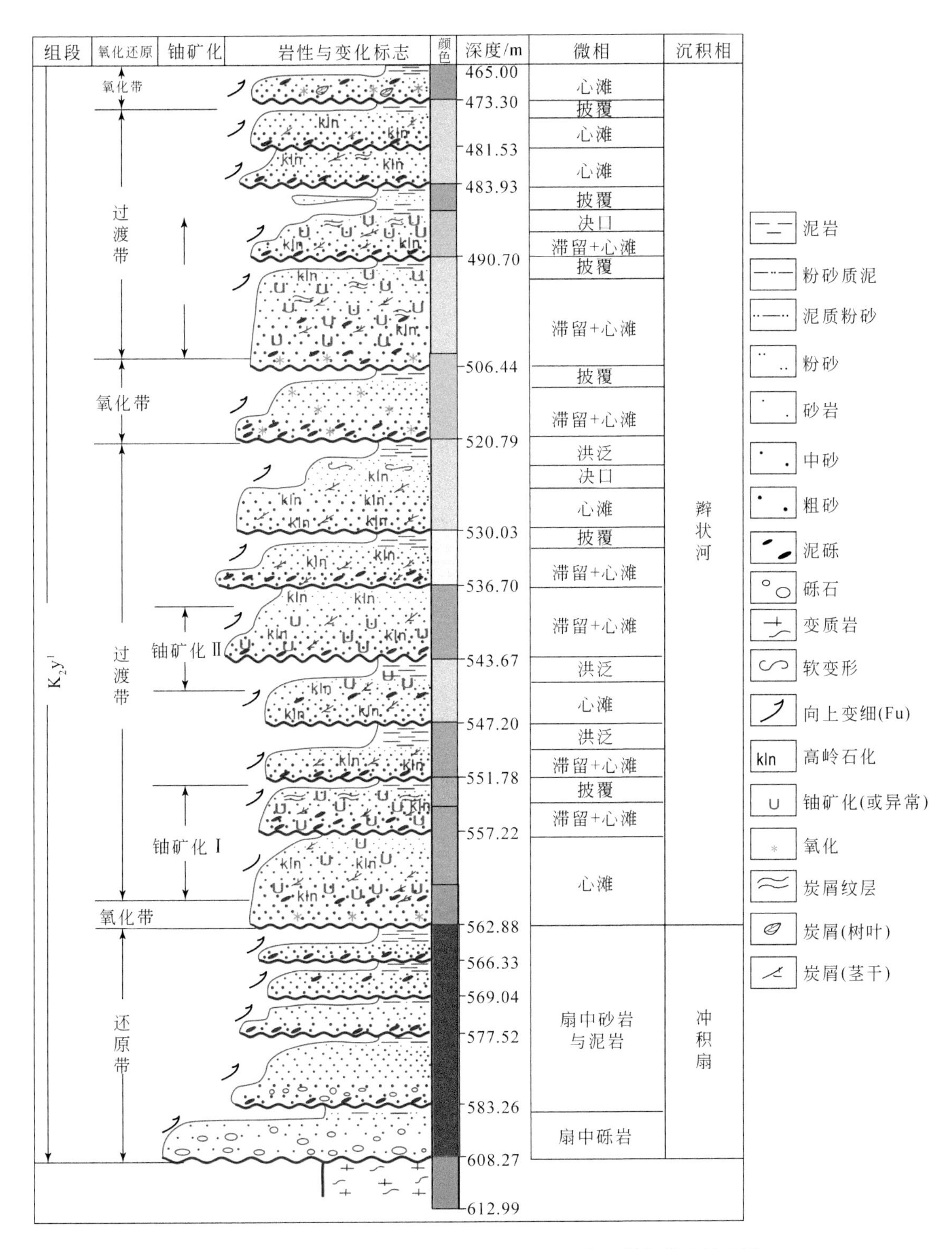

图 10-6　开鲁盆地大林地区 ZK 兴 99-5 沉积相、微相控矿关系图

辫状河心滩序列的中上部。

551.78～557.22m：灰色、灰白色含泥砾粗砂岩→灰白色粗砂岩→中细砂岩（含炭屑纹层，见高岭土化）→灰绿色薄层泥岩，铀矿化发育于辫状河心滩砂体中。

547.20～551.78m：灰色含灰绿色泥砾含细炭屑稳层粗砂岩→灰白色中粗砂岩→灰绿色细砂岩。

543.67～547.20m：灰白色泥砾粗砂岩（灰色泥砾）→灰白色极粗、粗砂岩，强高岭土化，含炭屑纹层→顶部中粗砂岩，铀矿化于心滩薄砂体的上部。

536.7～543.67m：下部为灰白色含砾粗砂岩，砾石为灰色泥砾，见灰色泥岩夹层，向上为灰白色中砂岩，岩性较均一，多见高岭土化及炭化植物碎屑。

530.03～536.70m：灰色泥砾岩，泥砾含量高→灰白色中粗砂岩，含细碳层→灰色块状泥岩，强高岭土化，铀矿化于心滩砂体的中下部。

520.79～530.03m：灰色、灰白色粗砂岩，中粗砂岩，强高岭土化，含较丰富的细炭屑纹层→灰色细砂岩、粉砂岩与泥岩互层，软变形发育紫红色块状泥岩，局部见灰绿色泥岩斑块。

506.44～520.79m：浅紫红色泥砾粗砂岩，含较丰富的紫红色泥砾→浅紫红色粗砂岩→浅紫红色中细砂岩→紫红色块状泥岩夹灰绿色斑状。

490.70～506.44m：底部紫红色含泥砾粗砂岩、紫红色泥砾→灰白色粗砂岩，含细炭屑纹层→灰绿色泥岩，铀矿化发育于心滩序列的中上部。

483.93～490.70m：灰色含泥砾粗砂岩→灰白色粗砂岩→灰白色含碳屑纹层细砂岩→灰、深灰色块状泥岩，见交错层细砂岩，铀矿化发育于心滩的中上部。

481.53～483.93m：灰色泥砾中粗砂岩→灰白色高岭土化粗砂岩，含细炭纹层。

473.30～481.53m：灰色泥砾粗砂岩→灰白色前高岭土粗砂岩→顶部薄层灰色块状泥岩。

465.00～473.30m：下部块状泥砾粗砂岩，含氧化块状碳层，上部为灰、深灰、紫红色块状泥岩。

从图 10-6 中可知，铀矿化Ⅰ主要赋存在心滩沉积序列的中上部，铀矿化Ⅱ主要赋存在心滩蓄力的中下部，铀矿化Ⅲ主要赋存在心滩序列的中部和上部。所有的铀矿化与心滩沉积相关联，尤其是含植物炭屑砂体铀矿化较好。

三、宝龙山地区沉积微相控矿

开鲁盆地宝龙山矿床是继钱家店铀矿床之后发现的矿床，主要的赋存砂体为姚家组下段，沉积于辫状河环境，其次少量的铀矿化赋存在姚家组上段曲流河砂体中。钻孔 ZK 宝 13-1 孔是宝龙山矿床的代表性见矿孔。该钻孔的岩性与铀矿化特征的关系如图 10-7 所示。

613.28～619.43m：灰色、灰黄色、紫红色等杂色泥岩，见水平层理，局部含细砂及粉砂，且见部分褐黄色氧化。

595.20～613.28m：浅紫红色泥砾粗砂岩→紫红色的粗砂岩→中细砂岩→粉砂岩→紫红色泥岩块状、细砂岩、粉砂岩中钙质含量较高。

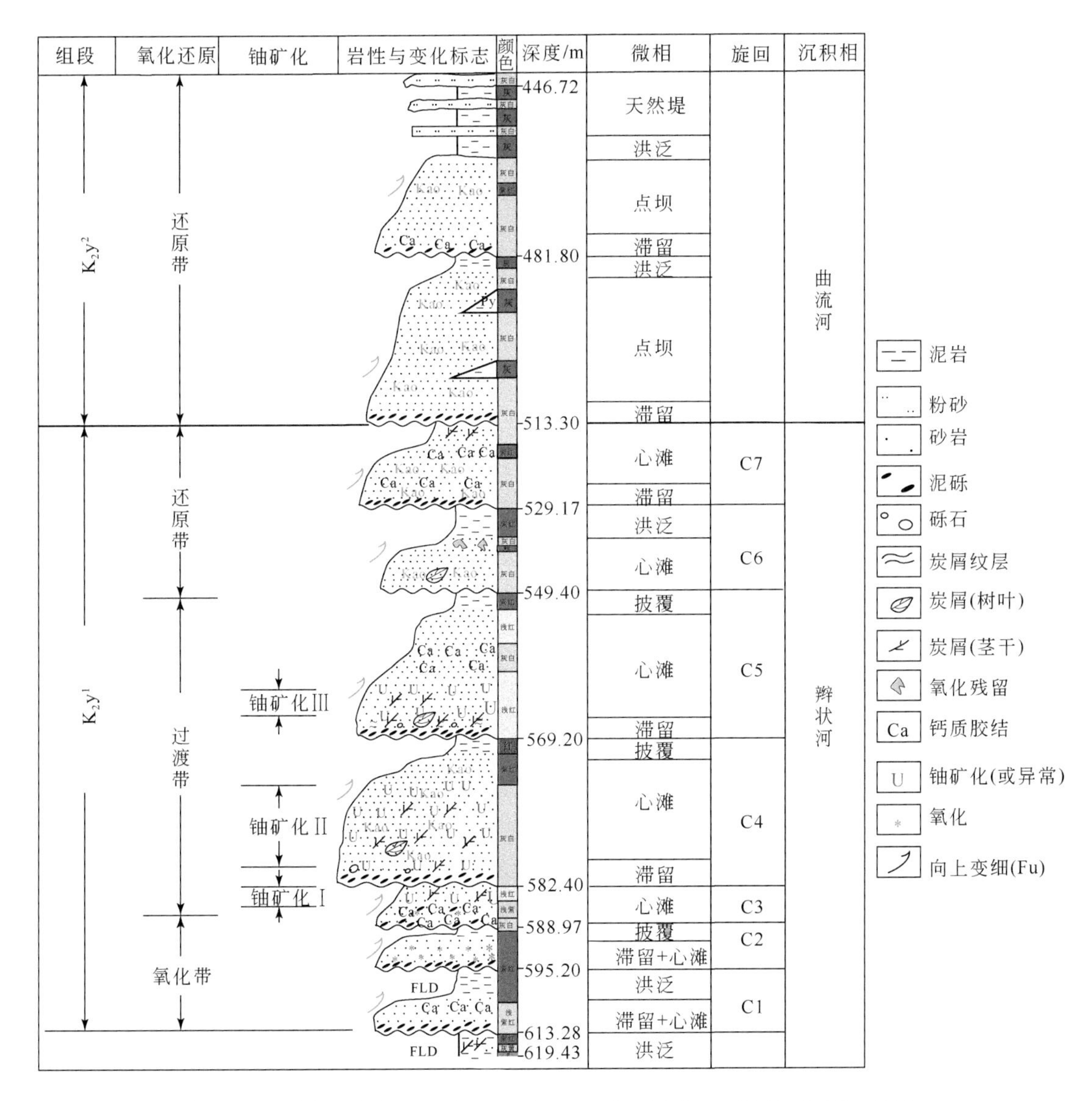

图 10-7　开鲁盆地宝龙山矿床 ZK 宝 13-1 岩心沉积相、微相与铀矿化关系

588.97～595.20m：紫红色含少量泥砾中粗砂岩→中细砂岩→紫红色泥岩。砂岩局部见褐黄色氧化，砂岩上部见灰白色高岭土化薄层（约 20cm）。

582.40～588.97m：灰白色含泥砾（灰绿色、紫红色）中粗砂岩，紫红色泥砾部分转变为灰绿色→浅紫红色含少量泥砾砂岩→浅红色泥质细砂岩。砂岩为钙质胶结，顶部含炭屑，见铀矿化，铀矿化Ⅰ。

569.20～582.40m：灰白色泥砾粗砂岩（灰色泥砾可能由紫红色泥砾转变而来）→中细砂岩→紫红色泥岩。砂岩较疏松，高岭土强，含少量植物炭屑，铀矿化Ⅱ，富矿段砂岩表面见亮黄色次生铀矿物（钙铀云母）。

549.40～569.20m：浅红色中粗砂岩→灰白色含灰绿色泥砾中粗砂岩，见炭屑纹层，铀矿化Ⅲ→浅红色中细砂岩、细砂岩，局部钙质胶结→浅红色粉砂岩→紫红色泥岩。

529.17～549.40m：灰白色粗砂岩→灰白色夹紫红色残斑中砂岩→紫红色块状泥岩。

513.30～529.17m：灰白色泥砾岩（泥砾为紫红色）与灰白色中细砂岩，高岭石化→紫红色钙质胶结泥砾砂岩→灰白色高岭土化中砂岩，红色（钙质胶结）与灰白色（无钙质胶结）砂岩互层。

481.80～513.30m：灰白含泥砾中砂岩，高岭土化强，局部夹灰色的泥岩薄层。

446.72～481.80m：含泥砾中粗砂岩夹紫红色薄层泥岩，钙质胶结→灰白色细砂岩与灰色泥岩互层，底部砾岩为钙质胶结。

综合该孔的岩性、沉积微相特征与铀矿化的关系可知，铀矿化Ⅰ主要发育在含较丰富炭屑心滩沉积序列的上部。而铀矿化Ⅱ主要发育在心滩沉积序列的中部，与植物炭屑及强烈的高岭土化伴生，铀矿化Ⅲ发育在心滩沉积序列的中部，与砂岩中植物炭屑及炭屑纹层相伴生，钙质胶结主要发育在铀矿化的上部。心滩沉积序列砂岩是铀矿化的良好载体。

从图10-8中还可知，宝龙山地区的铀矿化位于一个心滩微相的上部，该心滩微相下部的粗砂岩被氧化，铀矿化富集的区域在心滩微相的中上部，该段砂岩中含有较多的植物炭化碎屑，砂岩呈灰白色、灰黑色，较疏松。铀矿化段之上的心滩微相序列的粗砂岩、中细砂岩和粉砂岩全部被氧化，砂岩主要为褐黄色，但局部出现浅紫红色。最上部的心滩微相序列由砂岩和较厚的泥岩组成，泥岩为紫红色，形成于排泄体系通常的泛滥平原。整体上，从下部心滩微相序列至上部心滩微相序列，辫状河体系的沉积泥质沉积物逐渐增多，反映源区沉积物供应速率减慢，或辫状河发育区域坡降变小。与上述图10-5和图10-6相似，铀矿化多出现在心滩微相序列的中上部，少量出现在中下部，而氧化作用往往在心滩微相的下部较发育，可能是因为下部岩性较粗，多以砾岩或粗砂岩为主，孔隙度和渗透性较上部的好，含铀含氧流体易于流过的缘故。

四、海力锦地区沉积微相控矿

开鲁盆地海力锦地区铀矿化也是近年来铀矿勘探最有潜力的区域之一，沉积相与铀矿化之间的关系与大林地区和宝龙山地区相似，铀矿化形成于姚下段的辫状河体系中，控矿主要微相也是心滩微相，图10-9为海力锦地区钻孔ZKH2-0，沉积相、微相、岩性等于铀矿化之间的关系如下。

597.46～603.40m：紫红色块状泥岩，泥岩中构造擦痕发育，洪泛微相。

587.53～597.46m：浅紫红色，局部褐黄色含紫红色泥砾中粗砂岩，次棱角状，分选一般至较好→浅紫红色中砂岩→灰白色中细砂岩，含大块植物碳屑，含少量的灰色泥砾，辫状河心滩与披覆微相。

584.58～587.53m：灰白色中粗砂岩，含大块植物碳屑，见高岭土化→灰白色中细砂岩→灰色泥岩，辫状河心滩与披覆微相。

566.94～584.58m：灰白色中粗砂岩，含少量的碳屑，次棱角状至次圆状，分选一般至较好，心滩微相砂体中上部见铀矿化。砂岩的高岭土化强，泥岩呈块状砖红色，局部为灰紫色，顶部夹灰色薄层粉砂，辫状河心滩与洪泛微相。

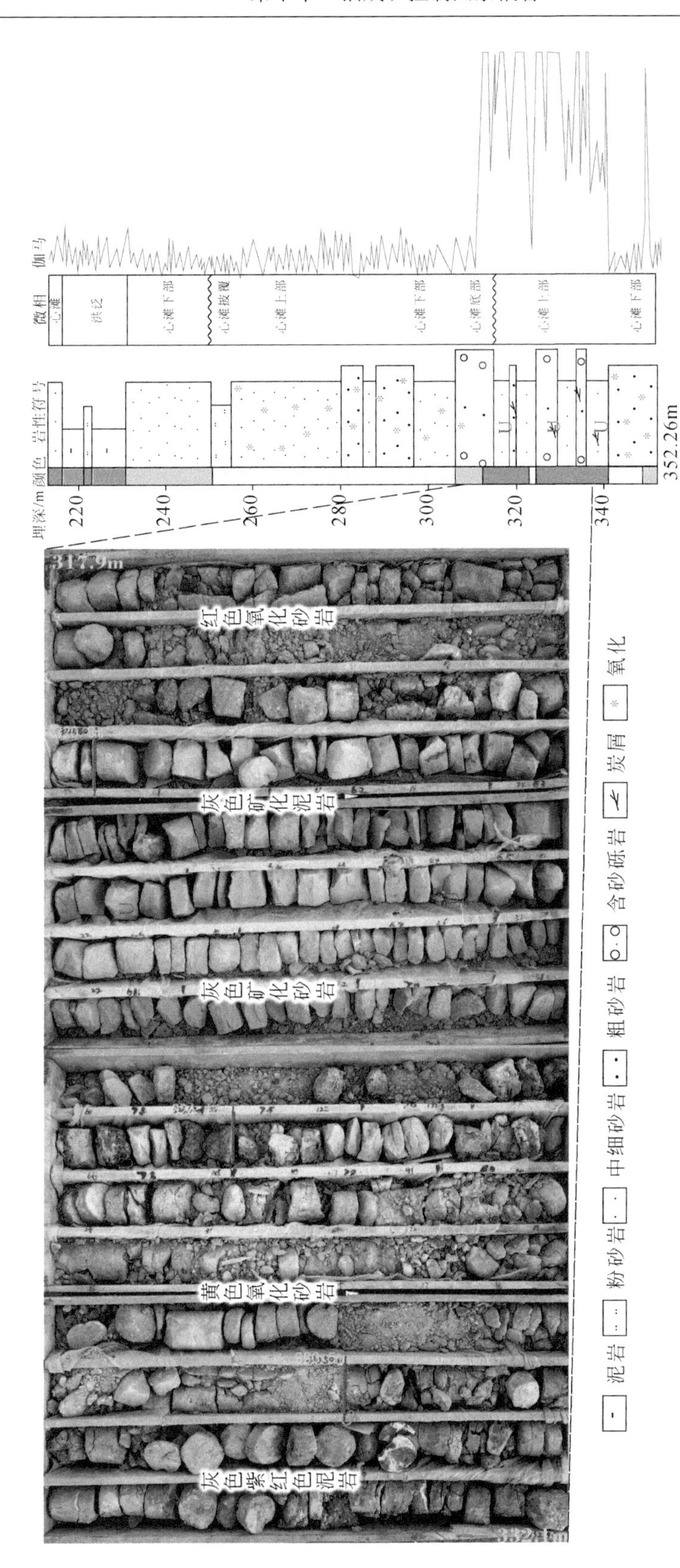

图10-8　开鲁盆地宝龙山地区ZK兴31A-4B矿化段沉积微相与铀矿化

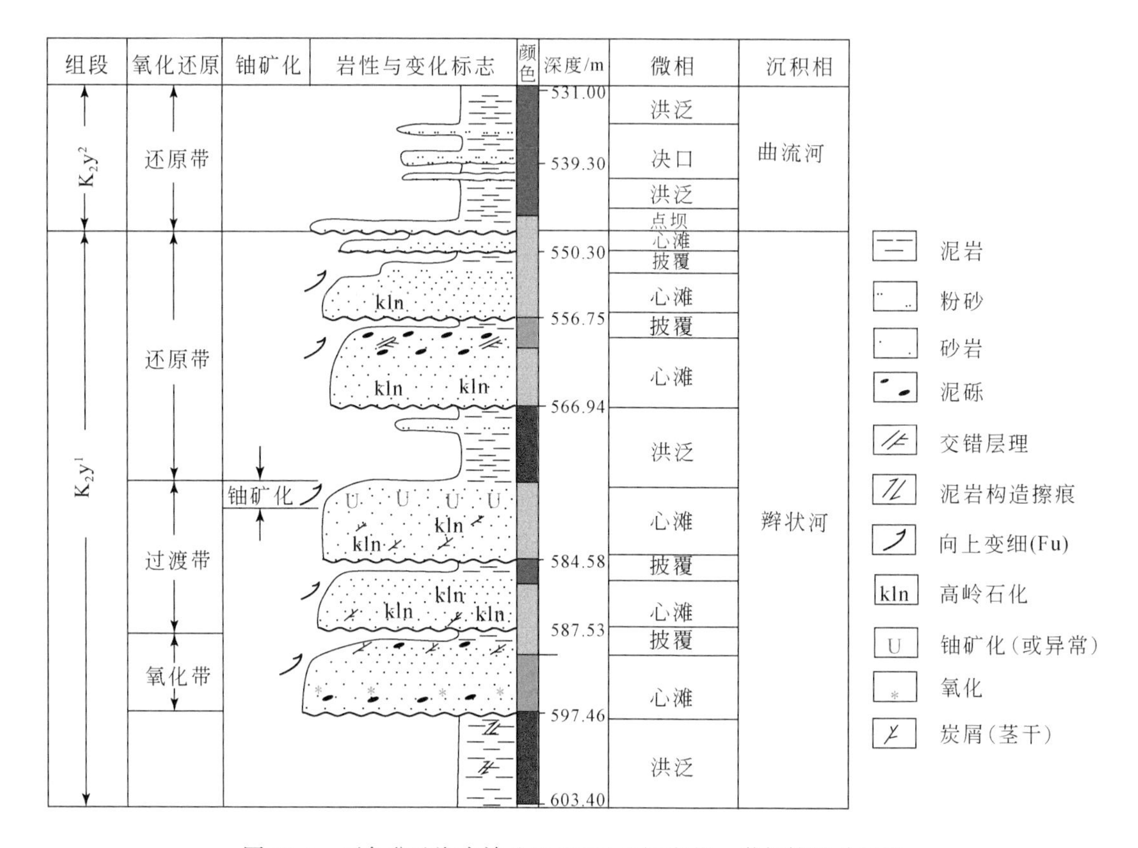

图 10-9　开鲁盆地海力锦地区 ZKH2-0 沉积相、微相控矿关系图

556.75～566.94m：灰白色中粗粒砂岩，高岭土化强→含紫红色泥砾中粗砂岩，发育交错层理，砂岩顶部为浅紫红色被氧化，辫状河心滩与披覆微相。

550.30～556.75m：灰白色中粗砂岩，见较弱的高岭土化→浅紫红粉砂岩→紫红色薄层块状泥岩，辫状河心滩与披覆微相。

539.30～550.30m：灰白色中粗、中细砂岩→粉砂岩→灰色、灰绿色块状泥岩，局部紫红色泥岩夹粉砂岩，曲流河点坝、决口、洪泛微相。

531.00～539.30m：浅紫红色细砂、粉砂与泥岩互层，曲流河决口与洪泛微相。

五、沉积体系对铀成矿的宏观控制

到目前为止，开鲁盆地所有的砂岩型铀矿的含矿目的层——姚家组均形成于辫状河沉积体系（图 5-14），开鲁盆地的石油、煤田和铀矿勘探资料表明，从盆地南部的西南部的奈曼至东北部的保康地区，发育一个巨型的冲积扇-辫状河-三角洲体系。沉积区的主要物源来自南部、西南部的燕山山脉的北部蚀源区。从图 5-14 中可知，除了南部、西南部的燕山北部物源以外，还有来自盆地西部、西北部的大兴安岭蚀源区。沉积体系的分布规律是沿着开鲁盆地的周边，主要分布着冲积扇沉积体系，由扇根、扇中、扇端组成，沉积物的粒度很粗。盆地中心和北西方向主要是辫状河体系，由辫状河心滩和部分洪泛沉积为主。在辫状河体系氧化为三角洲体系的钱家店-宝龙山一带，接近辫状河发育的末端，姚家组辫状河沉积的砂体控制着开鲁盆地当前所发现的所有的砂岩型铀矿床，如钱家店、宝龙山、大林、双宝等矿床。前述众多资料显示，铀矿化大多数赋存在心滩砂体中，尤其是心滩砂体的中上部，少量的在中下部。矿化与灰色砂体，尤其是含有炭化植物碎屑的砂体中。

第四节 流体对成矿的控制

流体活动在砂岩型铀成矿中具有一系列的基本特征和过程。流体可分为表生流体和热流体。表生流体为大气降水或浅地层水，首先来自大气降水的含氧流体淋滤基底或盆地岩石中的铀而形成流体，这种含铀含氧流体通过流体-岩石，或流体-流体之间的相互作用使铀沉淀富集。其次，层间-渗入成矿期的古气候一定是干旱或半干旱的（陈肇博，2003），因为只有在这种条件下，水中自由氧才不被地表潮湿气候下土壤中的有机质消耗；水中铀能达到较高浓度并运移到氧化带前锋发生还原沉淀。最后，由于含铀含氧水的化学势与输导层的化学势不同，它们之间将通过化学或生物化学方式发生流体-岩石间的反应，U 的迁移和沉淀就取决于影响反应的各种因素（Rackley，1976）。热流体为地下深处来源的流体，在开鲁地区的铀矿床中有明显的热流体活动迹象。从该矿床所处的构造位置和目前的勘探的结果来看，热流体后期改造的可能性很大。首先，钱家店-宝龙山矿床区域离穿切地壳的深大断裂——西拉木伦河断裂不远，处于该大断裂带附近，深部岩浆活动带来的热流体活动可能性很大。其次，铀矿床域内有次级大断裂和大量的辉绿岩的分布，特别是矿化钻孔中，或附近常见辉绿岩分布；最后，矿床中岩石取样微观研究表明，存在热流体活动的标记。

综上所述，开鲁地区砂岩型铀矿床的控矿因素遵循砂岩型铀矿的共性，构造、沉积、(表生氧化或深部热）流体、古气候等是该地区铀矿的主要控制因素。

一、表生含铀含氧流体

（一）表生含铀含氧流体成矿研究现状

研究认为与沉积盆地相关的铀成矿系统具有一系列的基本特征和过程，来自大气降水的含氧流体淋滤基底或盆地岩石中的铀而形成含铀含氧流体（UOF），这种 UOF 通过流体-岩石，或流体-流体之间的相互作用使 U 沉淀富集。要完成这个成矿过程，首先蚀源区（补给区）岩石中要含铀，或输导层岩石含铀。美国怀俄明盆地群铀成矿区距隆起带不远，隆起区出露的是古元古-太古代的高含铀花岗岩。Rosholt 等（1973）与 Stuckless 和 Nkomo（1978）根据 U/Pb 同位素估计，自 40Ma 以来，这些花岗岩中至少有 70% ~75% 的 U 被迁移出去。Zielinski（1980）报道，美国 Shirley 盆地中 Wind River 组的玉髓含 U 高达 250ppm，而且这些玉髓在 35 ~20Ma 的时间里，从上覆的流纹质凝灰岩中获取了大量

U。中亚哈萨克斯坦的楚萨雷苏盆地有两套铀源提供含铀含氧流体所需的 U，即奥陶-泥盆纪的花岗岩和盆地东部的长英质火山岩（Dahlkamp，2009）。澳大利亚 Honeymoon 矿床的铀源也被认为是来自附近的富 U 的花岗质岩石。其次，层间-渗入成矿期的古气候一定是干旱或半干旱的（陈肇博，2003），因为只有在这种条件下水中自由氧才不被地表潮湿气候下土壤中的有机质消耗；而且水中 U 能达到较高浓度并一起运移到氧化带前锋发生还原沉淀。Skirrow 等指出，铀成矿的前提是要么流体的流量大，流经时间短，如高渗透的古河道砂体，或断裂网络；要么流体流量少，流经时间长，如较细粒的席状砂。楚萨雷苏盆地早渐新世前，形成灰色、暗色碎屑岩系（潮湿气候下），而晚渐新世以后则形成红色碎屑岩系（干旱气候下），这种明显气候转变正是成矿有利条件。最后，由于 UOF 的化学势与输导层的化学势不同，它们之间将通过化学或生物化学方式发生流体-岩石间的反应，U 的迁移和沉淀就取决于影响反应的各种因素。Rackley（1976）认为，朝蚀源区方向氧化带中岩石主要含硫杆菌铁氧化剂，它能使环境变成酸性（pH 为 2～4）和氧化态（Eh 高达+760mV）；朝盆地中心方向以脱硫弧菌占主导地位，它能从砂岩有机物中获取能量而使硫酸盐分解产生 H_2S，环境变成碱性（pH＝7.8～8.4）和还原态（Eh≤-200mV）。在美国怀俄明和南德克萨斯铀矿床中，细菌参与下选择轻同位素 ^{32}S 还原的作用普遍存在。而持不同观点的 Granger 和 Warren（1974）则认为，沿氧化还原前锋的各种反应可以在没有细菌参与下完成，蚀变带中黄铁矿被消耗的原因是含铀含氧流体。

有机碳和 H_2S 这两种物质可作为铀成矿的还原剂。前者在砂岩中含量可达百分之几，是很多矿床的还原剂（Harshman and Adams，1981；聂逢君等，2010a）。油气中 H_2S 的还原作用很早就被人注意到了，怀俄明 Gas Hill 矿床发现，油气井中 H_2S 高达 2%，它可以通过断层到达 Wind River 组的赋矿砂岩中。Adams 和 Smith（1981）研究南德克萨斯铀矿成因时指出，在有机碳较少的砂岩中，U 的还原剂主要是沿断裂来自深部油气藏中的 H_2S。

含铀含氧流体在输导层的运移与成矿与否取决于它与岩石或其他流体的反应速度和持续时间。Skirrow 等认为，当输导体中含 P、蒸发矿物、碳酸盐岩矿物时，由于 PO_4^{2-}、SO_4^{2-}、CO_3^{2-} 能络合 U^{6+}，而促进 U^{6+} 迁移；当含有铁的氢氧化物，如水铁矿、针铁矿时，由于它们吸附 U 而阻碍 U^{6+} 迁移。

（二）开鲁盆地表生含铀含氧流体成矿作用

为了探索研究开鲁盆地钱家店凹陷中砂岩型铀矿的表生氧化带成矿作用，我们选择了一条距离较长的 NE-SW 向钻孔剖面，西南起点是奈曼，经余粮堡、大林地区到宝龙山地区。从图 10-10 可知，姚家组下段在奈曼地区的 ZK 曼 2-1 钻孔中，主要为冲积扇相沉积，以砾岩、砂砾岩为主，岩石全部氧化呈红色和浅红色，根据岩石各种特征推测认为，可能是原来氧化色（或者部分还原色）叠加了后生含铀含氧流体的氧化作用，岩石全部为红色。至余粮堡地区 ZK 余 6-2 钻孔，姚家组下段虽然由辫状河沉积组成，岩石依然呈现全部氧化的红色和黄色。但到大林地区 ZK 新 99-2 钻孔时，情况发生了变化，由辫状河沉积形成的砂体部分氧化为红色和少量的黄色，而砂体中多处保留了还原的灰色，在钻孔岩心450～600m 深处，见多层铀矿化的富集，铀矿化与灰色砂岩关系密切。也就是说，含铀

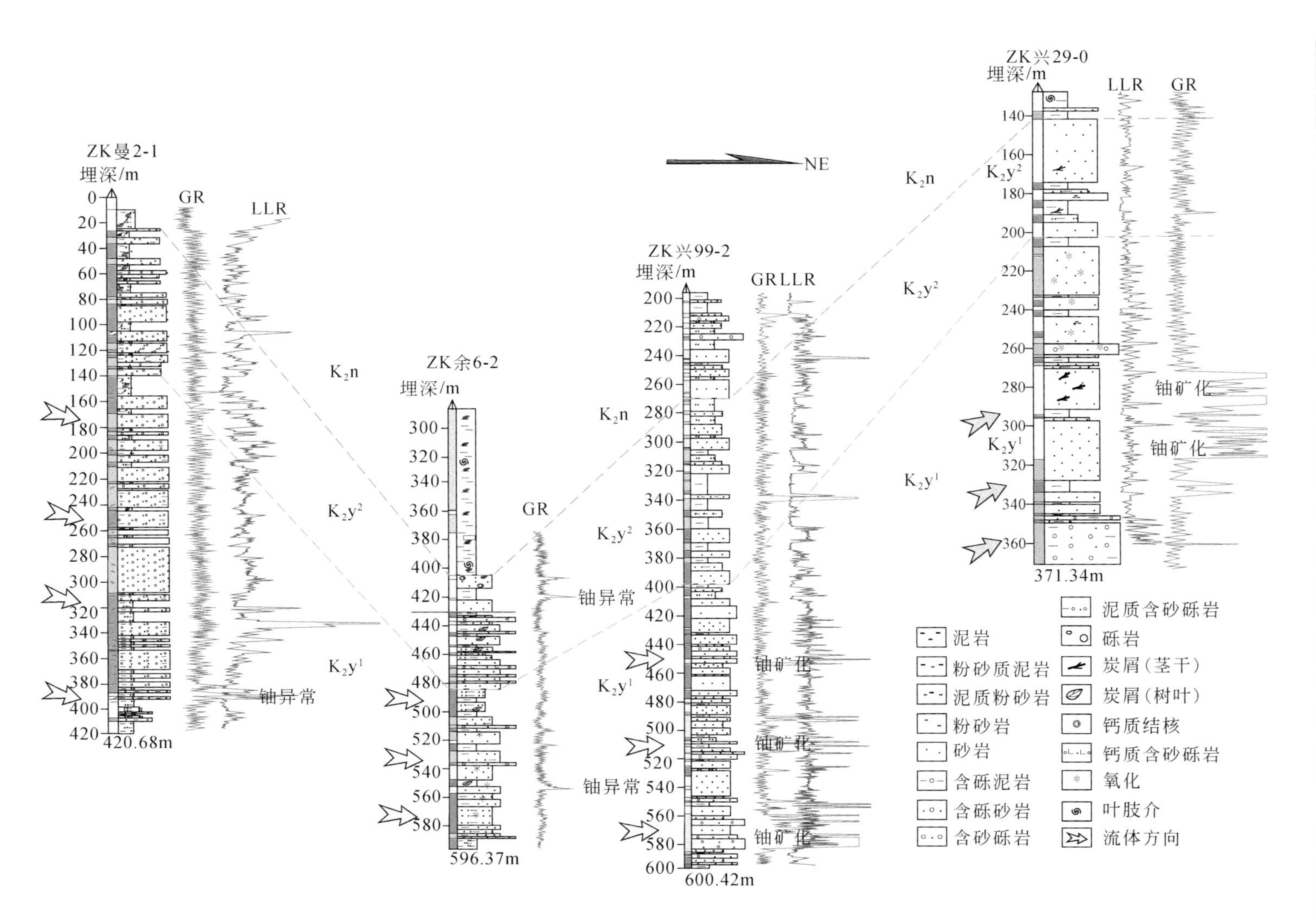

图10-10　开鲁盆地铀矿勘探钻孔SW–N向剖面图

含氧流体到达大林地区时，还原能力减弱，流体中携带的部分铀被地层中的还原剂还原富集。宝龙山白兴吐地区是开鲁盆地砂岩型铀矿集中分布区，钱家店–宝龙山矿床主要分布在该区，含铀含氧流体经过大林地区之后进入白兴吐地区，在二十八户至兴 41-6 钻孔一带，含铀含氧流体的流量较大，氧化性较强，是氧化流体的主要通道（图 10-11）。在钻孔 ZK 兴 99-0 中，姚家组下段辫状河砂体部分氧化，部分保持还原，铀矿化主要赋存在还原砂岩中，一部分还原性砂岩中含有较丰富的炭化植物碎屑，对铀的还原吸附、聚集成矿有利。

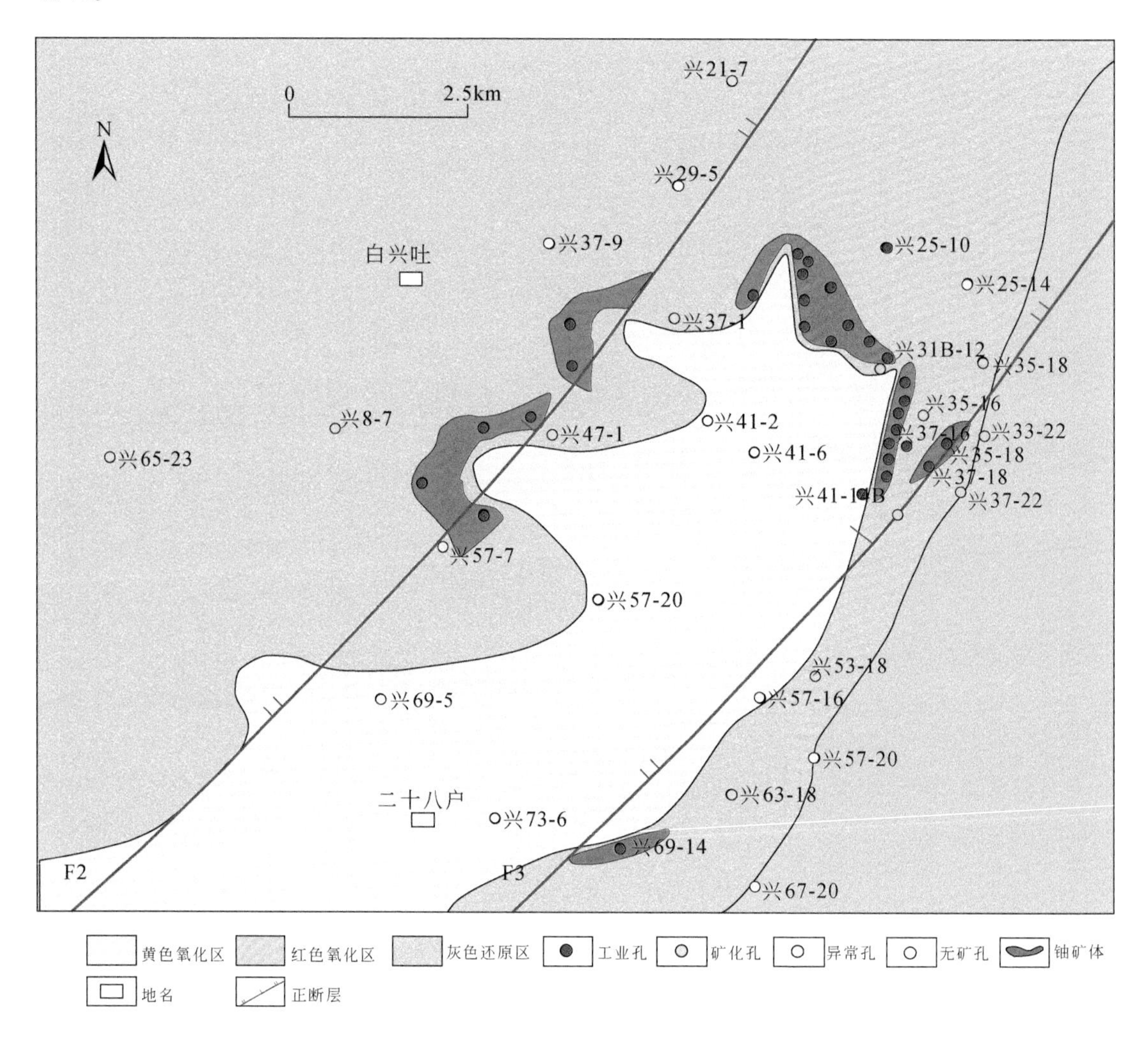

图 10-11　开鲁盆地宝龙山白兴吐地区姚家组下段氧化带发育与铀成矿关系

总体而言，来自 SW 方向的含铀含氧流体，在向 NE 向流动过程中，一路氧化可渗透的砂岩、砾岩，使岩石变为红色或黄色。流体流过的中心地段，流量大，氧化能力较强，氧化作用推进的距离较远。而在主要流体中心的两侧，氧化流体与岩石相互作用，一部分砂岩被氧化，一部分保持着还原，铀的成矿作用主要发生氧化还原过渡带附近。众多资料显示，含铀含氧流体在向NE向流动过程中，氧化能力减弱，至钱家店天窗附近的断裂中流体排泄出去。所以，开鲁盆地含铀含氧流体成矿的水文地质过程是，来自SW向隆起区的含铀含氧流体，通过盆地边缘的补给区，流体通过可渗透的砂岩输导系统，长距离的径流搬运，流体与砂岩发生流体-岩石反应，一方面使砂岩发生氧化作用，另一方面使铀还原富集成矿，最后流体从白兴吐天窗中排泄。

从白兴吐地区姚家组下段成矿空间看，氧化带发育区域受F2和F3两条断层的控制（图10-11），一分部铀矿体受NE向氧化带前锋线的控制，分布在ZK兴37-1、ZK兴31B-12、ZK兴35-16、ZK兴37-16等钻孔一带，另一部分铀矿体受氧化带边缘和断层的联合控制，如F2断层附近ZK兴57-7至ZK兴47-1钻孔的铀矿体，F3断层附近ZK兴69-14钻孔矿体和ZK兴37-18至ZK兴33-22钻孔矿体。

在图10-12中，钻孔ZKX1-1的NW侧有一F1断层，ZKX1-4与ZKX1-5及ZKX1-6与ZKX1-7之间分布F2断层和F3断层，这些断层在区域已经被地质（两侧地层埋深变化明显）和地球物理（地震与电法）所证实。F1断层东南侧ZKX1-1钻孔的姚家组下段中发育两层矿体，他们距离断层很近。F2断层和F3断层之间夹有ZKX1-5和ZKX1-6两个钻孔中的两层矿体，矿体的上、下均为氧化砂体，矿体呈"悬浮"状发育在氧化带中，这种现象在钱家店-白兴吐矿床中普遍存在。ZKX1-7中的矿体虽然发育在姚家组上段的地层砂体中，但它距离F3断层也很近。由此可见，在这条剖面上，铀矿体与断层在空间上应该存在着某种关系。

二、热流体成矿作用探讨

（一）关于热流体活动

根据中国布格重力异常图（袁学诚，1996）和莫霍面深度分布图（刘光鼎，2007）可知，以两个重力梯度带为界将中国分为三个部分：西部地区，即贺兰山-龙门山以西，为地壳加厚部分，达60～70km以上；中部地区，即贺兰山-龙门山以东和大兴安岭-太行山-武陵山以西，为地壳中等厚度，在45km左右；而东部地区，即大兴安岭-太行山-武陵山以东地区，地壳厚度从38km开始减薄到冲绳海槽18km。由此可见，中国东部地壳很薄，也就是地幔和软流圈隆升得很高。造成这种减薄的原因是，自古太平洋板块向东亚板块俯冲以来，中国东部地区地壳出现明显减薄导致热物质上升。根据地球物理资料，特别是20世纪90年代完成的全球地学大断面（刘立，1993），松辽盆地对应着地幔的隆起，重、磁异常图上均显NE向宽缓的高值区。31km莫霍面等深线圈定的范围大致相当于松辽盆地中央拗陷区（马莉和刘德来，1999），深部构造和盖层构造呈镜像关系也反映出这点（高瑞祺和蔡希源，1997）。应用天然地震层析技术对松辽盆地及周边地区地球层圈探查揭示了岩石圈之下软流层的上隆（刘和甫，1983a，1983b；宋建国和窦立荣，1994），正对松辽盆地的底部出现了透镜状、密度小、温度高的低速体。这些资料进一步表明松辽盆地的裂谷性质（马杏垣等1983；马杏垣，1987），松辽盆地的底部属于地幔上涌的动力过程（邵济安等，2001a）。

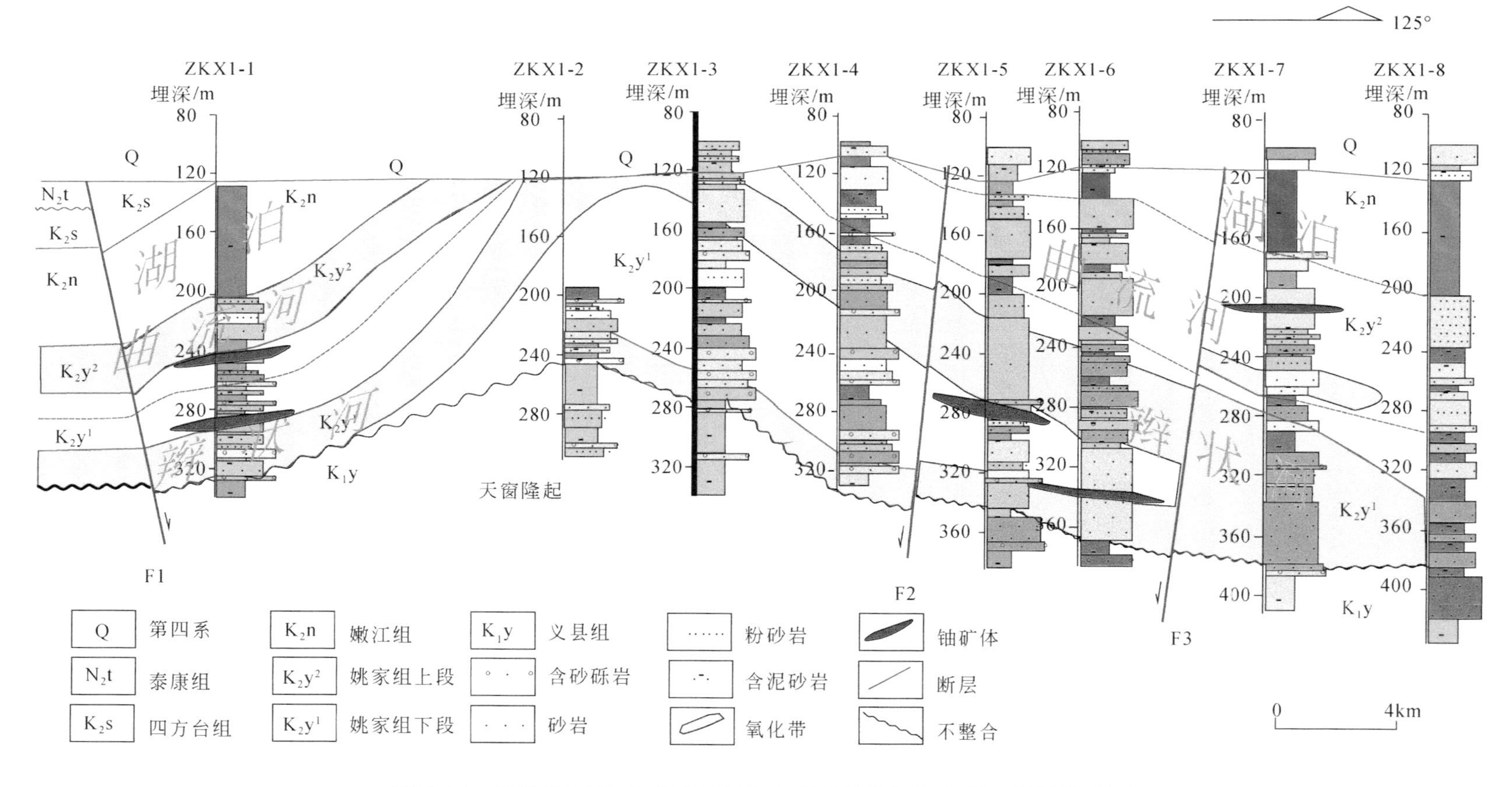

图10-12 通辽钱家店–白兴吐地区ZKX剖面矿化与沉积相、断层关系图

中国的沉积盆地是在不同的构造背景和地质历史时期发展起来的，不同类型的沉积盆地具有不同的地热特征。中国大地热流平均值为61mW/m^2（杜建国等，1998）至63mW/m^2（汪洋等，2001），与全球中生代地质体大地热流平均值64mW/m^2（Pollack，1993）基本相当。而由东至西沉积盆地的热状况呈现有规律的变化，东部盆地的大地热流值和地温梯度均较高，往西逐渐降低。辽河、海拉尔、松辽、二连盆地的大地热流为61～72mW/m^2，平均值>61mW/m^2，地温梯度为2.9～3.7℃/100m，平均值>2.9℃/100m。而鄂尔多斯、柴达木、塔里木、准噶尔、吐哈盆地的大地热流平均值为44～57mW/m^2，均小于61mW/m^2，地温梯度为1.9～2.6mW/m^2，平均值<2.9℃/100m，明显低于全球大地热流平均值。汪洋等（2001）的资料也表明，以贺兰山-龙门山为界，中国东部的热流值普遍比西部的高出10mW/m^2以上，西部地区存在明显的地热负异常，呈现低热特点，这与盆地所处的大地构造位置和地热背景相一致。新构造运动明显的东部地区，特别是新生代以来上地幔隆起幅度大的地区，地温、地温梯度较高，而中、西部构造稳定区盆地内呈低热状态，地温、地温梯度都较低。

热流体是指具有一定化学活泼性并且在一般情况下温度高于75℃的流体（龚再升等，1997；孙永传等，1995）。本研究中的包裹体测温显示，开鲁盆地砂岩型铀矿含矿目的层砂岩胶结物平均温度为118.7℃。种种迹象表明，开鲁盆地砂岩型铀矿氧化带表生含铀含氧流体成矿之后叠加了热流体的改造作用。

（二）开鲁盆地热流体作用探讨

为了研究开鲁盆地热流体的性质和参与铀成矿作用相关事实，对砂岩矿石镜下岩石学特征，主要是胶结物碳酸盐矿物和黄铁矿的S同位素特征进行了研究。

1. 镜下岩石蚀变特征

钱家店-白兴吐矿化区域含矿目的层被证实为辫状河环境下砂体，砂岩主要为岩屑砂岩，经过成岩作用和后生氧化作用之后，出现了相应的胶结物和新生矿物组合。然而，由于新生代的基性岩浆活动带来的大量的热流体活动，除了使姚家组红色泥岩褪色，或变为暗紫色，且岩石致密坚硬之外，还在砂岩中留下了许多交代蚀变矿物。如部分石英和长石颗粒被方解石交代、脉状方解石的出现、黏土矿物转化为绢云母等。图10-13a表明，石英和长石颗粒之间被团块状、自形晶状碳酸盐矿物（Cbn）和蠕虫状高岭石（Kln）充填、交代，一些石英颗粒边缘溶解（左上角）。长石被碳酸盐矿物交代，高岭石被菱面体白云石（Dol）环绕。图10-13b是采自钱家店矿床钱Ⅳ24-25钻孔435m深处的样品，铁白云石（或高铁白云石）自形程度高，呈规则的菱面体，有些内部略显环带，它们以交代长石、石英形式出现，从矿物表面及周围析出的褐黄色铁质物来看，矿物本身的铁含量高。图10-13c中，碳酸盐矿物强烈交代砂岩的碎屑颗粒，中间部分的石英（Q）被碳酸盐矿物（Cbn）从边缘和矿物裂隙向中心逐渐交代，原石英颗粒剩下部分不足50%。其他的颗粒也有被碳酸盐交代的现象。砂岩的孔隙空间中也被大量的碳酸盐矿物所充填。图10-13d为采自含矿层附近、受热流体作用过的泥岩样品，泥岩中含有部分粉砂，在黏土矿物中有尘点状赤铁矿，或褐铁矿细颗粒。黏土矿物很多已转化为绢云母（Ser），一条后期碳酸盐细脉体穿插在绢云母组成的泥岩中。

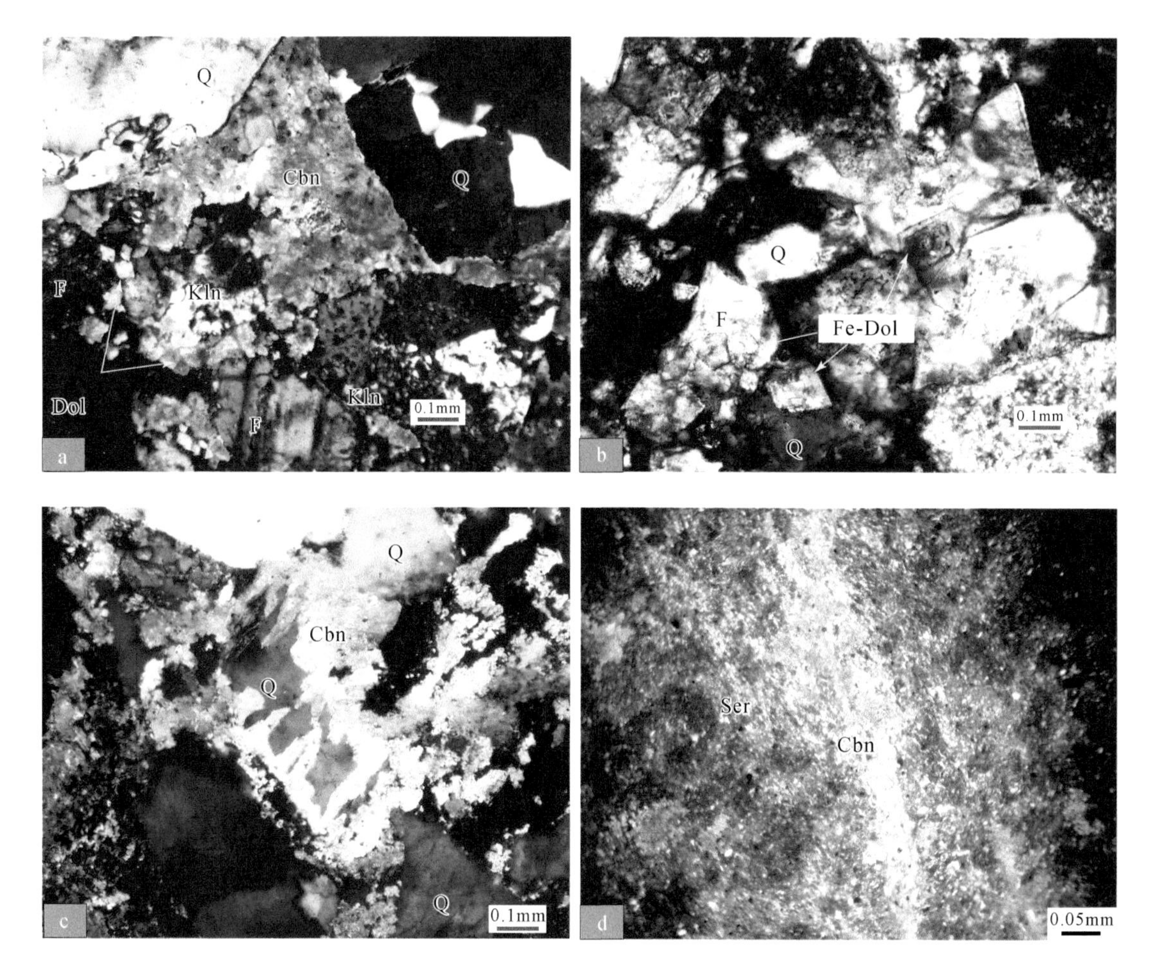

图 10-13　宝龙山矿床目的层砂岩中的碳酸盐矿物

a. 灰色中砂岩中碳酸盐胶结物（+）（ZK兴13-12B，302.9m）；b. 含炭屑灰白色中砂岩中的菱铁矿矿物颗粒（+）（钱Ⅳ24-25，435m）；c. 灰色中细砂岩中碳酸盐（Cbn）胶结物交代石英（+）（ZK兴41-6，213m）；d. 细脉状碳酸盐与鳞片状绢云母（+）（ZK兴35-4，263.75m）

2. 包裹体测温与成分

根据包裹体成因可以将其分为三类：原生、次生和假次生。原生就是指包裹体与主矿物同时形成，在成岩期主矿物结晶时被捕获；次生指主矿物形成后期，热液充填至岩石孔隙、颗粒间隙或是矿物裂隙中，在矿物的解理、孔洞、裂隙中形成的包裹体，次生包裹体多赋存在切穿矿物颗粒的裂隙中；假次生包裹体指赋存在矿物裂隙中的原生包裹体，虽具备一定的次生特征，但是成分与原生包裹体一致，代表的是成岩期的流体特征。

我们选取开鲁盆地白兴吐铀矿床有钙质胶结物的砂岩进行流体包裹体观察与测试，镜下鉴定表明，姚家组下段砂岩中次生流体包裹体主要赋存在石英次生加大边、新生成的碳酸盐胶结物当中。图 10-14 为研究开鲁盆地白兴吐铀矿床含矿目的层砂岩中流体包裹体镜下观察结果。图 10-14a 是采自 ZK 兴 33-8 钻孔 327.8m 处的灰白色中细粒砂岩，岩石中碳酸盐胶结物发育，胶结物中的包裹体呈线状、不规则状排列；图10-14b是采自与图10-14a同一钻孔同一深度的样品，砂岩碳酸盐胶结物中发育呈椭圆形、圆形流体包裹体；图10-14c为采自ZK兴29B-4钻孔349.5m深处的样品，灰白色中粒砂岩，碳酸盐胶结物中圆形富液相包裹体；图10-14d是采自钱Ⅳ56-45钻孔390.7m处的样品，灰色中砂岩，碳酸盐胶结物方解石中发育椭圆状流体包裹体；图10-14e与图10-14a和图10-14b为同一样品，砂岩中石英次生加大边（QOG）中发育富液相包裹体；图10-14f与图10-14c为同一样品，砂岩中沿石英颗粒愈合裂隙中发育多条脉状包裹体群，为后期充填的流体包裹体。

由表10-2可知，开鲁盆地白兴吐铀矿床的含矿砂岩中碳酸盐胶结物和石英加大边中的流体包裹体的均一温度在67.4～178.8℃，平均值为118.7℃。在均一温度直方图（图10-15）中可见研究区次生包裹体温度有3个主要峰值，第一个温度范围为80～90℃；第二个温度范围为110～120℃；第三个温度范围为140～150℃。这些温度范围显示，开鲁盆地铀矿床成矿流体的温度具有低温热液流体的特征。氧化带成因的铀矿床中的含铀含氧流体为地表地温流体，不可能具有如此高的温度，这只能说明开鲁盆地砂岩型铀矿化受到了后期的热流体作用的叠加改造，这些热流体有可能与盆地深部的热流体系统有关，也有可能与区域上普遍发育的辉绿岩脉岩浆活动有关（罗毅等，2007）。

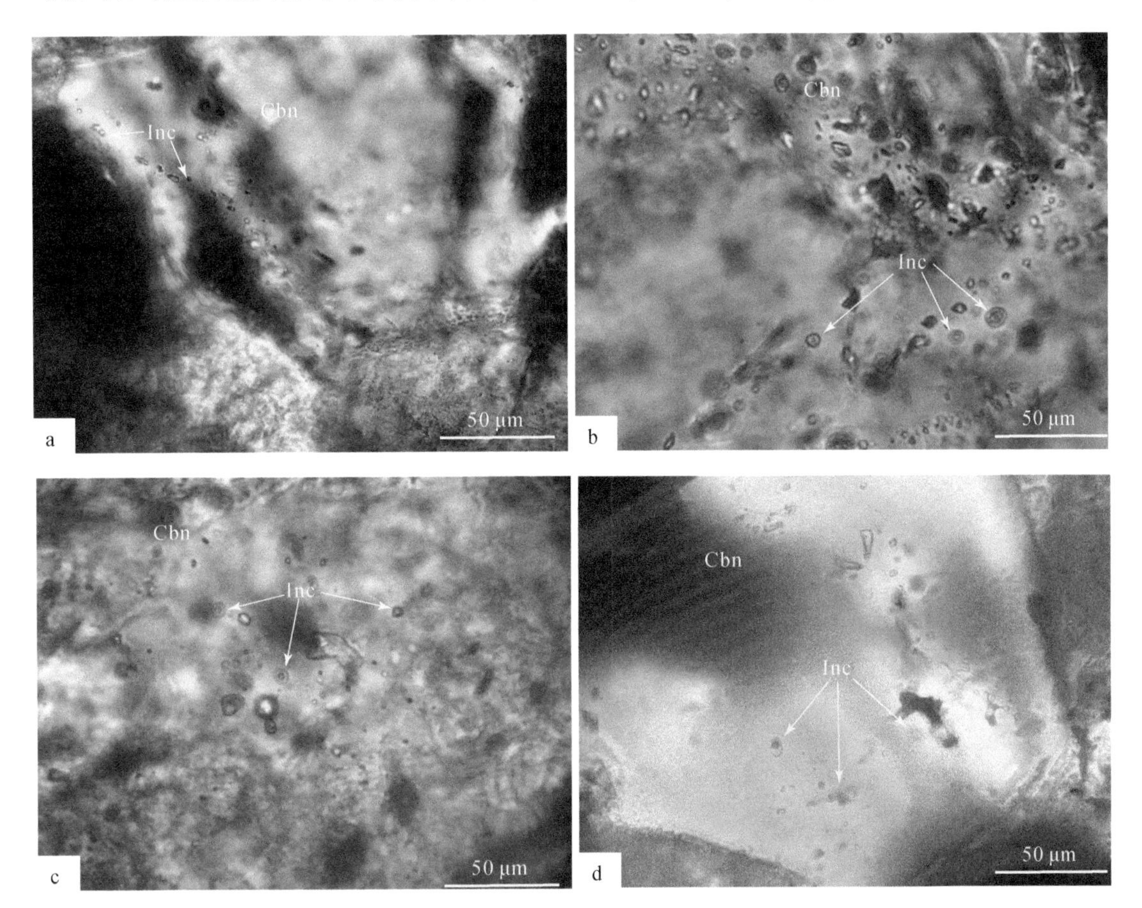

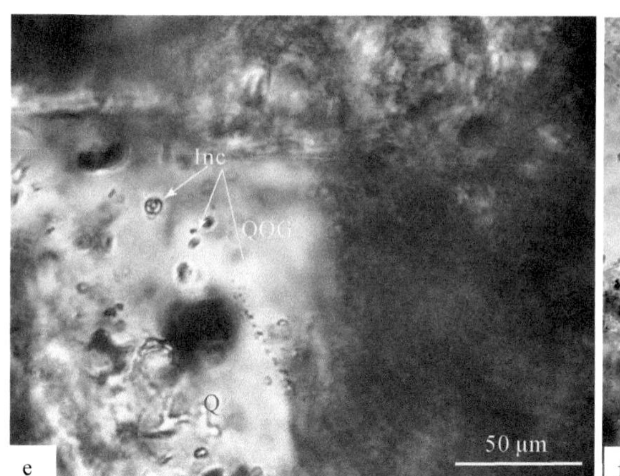

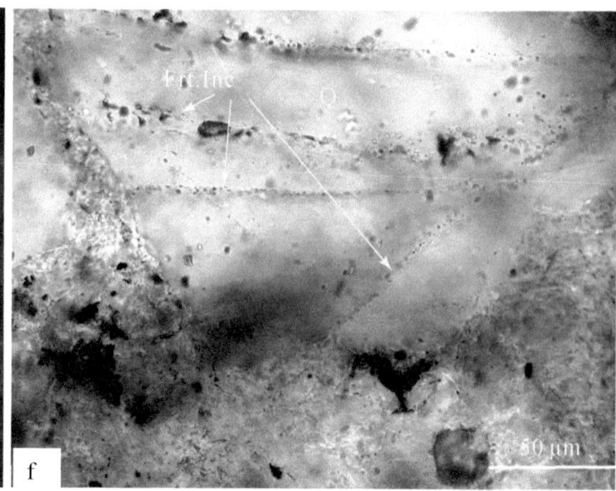

图 10-14　镜下包裹体特征

a. 碳酸盐胶结物中线性、不规则状包裹体（ZK 兴 33-8，327.8m）；b. 碳酸盐胶结物中椭圆形、圆形流体包裹体（ZK 兴 33-8，327.8m）；c. 碳酸盐胶结物中圆形富液相包裹体（ZK 兴 29B-4，349.5m）；d. 方解石上椭圆状包裹体（钱Ⅳ 56-45，390.7m）；e. 石英次生加大边中富液相包裹体（ZK 兴 33-8，327.8m）；f. 砂岩中沿石英愈合裂隙赋存的脉状包裹体群（ZK 兴 29B-4，349.5m）

表 10-2　开鲁盆地铀矿床流体包裹体温度、盐度测定数据表

序号	样品编号	寄主矿物	包裹体类型	相比/%	完全均一温度/℃	均一相态	冰点/℃	盐度/% NaCl
1	15KL-23	QOG	富液包裹体	3	87.0	均一液相	-3.6	5.86
2	15KL-23	QOG	富液包裹体	40	82.3	均一液相	-4.5	7.16
3	15KL-23	QOG	富液包裹体	15	67.4	均一液相	-4	6.45
4	15KL-23	QOG	富液包裹体	15	112.8	均一液相	-12	15.95
5	15KL-23	QOG	富液包裹体	7	101.0	均一液相	-6	9.21
6	15KL-23	QOG	富液包裹体	10	98.0	均一液相	-7.9	11.58
7	14KL-55	CBN	富液包裹体	8	92.5	均一液相		
8	14KL-50	QF	富液包裹体	4	84.5	均一液相		
9	14KL-50	QF	富液包裹体	20	88.0	均一液相	-8	11.69
10	14KL-50	QF	富液包裹体	18	163.0	均一液相	-15	18.63
11	14KL-50	CBN	富液包裹体	25	139.6	均一液相	-16.8	20.07
12	14KL-50	CBN	富液包裹体	18	143.8	均一液相	-11.8	15.76
13	14KL-50	CBN	富液包裹体	10	144.2	均一液相		
14	14KL-50	CBN	富液包裹体	15	131.7	均一液相	-10.9	14.87

续表

序号	样品编号	寄主矿物	包裹体类型	相比/%	完全均一温度/℃	均一相态	冰点/℃	盐度/% NaCl
15	14KL-50	CBN	富液包裹体	8	142.9	均一液相		
16	14KL-50	CBN	富液包裹体	15	178.8	均一液相		
17	14KL-18	CBN	富液包裹体	2	82.9	均一气相		
18	14KL-18	QF	富液包裹体	1	116.8	均一液相		
19	15KL-05	QF	富液包裹体	7	110.0	均一液相	-7	10.48
20	15KL-05	CBN	富液包裹体	5	120.0	均一液相	-12	15.95
21	15KL-05	QF	富液包裹体	8	116.7	均一液相		
22	14KL-68	QF	富液包裹体	15	142.2	均一液相		
23	14KL-68	QOG	富液包裹体	4	126.6	均一液相		
24	15KL-12	QOG	富液包裹体	40	176.2	均一液相	-8.7	12.51

注：QOG-石英次生加大；CBN-碳酸盐胶结物；QF-石英裂隙。

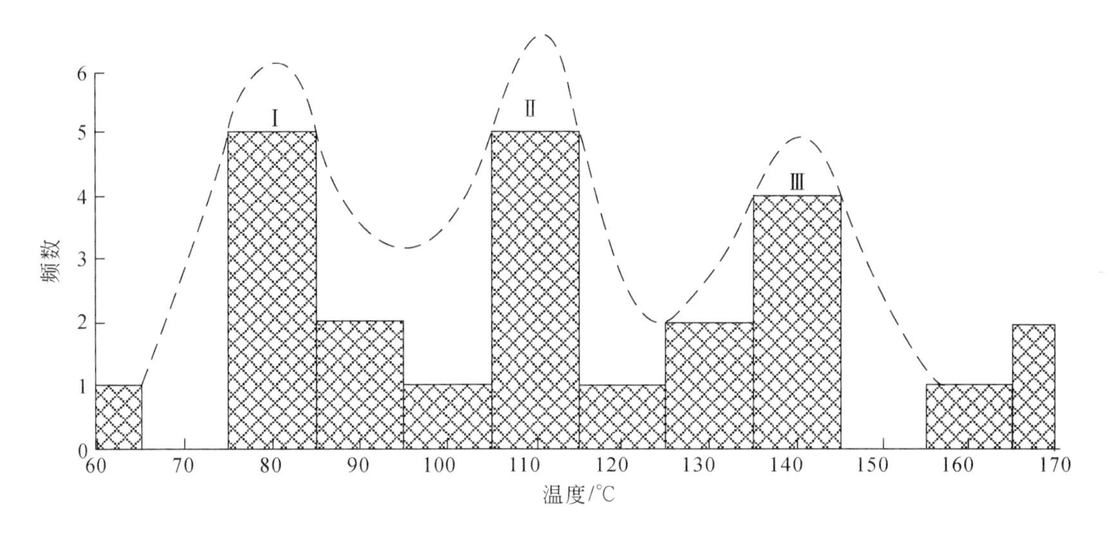

图 10-15　碳酸盐胶结物和石英次生加大边包裹体均一温度直方图

利用温度数据与 NaCl ~ H_2O 溶液的实验相图对比，就可以确定流体体系及流体成分。低盐度 NaCl ~ H_2O 包裹体可以根据冰点下降的温度与溶质摩尔浓度正相关（乌拉尔定律）的原理来计算盐度。Hall 等（2017）通过大量实验得出了冰点-盐度换算公式：$W=0.00+1.78T_m-0.0442T_m^2+0.000557T_m^3$，其中 W 为质量分数，T_m 为测得的冰点温度。将实验结果代入公式中得出流体包裹体的盐度值（表 10-2）。从表中可知，开鲁盆地含矿砂岩包裹体中的盐度非常高，最高可达 20.07% NaCl（相当于 NaCl 溶液的质量百分比）。成矿流体的盐度范围为 5.86% ~20.07% NaCl，平均盐度为 12.58% NaCl。碳酸盐胶结物中包裹体中流体盐度很高，为14.87%～20.07% NaCl，平均值为16.66% NaCl；而石英加大边中成矿流体的盐度范围为5.86%～15.95% NaCl，平均值为9.81% NaCl。

将包裹体盐度绘成频数直方图10-16，由此可知，开鲁盆地砂岩型铀矿床低温热液流体的盐度大致可分为3个区间。低盐度区：5.0%～10.0% NaCl；中盐度区：10.0%～15.0% NaCl；高盐度区：15.0%～20.0% NaCl。一般认为流体的盐度范围不同，则流体的性质就有所不同，而此处盐度分为3个主要区间就可以认为，开鲁盆地砂岩型铀矿床在后期热流体改造成矿过程中至少对应了3种盐度等不同性质的热流体作用。

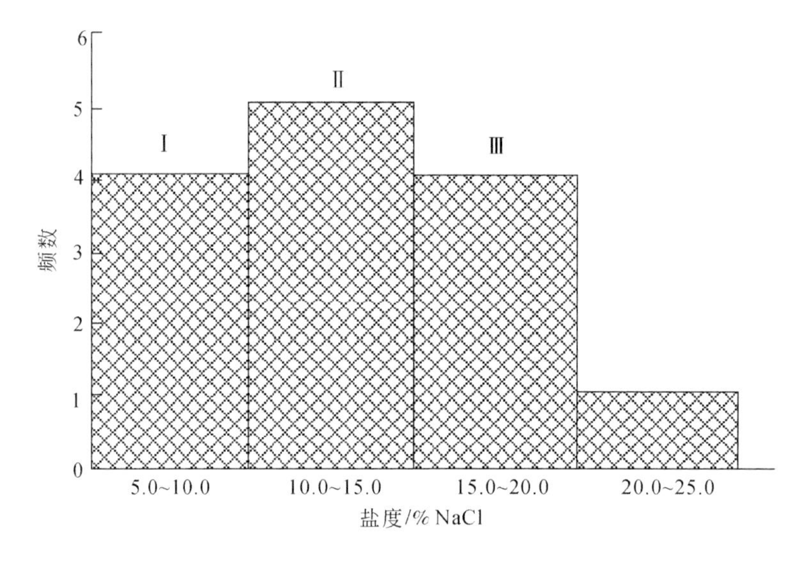

图10-16　含矿砂岩流体包裹体盐度频数直方图

地球上，有用元素的适量聚集就是矿床，这些元素的聚集是在一种特殊的地质条件下汇集到一起的。对于铀来说，它在地壳中的平均丰度仅是2.4ppm（Lauf，2016），要在盆地砂岩型中聚集成矿U含量需>100ppm，即要富集>40倍。根据我们的研究，砂岩型铀矿中U要达到40倍以上的富集条件是构造-沉积-流体三者在一定的时间和空间中的相互耦合就可以形成该类型的铀矿。

开鲁盆地砂岩型铀矿的形成条件比较复杂，除了传统的氧化带成矿以外，由于盆地特殊的地质背景条件，受后期的热流体改造作用较强，矿床中出现于热流体相关的流体-岩石相互作用，记录在岩石当中的蚀变作用标志明显。因此，梳理跟成矿作用有关的控制因素，找出各个因素之间相互关联，对建立盆地砂岩型铀矿的成矿模型和总结砂岩型铀矿的找矿方向与找矿模型有十分重要的理论与现实的意义。

构造作用被一致认为是所有地质作用的“灵魂”，是控制其他地质作用的关键因素。对于盆地砂岩型铀矿来说，它既制约着盆地沉积充填特征，也就是控制着沉积体系的发育，不同的构造背景下，沉积体系发育的类型和亚相、微相的组合特征不同，对砂岩型铀矿提供的物质运移和储集的空间样式就不同；它也控制着成矿流体的形成、迁移、沉淀、富集、破坏等整个过程，在整个成矿过程中，构造的“影子”无处不在，但在实际研究中，往往遭到“忽视”，原因是构造作用“看不见、摸不着”。如何通过构造作用之后留下的记录，尤其是在成矿过程中的各种记录，来恢复构造作用时的方式、强度、成矿影响等就成了我们研究的重点。

沉积作用是形成砂岩型铀矿物质成分疏导和储集空间的重要作用，沉积体系的出现是通过各种沉积作用来完成。不同的沉积体系形成的可渗透的岩石孔隙度、渗透率及空间展布形态完全不同，如冲积扇虽然能形成粗粒的沉积物，但由于分选、磨圆较差，粗粒与细粒沉积物混积在一起，作为成矿流体的输导体系和储集空间的性能就很差。而辫状河体系就完全不同，该体系形成的砂体不但规模较大，河道心滩等微相中含有较多的植物碎屑，而且孔渗性、侧向连通性也好，是成矿流体疏导的良好体系，也是成矿物质聚集有利的空间场所。

流体作用是直接把有用元素（成矿物质）从源区带至矿化区的媒介，它通过构造抬升形成流体向盆地中心流动的水力斜坡，流体沿可渗透的输导系统向盆地中流动，在流动过程中，与岩石发生流体-岩石相互作用，与岩石发生能量和物质的交换。岩石中的氧化-还原屏障通常由还原性物质，如炭屑、油气流体、黄铁矿等组成，呈氧化状态的 U^{6+} 被还原呈 U^{4+}，并沉淀、吸附在岩石中形成矿化。另外，来自盆地深部的热流体可以通过开放性断层，区域性不整合面，和可渗透性的岩石把成矿物质带至矿化区，一方面对原有的矿化进行改造，物质成分再分配；另一方面，热流体也可以带来新的成矿物质，使得铀矿化进一步富集。

因此，砂岩型铀矿的成矿作用是偶然当中孕育着的必然，是三种地质因素构造、沉积、流体相互耦合作用的必然结果，是砂岩型铀矿的理论研究与实践创新的关键所在。

参考文献

柏道远，周亮，王先辉，等.2007. 湘东南南华系—寒武系砂岩地球化学特征及对华南新元古代—早古生代构造背景的制约田. 地质学报，81（6）：755-771.

蔡厚安，徐德斌，高海欧，等.2021. 辽西阜新盆地及外围早白垩世火山岩锆石 SHRIMP U-Pb 定年及其对喷发期次的限定. 矿产勘查，12（2）：200-207.

蔡建芳，聂逢君，杨文达，等.2013. 开鲁拗陷宝龙山地区铀矿化特征及控矿因素分析. 东华理工大学学报（自然科学版），36（1）：10-16.

蔡建芳，严兆彬，张亮亮，等.2018. 内蒙古通辽地区上白垩统姚家组灰色砂体成因及其与铀成矿关系. 东华理工大学学报（自然科学版），41（4）：328-335.

蔡宁宁，邹妞妞，付勇，等.2021. 松辽盆地大庆长垣南缘四方台组砂岩型铀矿碳氧同位素特征及铀成矿意义. 地质科技通报，40（3）：140-150.

蔡煜琦，李胜祥.2008. 钱家店铀矿床含矿地层——姚家组沉积环境分析. 铀矿地质，24（2）：66-72.

蔡煜琦，张金带，李子颖，等.2015. 中国铀矿资源特征及成矿规律概要. 地质学报，89（6）：1051-1069.

曹成润，董晓伟.2008. 东北北部中新生代盆地群构造与深部结构特征. 煤田地质与勘探，36（2）：1-5.

曹辉兰，华仁民，饶冰，等.2002. 济阳拗陷油田卤水溶解金属元素的初步实验研究. 地质论评，48（4）：444-447.

曹立成，莺歌海.2014. 琼东南盆地区新近纪物源演化研究. 北京：中国地质大学.

陈彬滔，于兴河，王天奇，等.2015. 砂质辫状河岩相与构型特征——以山西大同盆地中侏罗统云冈组露头为例. 石油与天然气地质，36（1）：111-117.

陈超，刘洪军，侯惠群，等.2016. 鄂尔多斯盆地北部直罗组黄铁矿与砂岩型铀矿化关系研究. 地质学报，90（12）：3375-3380.

陈发景，汪新文，张光亚，等.1992. 中国中、新生代含油气盆地构造和动力学背景. 现代地质，（3）：317-327.

陈发景，汪新文，陈昭年，等.2004. 伸展断陷盆地分析. 北京：地质出版社.

陈方鸿，张明瑜，林畅松.2005. 开鲁盆地钱家店凹陷含铀岩系姚家组沉积环境及其富铀意义. 沉积与特提斯地质，（3）：74-79.

陈奋雄，聂逢君，张成勇，等.2016. 伊犁盆地南缘洪海沟矿床富大矿体地质特征与成因机制研究. 地质学报，90（12）：3324-3336.

陈刚，李向平，周立发，等.2005. 鄂尔多斯盆地构造与多种矿产的耦合成矿特征，地学前缘，12（4）：535-541.

陈广坡，徐国盛，王天奇，等.2008. 论油气成藏与金属成矿的关系及综合勘探. 地学前缘，（2）：200-206.

陈建文，孙树森.1994. 松辽盆地侏罗系碎屑岩物源区母岩性质分析. 青岛海洋大学学报.

陈娟，张庆龙，王良书，等.2008. 松辽盆地长岭断陷盆地断陷期构造转换及油气地质意义. 地质学报，（8）：1027-1035.

陈良，张达，狄永军，等.2009. 大兴安岭中南段区域成矿规律初步研究. 地质找矿论丛，24（4）：

267-281.

陈路路，汤超，李建国，等 . 2018. 松辽盆地大庆长垣南端四方台组含铀砂岩岩石学特征及地质意义 . 地质调查与研究，41（1）：35-41+68.

陈梦雅，聂逢君，Fayek M. 2021. 开鲁盆地砂岩型铀矿中黄铁矿与铀矿化成因关系探讨 . 地球学报，42（9）：1-13.

陈全红，李文厚，刘昊伟，等 . 2009. 鄂尔多斯盆地上石炭统—中二叠统砂岩物源分析田 . 古地理学报，11（6）：629-640.

陈骁，李忠权，陈均亮，等 . 2010. 松辽盆地反转期的界定 . 地质通报，29（Z1）：305-311.

陈晓林，向伟东，李田港，等 . 2007. 松辽盆地钱家店铀矿床含矿层位的岩相特征及其与铀成矿的关系 . 铀矿地质，（6）：335-341，355.

陈晓林，方锡珩，郭庆银，等 . 2008. 对松辽盆地钱家店凹陷铀成矿作用的重新认识 . 地质学报，82（4）：553-561.

陈跃昆，李长青，梁秋原，等 . 2005. 楚雄-思茅盆地油气资源潜力与勘探前景 . 中国工程科学，7（增刊）：102-106.

陈昭年，陈发景 . 1995. 反转构造与油气圈闭 . 地学前缘，2（3/4）：96-102.

陈昭年，陈发景 . 1996. 松辽盆地反转构造运动学特征 . 现代地质，10（3）：99-105.

陈肇博 . 2003. 层间氧化带砂岩型与古河谷砂岩型铀矿成矿地质特征对比 . 世界核地质科学，20（1）：1-10.

陈哲龙，柳广弟，卢学军，等 . 2015. 二连盆地反转构造反转程度定量研究及对油气成藏的影响 . 中南大学学报（自然科学版），46（11）：4136-4145.

陈正乐，鲁克改，王果，等 . 2010. 准噶尔盆地南缘新生代构造特征及其与砂岩型铀矿成矿作用初析 . 岩石学报，26（2）：457-470.

陈祖伊，郭庆银 . 2007. 砂岩型铀矿床硫化物还原富集铀的机制 . 铀矿地质，（6）：321-327，334.

陈祖伊，周维勋，管太阳，等 . 2004. 产铀盆地的形成演化模式及其鉴别标志 . 世界核地质科学，（3）：141-151.

程日辉，王国栋，王璞珺，等 . 2009. 松科 1 井北孔四方台组—明水组沉积微相及其沉积环境演化 . 地学前缘，16（6）：85-95.

池际尚 . 1988. 中国东部新生代玄武岩及上地幔研究（附金伯利岩）. 北京：中国地质大学出版社：277.

迟广城，邹耀辛，董庆勇，等 . 1999. 内蒙古东南部开鲁盆地龙湾筒九佛堂组火山岩地质特征 . 辽宁地质，（2）：24-35.

褚庆忠 . 2004. 含油气盆地反转构造研究综述 . 西安石油大学学报：自然科学版，19（1）：28-33.

崔同翠 . 1987. 松辽盆地白垩纪叶肢介化石 . 北京：石油工业出版社 .

邓晋福，赵海玲，莫宜学，等 . 1996. 中国大陆根柱构造——大陆动力学的钥匙 . 北京：地质出版社 .

丁波，刘红旭，张宾，等 . 2019. 伊犁蒙其古尔铀矿床含矿层砂岩中黄铁矿形成机制及对铀成矿的指示意义 . 矿床地质，38（6）：1379-1391.

丁枫，丁朝辉 . 2012. 奈曼旗凹陷奈 1 区块九佛堂组储层特征 . 天然气工业，（12）：37-43，126-127.

董文明，林锦荣，夏毓亮，等 . 2007. 松辽盆地西南部上白垩统层序地层特征与砂岩型铀成矿作用 . 世界核地质科学，（3）：125-135.

窦洪武 . 2011. 三角洲前缘亚相储层单砂体识别方法的研究 . 石油天然气学报，33（5）：165-167，340.

杜芳鹏，刘池洋，王建强，等 . 2014. 鄂尔多斯盆地南部上三叠统延长组软沉积变形特征及构造意义 . 现代地质，28（2）：314-320.

杜后发，朱志军，姜勇彪，等 . 2011. 囊谦盆地贡觉组砂岩岩石学特征与物源分析 . 岩石矿物学杂志，30

（3）：401-408.
杜建国，徐永昌，孙明良. 1998. 中国大陆含油气盆地的氦同位素组成及大地热流密度. 地球物理学报，41（4）：494-501.
杜乐天. 2011. 中国热液铀矿成矿理论体系. 铀矿地质，27（2）：65-68，80.
杜乐天. 2015. 全球热液铀矿地球化学——对当代国际热液铀矿理论的重建. 北京：地质出版社.
杜旭东，李洪革，陆克政，等. 1999. 华北地台东部及邻区中生代（J—K）原型盆地分布及成盆模式探讨. 石油勘探与开发，（4）：5-9，41.
樊志勇. 1996. 内蒙古西拉木伦河北岸杏树洼一带石炭纪洋壳"残片"的发现及其构造意义. 中国区域地质，（4）：96.
方国庆. 1993. K_2O/（Na_2O+CaO）-SiO_2/Al_2O_3：一个用于推断复理石形成时板块构造背景的判别图. 西北地质科学，（1）：123-127.
方世虎，郭召杰，吴朝东，等. 2006. 准噶尔盆地南缘侏罗系碎屑成分特征及其对构造属性、盆山格局的指示意义. 地质学报，80（2）：196-209.
方世虎，宋岩，赵孟军，等. 2010. 酒西盆地中新生代碎屑组分特征及指示意义田. 地学前缘，17（5）：306-314.
冯志强，张顺，付秀丽. 2012. 松辽盆地姚家组—嫩江组沉积演化与成藏响应. 地学前缘，19（1）：78-87.
冯志强，林丽，刘永江，等. 2013. 西秦岭造山带东段喷流沉积型铅锌矿床特征及其成矿模式——以徽县洛坝矿床为例. 吉林大学学报（地球科学版），43（6）：1799-1811.
冯志强，董立，童英，等. 2021. 蒙古-鄂霍次克洋东段关闭对松辽盆地形成与演化的影响. 石油与天然气地质，42（2）：251-264.
付玲，关平，赵为永，等. 2013. 柴达木盆地古近系路乐河组重矿物特征与物源分析田. 岩石学报，29（8）：2867-2875.
付晓飞，王朋岩，吕延防，等. 2007. 松辽盆地西部斜坡构造特征及对油气成藏的控制. 地质科学，42（2）：209-222.
高福红，许文良，杨德彬，等. 2007. 松辽盆地南部基底花岗质岩石锆石 LA-ICP-MSU-Pb 定年：对盆地基底形成时代的制约. 中国科学（D 辑：地球科学），37（3）：331-335.
高瑞祺. 1982. 松辽盆地白垩纪被子植物花粉的演化. 古生物学报，（2）：217-224，281-282.
高瑞祺，蔡希源. 1997. 松辽盆地油气田形成条件和分布规律. 北京：石油工业出版社.
高瑞祺，何承全，乔秀云，等. 1992. 松辽盆地自垩白垩纪两次海侵的沟鞭藻类新属种. 古生物学报，31（1）：17-29.
高瑞祺，赵传本，乔秀云. 1999. 松辽盆地白垩纪石油地层孢粉学. 北京：地质出版社.
高永富. 2001. 钱家店凹陷九佛堂组低渗透储层特征研究. 特种油气藏，（2）：19-22，105.
高志勇. 2007. 河流相沉积中准层序与短期基准面旋回对比研究——以四川中部须家河组为例. 地质学报，（1）：109-118.
葛荣峰，张庆龙，徐士银，等. 2009. 松辽盆地长岭断陷构造演化及其动力学背景. 地质学刊，33（4）：346-358.
葛荣峰，张庆龙，王良书，等. 2010. 松辽盆地构造演化与中国东部构造体制转换. 地质论评，56（2）：180-195.
龚宇，潘仁芳，彭德堂，等. 2013. 鄂尔多斯盆地西南部山西组一段沉积展布研究. 长江大学学报（自然科学版），10（8）：37-40，5.
龚再升，李思田，谢泰俊，等. 1997. 南海北部大陆边缘盆地分析与油气聚集. 北京：科学出版社：

1-507.
顾家裕，何斌 . 1994. 塔里木盆地轮南地区三叠系扇三角洲沉积与储集层研究 . 沉积学报，(2)：54-62.
顾雪祥，章永梅，李葆华，等 . 2010. 沉积盆地中金属成矿与油气成藏的耦合关系 . 地学前缘，17 (2)：83-105.
郭峰，陈世悦，王德海，等 . 2007. 松辽盆地滨北地区白垩系泉头组—嫩江组沉积特征 . 大庆石油地质与开发，(1)：40-44.
郭庆银 . 2010. 鄂尔多斯盆地西缘构造演化与砂岩型铀矿成矿作用 . 北京：中国地质大学 .
郭庆银，刘红旭，陈祖伊，等 . 2004. 以识别主砂体为主线的陆相盆地产铀远景评价体系 . 世界核地质科学，(2)：69-76，92.
国景星 . 2011. 东营凹陷沙河街组第 2 段三角洲前缘砂体的夹层分布模式 . 成都理工大学学报（自然科学版），38 (1)：15-20.
国景星 . 2012. 三角洲前缘亚相沉积精细描述——以东营凹陷梁 11 断块沙二段 7–8 砂层组为例 . 油气地质与采收率，19 (1)：7-10，111.
国景星，刘子豪，姚秀田，等 . 2019. 留西油田东部馆陶组上段河流相沉积特征 . 甘肃科学学报，31 (6)：16-23，29.
韩国卿，刘永江，金巍，等 . 2009. 西拉木伦河断裂在松辽盆地下部的延伸 . 中国地质，36 (5)：1010-1020.
韩江涛，郭振宇，刘文玉，等 . 2018. 松辽盆地岩石圈减薄的深部动力学过程 . 地球物理学报，61 (6)：2265-2279.
韩杰 . 2013. 西拉木伦—长春缝合线的形成时代 . 长春：吉林大学 .
韩效忠，李胜祥，郑恩玖，等 . 2004. 伊犁盆地新构造运动与砂岩型铀矿成矿关系 . 新疆地质，22 (4)：379-381.
韩效忠，李胜祥，张字龙，等 . 2007. 产铀盆段有利目标层及砂体识别技术——以鄂尔多斯盆地东北部层间氧化带砂岩型铀矿为例//中国矿物岩石地球化学学会第 11 届学术年会论文集 .
郝福江，杜继宇，王璞珺，等 . 2010. 深大断裂对松辽断陷盆地群南部的控制作用 . 世界地质，29 (4)：553-560.
郝守翠 . 2018. 垦东 12 块馆上段河流相沉积特征及模式 . 中国石油大学胜利学院学报，32 (3)：7-10.
和钟烨，刘招君，张峰 . 2001. 重矿物在盆地分析中的应用研究进展 . 地质科技情报，20 (4)：29-32.
侯贵廷，冯大晨，王文明，等 . 2004. 松辽盆地的反转构造作用及其对油气成藏的影响 . 石油与天然气地质，25 (1)：49-53.
侯启军，冯志强，冯子辉，等 . 2009. 松辽盆地陆相石油地质学 . 北京：石油工业出版社 .
胡明毅，马艳荣，刘仙晴，等 . 2009. 大型拗陷型湖盆浅水三角洲沉积特征及沉积相模式——以松辽盆地茂兴- 敖南地区泉四段为例 . 石油天然气学报，31 (3)：13-17，13.
胡瑞忠，李朝阳，倪师军，等 . 1993. 华南花岗岩型铀矿床成矿热液中 ΣCO_2 来源研究 . 中国科学（B 辑），(2)：189-196.
胡瑞忠，毕献武，苏文超，等 . 2004. 华南白垩—第三纪地壳拉张与铀成矿的关系 . 地学前缘，(1)：153-160.
胡瑞忠，毕献武，彭建堂，等 . 2007. 华南地区中生代以来岩石圈伸展及其与铀成矿关系研究的若干问题. 矿床地质，(2)：139-152.
胡绍康 . 2005. 试谈可地浸层间渗入砂岩型铀矿选区的几个问题 . 世界核地质科学，22 (3)：125-133.
胡望水，王家林 . 1996. 松辽裂陷盆地伸展构造演化与油气 . 石油勘探与开发，(3)：30-33，98-99.
胡望水，刘学锋，吕新华，等 . 2000. 论正反转构造的分类 . 新疆石油地质，21 (1)：5-8.

胡望水，吕炳全，毛治国，等. 2004. 中国东部中新生代含油气盆地的反转构造. 同济大学学报，32（2）：182-186.
胡望水，吕炳全，张文军，等. 2005. 松辽盆地构造演化及成盆动力学探讨. 地质科学，40（1）：16-31.
胡元邦，侯中健，邓江红，等. 2016. 滇西昌宁更戛乡下泥盆统向阳寺组硅质岩地球化学特征及构造环境探讨. 中国地质，43（2）：650-661.
黄广楠，黄广文，王伟超，等. 2021. 柴北缘冷湖地区砂岩型铀矿床地质特征及成矿条件分析. 中国地质，48（4）：1200-1211.
黄广文，黄广楠，何钟强，等. 2019. 新疆蒙其古尔砂岩型铀矿床含矿目的层中黄铁矿类型与铀成矿关系初析. 科学技术与工程，19（33）：68-75.
黄广文，余福承，潘家永，等. 2021. 伊犁盆地蒙其古尔铀矿床黄铁矿成因特征及其对铀成矿作用的指示. 中国地质，48（2）：507-519.
黄净白，李胜祥. 2007. 试论我国古层间氧化带砂岩型铀矿床成矿特点、成矿模式及找矿前景. 铀矿地质，（1）：7-16.
黄世杰. 1994. 层间氧化带砂岩型铀矿的形成条件及找矿判据. 铀矿地质，（1）：6-13.
黄世杰. 1995. 浅析碎裂蚀变花岗岩型铀矿床的特点和形成条件. 铀矿地质，（4）：193-200.
黄薇，张顺，张晨晨，等. 2013. 松辽盆地嫩江组层序构型及其沉积演化. 沉积学报，31（5）：920-927.
黄文彪，邓守伟，卢双舫，等. 2014. 泥页岩有机非均质性评价及其在页岩油资源评价中的应用——以松辽盆地南部青山口组为例. 石油与天然气地质，35（5）：704-711.
黄银涛，姚光庆，周锋德. 2016. 莺歌海盆地黄流组浅海重力流砂体物源分析及油气地质意义. 地球科学，41（9）：1526-1538.
姜玲. 2015. 内蒙古库伦旗卧力吐花岗岩下接触带铅锌矿床成因及其找矿意义. 南京：南京大学.
焦贵浩，王同和，郭绪杰，等. 2003. 二连裂谷构造演化与油气. 北京：石油工业出版社.
焦养泉. 2006. 铀储层定位预测——砂岩型铀矿勘查与开发的关键技术. 武汉：中国地质大学，04-01.
焦养泉，李珍，周海民. 1998. 沉积盆地物质来源综合研究——以南堡老第三纪亚断陷盆地为例. 岩相古地理，18（5）：16-20.
焦养泉，吴立群，荣辉，等. 2012. Paleoecology of the Ordovician Reef- Shoal Depositional System in the Yijianfang Outcrop of the Bachu Area，West Tarim Basin. Journal of Earth Science，23（4）：408-420.
焦养泉，吴立群，彭云彪，等. 2015. 中国北方古亚洲构造域中沉积型铀矿形成发育的沉积–构造背景综合分析. 地学前缘，22（1）：189-205.
焦养泉，吴立群，荣辉. 2018. 砂岩型铀矿的双重还原介质模型及其联合控矿机理：兼论大营和钱家店铀矿床. 地球科学，43（2）：459-474.
金丽娜，于兴河，董亦思，等. 2018. 琼东南盆地水合物探区第四系深水沉积体系演化及与 BSR 关系. 天然气地球科学，29（5）：644-654.
雷卞军，李跃刚，李浮萍，等. 2015. 鄂尔多斯盆地苏里格中部水平井开发区盒 8 段沉积微相和砂体展布. 古地理学报，17（1）：91-105.
李凤杰，王多云，郑希民，等. 2002. 陕甘宁盆地华池地区延长组缓坡带三角洲前缘的微相构成. 沉积学报，（4）：582-587.
李钢柱，王玉净，李成元，等. 2017. 内蒙古索伦山蛇绿岩带早二叠世放射虫动物群的发现及其地质意义. 科学通报，62（5）：400-406.
李国玉，吕鸣岗. 2002. 中国含油气盆地图集（2 版）. 北京：石油工业出版社.
李洪军，吕荣平，聂逢君，等. 2015. 赛汉高毕地区赛汉组沉积结构单元分析. 东华理工大学学报（自然科学版），38（4）：383-390.

李娟，舒良树．2002. 松辽盆地中、新生代构造特征及其演化．南京大学学报（自然科学版），38（4）：525-531.
李亮，王永康，张建晔．2001. 在油气藏周围寻找砂岩型铀矿．西安石油学院学报，16（5）：7-10.
李满根，周文斌．2003. 库捷尔太铀矿床的生物标志化合物研究．华东地质学院学报，26（3）：217-220.
李盛富，陈洪德，周剑，等．2016. 沉积盆地源-汇过程及其演化对砂岩型铀矿成矿的制约——以新疆伊犁盆地南缘蒙其古尔铀矿床为例．铀矿地质，32（3）：137-145.
李双应，杨栋栋，王松，等．2014. 南天山中段上石炭统碎屑岩岩石学、地球化学、重矿物和锆石年代学特征及其对物源区、构造演化的约束．地质学报，88（2）：167-184.
李思田．1988. 断陷盆地分析与煤聚积规律．北京：地质出版社：89-90.
李思田，黄家福，杨士恭，等．1982a. 霍林河煤盆地晚中生代沉积构造史和聚煤特征．地质学报，（3）：246-251.
李思田，李宝芳，杨士恭，等．1982b. 中国东北晚中生代断陷型煤盆地沉积作用和构造演化．地球科学，（3）：275-294.
李思田，杨士恭，吴冲龙，等．1987. 中国东北部晚中生代裂谷作用和东北亚断陷盆地系．中国科学（B）辑（2）：185-195.
李四光．1974. 地质力学概论．北京：科学出版社．
李田港．2001. 欧亚大陆中新生代产铀沉积盆地的成矿作用．国外铀金地质，（1）：5-15.
李廷栋．2002. 青藏高原地质科学研究的新进展．地质通报，21（7）：370-376.
李延河，段超，曾普胜，等．2020. 还原性含碳质围岩在斑岩铜矿成矿中的作用．地球学报，41（5）：637-650.
李永飞，郜晓勇，孙守亮．2013. 大兴安岭中段突泉盆地玛尼吐组火山岩地球化学特征与40Ar/39Ar测年．地质与资源，22（6）：444-451.
李勇，钟建华，邵珠福，等．2012. 软沉积变形构造的分类和形成机制研究．地质论评，58（5）：829-838.
李占东，王殿举，张海翔，等．2015. 松辽盆地南部东南隆起区白垩系泉头组典型河流相沉积特征．石油与天然气地质，36（4）：621-629.
李忠，李任伟，孙枢，等．1999. 合肥盆地南部侏罗系砂岩碎屑组分及其物源构造属性田．岩石学报，15（3）：438-445.
李忠，王道轩，林伟，等．2004. 库车拗陷中-新生界碎屑组分对物源类型及其构造属性的指示．岩石学报，20（3）：655-666.
李忠，郭宏，王道轩，等．2005. 库车拗陷-天山中、新生代构造转折的砂岩碎屑与地球化学记录田．中国科学（D辑），35（1）：15-28.
李子颖．2006. 华南热点铀成矿作用．铀矿地质，（2）：65-69，82.
李子颖，方锡珩，陈安平，等．2007. 鄂尔多斯盆地北部砂岩型铀矿目标层灰绿色砂岩成因．中国科学（D辑），37（A01）：139.
李子颖，秦明宽，蔡煜琦，等．2020. 鄂尔多斯盆地砂岩型铀矿成矿作用和前景分析．铀矿地质，36（1）：1-13.
梁细荣，李献华，刘永康，等．2000. 激光探针等离子体质谱法（LAM-ICP-MS）用于年轻锆石U-Pb定年．地球化学，29（1）：1-5.
廖婉琳，肖龙，张雷，等．2015. 新疆西准噶尔早石炭世沉积地层的物源及构造环境．地球科学，40（3）：485-503.
林畅松，夏庆龙，施和生，等．2015. 地貌演化、源—汇过程与盆地分析．地学前缘，22（1）：9-20.

林双幸，宫晓峰，张铁岭 . 2017. 中新生代盆地深部地质流体及铀成矿作用 . 铀矿地质，33（6）：321-328.

林玉祥，孟彩，韩继雷，等 . 2015. 华北地台区古近纪—新近纪岩相古地理特征 . 中国地质，42（4）：1058-1067.

林玉祥，李佳，朱传真，等 . 2016. 东北地区晚三叠世—中侏罗世岩相古地理特征 . 长江大学学报（自科版），13（2）：1-9，83.

刘宝珺，曾允孚 . 1985. 岩相古地理基础和工作方法 . 北京：地质出版社 .

刘宝柱，姜呈馥，杨亚娟 . 1998. 松辽盆地南部正反转构造与油气成藏关系 . 大庆石油地质与开发，17（2）：10-12.

刘斌，陈卫锋，高爽，等 . 2019. 相山铀矿田黄铁矿微量元素、硫同位素特征及其地质意义 . 矿床地质，38（6）：1321-1335.

刘波，时志强，彭云彪，等 . 2020. 巴音戈壁盆地塔木素铀矿床地质特征及铀成矿模式研究 . 矿床地质，39（1）：168-183.

刘池洋 . 2005. 盆地多种能源矿产共存富集成藏（矿）. 北京：科学出版社 .

刘池洋，吴柏林 . 2016. 油气煤铀同盆共存成藏（矿）机理与富集分布规律 . 北京：科学出版社 .

刘德来，陈发景 . 1994. 中国东北地区中生代火山岩与板块构造环境 . 大庆石油学院学报，18（2）：1-8.

刘德来，陈发景，关德范，等 . 1996. 松辽盆地形成、发展与岩石圈动力学 . 地质科学，31（4）：397-408.

刘光鼎 . 2007. 中国大陆构造格架的动力学演化 . 地学前缘，14（3）：39-46.

刘汉彬，夏毓亮，田时丰 . 2007. 东胜地区砂岩型铀矿成矿年代学及成矿铀源研究 . 铀矿地质，（1）：23-29.

刘和甫 . 1983a. 含油气盆地的地球动力学环境分析 . 北京：科学出版社 .

刘和甫 . 1983b. 中国中新生代盆地构造样式分析 . 地质论评，29（5）：445.

刘和甫 . 1992. 中国沉积盆地演化与联合古陆的形成和裂解 . 现代地质，（4）：480-493.

刘和甫，汪泽成，熊保贤，等 . 2000. 中国中西部中、新生代前陆盆地与挤压造山带耦合分析 . 地学前缘，7（3）：55-72.

刘华健，金若时，李建国，等 . 2017. 松辽盆地北部含铀岩系沉积物源及铀源分析研究进展 . 地质调查与研究，40（4）：281-289.

刘建军，李怀渊，陈国胜 . 2005. 利用铀油关系寻找地浸砂岩型铀矿 . 地质科技情报，24（4）：67-72.

刘建明 . 2000. 沉积盆地动力学与盆地流体成矿 . 矿物岩石地球化学通报，19（2）：76-84.

刘建明，张锐，张庆洲 . 2004. 大兴安岭地区的区域成矿特征 . 地学前缘，（1）：269-277.

刘立 . 1993. 满洲里—绥芬河地学断面域内中新生代盆地基底结构与沉积/构造演化 . 北京：地质出版社 .

刘立，胡春燕 . 1991. 砂岩中主要碎屑成分的物源区意义 . 岩相古地理，（6）：48-53.

刘立，汪筱林 . 1994. 当前沉积盆地研究的若干进展 . 世界地质，（1）：77-85.

刘明洁，谢庆宾，刘震，等 . 2012. 内蒙古开鲁盆地陆东凹陷下白垩统九佛堂组—沙海组层序地层格架及沉积相预测 . 古地理学报，14（6）：733-746.

刘伟，刘国兴，韩江涛 . 2008. 关于西拉木伦河断裂东延走向的研究——来自于 MT 资料的证据 . 世界地质，27（1）：89-94.

刘文浩，张凡，张复，等 . 2015. 民勤盆地东北部晚第四纪深湖亚相地层空间分布及其环境意义 . 中国沙漠，35（1）：145-151.

刘武生，赵兴齐，康世虎，等，2018. 二连盆地反转构造与砂岩型铀矿成矿作用 . 铀矿地质，34（2）：81-89.

刘晓辉，罗敏．2021．松辽盆地泰康地区四方台组铀成矿条件分析．地质与资源，30（1）：14-20．
刘阳，王军礼，李建国，等．2020．松辽盆地北部大庆长垣上白垩统四方台组精细地层划分及其铀成矿意义．地层学杂志，44（2）：181-190．
刘永江，张兴洲，金魏，等．2010．东北地区晚古生代区域构造演化．中国地质，37（4）：943-951．
刘永江，冯志强，蒋立伟，等．2019．中国东北地区蛇绿岩．岩石学报，35（10）：3017-3047．
刘招君，王东坡，刘立，等．1992．松辽盆地白垩纪沉积特征．地质学报，（4）：327-338．
刘正邦，焦养泉，薛春纪，等．2013．内蒙古东胜地区侏罗系砂岩铀矿体与煤层某些关联性．地学前缘，20（1）：146-153．
刘志宏，宋健，刘希雯，等．2020．开鲁盆地白垩纪—古近纪挤压构造的发现与盆地性质探讨．岩石学报，36（8）：2383-2393．
龙胜祥，陈发景．1997．松辽盆地十屋-德惠地区断裂特征及其与油气的关系．现代地质，11（4）：94-102．
卢造勋，夏怀宽，赵国敏，等．1993．内蒙古东乌珠穆沁旗至辽宁东沟地学断面综合地球物理特征．防灾减灾学报，（2）：1-12．
吕晓光，李长山，蔡希源，等．1999．松辽大型浅水湖盆三角洲沉积特征及前缘相储层结构模型．沉积学报，（4）：75-80．
罗笃清，云金表，李玉喜．1994．松辽盆地的正构造反转及其形成机制探讨．大庆石油学院学报，18（2）：17-21．
罗志立，姚军辉，1992．试论松辽盆地新的成因模式及其地质构造和油气勘探意义．天然气地球科学，1：1-10．
罗敏，李军业，刘晓辉，等．2021．松辽盆地西部斜坡区四方台组砂岩中烃类流体特征与铀成矿关系．地质与资源，30（2）：118-125．
罗毅，马汉峰，夏毓亮，等．2007．松辽盆地钱家店铀矿床成矿作用特征及成矿模式．铀矿地质，（4）：193-200．
罗毅，何中波，马汉峰，等．2012．松辽盆地钱家店砂岩型铀矿成矿地质特征．矿床地质，31（2）：391-400．
马艾阳．2009．上岗岗坤兑断层糜棱岩白云母40Ar-39Ar定年——西拉木伦河断裂带活动主期新证据．新疆地质，27（2）：170-175．
马锋，钟建华，顾家裕，等．2009．槽状交错层理几何学特征及其古流指示意义——以柴达木盆地西部阿尔金山前侏罗系为例．地质学报，83（1）：115-122．
马汉峰，罗毅，李子颖，等．2009．松辽盆地南部姚家组沉积特征及铀成矿条件．铀矿地质，25（3）：6．
马汉峰，罗毅，李子颖，等．2010．沉积特征对砂岩型铀成矿类型的制约——以松辽盆地南部姚家组为例．世界核地质科学，27（1）：6-10，61．
马莉，刘德来．1999．松辽盆地成因演化与软流圈对流模式．地质科学，34（3）：365-374．
马亮，张子敏，张建，等．2017．哈萨克斯坦楚-萨雷苏盆地砂岩型铀矿床地质-水文地质条件及地浸工艺．地质论评，63（4）：1012-1020．
马新华，肖安成．2000．内蒙古二连盆地的构造反转历史．西南石油学院学报，22（2）：1-4．
马杏垣．1987．中国岩石圈动力学概要．北京：地质出版社．
马杏垣，刘和甫，王维襄，等．1983．中国东部中、新生代裂谷作用和伸展构造．地质学报，57（1）：22-32．
孟凡超，刘嘉麒，崔岩，等．2014．中国东北地区中生代构造体制的转变：来自火山岩时空分布与岩石组合的制约．岩石学报，30（12）：3569-3586．

孟凡雪，高山，柳小明．2008．辽西凌源地区义县组火山岩锆石 U-Pb 年代学和地球化学特征．地质通报，(3)：364-373．
聂逢君．2007．内蒙古二连盆地早白垩世砂岩型铀矿目的层时代探讨．地层学杂志，31（3）：272-279．
聂逢君，陈安平，彭云彪，等．2010a．二连盆地古河道砂岩型铀矿．北京：地质出版社．
聂逢君，林双幸，严兆彬，等．2010b．尼日尔特吉达地区砂岩中铀的热流体成矿作用．地球学报，31（6）：819-831．
聂逢君，严兆彬，夏菲，等．2017．内蒙古开鲁盆地砂岩型铀矿热流体作用．地质通报，36（10）：1850-1866．
聂逢君，张进，严兆彬，等．2018a．卫境岩体磷灰石裂变径迹年代学与华北北缘晚白垩世剥露事件及铀成矿．地质学报，92（2）：313-329．
聂逢君，张成勇，姜美珠，等．2018b．吐哈盆地西南缘地区砂岩型铀矿含矿目的层沉积相与铀矿化．地球科学，43（10）：3584-3602．
聂逢君，严兆彬，李满根，等，2019．二连裂陷盆地“同盆多类型”铀矿．北京：地质出版社．
聂逢君，严兆彬，夏菲，等．2021．砂岩型铀矿的“双阶段双模式”成矿作用．地球学报，42（6）：823-848．
宁君，夏菲，聂逢君，等．2018．浅析开鲁盆地姚下段灰色砂体与铀成矿关系．东华理工大学学报（自然科学版），41（4）：336-342．
牛大鸣，张云峰，刘国文，等．2020．二连盆地吉尔嘎朗图腾格尔二段沉积相研究．能源与环保，42（3）：82-87．
庞军刚，李文厚，肖丽．2009．陕北地区延长组坳陷湖盆浅湖与深湖亚相的识别特征．兰州大学学报（自然科学版），45（6）：36-40．
庞雅庆，陈晓林，方锡珩，等．2010．松辽盆地钱家店铀矿床层间氧化与铀成矿作用．铀矿地质，26（1）：9-16．
裴福萍，许文良，杨德彬，等．2008．松辽盆地南部中生代火山岩：锆石 U-Pb 年代学及其对基底性质的制约．地球科学（中国地质大学学报），(5)：603-617．
裴先治，胡楠，刘成军，等．2015．东昆仑南缘哥日卓托地区马尔争组砂岩碎屑组成、地球化学特征与物源构造环境分析田．地质论评，61（2）：307-323．
彭云彪，陈安平，方锡珩，等．2007．东胜砂岩型铀矿床中烃类流体与成矿关系研究．地球化学，36（3）：267-274．
秦明宽，王正邦，赵瑞全．1998．伊犁盆地 512 铀矿床粘土矿物特征与铀成矿作用．地球科学，(5)：74-78．
秦明宽，赵瑞全，王正邦．1999．伊犁盆地可地浸砂岩铀矿床层间氧化带的分带性及后生蚀变．地球学报，20：644-650．
屈红军，马强，高胜利．2011．物源与沉积相对鄂尔多斯盆地东南部上古生界砂体展布的控制．沉积学报，29（5）：825-834．
屈华业，卢双舫，薛海涛．2010．榆树林油田泉头组三段沉积特征及沉积相类型研究．内蒙古石油化工，36（4）：94-96．
渠洪杰，王尔国，张磊，等．2016．北京平原区晚中生代安山岩锆石 U-Pb 年代学及其地质意义．岩石学报，32（11）：3547-3556．
权建平，徐高中，李卫红，等．2006．十红滩砂岩型铀矿床成矿控制因素与成矿模式研究．铀矿地质，22（1）：10-16．
任建业，李思田，焦贵浩．1998．二连盆地群伸展构造系统及其发育的深部背景．地球科学，23（6）：

567-572.
任建业，林畅松，李思田，等.1999. 二连盆地乌里亚斯太断陷层序地层格架及其幕式充填演化. 沉积学报，17（4）：553-559.
荣辉，焦养泉，吴立群，等.2016. 松辽盆地南部钱家店铀矿床后生蚀变作用及其对铀成矿的约束. 地球科学，41（1）：153-166.
桑吉盛，张永保，陈为义.2004. 松辽盆地中南部及其邻区新构造运动与铀成矿. 铀矿地质，20（4）：219-224.
桑隆康.2012. 岩石学. 北京：地质出版社.
邵济安.1999. 大兴安岭中生代伸展造山过程中的岩浆作用. 地学前缘，6（4）：339-346.
邵济安.2005. 中生代大兴安岭的隆起——一种可能的陆内造山机制. 岩石学报，21（3）：789-794.
邵济安，刘福田，陈辉，等.2001a. 大兴安岭—燕山晚中生代岩浆活动与俯冲作用关系. 地质学报，75（1）：56-63.
邵济安，张履桥，贾文，等.2001b. 内蒙古喀喇沁变质核杂岩及其隆升机制探讨. 岩石学报，17（2）：283-290.
邵济安，张宏福，柳小明.2007. 华北北缘早中生代岩浆底侵作用的年代学记录：来自辽西晚中生代安山岩锆石 U-Pb 定年结果. 自然科学进展，（5）：609-613.
申林，刘招君，胡菲，等.2019. 松辽盆地大庆长垣南端上白垩统四方台组古环境特征及演化. 世界地质，38（4）：988-998.
施继锡，余孝颖，王华云.1995. 古油藏沥青及沥青包裹体在金属成矿研究中的应用. 矿物学报，15（2）：117-122.
时溢.2020. 华北板块北缘东段法库地区晚奥陶世—晚三叠世构造演化. 长春：吉林大学.
时溢，陈井胜，魏明辉，等.2020. 古亚洲洋东段晚古生代演化过程：辽宁北部法库地区花岗岩年代学和地球化学的制约. 岩石学报，36（11）：3287-3308.
宋博，闫全人，向忠金，等.2013. 广西凭祥中三叠世盆地沉积特征与构造属性分析田. 地质学报，87（4）：453-473.
宋博，闫全人，向忠金，等.2014. 广西南部凭祥中三叠世沉积盆地构造环境——来自岩相学和碎屑岩地球化学的证据. 地质通报，33（12）：2032-2050.
宋建国，窦立荣.1994. 裂谷盆地与油气聚集. 北京：石油工业出版社.
宋建国，窦立荣.1996. 中国东北区晚中生代盆地构造与含油气系统. 石油学报，17（4）：1-7.
宋立忠，赵泽辉，焦贵浩，等.2010. 松辽盆地早白垩世火山岩地球化学特征及其构造意义. 岩石学报，26（4）：1182-1194.
宋晓东，李思田，李迎春，等.2004. 岩石圈地幔结构及其对中国大型盆地的演化意义. 地球科学——中国地质大学学报，29（5）：531-538.
苏洪迎，李杨.2016. 开鲁盆地构造演化对钱家店铀矿床的成矿影响. 能源研究与管理，（3）：62-64.
孙德有，吴福元，张艳斌，等.2004. 西拉木伦河—长春—延吉板块缝合带的最后闭合时间——来自吉林大玉山花岗岩体的证据. 吉林大学学报：地球科学版，34（2）：174-181.
孙诗，王峰，陈洪德，等.2019. 鄂尔多斯盆地东北缘府谷剖面中二叠统盒 8 段沉积相特征. 地球科学与环境学报，41（2）：225-240.
孙永传，李蕙生. 1995. 层序地层学在成岩作用研究中的应用. 地学前缘，（4）：154.
孙永传，郑浚茂，王德发，等.1980. 湖盆水下冲积扇——一个找油的新领域. 科学通报，（17）：799-801.
孙永传，陈红汉，李蕙生，等.1995. 莺-琼盆地 YA13-1 气田热流有机/无机成岩响应. 地球科学，20

(3)：276-282.

索艳慧，李三忠，曹现志，等.2017. 中国东部中新生代反转构造及其记录的大洋板块俯冲过程. 地学前缘，24（4）：249-267.

汤超，金若时，谷社峰，等.2018. 松辽盆地北部四方台组工业铀矿体的发现及其意义. 地质调查与研究，41（1）：1-8，32.

汤超，魏佳林，陈路路，等.2021. 松辽盆地长垣南端四方台组碎屑岩地球化学特征及其对物源与构造背景的制约. 大地构造与成矿学，45（5）：892-912.

汤军，宋树华，侯勇，等.2006. 缓冲区分析在河流沉积相正演研究中的应用. 石油天然气学报（江汉石油学院学报），(4)：52-54，443.

汤良杰，金之钧，张一伟，等.1999. 塔里木盆地北部隆起负反转构造及其地质意义，现代地质，13（1)：93-98.

唐克东，邵济安，李永飞.2011. 松嫩地块及其研究意义. 地学前缘，18（3)：57-65.

陶楠，宋维民，杨佳林，等.2016. 大兴安岭中段突泉盆地玛尼吐组火山岩地球化学特征及成因. 地质与资源，25（6)：520-524.

田豹，李维锋，祁腾飞，等.2017. 重矿物物源分析研究进展. 中国锰业，35（1)：107-109，115.

田时丰.2005. 松辽盆地钱家店凹陷铀成矿条件分析. 特种油气藏，(5)：26-29，34-105.

田洋，谢国刚，王令占，等.2015. 鄂西南齐岳山须家河组物源及构造背景：来自岩石学、地球化学和锆石年代学的制约. 地球科学——中国地质大学学报，40（12)：2021-2036.

童崇光.1980. 中国东部裂谷系盆地的石油地质特征. 石油学报，1（4)：19-26.

涂光炽.1994. 成煤、成油、成气、成盐和成金属矿之间的关系. 有色金属矿产与勘查，3（1)：1-3.

万军，陈振岩，李清春，等.2020. 钱家店地区油铀成矿（藏）条件对比及综合勘探意义. 中国石油勘探，25（6)：13-25.

万涛，刘招君，胡菲，等.2018. 松辽盆地北部上白垩统四方台组河流相层序沉积特征. 大庆石油地质与开发，37（5)：1-7.

汪洋，汪集旸，熊亮萍，等.2001. 中国大陆主要地质构造单元岩石圈地热结构特征. 地球学报，22（1)：17-22.

王成善，李祥辉.2003. 沉积盆地分析原理与方法. 北京：高等教育出版社.

王成善，冯志强，王璞珺.2011. 松辽盆地大陆科学钻探工程——松科1井初始报告. 北京：中国地质大学.

王东坡，刘立.1994. 大陆裂谷盆地层序地层学的研究. 岩相古地理，(3)：1-9.

王东坡，刘招君，刘立.1994. 松辽盆地演化与海平面升降. 北京：地质出版社.

王东旭，罗敏，聂逢君，等.2021. 松辽盆地西缘泰康地区四方台组铀成矿特征. 科学技术与工程，21（14)：5677-5687.

王峰，王多云，高明书，等.2005. 陕甘宁盆地姬塬地区三叠系延长组三角洲前缘的微相组合及特征. 沉积学报，(2)：218-224.

王国栋，程日辉，王璞珺，等.2011. 松辽盆地松科1井上白垩统四方台组沉积序列厘米级精细刻画：岩性·岩相·旋回. 地学前缘，18（6)：263-284.

王国荣.2002. 层间渗入铀成矿中有机质的氧化迁移. 新疆地质，(2)：134-136.

王璞珺，杜小弟，王东坡.1992. 松辽盆地白垩系测井——沉积相类型与特征. 长春地质学院学报，(2)：169-172，179.

王璞珺，杜小弟，王俊，等.1995. 松辽盆地白垩纪年代地层研究及地层时代划分. 地质学报，(4)：372-381.

王璞珺，赵然磊，蒙启安，等 . 2015. 白垩纪松辽盆地：从火山裂谷到陆内拗陷的动力学环境 . 地学前缘，22（3）：99-117.
王祁军，昝国军，方炳钟，等 . 2007. 开鲁盆地陆西凹陷九佛堂组油气成藏特征及分布 . 石油实验地质，29（4）：373-376，383.
王世亮，昝国军，陈泽亚，等 . 2014. 钱家店铀矿床沉积特征及其与铀成矿的关系 . 特种油气藏，21（4）：73-75，154.
王松，李双应，杨栋栋，等 . 2012. 天山南缘石炭系—三叠系碎屑岩成分及其对物源区大地构造属性的指示 . 岩石学报，28（8）：2453-2465.
王五力，李永飞，郭胜哲 . 2014. 中国东北地块群及其构造演化 . 地质与资源，23（1）：4-24.
王玉净，樊志勇 . 1997. 内蒙古西拉木伦河北部蛇绿岩带中二叠纪放射虫的发现及其地质意义 . 古生物学报，（1）：60-71.
王振，卢辉楠，赵传本 . 1985. 松辽盆地及其邻区白垩纪轮藻类 . 哈尔滨：黑龙江科学技术出版社 .
魏达 . 2018. 陆家堡地区铀矿成矿条件研究 . 大庆：东北石油大学 .
魏佳林，汤超，徐增连，等 . 2018. 大庆长垣南部四方台组砂岩型铀矿化特征研究 . 地质调查与研究，41（1）：9-17.
魏佳林，汤超，徐增连，等 . 2019. 松辽盆地北部龙虎泡地区含铀岩系铀矿物赋存特征 . 矿物学报，39（6）：709-725.
魏丽琼，黄丽，蔡恩琪 . 2018. 矿区黄铁矿成分标型特征研究 . 中国锰业，36（2）：148-151.
魏帅超，邹妞妞，付勇，等 . 2019. 松辽盆地 XX 地区四方台组富铀地层的微量元素地球化学特征 . 矿物学报，39（6）：697-708.
魏巍，张顺，张晨晨，等 . 2014. 松辽盆地北部泉头组—嫩江组河流与湖泊—三角洲相地震沉积学特征 . 沉积学报，32（6）：1153-1161.
吴柏林 . 2005. 中国西北地区中新生代盆地砂岩型铀矿地质与成矿作用 . 西安：西北大学 .
吴柏林，张婉莹，宋子升，等 . 2016. 鄂尔多斯盆地北部砂岩型铀矿铀矿物地质地球化学特征及其成因意义 . 地质学报，90（12）：3393-3407.
吴炳伟 . 2007. 内蒙古开鲁盆地白垩纪三大生物群的发现及其地质意义 . 地层学杂志，31（3）：280-287.
吴德海，潘家永，夏菲，等 . 2018. 赣南上窖铀矿床绿泥石特征与形成环境 . 矿物学报，38（4）：393-405.
吴德海，潘家永，夏菲，等 . 2019. 赣南 221 铀矿床黄铁矿微量元素与硫同位素地球化学特征及其对铀成矿作用的指示 . 稀土，40（3）：20-35.
吴福元，孙德有，李惠民，等 . 2000. 松辽盆地基底岩石的锆石 U- Pb 年龄 . 科学通报，45（6）：656-660.
吴仁贵，蔡建芳，于振清，等 . 2011. 松辽盆地白兴吐铀矿床热液蚀变及物质组成研究 . 铀矿地质，27（2）：74-80.
吴仁贵，徐喆，宫文杰，等 . 2012. 松辽盆地白兴吐铀矿床成因讨论 . 铀矿地质，28（3）：142-147.
吴仁贵，胡志强，巫建华，等 . 2018. 富铀地质体与成矿铀源关系探讨 . 东华理工大学学报（自然科学版），41（4）：358-363.
吴胜和，纪友亮，岳大力，等 . 2013. 碎屑沉积地质体构型分级方案探讨 . 高校地质学报，19（1）：12-22.
吴兆剑，韩效忠，胡航 . 2018. 开鲁盆地陆家堡凹陷绍根地区早白垩世裂陷期后沉积构造演化与铀矿化特征 . 沉积学报，36（1）：20-32.
伍三民，王海良 . 1993. 板其金矿金的赋存状态研究 . 铀矿冶，（1）：15-20.

席党鹏，李罡，万晓樵，等．2009. 松辽盆地东南区姚家组—嫩江组一段地层特征与湖泊演变．古生物学报，48（3）：556-568.
夏飞勇．2019. 松辽盆地南部钱家店地区姚家组砂岩物源分析及其构造背景综合研究．北京：中国地质大学．
夏毓亮．2015. U-Pb同位素示踪地浸砂岩型铀矿成矿作用．地质学报，89（S1）：69-70.
夏毓亮，刘汉彬．2006. 海拉尔盆地西部蚀源区岩石提供铀源能力的研究．铀矿地质，（2）：99-103.
夏毓亮，林锦荣，李子颖，等．2003. 松辽盆地钱家店凹陷砂岩型铀矿预测评价和铀成矿规律研究．中国核科技报告，（3）：105-117.
夏毓亮，郑纪伟，李子颖，等．2010. 松辽盆地钱家店铀矿床成矿特征和成矿模式．矿床地质，29（S1）：154-155.
向才富，庄新国，张文淮，等．2000. 成矿流体运移的输导体系研究——以右江地区微细浸染型金矿为例. 地质科技情报，19（4）：65-69.
向伟东，陈肇博，陈祖伊，等．2000. 试论有机质与后生砂岩型铀矿成矿作用——以哈盆地十红滩地区为例. 铀矿地质，16（2）：65-73，114.
向伟东，方锡珩，李田港，等．2006. 鄂尔多斯盆地东胜铀矿床成矿特征与成矿模式．铀矿地质，（5）：257-266.
肖安成，杨树锋，陈汉林，等．2001. 二连盆地形成的地球动力学背景．石油与天然气地质，22（2）：137-145.
肖鹏，汤超，魏佳林，等．2018. 大庆长垣南端四方台组沉积相特征及其与铀富集的关系．地质调查与研究，41（1）：18-23.
肖新建，李子颖，陈安平．2004. 东胜地区砂岩型铀矿床后生蚀变矿物分带特征初步研究．铀矿地质，（3）：136-140.
肖渊甫．2014. 岩石学简明教程．北京：地质出版社．
谢庆宾，刘明洁，陈菁萍，等．2013. 开鲁盆地陆东凹陷九佛堂组—沙海组地震相研究．高校地质学报，（3）：544-551.
解习农，焦赳赳，熊河海．2003. 松辽盆地十屋断陷异常低压体系及其成因机制．地球科学—中国地质大学学报，28（1）：61-66.
邢作昌，秦明宽，张杨，等．2021. 松辽盆地东北部铁力地区姚家组沉积相与铀矿找矿前景．铀矿地质，37（4）：573-583.
徐长贵．2013. 陆相断陷盆地源-汇时空耦合控砂原理：基本思想、概念体系及控砂模式．中国海上油气，25（4）：1-11.
徐亚军，杜远生，杨江海，等．2011. 北祁连造山带东段上奥陶统—下、中泥盆统砂岩碎屑组分与物源分析田．地质科技情报，30（2）：28-33.
徐增连，魏佳林，曾辉，等．2017. 开鲁盆地东北部钱家店凹陷晚白垩世姚家组孢粉组合及其古气候意义．地球科学，42（10）：1725-1735.
徐喆，吴仁贵，余达淦，等．2011. 松辽盆地砂岩型铀矿床的热液作用特征——以宝龙山地段砂岩铀矿为例．东华理工大学学报（自然科学版），34（3）：201-208.
许坤，李瑜．1995. 开鲁盆地晚中生代地层．地层学杂志，19（2）：88-95.
许文良，王枫，裴福萍，等．2013. 中国东北中生代构造体制与区域成矿背景：来自中生代火山岩组合时空变化的制约．岩石学报，29（2）：339-353.
薛良清，Galloway W E. 1991. 扇三角洲、辫状河三角洲与三角洲体系的分类．地质学报，（2）：141-153.
闫枫．2018. 松辽盆地西南部钱家店砂岩型铀矿床岩石学和矿床地球化学研究．西安：西北大学．

颜新林 . 2018. 松辽盆地钱家店地区上白垩统辉绿岩特征及铀成矿作用 . 东北石油大学学报，42（1）：40-49.
杨宝俊，唐建人，李勤学，等 . 2001. 松辽盆地深部反射地震探查 . 地球物理学进展，16（4）：11-17.
杨承志 . 2014. 松辽盆地—大三江盆地晚白垩世构造反转作用对比及其成因联系 . 北京：中国地质大学 .
杨东光，聂逢君，夏菲，等 . 2021. 钱家店凹陷辉绿岩的时代、成因及对砂岩型铀成矿的制约 . 大地构造与成矿学，46（2）：334-355.
杨冬霞 . 2009. 通辽—双辽地区早期地质综合评价研究 . 大庆：石油学院 .
杨江海，杜远生，徐亚军，等 . 2007. 砂岩的主量元素特征与盆地物源分析 . 中国地质，34（6）：1032-1044.
杨勇，刘森荣，肖明顺，等 . 2014. 内蒙古库伦旗地区黑云母二长花岗岩地球化学特征及其地质意义 . 矿物岩石，34（4）：54-60.
杨祖序，龙新仁，陈风池，等 . 1983. 松辽盆地的构造分带与油气田分布 . 石油学报，（2）：1-8.
姚超，焦贵浩，王同和，等 . 2004. 中国含油气构造样式 . 北京：石油工业出版社 .
叶蕴琪 . 2020. 松辽盆地西南部晚白垩世嫩江组至四方台组非海相介形类的分类和生物地层对比 . 北京：中国地质大学 .
易超，王贵，李平，等 . 2019. 鄂尔多斯盆地北部纳岭沟铀矿床铁物相特征及其成矿意义 . 地质学报，93（2）：470-486.
殷鸿福，谢树成，周修高 . 1994. 微生物成矿作用研究的新进展和新动向 . 地学前缘，（4）：148-156.
殷敬红，张辉，昝国军，等 . 2000. 内蒙古东部开鲁盆地钱家店凹陷铀矿成藏沉积因素分析 . 古地理学报，（4）：82-89.
于炳松，梅冥相 . 2016. 沉积岩岩石学 . 北京：地质出版社 .
于文斌 . 2009. 松辽盆地南部白垩系砂岩型铀矿成矿条件研究 . 长春：吉林大学 .
于文斌，董清水，周连永，等 . 2008. 松辽盆地南部断裂反转构造对砂岩型铀矿成矿的作用 . 铀矿地质，（4）：195-200.
于文斌，董清水，邹吉斌，等 . 2006. 松辽盆地东南缘地浸砂岩型铀矿成矿条件分析 . 吉林大学学报（地球科学版），36（4）：543-549.
于兴河. 2007. 碎屑岩系油气储层沉积学 . 北京：石油工业出版社 .
于兴河 . 2018. 河流-三角洲沉积储层结构-成因分类与编图方法 . 第十五届全国古地理学及沉积学学术会议摘要集：中国矿物岩石地球化学学会岩相古地理专业委员会 .
于洋，王祝文，宁琴琴，等 . 2020. 松辽盆地大庆长垣四方台组可地浸砂岩铀成矿测井评价 . 吉林大学学报（地球科学版），50（3）：929-940.
余达淦 . 1989. 还原体（体系）与富铀矿的形成 . 铀矿地质，（6）：343-349，336.
余达淦 . 1994. 伸展构造与铀成矿作用 . 铀矿地质，3：129-137.
余和中，李玉文，韩守华，等 . 2001. 松辽盆地古生代构造演化 . 大地构造与成矿学，25（4）：389-396.
袁学诚 . 1996. 中国地球物理图集 . 北京：地质出版社 .
袁永真，张小博，张鹏辉，等 . 2015. 西拉木伦河断裂重、磁、电特征分析 . 物探与化探，39（6）：1299-1304.
云金表，金之钧，殷进银 . 2002. 松辽盆地继承性断裂带特征及其在油气聚集中的作用 . 大地构造与成矿学，26（4）：379-385.
云金表，殷进垠，金之钧 . 2003. 松辽盆地深部地质特征及其盆地动力学演化 . 地震地质，25（4）：595-608.
翟裕生 . 2003a. 成矿系统研究与找矿 . 地质调查与研究，26（3）：65-71.

翟裕生 . 2003b. 成矿系统研究与找矿 . 地质调查与研究，26（1）：1-7.
翟裕生，邓军，李晓波 . 1999. 区域成矿学 . 北京：地质出版社 .
翟裕生，王建平，邓军，等 . 2002. 成矿系统与矿化网络研究 . 矿床地质，21（2）：106-112
翟裕生，邓军，彭润民，等 . 2010. 成矿系统论 . 北京：地质出版社 .
张超，王善博，俞礽安，等 . 2021. 柴西北缘中新生代构造演化及铀源分析 . 华北地质，44（2）：67-73.
张成勇，聂逢君，侯树仁，等 . 2015. 巴音戈壁盆地构造演化及其对砂岩型铀矿成矿的控制作用 . 铀矿地质，31（3）：384-388.
张德全，雷蕴芬 . 1992. 大兴安岭南段主要金属矿物的成分标型特征 . 岩石矿物学杂志，12（2）：166-177.
张功成，朱德丰，周章保 . 1996. 松辽盆地伸展和反转构造样式 . 石油勘探与开发，23（2）：16-20.
张广权，郭书元，张守成，等 . 2017. 鄂尔多斯盆地大牛地气田下石盒子组一段沉积相分析 . 东北石油大学学报，41（2）：54-61，7-8.
张国华，张建培 . 2015. 东海陆架盆地构造反转特征及成因机制探讨 . 地学前缘，22（1）：260-270.
张宏，柳小明，李之彤，等 . 2005. 辽西阜新－义县盆地及附近地区早白垩世地壳大规模减薄及成因探讨 . 地质论评，(4)：360-372.
张建军，何中波，何明友 . 2013. 油气对砂岩型铀矿成矿作用研究 . 西南科技大学学报，28（4）：39-43.
张金带 . 2004. 我国有资源潜力概略分析与铀矿地质勘查战略 . 铀矿地质，20（5）：260-265.
张金带 . 2012. 中国北方中新生代沉积盆地铀矿勘查进展和展望 . 铀矿地质，28（4）：193-198.
张金带 . 2016. 我国砂岩型铀矿成矿理论的创新和发展 . 铀矿地质，32（6）：321-332.
张金带，徐高中，林锦荣，等 . 2010. 中国北方 6 种新的砂岩型铀矿对铀资源潜力的提示 . 中国地质，37（5）：1434-1449.
张金带，李子颖，蔡煜琦，等 . 2012. 全国铀矿资源潜力评价工作进展与主要成果 . 铀矿地质，28（6）：321-326.
张金带，李子颖，苏学斌，等 . 2019. 核能矿产资源发展战略研究 . 中国工程科学，21（1）：113-118.
张景廉，卫平生 . 2006. 再论石油与砂岩型铀矿床的相互关系 . 新疆石油地质，27（4）：493-497.
张恺 . 1986. 板块构造理论的新发展及其在石油地质方面的应用 . 北京：石油工业部石油勘探开发科学研究所 .
张恺，罗志立，张清，等 . 1980. 中国含油气盆地的划分和远景 . 石油学报，1（4）：1-18.
张恺，张清，高明远，等 . 1983. 中国东部陆缘区中新生代大地构造演化特征与裂谷型含油气盆地演化系列 . 地质论评，(5)：447.
张可，吴胜和，冯文杰，等 . 2018. 砂质辫状河心滩坝的发育演化过程探讨——沉积数值模拟与现代沉积分析启示 . 沉积学报，36（1）：81-91.
张雷，王英民，李树青 . 2009. 松辽盆地北部四方台组—明水组高精度层序地层特征与有利区带预测 . 中南大学学报（自然科学版），40（6）：1679-1688.
张凌华，张振克 . 2015. 河漫滩沉积与环境研究进展 . 海洋地质与第四纪地质，35（5）：153-163.
张青林，佟殿君，王明君 . 2005. 松辽盆地十屋断陷反转构造与油气聚集 . 大地构造与成矿学，29（2）：182-188.
张顺，付秀丽，张晨晨 . 2011. 松辽盆地姚家组—嫩江组地层层序及沉积演化 . 沉积与特提斯地质，31（2）：34-42
张晓 . 2012. 伊犁盆地南缘蒙其古尔铀矿床成因研究 . 北京：核工业北京地质研究院 .
张晓晖，宿文姬，王辉 . 2005. 辽北法库构造岩系的锆石 SHRIMP 年代学研究与华北地台北缘边界 . 岩石学报，(1)：137-144.

张兴洲，郭冶，曾振，等.2015. 东北地区中—新生代盆地群形成演化的动力学背景. 地学前缘，22(3)：88-98.

张欲清.2016. 内蒙古克什克腾—林西地区晚古生代—中生代构造变形与西拉木伦缝合带构造演化. 北京：中国地质大学（北京）.

张欲清，张长厚，侯丽玉，等.2019. 内蒙古东南部西拉木伦缝合带两侧二叠纪以来的叠加褶皱变形：对同碰撞和碰撞后变形的启示. 地学前缘，26（2）：264-280.

张岳桥，赵越，董树文，等，2004. 中国东部及邻区早白垩世裂陷盆地构造演化阶段. 地学前缘，11(3)：123-133.

张振强.2006. 松辽盆地南部上白垩统地浸砂岩型铀矿成矿条件研究. 沈阳：东北大学.

张振强，桑吉盛，金成洙.2006. 松辽盆地东南隆起区反转构造对砂岩型铀矿成矿的作用. 铀矿地质，22(3)：151-156.

张智礼，蔡习尧，张铭，等.2014. 松辽盆地晚白垩世青山口组—嫩江组一段介形类壳饰、壳形类型与环境关系分析. 中国地质，41（1）：135-147.

张字龙，韩效忠，李胜祥，等.2010. 鄂尔多斯盆地东北部中侏罗统直罗组下段沉积相及其对铀成矿的控制作用. 古地理学报，12（6）：749-758.

章凤奇，陈汉林，董传万，等.2008. 松辽盆地北部存在前寒武纪基底的证据. 中国地质，35（3）：421-428.

赵凤民，沈才卿.1986. 黄铁矿与沥青铀矿的共生条件及在沥青铀矿形成过程中所起作用的实验研究. 铀矿地质，2（4）：193-200.

赵红格，刘池阳.2003. 物源分析方法及研究进展. 沉积学报，21（3）：409-415.

赵洪伟.2013. 松南新区彰武断陷资源潜力评价. 大庆：东北石油大学.

赵俊兴，田景春，蔡进功.2002. 惠民凹陷南坡古中生代沉积体系特征及时空演化. 沉积与特提斯地质，(1)：46-52.

赵瑞全，秦明宽，王正邦.1998. 微生物和有机质在512层间氧化带砂岩型铀矿成矿中的作用. 铀矿地质，1998（6）：338-343.

赵一鸣.1997. 大兴安岭及其邻区铜多金属矿床成矿规律与远景评价. 北京：地质出版社.

赵振华.1996. 元素地球化学//欧阳自远，倪集众，项仁杰. 地球化学：历史、现状和发展趋势. 北京：原子能出版社.48-55.

赵忠华，刘广传，崔长远.1998. 松辽盆地西南部层间氧化带砂岩型铀矿找矿方向. 矿物岩石地球化学通报，17（3）：156-159.

赵忠华，白景萍，赖天功.2018. 松辽盆地北部反转构造与砂岩型铀矿成矿作用. 铀矿地质，34（5）：274-279.

赵子贤，施炜.2019. 方解石 LA-(MS) ICP-MS U-Pb 定年技术及其在脆性构造中的应用. 地球科学与环境学报，41（5）：505-516.

郑福长，张先慎，刘建英，等.1989. 开鲁盆地陆家堡拗陷石油地质概况. 石油与天然气地质，1（1）：83-88.

郑纪伟.2010. 开鲁盆地钱家店铀矿床成矿地质条件及勘探潜力分析. 铀矿地质，26（4）：193-200.

郑庆年.1996. 广东凡口铅锌矿. 北京：冶金工业出版社.

郑欣，汪永宏.2019. 我国沉积盆地中油气藏与砂岩型铀矿“同盆共存”关系研究. 地下水，41（5）：107-109.

郑雪，魏欣伟，王薇，等.2014. 沾化-车镇地区古近纪东营组沉积相特征及沉积演化. 山东国土资源，30（10）：26-30.

郑勇，李海兵，王世广，等.2019. 断层泥自生伊利石年龄分析及其在龙门山断裂带的应用. 地球学报，40（1）：173-185.

郑月娟，黄欣，陈树旺，等.2014. 内蒙古巴林右旗下三叠统幸福之路组凝灰岩 LA-ICP-MS 锆石 U-Pb 年龄及其地质意义. 地质通报，33（2）：370-377.

钟建华，侯启军，钟延秋.1999. 黄河三角洲（泄水）包卷层理的成因研究. 地质论评，（3）：306-312，340.

钟延秋，李佳，姜丽娜，等.2010. 松辽盆地北部西斜坡地浸砂岩型铀矿成矿条件分析. 吉林地质，29（3）：29-34，58.

钟延秋，马文娟.2011. 松辽盆地北部中、新生代构造运动特征及对砂岩型铀矿的控制作用. 地质找矿论丛，26（4）：411-416.

周超，董庆勇，许长斌.1999. 龙湾筒凹陷九佛堂组火山岩储层特征研究. 特种油气藏，1（3）：13-18.

周建波，张兴洲，马志红，等.2009. 中国东北地区的构造格局与盆地演化. 石油与天然气地质，30（5），530-538.

周建波，张兴洲，Wilde S，等.2011. 中国东北 ~500Ma 泛非期孔兹岩带的确定及其意义. 岩石学报，27（4），1235-1245.

周明辉.1999. 南盘江拗陷油气系统研究. 云南地质，18（3）：248-265.

朱光，王薇，顾承串，等.2016. 郯庐断裂带晚中生代演化历史及其对华北克拉通破坏过程的指示. 岩石学报，32（4）：935-949.

朱介寿.2007. 欧亚大陆及边缘海岩石圈的结构特性. 地学前缘，14（3）：1-20.

朱日祥，周忠和，孟庆任.2020. 华北克拉通破坏对地表地质与陆地生物的影响. 科学通报，65：2954-2965.

朱筱敏.2008. 沉积岩石学. 北京：石油工业出版社.

朱筱敏，康安，谢庆宾，等.2000. 内蒙古钱家店凹陷侏罗系层序地层与岩性圈闭. 石油勘探与开发，（2）：48-52，11-10，4-3.

朱筱敏，王贵文，李滨阳，等.2002. 开鲁盆地陆西凹陷下白垩统层序地层学和油气评价. 沉积学报，（4）：531-536，567.

朱筱敏，赵东娜，曾洪流，等.2013. 松辽盆地齐家地区青山口组浅水三角洲沉积特征及其地震沉积学响应. 沉积学报，31（5）：889-897.

庄汉平，卢家烂，傅家谟.1998. 原油作为金运移的载体河能的岩石学和地球化学证据. 中国科学（D 辑），28（6）：552-558.

邹才能，薛叔浩，赵文智，等.2004. 松辽盆地南部白垩系泉头组-嫩江组沉积层序特征与地层-岩性油气藏形成条件. 石油勘探与开发，（2）：14-17.

邹才能，陶士振，谷志东.2006. 陆相拗陷盆地层序地层格架下岩性地层圈闭/油藏类型与分布规律——以松辽盆地白垩系泉头组—嫩江组为例. 地质科学，（4）：711-719.

Abdelouas A，Lu Y M，Lutze W，et al. 1998. Reduction of U（VI）to U（IV）by indigenous bacteria in contaminated ground water. Journal of Contaminant Hydrology，35（1-3）：217-233.

Adeigbe O C，Jimoh Y A. 2013. Geochemical fingerprints；implication for provenance，tectonic and depositional settings of lower Benue trough sequence Southeastern Nigeria. Journal of Environment and Earth Science，3（10）：115-140.

Armstrong R L，Ramaekers P. 1985. Sr isotopic study of Helikian sediment and diabase dikes in the Athabasca Basin，northern Saskatchewan. Canadian Journal of Earth Sciences，22（3）：399-407.

Bachu S. 2003. Screening and ranking of sedimentary basins for sequestration of CO_2 in geological media in response to climate change. Environ Geol, 44: 277-289.

Bamford D. 1977. Pn velocity anisotropy in a continental uppermost mantle. Geophys J R Astron Soc, 49: 29-48.

Bartlett R W. 1998. Solution Mining Leaching and Fluid Recovery of Materials. Philadelphia, Pennsylvania: Gordon and Breach Science Publishers: 159-190.

Bayer U, Brink H J, Gajewski, D, et al. 2008. Characteristics of complex intracontinental sedimentary basins// Littke R. Dynamics of Complex Intracontinental Basins. The Central European Basin System. Berlin: Springer-Verlag.

Beaudoin N, Lacombe O, Roberts N M W, et al. 2018. U-Pb dating calcite veins reveals complex stress evolution and thrust sequence in the Bighorn Basin. Wyoing, USA. Geology, 46 (11): 1015-1018.

Beazley M J, Martinez R J, Webb S M, et al. 2011. The effect of PH and natural microbial phosphatase activity on the speciation of uranmm in subsurface soils. Geochimica et Cosmochimica Acta, 75 (19): 5648-5663.

Bernier L R, Veeramani H, Vecchia E D, et al. 2010. Non-uraninite products of microbial U (VI) reduction. Environmental Science & Technology, 44 (24): 9456-9462.

Beveridge T J, Murray R G. 1980. Sites of metal deposition in the cell wall of Bacillus subtilis. Journal of Bacteriology, 141 (2): 876-887.

Bhatia M R. 1983. Plate tectonics and geochemical composition of sandstones. Journal of Geology, 91: 611-627.

Bhatia M R. 1985. Rare earth element geochemistry of Australian Paleozoic graywackes and mudrocks: provenance and tectonic control. Sedimentary Geology, 45: 97-113.

Bhatia M R, Crook K A W. 1986. Trace element characteristics of graywackes and tectonic setting discrimination of sedimentary basins. Contributions to Mineralogy and Petrology, 92 (2): 181-193.

Bonnetti C, Malartre F, Huault V, et al. 2014. Sedimentology, stratigraphy and palynological record of the late Cretaceous Erlian Formation, Erlian Basin, Inner Mongolia, People's Republic of China. Cretac Res, 48: 177-192.

Bonnetti C, Cuney M, Bourlange S, et al. 2016. Primary uranium sources for sedimentary-hosted uranium deposits in NE China: insight from basement igneous rocks of the Erlian Basin: Mineralium Deposita, 52 (3): 1-19.

Borba A W, Mizusaki A M P, Santos J O S, et al. 2008. U-Pb zircon and $^{40}Ar/^{39}Ar$ K-feldspar dating of syn-sedimentary volcanism of the Neoproterozoic Marica Formation: constraining the age of foreland basin inception and inversion in the Camaqua Basin of southern Brazil. Basin Research, 20: 359-375.

Boynton W V. 1984. Geochemistry of the rare earth elements: Meteorite studies, in Rare earth element geochemistry. Developments in Geochemistry, 2: 63-114.

Bruguier O, Lancelot J R, Malavieille J. 1997. U-Pb dating on single detrital zircon grains from the Triassic Songpan-Ganze flysch (Central China): provenance and tectonic correlations. Earth and Planetary Science Letters Volume, 152 (1): 217-231.

Buchan C, Cunningham D, Windley B, et al. 2001. Structural and lithological characteristics of the Bayankhongor ophiolite zone, central Mongolia. J Geol Soc London, 158: 445-460.

Cai C, Li H, Qin M, et al. 2007. Biogenic and petroleum-related ore-forming progress in Dongsheng uranium deposit, NW China. Ore Geology Reviews, 32 (1-2): 262-274.

Chen A. 1998. Geometric and kinematic evolution of basement-cored structures: intraplate orogenesis within the Yanshan orogen, northern China. Tectonophysics, 292: 17-42.

Chen B, Jahn B M, Wilde S, et al. 2000. Two contrasting Paleozoic magmatic belts in northern Inner Mongolia, China: petrogenesis and tectonic implications. Tectonophysics, 328: 157-182.

Chen H, Xia Q K, Deloule E, et al. 2017. Typical oxygen isotope profile of altered oceanic crust recorded in continental intraplate basalts. Journal of Earth Science, 28 (4): 578-587.

Cheng Y H, Li Y, Wang S Y, et al. 2018. Late Cretaceous tectono- magmatic event in Songliao Basin, NE China: new insights from mafic dyke geochronology and geochemistry analysis. Geological Journal, 53: 2991-3008.

Cheng Y H, Wang S Y, Jin R S, et al. 2019. Global Miocene tectonics and regional sandstone-style uranium mineralization. Ore Geology Review, 106: 238-250.

Cheng Y H, Wang S Y, Zhang T F, et al. 2020. Regional sandstone-type uranium mineralization rooted in Oligo-Miocene tectonic inversion in the Songliao Basin, NE China. Gondwana Research, 88: 88-105.

Chi G X, Li Z H, Chu H X, et al. 2018. A shallow burial mineralization model for the unconformity- related uranium deposits in the Athabasca Basin. Economic Geology 113: 1209-1217.

Christophe B, Liu X D, Yan Z B, et al. 2017. Coupled uranium mineralisation and bacterial sulphate reduction for the genesis of the Baxingtu sandstone- hosted U deposit, SW Songliao Basin, NE China. Ore Geology Reviews, 82: 108-129.

Clift P D, Lee J I, Hildebrand N, et al. 2002. Nd and Pb isotope variability in the Indus River system: implications for sediment provenance and crustal heterogeneity in the western Himalaya. Earth Planet Sci Lett, 200: 91-106.

Collier J S, Gupta S, Potter G, et al. 2006. Using bathymetry to identify basin inversion structures on the English Channel shelf. Geology, 34 (12): 1001-1004.

Colombera L, Mountney N P. 2021. Influence of fluvial crevasse-splay deposits on sandbody connectivity: lessons from geological analogues and stochastic modelling. Marine and Petroleum Geology, 128.

Cooper M A, Williams G D, De Graicianski P C, et al. 1989. Inversion tectonics—a discussion//Cooper M A, Williams G D. Inversion Tectonics. London: Geological Society of London Special Publications.

Craig H. 1953. The geochemistry of the stable carbon isotopes. Geochimica et Cosmochimica Acta, 3 (2): 53-92.

Cullers R L, Podkovyrov V N. 2000. Geochemistry of the Mesoproterozoic Lakhanda shales in southeastern Yakutia, Russia: implications for mineralogical and provenance control, and recycling. Precambrian Research, 104 (1-2): 77-93.

Cuney M. 2010. Evolution of uranium fractionation progress through time: driving the secular variation of uranium deposit types. Economic Geology, 105 (3): 553-569.

Dahlkamp F J. 2009. Uranium deposits of the world—Asia. Berlin: Springer-Verlag.

Dai J, Song Y, Dai C, et al. 1996. Geochemistry and Accumulation of Carbon Dioxide Gases in China. American Association of Petroleum Geologists Bulletin, 80 (10): 1615-1625.

Darby B J, Davis G A, Zheng Y. 2001. Structural evolution of the southern Daqing Shan, Yinshan belt, Inner Mongolia China//Hendrix M S, Davis G A. Paleozoic and Mesozoic Tectonic Evolution of Central Asia: from Continental Assembly to Intracontinental Deformation. Geol Soc Am Mem, 194: 199-214.

Davis G A, Qian X, Zheng Y, et al. 1996. Mesozoic deformation and plutonism in the Yunmeng Shan: a metamorphic core complex north of Beijing, China//Yin A, Harrison T M. The Tectonic Evolution of Asia New York Cambridge University Press, 253-280.

Davis G A, Wang C, Zheng Y, et al. 1998. The enigmatic Yinshan fold and thrust belt of northern China: new views on its intraplate contractional styles. Geology, 26: 43-46.

Davis G A, Zheng Y, Wang C, et al. 2001. Mesozoic tectonic evolution of the Yanshan fold and thrust belt, with emphasis on Hebei and Liaoning provinces, Northern China//Hendrix M S, Davis G A. Paleozoic and Mesozoic

Tectonic Evolution of Central Asia: from Continental Assembly to Intracontinental Deformation. Geol Soc Am Mem, 194: 71-197.

DePaolo D J, Daley E E. 2000. Neodymium isotopes in basalts of the southwest basin and range and lithospheric thinning during continental extension. Chemical Geology, 169: 157-185.

Dewey J F. 1988. Extensional collapse of orogens. Tectonics, 7: 1123-1139.

Dickinson W R, Suczek C A. 1979. Plate tectonics and sandstone compositions. American Association of Petroleum Geology Bulletin, 63: 2164-2182.

Dickinson W R, Beard L S, Brakenridge G R, et al. 1983. Provenance of North American in relation to tectonic setting. Geological Society of America Bulletin, 94 (2): 222-235.

Disnar J R, Sureau J F. 1990. Organic matter in ore genesis: progress and perspectives. Org Geochem, 16 (13): 577-599.

Donald R. 1982. Lowe sediment gravity flow: Ⅱ depositional models with special reference to the deposits of high-density turbidity currents. Journal of Sedimentary Petrology, 52 (1): 279-297.

Du L T. 2007. Introduction and analysis of foreign natural gas geoscience studies based on Sokolov's data. Natural Gas geoscience, 18 (1): 1-18.

Enkin R G J, Yang Z, Chen Y, et al. 1992. Paleomagnetic constraints on the geodynamic history of the major blocks of China from the Permian to the present. J. Geophys. Res, 97: 13953-13989.

Feng X Y, Huang J X, Wang S Y, et al. 2007. Bio-mineralization of uranium and the cycle of mineral elements during the mineralization progress. Journal of microbiology, 27 (3): 77-82.

Feng Z Q, Jia C Z, Xie X N, et al. 2010. Tectonostratigraphic units and stratigraphic sequences of the nonmarine Songliao basin, northeast China. Basin Research, 22: 79-95.

Fischer R P. 1970. Similarities, differences, and some genetic problems of the Wyoming and Colorado Plateau types of uranium deposits in sandstone. Econ Geol, 65: 778-784.

Fischer R P. 1974. Exploration guides to new uranium districts and belts. Econ Geol, 69: 362-376.

Fishman N S, Reynolds R L, Robertson J F. 1985. Uranium mineralization in the Smith Lake District of the Grants Uranium region, New Mexico. Econ Geol, 80: 1348-1364.

Floyd P A, Leveridge B E. 1987. Tectonic environment of the Devonian Gramscatho basin, south Cornwall: Framework mode and geochemical evidence from Turbiditic sandstones. Journal of the Geological Society, 144 (4): 531-542.

Fyodorov G V, et al. 1997. Uranium and environment in Kazakhstan//IAEA, NEA. Changes and events in uranium deposit development, exploration, resources, production and the world supply-demand relationship. TECDOC-961, Vienna, 115-122.

Gadd G M. 2009. Biosorption: critical review of scientific rationale, environment importance and significance for pollution treatment. Journal of Chemical Technology and Biotechnology, 84 (1): 13-28.

Galloway W E, Hobday D K. 1996. Terrigenous Clastic Depositional Systems: Heidelberg Berlin: Springer-Verlag, 390-489.

Glennie K W, Boegner P L E. 1981. Sole Pit inversion tectonics//Illing L V, Hobson G D. Petroleum Geology of the Continental Shelf of Northwest Europe, London: Institute of Petroleum: 51-55.

Goodfellow B W, Viola G, Bingen B, et al. 2017. Palaeocene faulting in SE Sweden from U-Pb dating of slickenfiber calcite. Terra Nova, 29 (5): 321-328.

Graham S A, Hendrix M S, Johnson C L, et al. 2001. Sedimentary record and tectonic implications of Mesozoic rifting in southern Mongolia. Geol Soc Am Bull, 113: 1560-1579.

Granger H C, Warren C G. 1974. Zoning in the altered tongue associated with roll- front uranium deposits, formation of uranium ore deposits. Vienna: IAEA, 185-200.

Granger H C, Santos E S, Dean B G, et al. 1961. Sandstone- type uranium deposits at Ambrosia Lake, New Mexico; an interim report. Economic Geology, 56 (7): 1179-1210.

Gray D A, Majorowicz J, Unsworth M. 2012. Investigation of the geothermal state of sedimentary basins using oil industry thermal data: case study from Northern Alberta exhibiting the need to systematically remove biased data. J Geophys Eng, 9: 534-548.

Gross E B. 1956. Mineralogy and paragensis of the uranium ore, Mi Vida Mine, San Juan County, Utah. Economic Geology, 51 (7): 632-648.

Hall S M, Mihalasky M J, Tureck K R, et al. 2017. Genetic and grade and tonnage models for sandstone-hosted roll-type uranium deposits, Texas Coastal Plain, USA. Ore Geology Reviews, 80: 716-753.

Hansley P L, Spirakis C S. 1992. Organic matter diagenesis as the key to a unifying theory for the genesis of tabular uranium- vanadium deposits in the Morrison Formation, Colorado Plateau. Economic Geology, 87 (2): 352-365.

Harshman E N. 1970. Uranium rolls in the United States, The Mountain Geologists, 9 (2-3): 135-141.

Harshman E N, Adams S S. 1981. Geology and recognition criteria for roll-type uranium deposits in continent sandstone. US DOE, GBX-1 (81): 185.

Hayward A B, Graham H R. 1989. Some geometrical characteristics of inversion // Cooper M A, Williams G D. Inversion tectonics. London: Geological Society Special Publication.

Hearn T M. 1996. Anisotropy Pn tomography in the west United States. J Geophys Res, 101: 8403-8414.

Hendrix M S, Dumitru T R, Graham S A. 1994. Late Oligocene- early Miocene in the Chinese Tian Shan: an early effect of the India-Asia collision. Geology, v22: 487-490.

Henry P, Deloule E, Michard A. 1997. The erosion of the Alps: Nd isotopic and geochemical constraints on the sources of the peri-Alpine molasse sediments. Earth and Planetary Science Letters, 146 (3): 627-644.

Herzberg C. 2011. Identification of source lithology in the Hawaiian and Canary islands: implications for origins. Journal of Petrology, 52: 113-146.

Hobday D K, Galloway W E. 1999. Groundwater processes and sedimentary uranium deposits. Hydrogeology Journal, 7: 127-138.

Hofmann A W, Jochum K P, Seufert M, et al. 1986. Nb and Pb in oceanic basalts: new constraints on mantle evolution. Earth and Planetary Science Letters, 79: 33-45.

Hoskin P W O, Schaltegger U. 2003. The composition of zircon and igneous and metamorphic petrogenesis. Reviews in Mineralogy and Geochemistry, 53 (1): 27-62.

Hu R Z, Zhou M F. 2012. Multiple Mesozoic mineralization events in South China—an introduction to the thematic issue. Mineralium Deposita, 47 (6): 579-588.

Hu R Z, Bi X W, Zhou M F, et al. 2008. Uranium metallogenesis in South China and its relationship to crustal extension during the Cretaceous to Tertiary. Economic Geology, 103: 583-598.

Huang J L, Zhao D P. 2006. High- resolution mantle tomography of China and surrounding regions. Journal of Geophysical Research, 111: B09305.

Hubert J F. 1962. A zircon- tourmaline- ruble maturity index and the interdependence of the composition of heavy mineral assemblages with the gross composition and texture of sandstones. Journal of Sedimentary Research, 32: 440-450.

Hutchens E, Valsami-Jones E, Harouiya N, et al. 2006. An experimental investigation of the effect of Bacillus

Megaterium on apatite dissolution. Geomicrobiology Journal, 19: 343-367.

Ikhane P R, Akintola A I, Bankole S I, et al. 2014. Provenance studies of sandstone fades exposed near Igbile southwestern Nigeria: petrographic and geochemical approach. Journal of Geography and Geology, 6 (2): 47-68.

Irvine T H, Baragar W R A. 1971. A guide to the chemical classification of the common volcanic rocks. Canadian Journal of Earth Sciences, 8: 523-548.

Jahn B M, Wu F, Chen B. 2000. Massive granitoid generation in central Asia: Nd isotope evidence and implication for continental growth in the Phanerozoic. Episode, 23: 82-92.

Jaireth S, Ian C, Roach I C, et al. 2015. Basin-related uranium mineral systems in Australia: a review of critical features. Ore Geology Reviews, 76: 360-394.

Jia D C, Hu R Z, Lu Y, et al. 2004. Collision Belt between the Khanka Block and the North China Block in the Yanbian Region, Northeast China. Journal of Asian Earth Sciences, 23: 211-219.

Jing Y, Ge W, Dong Y, et al. 2020. Early- Middle Permian southward subduction of the eastern Paleo- Asian Ocean: constraints from geochronology and geochemistry of intermediate- acidic volcanic rocks in the northern margin of the North China Craton. Lithos, 364: 105491.

Johnson K T M, Dick H J B, Shimizu N. 1990. Melting in the oceanic upper mantle: an ion microprobe study of diopsides in abyssal peridotites. Journal of Geophysical Research, 95: 2661- 2678.

Jutras P, Uting J, McCutcheon S R. 2005. Basin inversion at the Mississippian- Pennsylvanian boundary in northern New Brunswick, Canada. Bulletin of Canadian Petroleum, Geology, 53 (4): 390-404.

Karig D E. 1971. Origin and development of marginal basins in the west Pacific. J G R, 76: 2542-2561.

Kay G M. 1951. North America geosynclines. Geol. Soc. America Mem, 48: 143.

Klemme H D. 1980. Petroleum basins classification and characteristics. Journal of Petroleum Geology, 27: 30-66.

Koenig G A, Stockder B J. 1881. On the occurrence of lustrous coal with native silver in porphyry in Ouray County, Colorado. Transactions of the American Institute of Mining Engineers, 9: 650-656.

Korsch R J, Totterdell J M, Fomin T, et al. 2009. Contractional structures and deformational events in the Bowen, Gunnedah and Surat Basins, eastern Australia. Australian Journal of Earth Sciences, 56 (3): 477-499.

Kravchinsky V A, Cogne J P, Harbert W P, et al. 2002. Evolution of the Mongol- Okhotsk ocean as constrained by new paleomagnetic data from the Mongol- Okhotsk suture zone, Siberia. Geophys J Int, 148: 34-57.

Kushiro I. 2001. Partial melting experiments on peridotite and origin of mid- ocean ridge basalt. Annual Review of Earth & Planetary Sciences, 29: 71-107.

Lamb M B, Hanson A D, Graham S A, et al. 1997. Left- lateral sense offset of Upper Proterozoic and Paleozoic features across the Gobi Onion, Tost, and Zuunbayan faults in southern Mongolia and implications for central Asian faults. Earth Planet Sci Lett, 173: 183-194.

Lamplugh G W. 1920. Structure of the weald and analogues tracts. Quarterly Journal Geological Society, 75: LXXIII-XCT.

Langmuir C H, Klein E M, Plank T. 1992. Petrological systematics of mid- ocean ridge basalts: constraints on melt generation beneath ocean ridges. //Morgan J P, Blackman D K, Sinton J M. Mantle Flow and Melt Generation at Mid- Ocean Ridges. Geophys Monogr Series, AGU (American Geophysic Union), Washington DC, 71: 81- 180.

Lauf R J. 2016. Minerology of Uranium and Thorium. Pennsylvania: Schiffer Publishing, Ltd.

Law R D, Eriksson K, Davison C. 2001. Formation, evolution, and inversion of the middle Tertiary Diligencia basin, Orocopia Mountains, southern California. GSA Bulletin, 113 (2): 196-221.

Le Roux V, Lee C T, Turner S. 2010. Zn/Fe systematics in mafic and ultramafic systems: implications for detecting major element heterogeneities in the Earth's mantle. Geochimica et Cosmochimica Acta, 74: 2779-2796.

Lees G M. 1952. Foreland folding. Geol Soc London, Quart Jour, 108 (429): 1-34.

Li J Y. 2006. Permian geodynamic setting of Northeast China and adjacent regions: closure of the Paleo-Asian ocean and subduction of the Paleo-Pacific plate. Journal of Asian Earth Sciences, 26 (3-4): 207-224.

Li L, Jiang L, George S C, et al. 2021. Aromatic compounds in lacustrine sediments from the Lower Cretaceous Jiufotang Formation, Chaoyang Basin (NE China) . Marine and Petroleum Geology, 129 (17): 105111.

Li S G, Yang W, Ke S, et al. 2017. Deep carbon cycles constrained by a large-scale mantle Mg isotope anomaly in eastern China. National Science Review, 4: 111-120.

Li S Q, Chen F K, Siebel W, et al. 2012. Late Mesozoic tectonic evolution of the Songliao basin, NE China: Evidence from detrital zircon ages and Sr-Nd isotopes. Gondwana Research 22 (3-4): 943-955.

Li S Z, Suo Y H, Li X Y, et al. 2019. Mesozoic tectono-magmatic response in the East Asian ocean-continent connection zone to subduction of the Paleo-Pacific Plate. Earth-Science Reviews, 192: 91-137.

Liang C T, Song X D, Huang J L. 2003. Tomographic inversion of Pn travel times in China. J Geophys Res, 109: B11304.

Limberger J, Boxem T, Pluymaekers M, et al. 2018. Geothermal energy in deep aquifers: a global assessment of the resource base for direct heat utilization. Renew Sust Energ Rev, 82: 961-975.

Lipman P W, Prosika J H, Christiansen R L. 1972. Cenozoic volcanism and plate tectonic evolution of the Western United States, I—Early and Middle Cenozoic. Philosophic Transactions of the Royal Society of London, 271: 217-248.

Liu K, Zhang J J, Xiao W J, et al. 2020. A review of magmatism and deformation history along the NE Asian margin from ca. 95 to 30 Ma: Transition from the Izanagi to Pacific plate subduction in the early Cenozoic. Earth-Science Reviews, 209: 103317.

Lovley D R, Phillios E J P. 1992. Reduction of uranium by desulfovibrio desulfuricans. Applied and Environmental Microbiology, 58 (3): 850-856.

Lovley D R, Phillips E J P, Gorby Y A, et al. 1991. Microbial reduction of uranium. Nature, 350 (6317): 413-416.

Macaskie L E, Empson RM, Cheetham A K, et al. 1992. Uranium bioaccumulation by a Citrobacter sp, as a result of enzymically mediated growth of polycrystalline HUO_2PO_4. Science, 257 (5071): 782-784.

Macaskie L E, Bonthrone K M, Young P, et al. 2000. Enzymically and mediated bioprecipitation of uranium by a Citrobacter sp: a concerted role for exocellular lipopolysaccharide and associated phosphatase in biomineral formatin. Microbiology, 146 (8): 1855-1867.

Machel H G, Krouse H R, Sen R S. 1995. Products and distinguishing criteria of bacterial and thermochemical sulfate reduction. Applied Geochemistry, 10: 373-389.

Malz A, Nachtweide C, Emmerlich S, et al. 2020. Mesozoic intraplate deformation in the southern part of the Central European Basin - Results from large-scale 3D modelling. Tectonophysics, 776: 228315.

Maruyama S. 1997. Pacific-type orogeny revisited: Miyashiro-type orogeny proposed. Island Arc, 6: 91-120.

Maruyama S, Seno T. 1986. Orogeny and relative plate motions: Example of the Japanese Islands. Tectonophysics, 127: 305-29.

Maynard J B, Valloni R, Yu H S. 1982. Composition of modern deep-sea sands from arc-related basins//Leggett J

K. Trench and Fore-arc sedimentation. Geological Society of London Special Publications, 10: 551-561.

McHugh D J, Saxby J D, Tardif J W. 1976. Pyrolysis-hydrogenation-gas chromatography of carbonaceous material from Australian sediments, part I: Some Australian coals. Chemical Geology, 17 : 243-259.

McLennan S M. 2001. Relationships between the trace element composition of sedimentary rocks and upper continental crust. Geochemistry, Geophysics, Geosystems, 2 (4): 2000GC000109.

McLennan S M, Taylor S R. 1991. Sedimentary rocks and crustal evolution: Tectonic setting and secular trends. Journal of Geology, 99 (1): 1-21.

McLennan S M, Taylor S R, McCulloch M T, et al. 1990. Geochemical and Nd-Sr isotopic composition of deep-sea turbidites: Crustal evolution and plate tectonic associations. Geochimica et Cosmochimica Acta, 54 (7): 2015-2050.

McLennan S M, Hemming S, McDaniel D K, et al. 1993. Geochemical approaches to sedimentation, provenance and tectonics//Johnsson M J, Basu A. Processes controlling the composition of clastic sediments. Boulder, Colorado: Special Paper of the Geological Society of America, 284: 21-40.

Meng Q R, Hu J M, Jin J Q, et al. 2003. Tectonics of the late Mesozoic wide extensional basin system in the China-Mongolia border region. Basin Research, 15: 397-415.

Meunier. 1990. Experimental evidence of uraninite formation from diagensis of uranium-rich organic matter. Geochim Acta, 54 (3): 809 - 817.

Miao L C, Liu D Y, Zhang F Q. 2007. Zircon SHRIMP U-Pb ages of the "Xinghuadukou Group" in Hanjiayuanzi and Xinlin areas and the "Zhalantun Group" in Inner Mongolia, da Hinggan Mountains. Chinese Science Bulletin, 52: 112-1134.

Min M G, Luo X G, Mao S L, et al. 2001. An excellent fossil wood cell texture with primary uranium minerals at a sandstone-hosted roll-type uranium deposit, NW China. Ore Geology Reviews, 17 (4): 233-239.

Min M Z, Wang P C, Bian L Z, et al. 2003. Biomineralization in interlayer oxidation zone sandstone-hosted uranium deposits. Progress in Natural Science, 13 (2): 164-168.

Mironov Y B, et al. 1995. The uranium resources of Mongolia//IAEA. Recent developments in uranium resources and supply. TECDOC 823, Vienna: 177-192.

Mitra S. 1993. Geometry and kinematic evolution of inversion structures, AAPG Bulletin, 77 (7): 1159-1191.

Moeck I. 2014. Catalog of geothermal play types based on geologic controls. Renew Sust Energ Rev, 37: 86-882.

Morton A C. 1991. Geochemical studies of detrital heavy minerals and their application to provenance research. The Geological Society of London, Special Publications, 57: 31-45.

Morton A C, Hurst A. 1995. Correlation of sandstones using heavy minerals: an example from the Statfjord Formation of the Snorre Field, northern North Sea. Geologic Society Special Publication, 89: 3-22.

Morton A C, Hallsworth C R. 1999. Processes controlling the composition of heavy mineral assemblages in sandstones. Sedimentary Geology, 124: 3-29.

Morton A C, Whitham A G, Fanning C M. 2005. Provenance of Late Cretaceous to Paleocene submarine fan sandstones in the Norwegian Sea: Integration of heavy mineral, mineral chemical and zircon age data. Sedimentary Geology, 182: 3-28.

NEA, IAEA. 2018. Uranium 2018: Resources Production and Demand.

Newsome L, Morris K, Lloyd J R. 2014. The biogeochemistry and bioremediation of uranium and other priority radionuclides. Chemical Geology, 363: 164-184.

Northrop H R, Goldhaber M B. 1990. Genesis of the tabular-type vanadium-uranium deposits of the Henry basin, Utah, Econ Geology, 85: 215-269.

Northrup C J, Royden L, Burchfiel B C. 1995. Motion of the Pacific plate relative to Eurasia and its potential relation to Cenozoic extension along the eastern margin of Eurasia. Geology, 23: 719-722.

Nuriel P, Craddock J, Kylander-Clark A R C, et al. 2019. Reactivation history of the North Anatolian fault zone based on calcite age-strain analyses. Geology, 47 (5): 465-469.

Pearce J A. 2008. Geochemical fingerprinting of oceanic basalts with applications to ophiolite classification and the search for Archean oceanic crust. Lithos, 100 (1-4): 14-48.

Penney R. 2012. Australian sandstone-hosted uranium deposits. Applied Earth Science, 121 (2): 65-75.

Petrov N N, Yazikov V G, Aubakirov H B, et al. 1995. Uranium deposits of Kazakhstan (exogenous). Russian: Gylym Almaty.

Pollack H N, Hunter S J, Johnson J R. 1993. Heat flow from the Earth's interior: analysis of the global data set. Rev. Geophys, 31: 267-280.

Powell C M, Williams G D. 1989. The Lew is Thrust/Rocky Mountain, trench fault system in Northwest Montana, USA: an example of negative inversion tectonics//Cooper M A, et al. Inversion tectonics, Special Publication 44, London: Geological Society.

Rackley R I. 1976. Origin of western-states type uranium mineralization//Wolf H K. Handbook of strata-bound and stratiform ore deposits. Amsterdam, Elsevier scientific Publishing co, 89: 156.

Rackley R I, Johnson R L. 1971. The geochemistry of uranium roll-front deposits with a case history from the Powder River basin. Economic Geology, 66 (11): 202-203.

Richard A, Rozsypal C, Mercadier J, et al. 2012. Giant uranium deposits formed from exceptionally uranium-rich acidic brines. Nat Geosci, 5: 142-146.

Richard A, Cathelineau M, Boiron M C, et al. 2016. Metal-rich fluid inclusions provide new insights into unconformity-related U deposits (Athabasca Basin and Basement, Canada). Mineralium Deposita, 51: 249-270.

Roser B P, Korsch R J. 1986. Determination of tectonic setting of sandstone-mudstone suites using SiO_2 content and K_2O/Na_2O ratio. Journal of Geology, 94: 635-650.

Roser B P, Korsch R J. 1988. Provenance signatures of sandstone-mudstone suites determined using discriminant function analysis of major-element data. Chemical Geology, 67: 119-139.

Rosholt J N, Zartman R E, Nkomo I T. 1973. Lead Isotope Systematics and Uranium Depletion in the Granite Mountains, Wyoming. Geological Society of America Bulletin, 84 (3): 989-1002.

Rudnick R L, Gao S. 2003. Composition of the continental crust. Treatise on Geochemistry, 3: 1-64.

Rueter P, Rabus R, Wilkest H, et al. 1994. Anaeroic oxidation of hydrocarbons in crude oil by new types of sulphate-reducing bacteria. Nature, 372 (6505): 455-458.

Rust B R. 1978. Depositional model for braided alluvium//Miall A D. Fluvial Sedimentology. Can Soc Petroleum Geologists, 5: 605-626.

Sarhan M A, Collier R E L. 2018. Distinguishing rift-related from inversion-related anticlines: Observations from the Abu Gharadig and Gindi Basins, Western Desert, Egypt. Journal of African Earth Sciences, 145: 234-245.

Saxby I D. 1980. 有机质在矿床成因中的重要意义. 肖学军译//乌尔夫 K H. 层控矿床与层状矿床（第二卷）. 北京：地质出版社.

Schumm S A. 1960. The shape of alluvial channels in relation to sediment type. Geol Surv Prof Pap, 352-B: 30.

Schwarzer D, Littke R. 2007. Petroleum generation and migration in the Tight Gas area of the German Rotliegend natural gas play: a basin modelling study. Pet Geosci, 13: 37-62.

Seal R R. 2006. Sulfur isotopes geochemistry of sulfide minerals. Reviews in mineralogy and geochemistry, (1): 633-677.

Sengör A M C, Natal'In B A, Burtman V S. 1993. Evolution of the Altaid tectonic collage and Palaeozoic crustal growth in Eurasia. Nature, 364 (6435): 299-307.

Seredkin M, Zabolotsku A, Jeress G. 2016. In situ recovery, an alternative to conventional methods of mining: exploration, resource estimation, environmental issues, project evaluation and economics. Ore Geol Rev, 79: 500-514.

Sharp Z. 2017. Principles of Stable Isotopes Geochemistry. 2nd edition. New Jersey: Pearson Prentice Hall.

Shi Y, Liu Z H, Shi S S, et al. 2019. Late Paleozoic-Early Mesozoic southward subduction-closure of the Paleo-Asian Ocean: proof from geochemistry and geochronology of Early Permian-Late Triassic felsic intrusive rocks from North Liaoning, NE China. Lithos, 346-347: 105165.

Silver P G. 1996. Seismic anisotropy beneath the continents: probing the depths of geology. Ann Rev Earth Planet Sci, 24: 385-432.

Snowball I, Thompson R. 1992. A mineral magnetic study of Holocene sediment yields and deposition patterns in the Llyn Geirionydd catchment, north Wales. Holocene, 2 (3): 238-248.

Song Y, Stepashko A A, Ren J. 2015. The Cretaceous climax of compression in Eastern Asia: Age 87-89 Ma (late Turonian/Coniacian), Pacific cause, continental consequences. Cretaceous Research, 55: 262-284.

Song Y, Stepashko A, Liu K, et al. 2018. Post-rift tectonic history of the Songliao Basin, NE China: cooling events and post-rift unconformities driven by orogenic pulses from plate boundaries. Journal of Geophysical Research: Solid Earth, 123: 2363-2395.

Spirakis C S. 1996. The roles of organic matter in the formation of uranium deposits in sedimentary rocks. Ore Geology Reviews, 11 (1-3): 53-69.

Stille H. 1924. Grundfragen der Vergleichenden Tektonik. Berlin: Brontrager: 443.

Stingl K. 1994. Depositional environment and sedimentary of the basinal sediments in the Eibiswalder Bucht (Radl Formation and Lower Eibiswald Beds), Miocene Western Styrian Basin, Austria. Geologische Rundschau, 83 (4): 811-821.

Stuckless J S, Nkomo I T. 1978. Uranium-lead isotope systematics in uraniferous alkali-rich granites from the Granite Mountains, Wyoming: implications for uranium source rocks. Economic Geology, 73: 427-441.

Sun S S, McDonough W F. 1989. Chemical and isotopic systematics of oceanic basalts: implications for mantle composition and processes//Saunders A D, Norry M J. Magmatism in Ocean Basins. Geological Society of Special Publication, 313-345.

Suo Y H, Li S Z, Cao X Z, et al. 2020. Mesozoic-Cenozoic basin inversion and geodynamics in East China: a review. Earth-Science Reviews, 210: 103357.

Takahashi E, Kushiro I. 1983. Melting of a dry peridotite at high pressures and basalt magma genesis. American Mineralogist, 68: 859-879.

Tang K L. 1990. Tectonic development of Paleozoic fold belts at the north margin of the Sino-Korean craton. Tectonics, 9: 249-260.

Tang K L. 1992. A review of researches on biomineralization. Mineral Deposits, 11 (1): 93-96.

Taylor S R, McLennan S M. 1985. The Continental Crust: Its Composition and Evolution Geoscience Texts. Oxford: Blackwell Scientific Publications.

Tu G C. 1994. The relation between coal forming, oil generation, gas generation, salt forming and mineralization. Geological Exploration for N on ferrous Metals, 2 (1): 1-3.

Turner-Peterson C E, Fishman N S. 1986. Geologic synthesis and genetic models for uranium mineralization in the Morrison formation, Grants mineral region, New Mexico//Turner-Peterson C E, et al. A basin analysis case study: the Morrison formation, Grants uranium region, New Mexico. American Association of Petroleum Geologists, Studies in Geology, 2: 357-388.

Tweto O. 1975. Laramide (Late Cretaceous - Early Tertiary) Orogeny in the Southern Rocky Mountains. Geol Soc Amer Mem, 144: 1-44.

Uzkeda H, Bulnes M, Poblet J, et al. 2016. Jurassic extension and Cenozoic inversion tectonics in the Asturian Basin, NW Iberian Peninsula: 3D structural model and kinematic evolution. Journal of Structural Geology, 90: 157-176.

van der Pluijm B A, Hall C M, Vrolijk P J, et al. 2001. The dating of shallow faults in the Earth Crust. Nature, 412: 172-175.

Wang T, Zheng Y D, Zhang J J, et al. 2011. Pattern and kinematic polarity of late Mesozoic extension in continental NE Asia: perspectives from metamorphic core complexes. Tectonics, 30 (16): TC6007.

Wei W, Zhao D, Xu J, et al. 2015. P and S wave tomography and anisotropy in Northwest Pacific and East Asia: Constraints on stagnant slab and intraplate volcanism. Journal of Geophysical Research, 120: 1642-1666.

Welch S A, Taunton A E, Banfield J F. 2002. Effect of microorganisms and microbial metabolites on apatite dissolution. Geomicrobiology Journal, 19 (3): 343-367.

Wenger L M. Davis C L, Isaksen G H. 2002. Multiple controls on petroleum biodegradation and impact on oil quality. SPE Reservoir Evaluation & Engineering, 5 (5): 375-383.

Wernicke B. 1981. Low-angle normal faults in the Basin and Range province: nappe Tectonics in and extend in gorogen. Nature, 291: 645-647.

Wilde S A, Wu F Y, Zhang X Z. 2003. Late Pan-African magmatism in northeastern China: SHRIMP U-Pb zircon evidence from granitoids in the Jiamusi Massif. Precambrian Research, 122: 311-327.

Wilde S A, Wu F Y, Zhao G C. 2010. The Khanka Block, NE China, and its significance to the evolution of the Central Asian Orogenic Belt and continental accretion. //Kusky T M, Zhai M G, Xiao W J. The Evolved Continents: Understanding Processes of Continental Growth. Geological Society of London, Special Publication, 338: 117-137.

Wilde S A, Zhang X, Wu F. 2000. Extension of a newly identified 500Ma metamorphic terrane in North East China: further U-Pb SHRIMP dating of the Mashan Complex, Heilongjiang Province, China. Tectonophysics, 328: 115-130.

Williams G D, Powell C M, Cooper M A. 1989. Geometry and kinematics of inversion tectonics. Geological Society of London, Special Publications, 44 (1): 3-15.

Wilson T, Fairclough M. 2009. Uranium and uranium mineral system in South Australia. Government of South Australia Report Book, 14: 53-91.

Windley B F, Alexeiev D, Xiao W J, et al. 2007. Tectonic models for accretion of the Central Asian Orogenic Belt. Journal of the Geological Society, 164 (12): 31-47.

Wolf K H. 1981. 层控矿床和层状矿床（第九卷）. 北京：地质出版社.

Woolfolk C A, Whiteley H R. 1962. Reduction of inorganic compounds with molecular hydrogen by micrococcus lactilyticus: I. Stoichiometry with compounds of arsenic, selenium, tellurium, transition and other elements. Journal of Bacteriology, 84 (4): 647-658.

Wu F Y, Sun D Y, Lin Q. 1999. Petrogenesis of the Phanerozoic granites and crustal growth in the northeast China. Acta Petrol. Sinica, 15: 181-189.

Wu F Y, Sun D Y, Li H M, et al. 2001. The nature of basement beneath the Songliao Basin in NE China: geochemical and isotopic constraints. Physics and Chemistry of the Earth (Part A), 26: 793-803.

Wu F Y, Sun D Y, Li H M, et al. 2002. A-type granites in northeastern China: age and geochemical constraints on their petrogenesis. Chemical Geology, 187: 143-173.

Wu F Y, Zhao G C, Sun D Y, et al. 2007. The Hulan Group: its role in the evolution of the Central Asian Orogenic Belt of NE China. Journal of Asian Earth Sciences, 30: 542-556.

Wu F Y, Sun D Y, Ge W C, et al. 2011. Geochronology of the Phanerozoic granitoids in northeastern China. Journal of Asian Earth Sciences, 41 (1): 1-30.

Wülser P, Brugger J, Foden J, et al. 2011. The Sandstone-hosted Beverley uranium deposit, Lake Frome basin, south Australia: mineralogy, geochemistry, and a time-constrained model for its genesis. Economic Geology, 106: 835-867.

Xiao W J, Windley B F, Hao J, et al. 2003. Accretion leading to collision and the Solonker suture. Inner Mongolia, China: termination of the Central Asian Orogenic Belt. Tectonics, 22: 1069-1090.

Xu W L, Yang G, Li J B, et al. 2012. Mineralization conditions of sylvite in the western Tarim basin. Geology and Exploration, 47 (6): 1099-1106.

Xu Y G, Ma J L, Frey F A, et al. 2005. Role of lithosphere- asthenosphere interaction in the genesis of Quaternary alkali and tholeiitic basalts from Datong, western North China Craton. Chemical Geology, 224: 247-271.

Xu Y G, Li H Y, Hong L B, et al. 2018. Generation of Cenozoic intraplate basalts in the big mantle wedge under eastern Asia. Science China Earth Sciences, 61: 869-886.

Yang C Z. 2014. Comparative study on Late Cretaceous tectonic inversion of Songliao Basin-Great Sanjiang Basin and its genetic relationships. Wuhan: China University of Geosciences.

Yang D G, Wu J H, Nie F J, et al. 2020. Petrogenetic constraints of Early Cenozoic mafic rocks in southwest Songliao Basin, NE China: implications for the genesis of sandstone- hosted Qianjiadian uranium deposits. Minerals: 10111014.

Yang H, Ge W C, Zhao G C, et al. 2015. Early Permian-Late Triassic granitic magmatism in the Jiamusi-Khanha Massif, eastern segment of the Central Asian Orogenic Belt and its implications. Gondwana Res, 27 (4): 1509-1533.

Yang Y T, Guo Z X, Song C C, et al. 2015. A short-lived but significant Mongol-Okhotsk collisional orogeny in latest Jurassic-earliest Cretaceous. Gondwana Res, 28: 1096-1116.

Yoder H S, Tilley C E. 1962. Origin of basalt magmas: an experimental study of natural and synthetic rock system. Journal of Petrology, 3: 346-532.

Zhang C Y, Nie F J, JiaoY Q, et al. 2019. Characterization of ore-forming fluids in the Tamusu sandstone-type uranium deposit, Bayingobi Basin, China: Constraints from trace elements, fluid inclusions and C- O- S isotopes, Ore Geology Reviews, 111: 102999.

Zhang J, Song H, Deng H, et al. 2018. Research progress on interaction between uranium and microorganism. Bulletin of Mineralogy Petrology and Geochemistry, 37 (1): 55-62.

Zhang X H, Zhang H F, Zhai M G, et al. 2009. Geochemistry of middle Triassic gabbros from northern Liaoning, North China: origin and tectonic implications. Geol Mag, 146: 540-551.

Zhang Z C, Mahoney J J, Mao J W, et al. 2006. Geochemistry of picritic and associated basalt flows of the western Emeishan flood basalt province, China. Journal of Petrology, 47: 1997-2019.

Zhao B, Wang X F, Feng Z Q. 2013. Late cretaceous (campanian) provenance change in the songliao basin, NE china: Evidence from detrital zircon U-Pb ages from the Yaojia and Nenjiang Formations. Palaeogeography, Palaeoclimatology, Palaeoecology, 358: 83-94.

Zhao D P, Ohtani E. 2009. Deep slab subduction and dehydration and their geodynamic consequences: evidence from seismology and mineral physics. Gondwana Research, 16 (3-4): 401-413.

Zhao J H, Zhou M F. 2006. Neoproterozoic mafic intrusions in the Panzhihua district, SW China: implications for interaction between subducted slab and mantle wedge. Geochim. Cosmochim. Acta, 70: A740-A1740.

Zhao L, Cai C, Jin R, et al. 2018. Mineralogical and geochemical evidence for biogenic and petroleum-related uranium mineralization in the Qianjiadian deposits, NE China. Ore Geology Reviews, 101: 273-292.

Zheng Y, Davis G A, Wang C, et al. 1998. Major thrust system in the Daqing Shan, Inner Mongolia, China. Sci China (Ser D), 41: 553-560.

Zhou J B, Wilde S A, Zhang X Z, et al. 2009. The onset of Pacific margin accretion in NE China: evidence from the Heilongjiang high-pressure metamorphic belt. Tectonophysics, 478: 230-246.

Zhou J B, Cao J L, Wilde S A, et al. 2014. Paleo-Pacific subduction-accretion: Evidence from Geochemical and U-Pb zircon dating of the Nadanhada accretionary complex, NE China. Tectonics, 33: 2444-2466.

Zhu J C, Feng Y L, Meng Q R, et al. 2020. Decoding stratigraphic and structural evolution of the Songliao Basin: Implications for late Mesozoic tectonics in NE China. J of Asian Earth Sciences, 194: 104138.

Zielinski R A. 1980. Uranium in secondary silica: a possible exploration guide. Econ Geol, 75: 592-602.

Zonenshain L, Kuzmin M, Natapov L. 1990. Geology of RSSR: a plate tectonic synthesis. Geophys Union Geodyn Ser, 21: 242.

Zorin Y A. 1999. Geodynamics of the western part of the Mongolia-Okhotsk collisional belt, Trans-Baikal region (Russia) and Mongolia. Tectonophysics, 306: 33-59.